高等职业教育路桥工程类专业系列教材

道路工程制图与识图

DAOLU GONGCHENG ZHITU YU SHITU

主 编 曹雪梅 王海春 / 副主编 王 荣 郭超群

重庆大学出版社

内容提要

本书是高等职业教育路桥工程类专业系列教材之一。全书共12章:第1章为制图基础部分,介绍《道路工程制图标准》(GB 50162—92)的基本内容;第2章至第7章为画法几何部分,主要介绍投影理论和图示方法;第8章至第11章为专业识图部分,主要介绍各种工程图的图示方法和读图方法;第12章为计算机绘图部分,主要介绍AutoCAD的基础知识。另有《道路工程制图与识图习题集》与本书配合使用。

本书具有较强的专业特色,可作为高等职业教育道路桥梁工程技术、工程造价、公路监理等专业的教材,也可供从事交通行业的工程技术人员使用和参考。

图书在版编目(CIP)数据

道路工程制图与识图 / 曹雪梅,王海春主编. -- 3版. --重庆 : 重庆大学出版社, 2023.8
高等职业教育路桥工程类专业系列教材
ISBN 978-7-5624-2848-0

Ⅰ.①道… Ⅱ.①曹…②王… Ⅲ.①道路工程—工程制图—高等职业教育—教材 Ⅳ.U412.5

中国国家版本馆CIP数据核字(2023)第121180号

高等职业教育路桥工程类专业系列教材
道路工程制图与识图
(第3版)
主 编 曹雪梅 王海春
副主编 王 荣 郭超群
策划编辑 林青山 刘颖果
责任编辑:肖乾泉 版式设计:范欣渝
责任校对:王 倩 责任印制:赵 晟
*
重庆大学出版社出版发行
出版人:陈晓阳
社址:重庆市沙坪坝区大学城西路21号
邮编:401331
电话:(023)88617190 88617185(中小学)
传真:(023)88617186 88617166
网址:http://www.cqup.com.cn
邮箱:fxk@cqup.com.cn(营销中心)
全国新华书店经销
重庆五洲海斯特印务有限公司印刷
*
开本:787mm×1092mm 1/16 印张:15.5 字数:369千
2007年6月第1版 2023年8月第3版 2023年8月第10次印刷
印数:18 501—21 500
ISBN 978-7-5624-2848-0 定价:45.00元

3版 前言

本书自出版以来，受到广大院校教师和学生的好评。为贯彻“以素质教育为基础、以就业为本位、以学生为主体”的职业教育思想和方针，适应人才培养模式的转变，在本次修订中，我们主要作了以下修订：

（1）目前，很多学校都缩减了制图课程的学时，但作为一门学科，很多知识点又不能删减。针对这一情况，本次修订增加了很多动画视频，帮助学生自学，以弥补减少学时带来的不足。

（2）以学生为主体，加强实践教学环节。在配套教材已有习题的基础上，增加了复习思考题。

（3）为了突出重点，便于教学，本次修订采用双色印刷，把重点图线用醒目颜色标记。

本次修订在第2版的基础上修改完成，增加了动画视频，更能体现教学内容弹性化，教学要求层次化，有利于按需施教、因材施教。

本书由曹雪梅、王海春担任主编，王荣、郭超群担任副主编。动画视频由曹雪梅和余冠男制作，复习思考题由余冠男完成，双色图线标注及部分内容修改由余冠男完成。

由于编者水平有限，书中难免有错误、不足之处，恳请使用本书的师生和广大读者批评指正。

编　者

2023年6月

前言

本教材是根据我国高等职业教育的特点，结合行业对工程类专业应用型人才的要求编写的。全书分为制图基础、画法几何、专业识图和计算机绘图4部分。本教材在编写时参照了《道路工程制图标准》（GB 50162—1992）和有关规范，同时适当降低了画法几何的深度，更加注重专业图的识读，力求做到以“应用”为主旨，以“必须、够用”为原则，注重基本理论、基本概念和基本方法的阐述，深入浅出、图文结合，使其更具有针对性和实用性。为适应教学需要，同时出版了与本教材配套的《道路工程制图与识图习题集》。

为了适应高职高专人才培养的要求，本教材在编写时着重体现了以下特点：

1.以物体三面投影的感性认识为先导。

2.把轴测投影作为学习正投影的工具，使轴测投影贯穿于整个画法几何部分，充分发挥轴测投影在识图中的翻译作用。

3.从体的角度切入正投影的理论，利用长方体相对形象的特点，研究点、线、面的投影规律。

4.以组合体为重点，使形体分析法成为制图形象思维的基本模式。

5.在专业识图部分，为学生适应专业课学习的需要，拓宽专业面，本教材选用典型的施工图纸，重点介绍图示特点和读图方法，着重训练学生的识图能力。

本教材由曹雪梅、王海春主编。第1章、第2章由山西交通职业技术学院郭超群编写；第3章由四川交通职业技术学院庞小滢编写；第4章、第5章、第6章由四川交通职业技术学院曹雪梅编写；第7章由四川交通职业技术学院阮志刚编写；第 8 章、第 9 章由青海交通职业技术学院王海春编写；第 10 章由青海交通职业技术学院包延章编写；第 11 章由青海交通职业技术学院姚青梅编写；第 12 章由青海交通职业技术学院王荣编写。

本教材在编写过程中，参考了部分同学科的教材，在此表示深深的谢意。

由于编者水平有限，教材中的缺点、错误在所难免，恳请使用本教材的教师和广大读者批评指正。

编　者

2006 年 12 月

目录

绪　论

1)本课程的性质与任务

在日常生活中人们表达自己的思想用的是语言或文字。而在道路桥梁工程中,无论是道路的施工还是桥梁的施工都要依据设计图纸进行。这就是说“工程制图”是工程界的一门特殊语言。

工程制图是研究工程图样的绘制和识读规律的一门学科,是工程技术人员表达设计意图、交流技术思想、指导生产施工等必须具备的基本知识和技能。

本课程是一门既有理论又有实践的专业基础课,其主要任务是培养学生绘制工程图的基本操作能力、抽象思维能力、绘制专业图的能力以及识读专业图的能力。

工程制图课程是高等职业院校路桥工程类专业最重要的基础课程之一。工程制图课程研究的是空间形体与平面图形之间的对应关系,既要把空间形体的形状按照投影原理正确地表示在纸上,又要能根据图形想象出形体的空间形状。因此,在本课程的学习过程中,想象力比知识更重要,方法能为想象力插上翅膀,以加快知识的理解和掌握。为培养学生能力,注重知识的结构和获取知识的过程,教师有必要对教学方法进行探讨,以提高学生学习兴趣,培养学生素质和综合能力。

2)教材的结构与内容

①制图基本知识:制图基础。

②空间几何元素的图解法:投影的基本知识;点、直线和平面。

③空间形体的图示方法:简单立体的投影。

④空间形体的表达:轴测投影;组合体的投影及尺寸标注;剖面图和断面图。

⑤道路工程制图:标高投影;道路路线工程图;道路交叉工程图;涵洞与通道工程图;桥隧工程图。

⑥计算机绘图:AutoCAD 基础。

3)学习本课程的要求

通过本课程的学习,应达到下列基本要求:

①能正确使用常用的绘图工具,掌握正确的绘图方法和步骤。

②熟悉现行道路工程制图标准。

③掌握正投影的基本理论和作图方法,以及轴测投影、剖面图、断面图的基本知识和画法。

④会用形体分析法、线面分析法等读图。

⑤了解道路工程图的主要内容、图示方法，能识读本专业的一般施工图。

4）学习本课程的方法

本课程是一门专业基础课，系统性、理论性及实践性很强，学习时要讲究学习方法，才能提高学习效果。

①认真听讲，及时复习，理解和掌握绘图、识图的基本理论、基本知识和基本方法。

②多画图、多识图，从物到图、从图到物，反复训练，培养空间想象能力。

③正确处理好画图与读图的关系。画图可以加深对图样的理解，提高读图能力。画图是手段，读图是目的，读图能力的培养尤为重要。

④平时多观察周围的工程构造物，积累一定的感性认识，这样有助于基本理论的掌握。

⑤在学习时，应严格遵守国家制图标准，培养严肃认真、一丝不苟的工作态度。

1　制图基础

制图基础是绘制工程图样的前提，只有掌握好工程制图的基本要求，才能做到所绘制的工程图样准确、合理和满足工程需要。

1.1　绘图工具

工程图样的手工绘制是通过制图工具来完成的。正确使用和维护制图工具，既能保证图样的质量，又能提高绘图的速度。常用的制图工具有图板、丁字尺、三角板、圆规、比例尺、曲线板和制图模板等，如图 1.1 所示。本节将介绍主要绘图工具的用途。

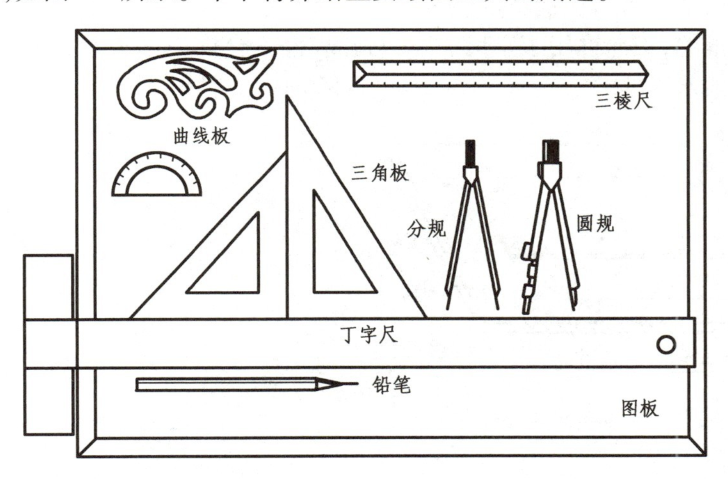

图 1.1　常用绘图工具

· 1.1.1　铅笔 ·

绘图使用的铅笔其铅芯硬度用 B 和 H 表示，B 表示笔芯软而浓，H 表示硬而淡，HB 表示软硬适中。画底图时常用 H~2H 铅笔，描粗和加深图线时常用 HB~2B 铅笔。

铅笔应削成如图 1.2 所示的形状，细线笔削法如图 1.2(a)所示，粗线笔削法如图 1.2(b)所示。使用铅笔绘图时，握笔要稳，运笔要自如，如图 1.3 所示。画长线时可转动铅笔，使图线粗细均匀。

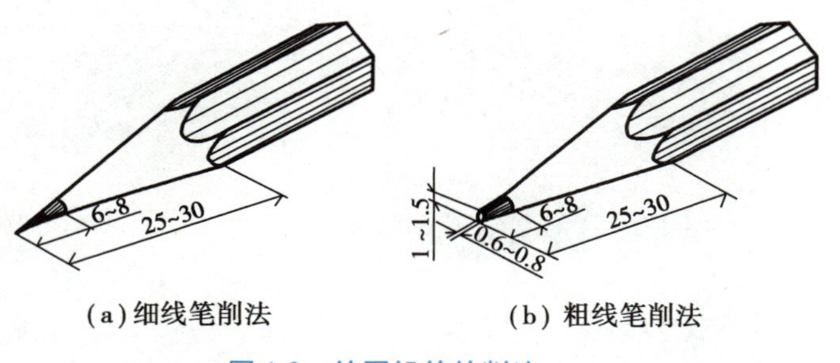

图 1.2　绘图铅笔的削法

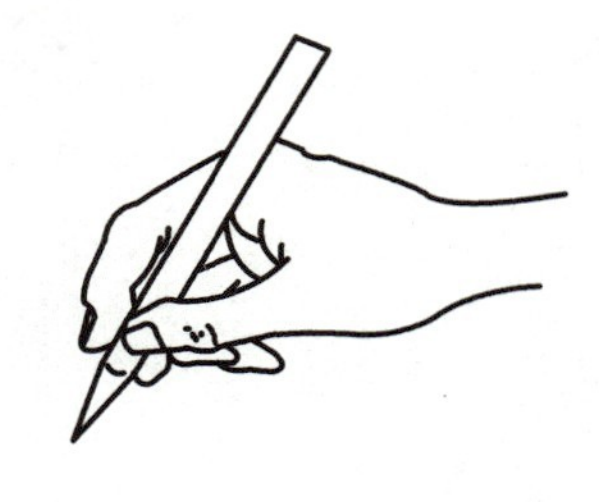

图 1.3　握铅笔的姿势

1.1.2　图板和丁字尺

图板主要用作画图的垫板。图板的左侧为工作边,又称导边。图板的大小有 0 号、1 号、2 号等各种不同规格,可根据所画图幅的大小来选择。

丁字尺由相互垂直的尺头和尺身构成,丁字尺与图板配合主要用来画水平线,如图 1.4 所示。

用丁字尺画水平线时,铅笔应沿着尺身工作边从左画到右,如水平线较多,则应由上而下逐条画出。丁字尺每次移动位置都要注意尺头是否紧靠图板,画线时应防止尺身移动。图 1.5 所示为移动丁字尺的手势。

为保证图线准确,不允许用丁字尺的下边画线,也不允许把尺头靠在图板的上边、下边或右边来画铅垂线或水平线。

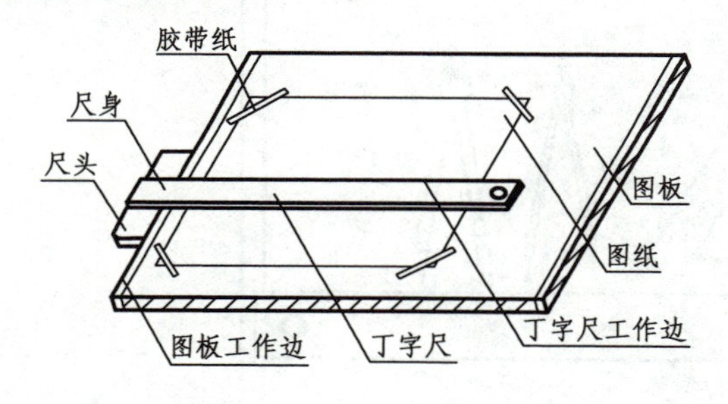

图 1.4　丁字尺与图板

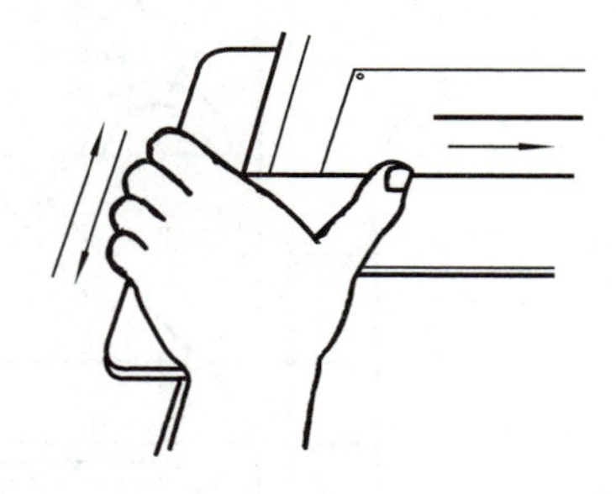

图 1.5　移动丁字尺的手势

1.1.3　三角板

三角板主要与丁字尺配合,用来画铅垂线和某些角度的斜线。

使用三角板画铅垂线时,应使丁字尺尺头靠紧图板的工作边,以免产生滑动,三角板的一直角边紧靠在丁字尺的工作边上,再用左手轻轻按住丁字尺和三角板,右手持铅笔,自下而上画出铅垂线,如图 1.6 所示。

用一副三角板和丁字尺配合可画出与水平线成 15°及其倍数角(30°,45°,60°,75°)的斜线,如图 1.7 所示。

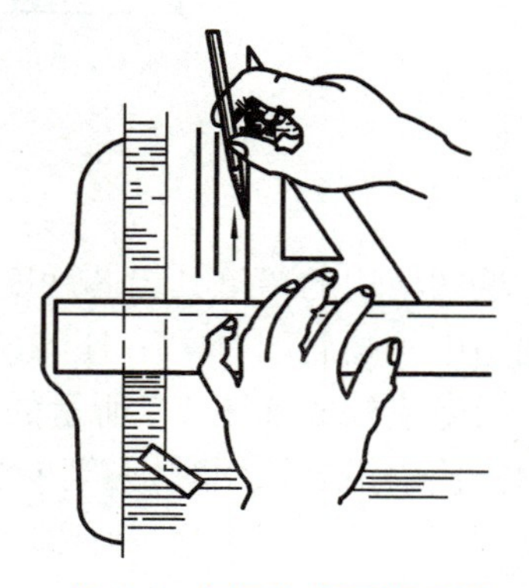

图 1.6　用三角板画铅垂线

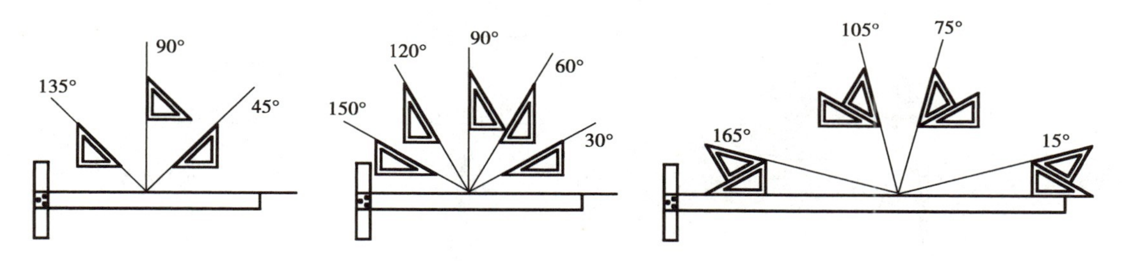

图 1.7　斜线的画法

1.1.4　圆规和分规

1) 圆规

圆规是用来画圆或圆弧的仪器，在一腿上附有插脚，换上不同的插脚可作不同的用途，其插脚有 3 种：钢针插脚、铅笔插脚和墨水笔插脚，如图 1.8 所示。

圆规的用法如图 1.9 所示。画圆时，圆规应稍向前倾斜，圆或圆弧应一次完成；画较大的圆弧时，应使圆规两脚与纸面垂直；画更大的圆弧时，要接上延长杆，如图 1.10 所示。圆规铅芯应磨成楔形，并使斜面向外，其硬度应比所画同种直线的铅笔软一号，以保证图线深浅一致。

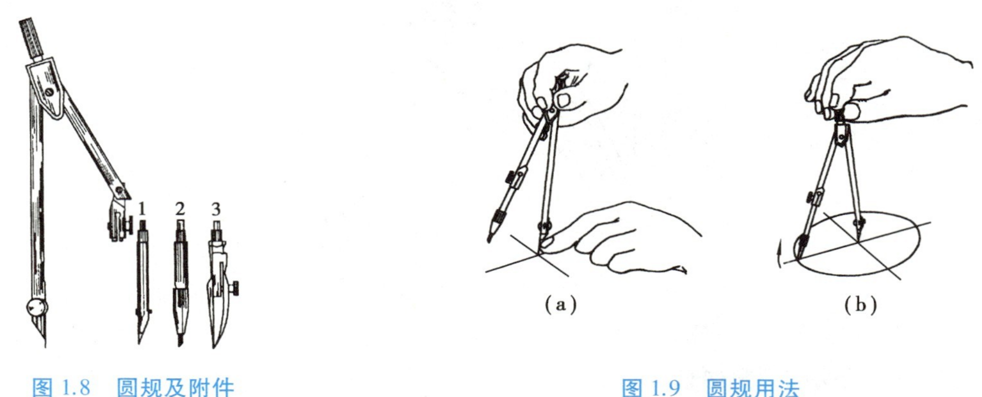

图 1.8　圆规及附件

1—钢针插脚；2—铅笔插脚；3—墨水笔插脚

图 1.9　圆规用法

图 1.10　接上延长杆画大圆

2) 分规

分规是量取长度和等分线段的主要工具，其使用方法如图 1.11 所示。

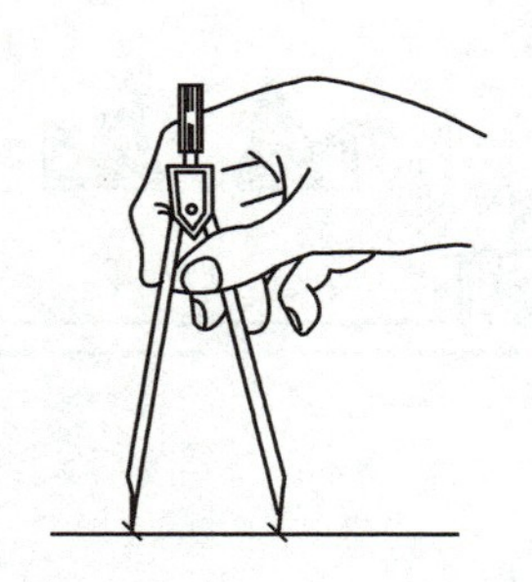

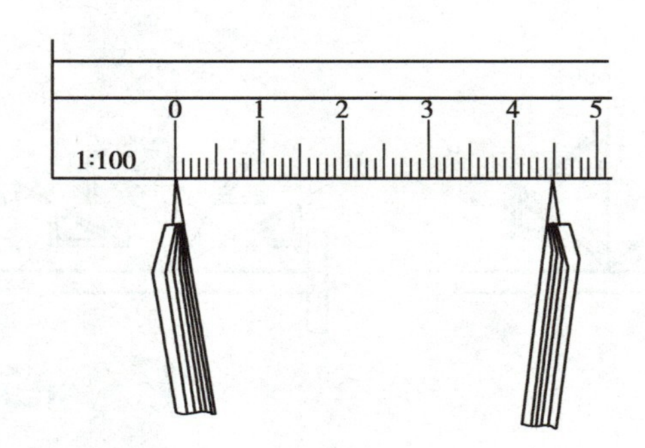

图 1.11　分规用法

· 1.1.5　曲线板和制图模板 ·

曲线板用于绘制光滑的非圆曲线。用曲线板画曲线时，应先徒手将各点用细线连成平滑的曲线，然后在曲线板上选择与曲线吻合的部分，一般应不少于 4 点，从起点到终点按顺序分段加深（图 1.12）。加深时，应将吻合的末尾留下一段暂不加深，留待下一段加深，以使曲线连接光滑。

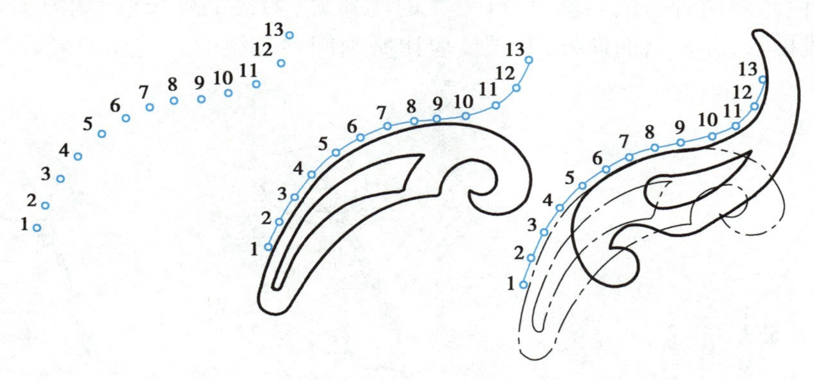

图 1.12　曲线板的用法

在手工制图条件下，为提高制图的质量和速度，人们把工程专业上常用的符号、图例和比例尺均刻画在透明的塑料薄板上，制成供专业人员使用的尺子，即为制图模板（图 1.13）。制图模板也可作为擦线板使用，使用时选择适当形状的挖孔框住图上需擦去的线条，左手压紧擦图片，再用橡皮擦去框住的线条，这样擦图的准确性很高，可避免误擦有用的图线。

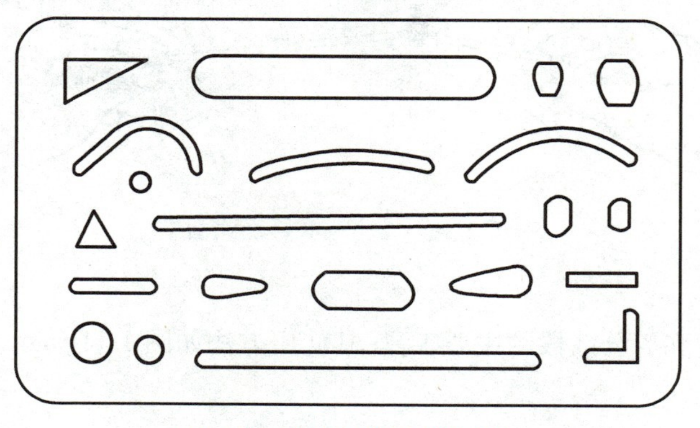

图 1.13　制图模板（擦线板）

1.2 道路工程制图的基本规格

工程图样是设计和施工过程中的重要技术资料和依据，是一种特殊的技术交流语言，为保证工程图样图形准确、图纸清晰，满足生产要求和便于技术交流，绘制工程图样时必须遵循相关的制图标准，如《道路工程制图标准》(GB 50162—92)。《道路工程制图标准》(GB 50162—92)中对图幅的大小、图线的线型、尺寸标注、图例以及字体等作了统一规定。

· 1.2.1 图幅 ·

图幅是指图纸的幅面大小。对于一整套的图纸，为了便于装订、保存和合理使用，国家标准对图纸幅面进行了规定，见表 1.1。表中尺寸单位为 mm，尺寸代号如图 1.14 所示。在选用图幅时，应根据实际情况，以一种规格的图纸为主，尽量避免大小幅面混合使用。

表 1.1 图幅及图框尺寸　　单位：mm

图幅代号 / 尺寸代号	A0	A1	A2	A3	A4
$b \times l$	841×1 189	594×841	420×594	297×420	210×297
a	35	35	35	35	25
c	10	10	10	10	10

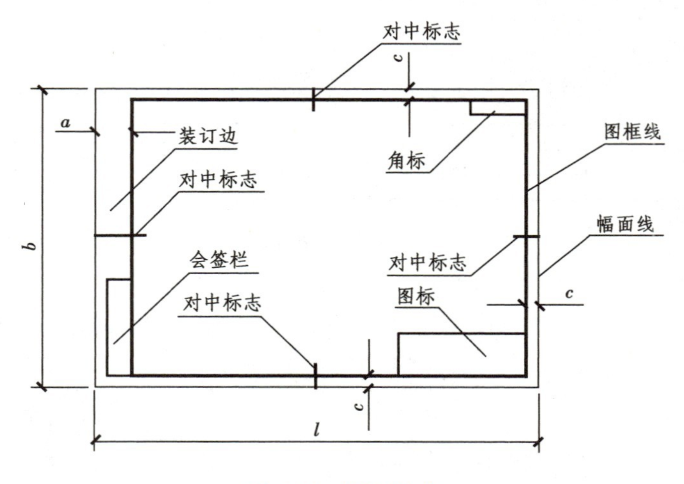

图 1.14 幅面格式

图纸幅面的长边是短边的$\sqrt{2}$倍，即 $l=\sqrt{2}b$，且 A0 幅面的面积为 1 m^2。A1 幅面是沿 A0 幅面长边的对裁，A2 幅面是沿 A1 幅面长边的对裁，其他幅面类推。必要时，可以按规定加长幅面,但加长后的幅面尺寸是由基本幅面的短边整数倍增加后而形成的。

对中标志应画在幅面线中点处,线宽应为 0.35 mm,伸入图框内约 5 mm。

图框内右下角应绘图纸标题栏,简称图标,“国标”规定的格式有 3 种,如图 1.15 所示。

图标栏外框线线宽宜为 0.7 mm;图标内分格线线宽宜为0.35 mm。

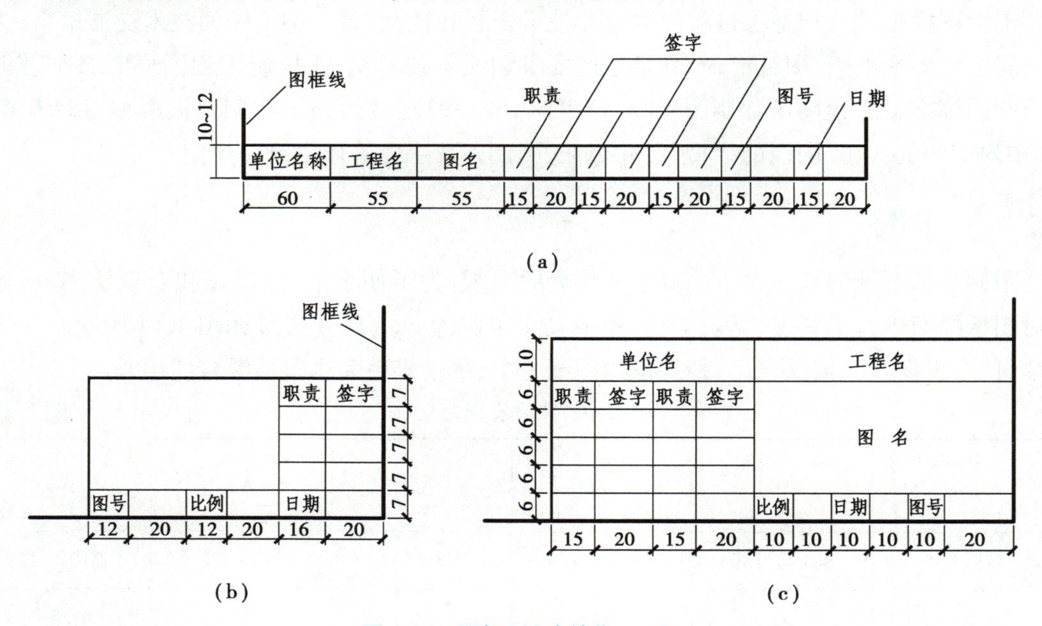

图 1.15　图标(尺寸单位:mm)

会签栏绘制在图框外左下角,如图 1.16 所示。会签栏外框线线宽宜为 0.5 mm,内外格线线宽宜为0.25 mm。

当图纸要绘制角标时,应布置在图框内右上角,如图 1.17 所示。角标线线宽宜为 0.25 mm。

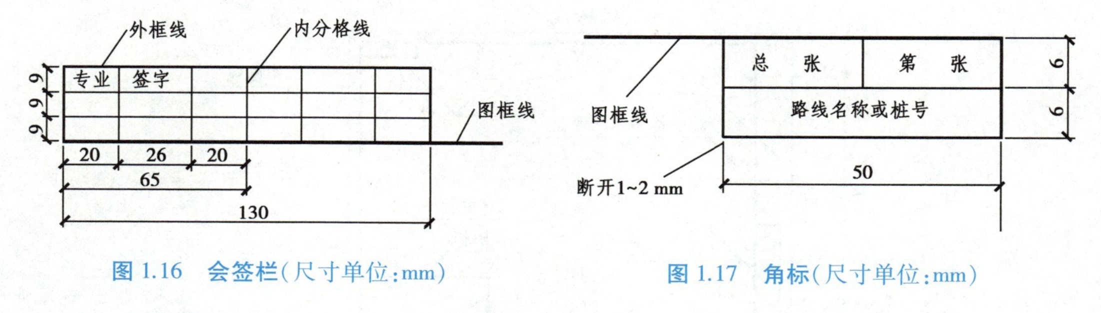

图 1.16　会签栏(尺寸单位:mm)

图 1.17　角标(尺寸单位:mm)

· 1.2.2　比例 ·

比例是指图样中图形与实物相应线性尺寸之比。绘图过程中,一般应遵循布图合理、均匀、美观的原则以及图形大小和图面复杂程度来选择相应的比例,常用比例见表 1.2。

表 1.2 绘图所用的比例

常用比例	1∶1,1∶2,1∶5,1∶10,1∶20,1∶50 1∶100,1∶200,1∶500,1∶1 000 1∶2 000,1∶5 000,1∶10 000,1∶20 000 1∶50 000,1∶100 000,1∶200 000
可用比例	1∶3,1∶15,1∶25,1∶30,1∶40,1∶60 1∶150,1∶250,1∶300,1∶400,1∶600 1∶1 500,1∶2 500,1∶3 000,1∶4 000 1∶6 000,1∶15 000,1∶30 000

比例应采用阿拉伯数字表示,且标注在视图图名的右侧或下方,字高应比图名字体小一号或二号,如图 1.18(a)、(b)所示。当一张图纸采用的比例相同时,可在图标中的比例一栏注明,也可以在图纸的适当位置标注;当同一张图纸中各图比例不同时,则应分别标注,其位置应在各图名的右侧;当需要竖直方向与水平方向采用不同的比例时,可采用图 1.18(c)所示,V 表示竖直方向比例,H 表示水平方向比例。

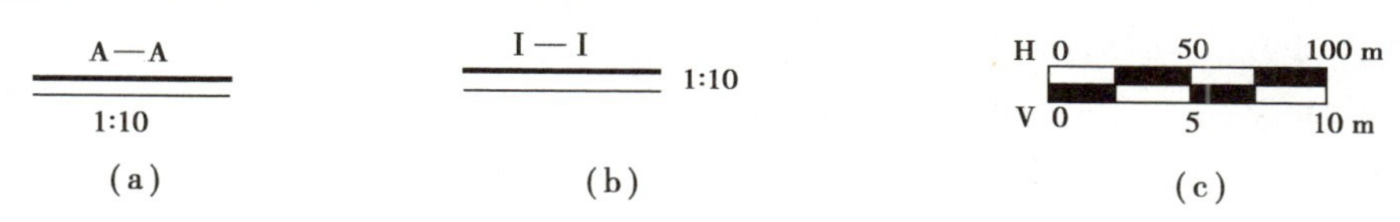

图 1.18 比例的标注

1.2.3 字体

文字、数字、字母和符号是工程图的重要组成部分。若字体潦草,会影响图面整洁美观,导致辨认困难,或引起读图错误,造成工程事故,给国家和社会带来巨大损失。因此要求字体端正、笔画清晰、排列整齐、标点符号清楚正确,而且要求采用规定的字体、规定的大小写。

1)汉字

国家标准规定道路工程图中汉字应采用长仿宋体字,又称工程字,并采用国家正式公布的简化字,除有特殊要求外,不得采用繁体字。汉字宽度与高度的比例为 2∶3,如图 1.19 所示。字体的高度即为字号,如 10,7,5 号字,说明它们的字高分别是 10 mm、7 mm 和 5 mm,长仿宋体字的高度尺寸见表 1.3。汉字书写要求采用从左向右、横向书写的格式,且汉字高度最小不宜小于3.5 mm。

图 1.19 汉字书写比例

表 1.3　长仿宋体字的高度尺寸　　　　单位：mm

字高(即字号)	20	14	10	7	5	3.5
字宽	14	10	7	5	3.5	2.5

初学者书写时可先按字号打好方格,然后再写,保证字体的大小一致和整齐美观。书写长仿宋体字的要领是:横平竖直、起落分明、排列匀称、填满方格,如图 1.20 所示。

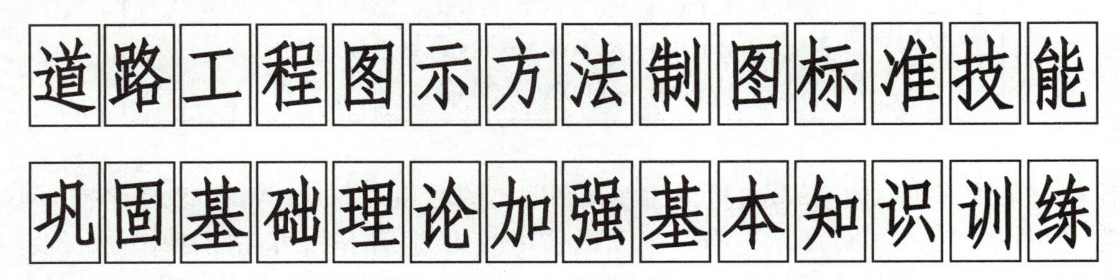

图 1.20　汉字示例

2)数字和字母

图纸中所涉及的阿拉伯数字、外文字母、汉语拼音字母笔画宽度宜为字高的 1/10。大写字母的宽度宜为字高的 2/3,小写字母的字宽宜为字高的 1/2。

数字与字母的字体有直体或斜体 2 种形式。直体笔画的横与竖应为 90°;斜体的字头向右倾斜,与水平线接近 75°。同一册图纸中的数字和字母一般应保持一致,数字与字母若与汉字同行书写,其字高应比汉字的高小一号。数字与字母示例如图 1.21 所示。

图 1.21　数字和字母示例

当图纸中有需要说明的事项时,宜在每张图纸的右下角图标上方处加以注释。该部分文字应采用“注”字表明,“注”写在叙述事项的左上角,每条注释的结尾应标以句号。如果说明事项需要划分层次时,第 1,2,3 层次的编号应分别用阿拉伯数字、带括号的阿拉伯数字及带圆圈的阿拉伯数字标注。当表示数量时,应采用阿拉伯数字书写,如五千零五十毫米应写成

5 050 mm，二十四小时应写成 24 h。分数不得用数字与汉字混合表示，如三分之一应写成1/3，不得写成 3 分之 1。不够整数位的小数数字，小数点前应加 0 定位。

1.2.4 线型

工程图是由不同种类的线型所构成，这些图线可表达图样的不同内容，以及分清图中的主次，国家制图标准对线型及线宽做了规定，工程图中图线的线型、画法和适用范围见表 1.4。

表 1.4 图线的线型、线宽及用途

名称	线型	线宽	一般用途
标准实线	——————	b	可见轮廓线、钢筋线
细实线	——————	$0.25b$	尺寸线、剖面线、引出线、图例线、原地面线
中粗实线	——————	$0.5b$	较细的可见轮廓线、钢筋线
加粗实线	——————	$(1.4\sim2.0)b$	图框线、路线设计线、地平线
粗虚线	- - - - - - - - -	b	地下管道或建筑物
中粗虚线	- - - - - - - - - -	$0.5b$	不可见轮廓线
细点画线	—— - —— - ——	$0.25b$	中心线、对称线、轴线
中粗点画线	—— - —— - ——	$0.5b$	用地界线
双点画线	—— - - ——	$0.25b$	假想轮廓线、规划道路中线、地下水位线
粗双点画线	—— - - ——	b	规划红线
波浪线	∽∽∽	$0.25b$	断天界线
折断线	——∧/——	$0.25b$	断天界线

图线的宽度应根据所绘工程图的复杂程度及比例大小，从国家制图标准规定的线宽系列中选取：0.18，0.25，0.35，0.5，0.7，1.0，1.4，2.0 mm。每个图样一般使用 3 种线宽，即粗线（线宽为 b）、中粗线、细线，比例规定为 $b:0.5b:0.25b$。绘图时，应根据图样的不同情况，选用表 1.5 所示的线宽组合。

表 1.5 线宽组合

线宽比	线宽组/mm				
b	1.4	1.0	0.7	0.5	0.35
$0.5b$	0.7	0.5	0.35	0.25	0.25
$0.25b$	0.35	0.25	0.18 (0.2)	0.13 (0.15)	0.13 (0.15)

在同一张图纸内相同比例的各图形,应采用相同的线宽组合。图纸图框线和标题栏的宽度见表 1.6。

表 1.6 图纸图框线和标题栏的宽度 单位:mm

幅面代号	图框线	标题栏外框线	标题栏分格线、会签线
A0,A1	1.4	0.7	0.35
A2,A3,A4	1.0	0.7	0.35

图样中图线相交是常有的现象,而相交图线的绘制应符合下列规定:

①线条相交时要求整齐、准确,不得随意延长或缩短,如图 1.22(a)所示。

②当虚线与虚线或虚线与实线相交时,相交处不应留空隙,如图 1.22(a)所示。

③当实线的延长线为虚线时,应留空隙,如图 1.22(b)所示。

④当点画线与点画线或点画线与其他线相交时,交点应设在线段处,如图 1.22(c)所示。

⑤图线不得与文字、数字或符号重叠、交叉,不可避免时应首先保证文字、数字和符号的清晰。

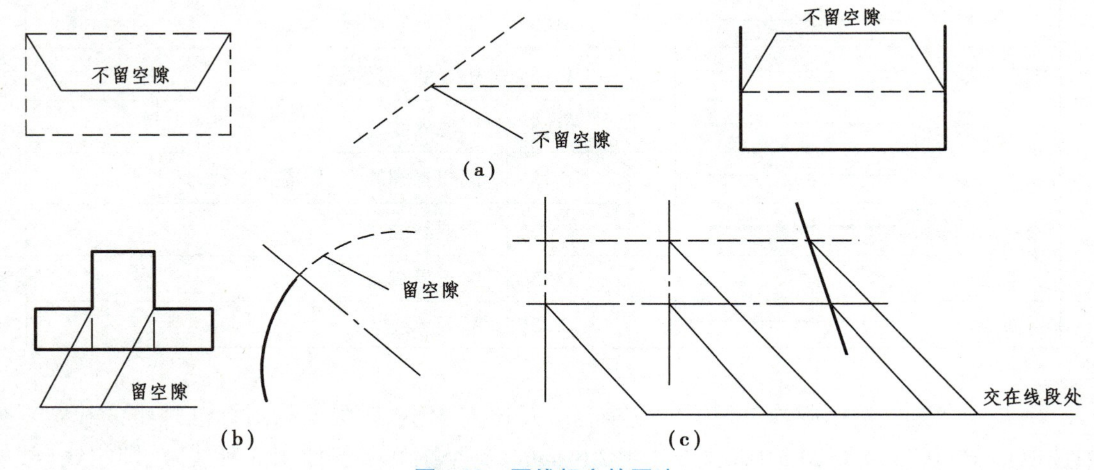

图 1.22 图线相交的画法

· 1.2.5 尺寸标注 ·

工程图上除了要表达物体的结构形状外,还必须准确、完整、清晰地标注出物体的实际大小,以作为施工依据。如果尺寸有遗漏和错误,就会给生产带来困难和损失,因此,尺寸标注是工程图必不可少的组成部分。

图样中的尺寸,以毫米(mm)为单位时,不需注明计量单位符号或名称,否则必须注明相应计量单位的符号或名称;图样中所注的尺寸数值是形体的真实大小,与绘图比例及准确度无关;图样上的尺寸,应以尺寸数字为准,不得从图上直接量取。

1)尺寸的组成

尺寸由尺寸界线、尺寸线、尺寸起止符和尺寸数字 4 部分组成,如图 1.23 所示。

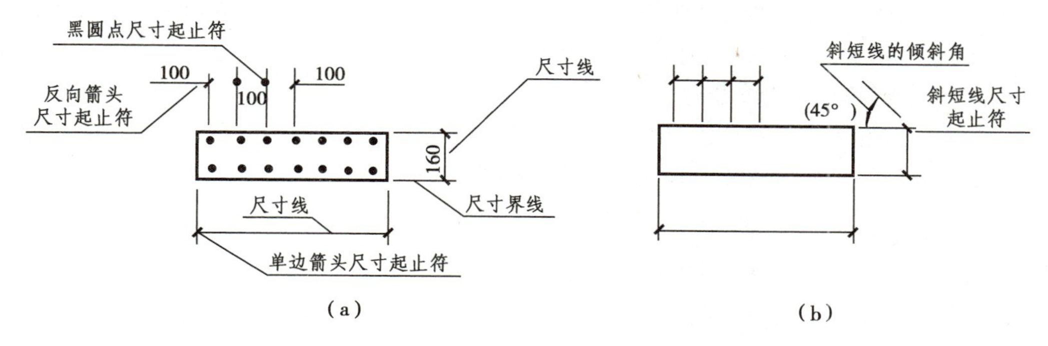

图 1.23　尺寸要素

(1)尺寸线

尺寸线用细实线绘制，应与被标注长度平行，且不应超出尺寸界线。任何图线都不能作为尺寸线。相互平行的尺寸线应从被标注的轮廓线由近向远排列，并且小尺寸在内，大尺寸在外。所有平行尺寸线间的间距一般在 5~15 mm。同一张图纸上这种间距应当保持一致，如图 1.24 所示。

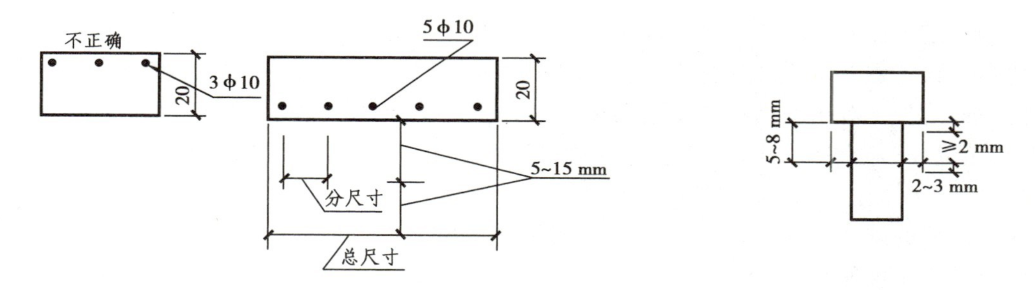

图 1.24　尺寸线的标注　　　　图 1.25　尺寸界线的标注

(2)尺寸界线

尺寸界线用细实线绘制，由一对垂直于被标注长度的平行线组成，其间距等于被标注线段的长度；当标注困难时，也可不垂直于被标注长度，但尺寸界线应互相平行。尺寸界线一端应靠近所注图形轮廓线，另一端应超出尺寸线 2 ~ 3 mm。图形轮廓线、中心线也可作为尺寸界线，如图 1.25 所示。

(3)尺寸起止符

尺寸线与尺寸界线的相交点为尺寸的起止点，在起止点上应画尺寸起止符号。尺寸起止符号宜采用单边箭头表示，箭头在尺寸界线的右边时，应标注在尺寸线之上；反之，应标注在尺寸线之下。箭头大小可按绘图比例取值。尺寸起止符也可采用中粗斜短线表示，把尺寸界线顺时针转 45°，作为斜短线的倾斜方向，且长度为 2 ~ 3 mm。同一张图纸上应采用同一种尺寸起止符，道路工程制图中一般采用单边箭头。在连续标注的小尺寸中，也可在尺寸界线同一水平的位置，用黑圆点表示中间部分的尺寸起止符，如图 1.23 所示。

(4)尺寸数字

尺寸数字应按规定的字体书写，字高一般是 3.5 mm 或 2.5 mm。尺寸数字一般标注在尺寸线上方中部，离尺寸线应不大于 1 mm。当没有足够的注写位置时，可采用反向箭头，最外边的尺寸数字可注写在尺寸界线外侧箭头的上方,中间相邻的尺寸数字可错开注写,也可引出注写,如图 1.23 所示。尺寸均应标注在图样轮廓线以外,任何图线不得穿过尺寸数字,当不可避免时,应将尺寸数字处的图线断开。

尺寸数字及文字注写方向如图 1.26 所示,即水平尺寸字头朝上,垂直尺寸字头朝左,倾斜尺寸的尺寸数字都应保持字头仍有朝上趋势。同一张图纸上,尺寸数字的大小应相同。

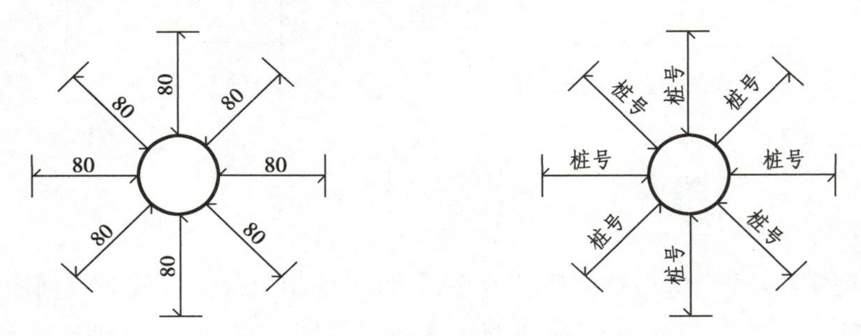

图 1.26　尺寸数字、文字的标注

2)尺寸标注中的一些规定

①图上所有尺寸数字反映的是物体的实际大小,与图的比例无关。

②在道路工程图中,线路的里程桩号以 km 为单位;标高、坡长和曲线要素均以 m 为单位;一般砖、石、混凝土等工程结构物及钢筋和钢材的长度以 cm 为单位;钢筋和钢材长度以 cm 为单位,断面以 mm 为单位。图上尺寸数字之后不必注写单位,但在注解及技术要求中要注明尺寸单位。

③引出线的斜线与水平线应采用细实线绘制,其交角 α 可按 90°,120°,135°,150°绘制。当图形需要文字说明时,可将文字说明标注在引出线的水平线上。当斜线在一条以上时,各斜线宜平行或交于一点。

④半径与直径的标注。标注圆的直径时,要在直径尺寸数字前加注符号“ϕ”或“$d(D)$”;标注半径时,要在半径尺寸数字前加注符号“$r(R)$”;当圆的直径较小时,半径与直径可标注在圆外;当圆的直径较大时,半径尺寸的起点可不从圆心开始,如图 1.27 所示。

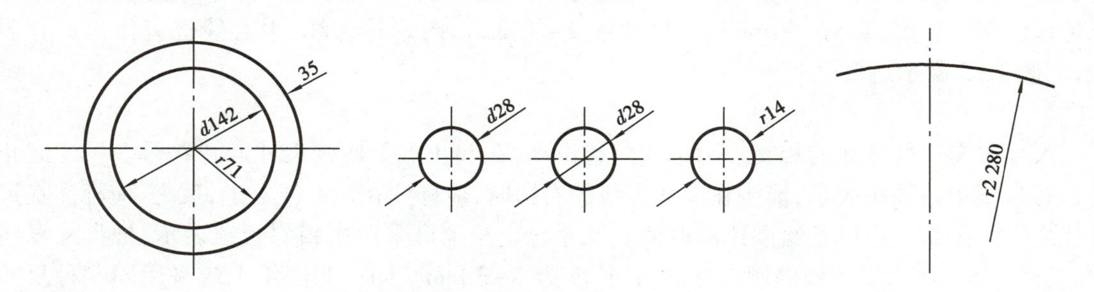

图 1.27　半径与直径的标注

⑤弧长与弦长的标注。弦长标注一般按图 1.28(a)所示。当弧长需要分段标注时,尺寸界线也可沿径向引出,如图 1.28(b)所示;对弧线的弦长标注时,弦长的尺寸界线应垂直于该圆弧的弦,如图 1.28(c)所示。

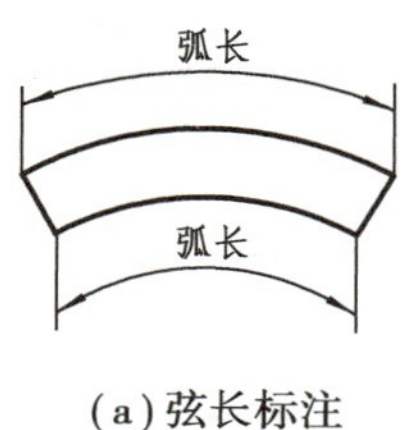

(a) 弦长标注

(b) 弧长分段标注

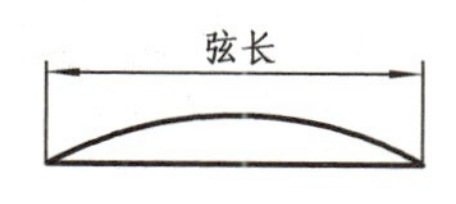

(c) 弧线的弦长标注

图 1.28 圆弧与弦长的标注

⑥球的标注。标注球体的尺寸时，应在直径和半径符号前加 S，如“Sϕ”“SR”。例如，SR10 表示半径为 10 的球体。球体的直径和半径标注方法与圆的标注方法一致。

⑦角度的标注。角度标注应以角的顶点为圆心的圆弧为尺寸线，以角的两边为尺寸界线来表示，角度的起止符应以箭头表示，角度数值宜写在尺寸线上方中部。当角度太小不便于标注时，可将尺寸线标注在角的两条边的外侧，角度数字应按如图 1.29 所示标注。

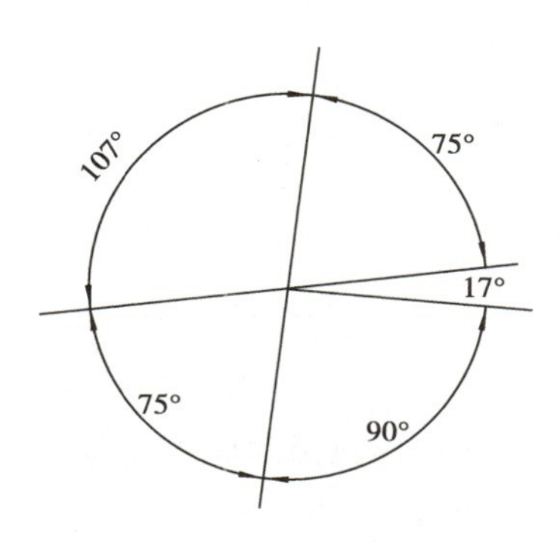

图 1.29 角度的标注

⑧标高的标注。标高符号应采用细实线绘制的等腰直角三角形表示。高为 2~3 mm，底角为 45°。顶角应指在需要标注的被注点上，向上、向下均可。标高数字宜标注在三角形的右边。负标高应冠以“-”号，正标高（包括零标高）数字前可不冠以“+”号。当图形复杂时，也可采用引出线形式标注，如图 1.30（a）所示。水位线标注如图 1.30（b）所示。一般道路工程图中，除水准点注至小数点后第 3 位外，其余标高注至小数点后第 2 位。

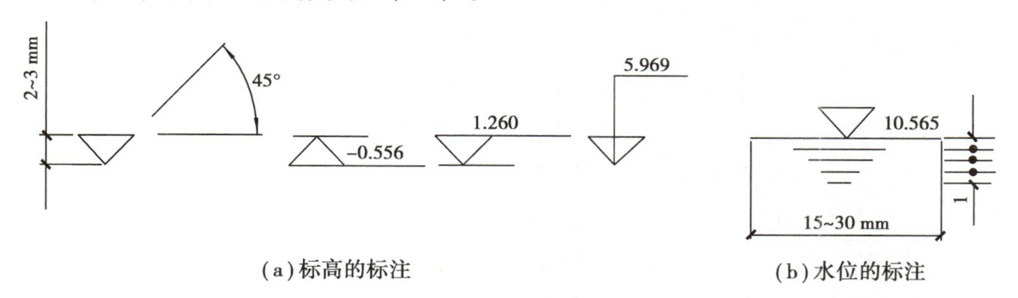

(a) 标高的标注

(b) 水位的标注

图 1.30 标高与水位的标注

⑨坡度的标注。斜面的倾斜度称为坡度，当坡度值较小时，坡度的标注宜用百分率表示，并应标注坡度符号。坡度符号应由细实线、单边箭头以及在线上标注的百分数组成。坡度符号的箭头应指向下坡。当坡度值较大时，坡度的标注宜用比例的形式表示，例如 1∶n，如图1.31所示。坡度也可以用直角三角形的形式来表示，例如房顶坡度的表示。

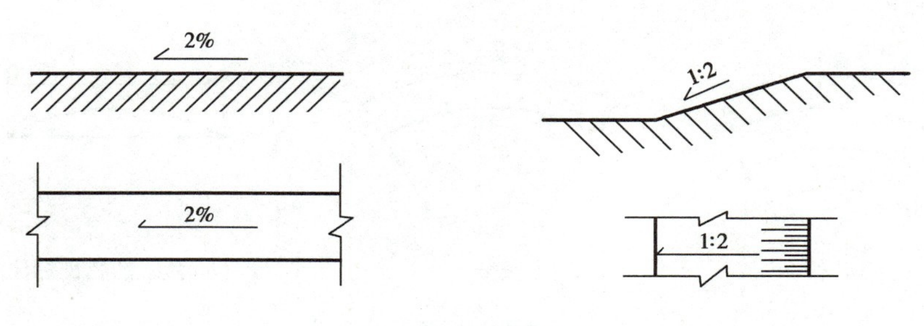

图 1.31 坡度的标注

1.3 几何作图

工程图复杂多样,绘制的图样应做到尺寸齐全、字体工整、图面整洁、符合国标,因此必须从一开始就严格要求,加强平时基本功的训练,掌握正确的绘图步骤和方法,力求作图准确、迅速、美观。而物体的图形是由直线、圆弧和曲线组合而成的,为了准确、迅速地绘制这些图形,必须掌握作图的基本方法,为日后工作打下良好基础。本节就制图的步骤和方法、制图中的美学应用、一些基本图线的绘制方法进行重点介绍。

· 1.3.1 制图的步骤与方法 ·

1)绘图的准备工作

①安排合适的绘图工作地点。绘图是一项细致的工作,要求绘图工作地点光线明亮、柔和,应使光线从左前方照来。绘图桌椅高度要配置合适,绘图时姿势要正确,否则不仅影响工作效率,还会妨碍身体健康。

②准备必需的绘图工具,使用之前应对其逐件进行检查、校正和擦拭干净,以保证工具质量和图面整洁。各种绘图工具应放在绘图桌的适当地方,做到使用方便、保管妥当。

③准备有关绘图的参考资料,以备随时查阅。

④根据所绘工程图的要求,按国家标准规定选用图幅大小。图纸在图上粘贴的位置尽量靠近左边(离图板边缘 3~5 cm),图纸下边至图板边缘的距离略大于丁字尺的宽度。

⑤根据国家标准规定,画出图框和标题栏。

2)平面图形分析

平面图形是由若干直线段或曲线段构成的,绘图时要按图形中所注尺寸逐步绘制。因此,在绘图前要对平面图形进行尺寸分析和线段分析,从而确定正确的绘图顺序。

(1)尺寸分析

平面图形的尺寸按其作用可分为定形尺寸和定位尺寸两种:定形尺寸是指确定平面图形中各部分形状大小的尺寸;定位尺寸是指确定平面图形中各部分相对位置的尺寸。

(2)尺寸基准

确定尺寸位置的点和直线称为尺寸基准。一个平面图形应有两个方向的尺寸基准,在同一坐标方向上有一个主要尺寸基准,也可能有几个辅助尺寸基准。通常将图形的对称线、较大圆的中心线、主要轮廓线等作为基准尺寸。在中长度方向选择对称轴线为尺寸基准,高度方向选择地边为尺寸基准。

(3)线段分析

由若干线段组成的平面图形,根据图形中所标注的尺寸和线段间的连接关系,图形中的线段可分为3种。

①已知线段:指定形尺寸和定位尺寸都完全给出的线段,可以独立画出的圆、圆弧或直线段。

②中间线段:指定形尺寸已完全给出,但定位尺寸只有一个的线段。这类线段在绘图时必须利用其一个连接关系才能作出的圆弧或直线段。

③连接线段:指只给出定形尺寸的线段。这类线段除图形中标注的尺寸外,还需根据两个连接关系才能画出的圆弧或直线段。

3)绘制底图

①任何工程图的绘制必须先画底图,再进行加深或描图。图面布置之后,根据选定的比例用H或2H铅笔轻轻画出底稿。底稿必须认真画出,以保证图样的正确性和精确度。如发现错误,不要立即擦掉,可用铅笔轻轻做上记号,待全图完成之后再一次擦净,以保证图面整洁。

②画底图时尺寸是用分规从比例尺上量取。相同长度尺寸应一次量取,以保证尺寸的准确和提高画图速度。

③画完底图之后,必须认真逐项检查,看是否有遗漏和错误的地方,切不可匆忙加深或上墨。

4)加深和描图

在检查底图确定无误之后,即可加深或描图。

(1)加深

①加深之前,应先确定标准实线的宽度,再根据线型确定其他线型。同类图线应粗细一致。一般粗度在 b 以上的图线用B或2B铅笔加深;或更细的图线和尺寸数字、注解等可用H或HB钢笔绘写。

②为使图线粗细均匀,色调一致,铅笔应该经常修磨,加深粗实线一次不够时,则应重复再画,切不可来回描粗。

③加深图线的步骤是:同类型的图线一次加深;先画细线,后画粗线;先画曲线,后画直线;先画图,后标注尺寸和注解;最后加深图框和标题栏。这样不仅加快绘图速度和提高精度,而且可减少丁字尺与三角板在图纸上的摩擦,保持图面清洁。

④全部加深之后,再仔细检查,若有错误应及时改正。这种用绘图仪器画出的图,称为仪器图。

(2)描图

凡有保存价值和需要复制的图样均需描图。描图是将描图覆盖在钢笔底稿上用描图墨水描绘的。描图的步骤同加深基本一样,主要是要熟练掌握墨线笔的使用,调好积压类线型的粗度,将相同宽度的图线一次画好。要特别注意防止墨水污损图纸。每画完一条图线,要待墨水干涸之后才能用丁字尺或三角板覆盖,描线时,应使底稿线处于墨线的正中。在描图过程时,图纸不得有任何移动。

全部描完之后，必须严格检查。如有错误，应待墨汁干后，在图纸下垫以丁字尺或三角板，将刀片垂直图纸轻轻朝一个方向刮去墨迹，并用硬橡皮擦去污点，再把图纸压平后，才可在上面重画。

5)图样复制

图样复制除利用复印机复印外，还可采用复晒方法复制。其方法是先将绘好的描图纸放在晒图框内，再将感光线紧贴在描图纸背面，然后把晒图框放在太阳或强烈灯光下曝光。曝光后的感光纸经过汽熏处理，即得复制的图样，这种图样称为“蓝图”。

· 1.3.2 美学原则在图样中的应用 ·

工程图样的优劣对读者的视觉感受效果和心理接受情况有截然不同的影响。人们阅读质量好的图纸时，通过清晰的视图、工整的字体、匀称的线条、秀丽的符号、简洁的文字说明以及准确、明晰的尺寸标注等，不仅易于了解其中的内容，还会产生美感，诱发兴趣，进而对图样做深入的认识；相反，质量差的图纸则使人产生厌烦情绪。因此，在绘图过程中应充分结合美学原则。

如何才能使图样绘得符合要求而且美观，下面以图样中的几个主要内容为例，加以说明。

1)图幅

图纸幅面的长宽比应该是多少才能使人感到舒适愉快。如果比例适当就显得美，有趣味；如果比例不当，就显得呆板单调。按德国数学家阿蔡辛的“黄金分割律”，凡是符合黄金分割律的(0.618 :1)物体，总是最美的形体。在平面图形中，人们比较喜欢矩形，而在各种矩形中，人们最喜爱的是长短边为 34 :21 的长方形，此比例恰好符合黄金分割律。《道路工程制图标准》(GB 50162—92)根据图纸生产规格把图纸幅面尺寸规定为 5 种，即 A0，A1，A2，A3，A4，它们的宽长比为 0.707 :1，这是由图纸对折即成为小一号图纸($b/l=0.51/b$)这一规律推出的 $\sqrt{2}$ 系列图幅($l=\sqrt{2}b$)。这样的图幅既有利于设计资料的整理保存又符合美学原则。

2)比例

制作图形时，首先要根据图面布置应合理、匀称、美观的原则，按照物体的形状大小及复杂程度选择合适的比例，然后画出图形。例如道路纵断面图和桥位地质断面图，其共同特点是长的尺寸远远大于高的尺寸，为了突出高差变化，往往可采用长、高方向不同比例，即高方向的比例较长方向扩大 10 倍，这样既突出了高差又使图样协调、美观。

3)线型

线条是图样的基本要素，各种线条能显示不同的美学特征。如直线表示力量和强硬，给人以静的感觉；相同长度的直线，铅垂线给人的视觉感受要比水平线长一些；曲线表示柔和与优美，给人以运动感；折线形成一定的角度，有方向感；蛇形线、波浪线或“S”形给人一种变化无常的感觉。国标规定的线型(表 1.5)，都体现了审美标准，也是大量实践经验的结晶，在作图过程中要认真执行。另外在作图中应该注意，波浪线峰谷不能太悬殊，应自然微起伏，波峰也不宜太多，一条波浪线以 3 或 4 个波为宜；折断线的折幅不能太大，以免给人不良的视觉刺激，折断线折节也不宜太多；圆的一对共轭轴是用点画线表示的，其中 4 个点相对圆心应上下左右对称,给人以精确细致的美感。

选择线型时,通常图框线选用粗实线,表格外框线选用中实线,表格内线选用细实线。从美学观点来看,这样的处理方法比简单地选用一种线型要好得多,使单调生硬的直线富于变化、生动形象、重点突出。

4)字体

图样中的字体要求较严格,各国对字体都有明确规定。汉字书法博大精深,但在图纸上不能像书法家那样龙飞凤舞地写。国标规定图纸中的汉字应采用长仿宋字,不得采用繁体字,对字体的大小、高度、倾斜度都有规定。仿宋字的特点是清晰、挺秀、端庄,计算机普及以前图样中的字体绝大部分是手工写成的,手工描写费时费力并且成图质量差。随着计算机的普及和软件发展,用于文字处理的字库可提供十几种字体,有工整严肃的楷体、宋体和黑体等字体,也有较美观、有艺术感的隶书、行楷和魏碑等字体,还可以选择各种字体的简体和繁体,连阿拉伯数字也可以有多种选择。我们选择较大的富有美感的字体(如黑体、隶书、魏碑、行楷)做封面,选择较小的工整易认的字体(如宋体、楷体)做图样的附注说明。

5)尺寸和技术条件的标注

标注尺寸很灵活,除了遵守国标规定,还要注重美感。尺寸标得好,对视图会起到锦上添花的作用,反之,会给人一种杂乱无章的感觉。标尺寸不要过于集中,也不要太分散,根据视图的配置和空白的大小,做到完整、合理、清晰和美观。要达到美观,需考虑以下几点:

- 匀称　所谓匀称,是指尺寸不要过于集中或者十分散乱,应注意均匀和协调。
- 灵活　标注尺寸的形式切忌呆板,尽量采用综合法,使尺寸疏密相间,错落有致。
- 统一　在一张图纸上,尺寸线的间距、数字的大小要一致,数字注写要整齐居中。

至于技术条件的注写,国标虽没有规定具体位置,但也不能见缝插针,技术条件通常注写在图面的右下方。

6)图形配置

要使图样显得美观,就必须考虑各视图的面积大小,做精心安排。布图时还要看视图大小和图纸位置,体现美学上的“适用”和“适宜”。“适用”在这里应理解为画图和读图的方便,并为标尺寸、注写技术条件创造良好条件;“适宜”就是美感。布置图形时,首先要主次分明,即把最重要的视图(主视图)放在最明显的位置(V 面投影位置),其次在配置其他视图时,则要做到疏密适度。一张图纸内容不能太多,因为庞即大,杂必乱,只有不庞杂,才能有和谐的效果。一张图纸除了安排必要的图样、尺寸、符号、代号和文字说明外,还应留有一定的空白。空白面积宜占图幅面积的30%左右。具体地说,图形间距不宜小于40 mm,图形与图框间距不宜小于30 mm,而且离上框间距应略大于离下框间距,避免头重脚轻的不稳定感。若图形距离上框的间距过小,就会使读者产生压抑感。

1.3.3 过已知点作直线

1)过已知点作已知直线的平行线

①已知点 A 和直线 BC,如图 1.32(a)所示。

②用第 1 块三角板的一边与 BC 重合,第 2 块三角板与第 1 块三角板的另一边紧靠,如图 1.32(b)所示。

③推动第 1 块三角板至 A 点,画一直线即为所求,如图 1.32(c)所示。

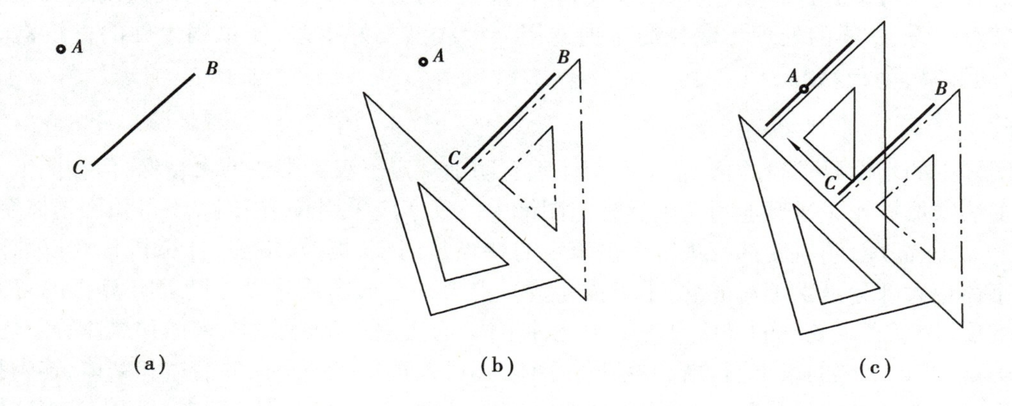

图 1.32　过已知点作已知直线的平行线

2)过已知点作已知直线的垂直线

①已知点 A 和直线 BC,如图 1.33(a)所示。

②先使 45°三角板的一直角边与 BC 重合,再使其斜边紧靠另一三角板,如图 1.33(b)所示。

③推动 45°三角板,使另一直角边靠紧 A 点,画一直线,即为所求,如图 1.33(c)所示。

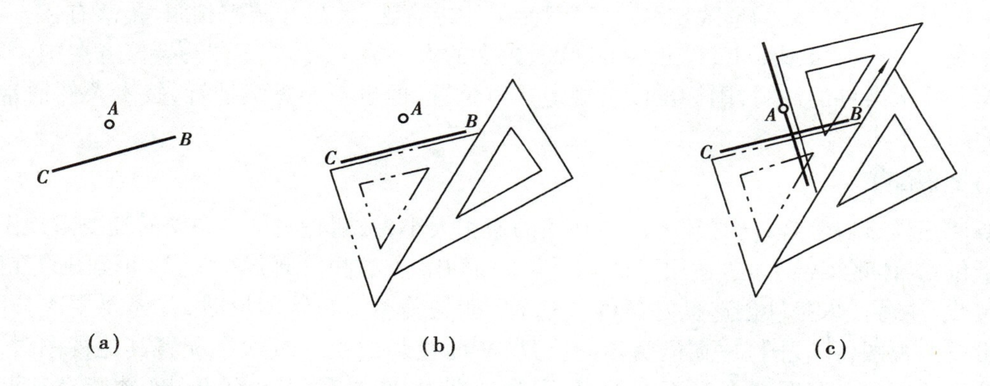

图 1.33　过已知直线作已知直线的垂直线

· 1.3.4　分任意等分 ·

1)作已知线段为任意等分

①已知直线 AB,分 AB 为 6 等分,如图 1.34(a)所示。

②过 A 点做任意射线 AC,任取一长度为单位长,在 AC 上截取得到 1,2,3,4,5,6 点,将 6 点与 B 相连,如图 1.34(b)所示。

③分别过各等分点作 $B6$ 的平行线交 AB 得 5 个点,即分 AB 为 6 等分,如图 1.34(c)所示。

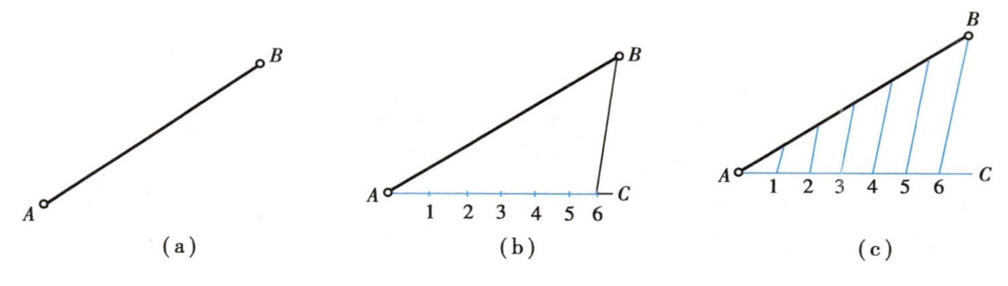

图 1.34 作已知线段为任意等分

2)作两平行线间的距离为任意等分

①已知平行线 AB 和 CD,分其间距为 5 等分,如图 1.35(a)所示。

②将直尺上刻度的 0 点固定在 AB 上,并以 0 为圆心摆动直尺,使刻度的 5 点落在 CD 上,在 1,2,3,4,5 各点处作标记,如图 1.35(b)所示。

③过各等分点作 AB 的平行线即为所求,如图 1.35(c)所示。

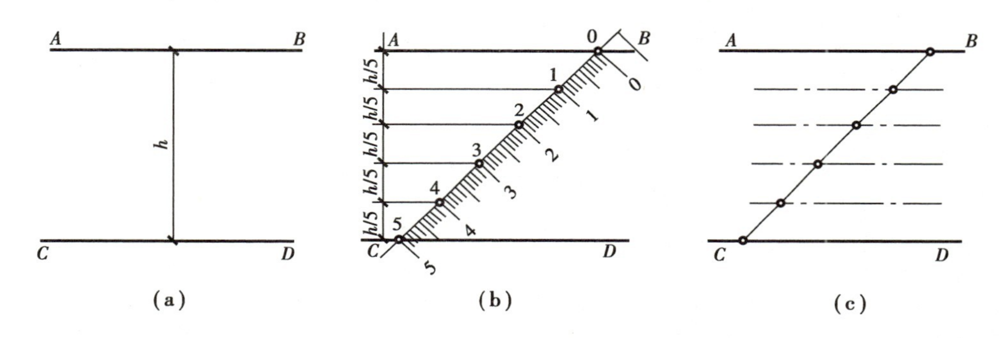

图 1.35 作两平行线间的距离为任意等分

· 1.3.5 已知外接圆求作正多边形 ·

1)已知外接圆求作正五边形

①已知外接圆 O,作内接正五边形,先平分半径 OA,得平分点 B,如图 1.36(a)所示。

②以 B 为圆心,$B1$ 为半径画弧交 BO 延长线于 C,$C1$ 即为五边形的边长,如图 1.36(b)所示。

③以 1 为圆心,以 $C1$ 为半径画弧,得 2,5 两点,如图 1.36(c)所示。

④分别以 2,5 点为圆心,以 $C1$ 为半径在圆弧上截取 3,4 两点。顺次连接各点,即得正五边形,如图 1.36(d)所示。

2)作圆内接任意正多边形(以七边形为例)

①已知外接圆,作内接正七边形,先将直径 AB 分成为 7 等分,如图 1.37(a)所示。

②以 B 为圆心,AB 为半径,画圆弧与 DC 延长线相交于 E,再自 E 引直线与 AB 上每隔一分点(如 2,4,6)连接,并延长与圆周交于 F,G,H 等点,如图 1.37(b)所示。

③求 F,G 和 H 的对称点 K,J 和 I,并顺次连接 F,G,H,I,J,K,A 即得正七边形,如图 1.37(c)所示。

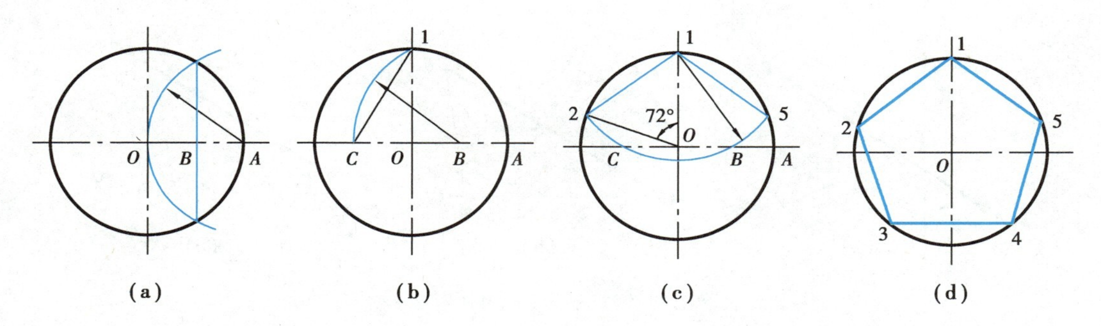

图 1.36　已知外接圆求作正五边形

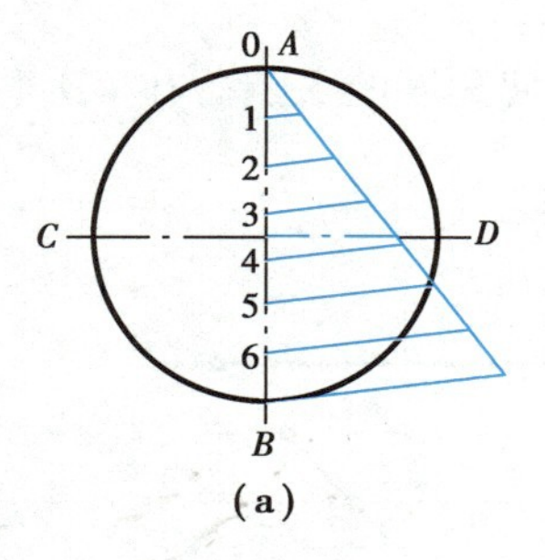

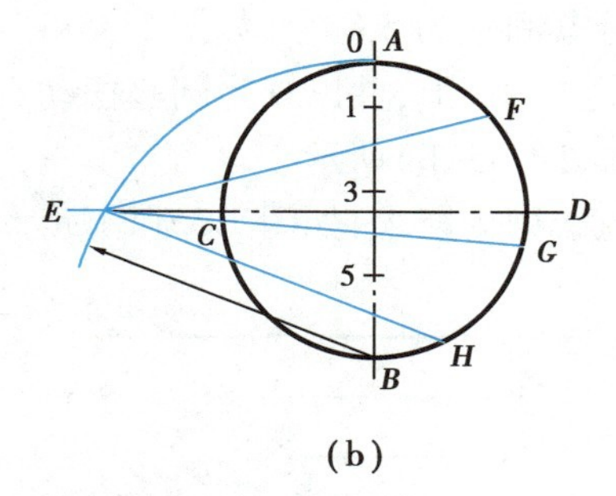

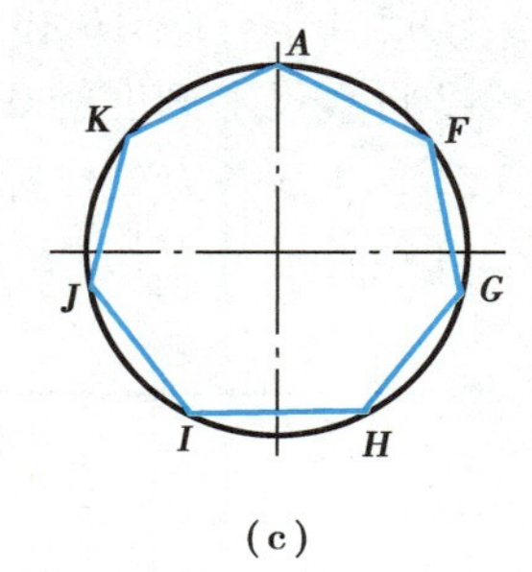

图 1.37　作圆内接任意正多边形

· 1.3.6　圆弧连接 ·

道路工程图中，经常需要绘制圆弧与直线连接或圆弧与圆弧连接，如道路的平面曲线、涵洞的洞口、隧道的洞门等。图 1.38 所示为道路的平面交叉路口图，就是用圆弧与直线连接而成的。

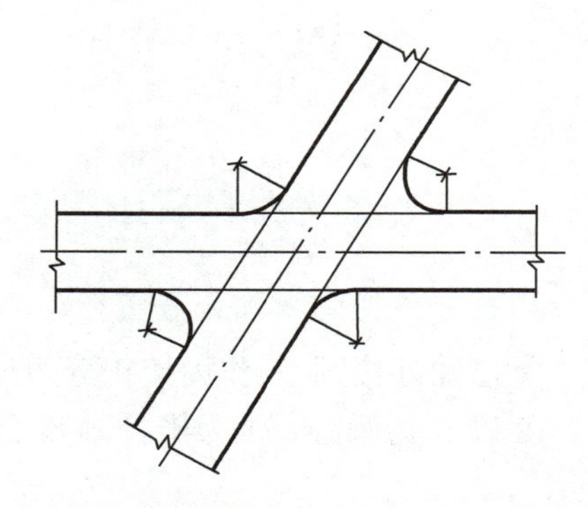

图 1.38　道路平面交叉路口图

圆弧连接的形式比较多，其关键是根据已知条件，确定连接圆弧的圆心和切点（即连接点）。以下是几种常用的作图方法。

1）圆弧与两直线连接

①已知直线Ⅰ，Ⅱ和连接圆弧的半径 R，如图 1.39(a)所示。

②在Ⅰ,Ⅱ上各取任意点 a，b，过 a，b 分别作 $aa' \perp$Ⅰ，$bb' \perp$Ⅱ，并截取 $aa' = bb' = R$，如图 1.39(b)所示。

③过 a'，b' 分别作Ⅰ，Ⅱ的平行线相交于 O，点为 O 即为所求连接圆弧的圆心，如图 1.39(c)所示。

④过 O 分别作Ⅰ，Ⅱ的垂线，得垂足 A，B，即为所求的切点。以 O 为圆心，R 为半径，画出图示 AB 弧即为所求，如图 1.39(d)所示。

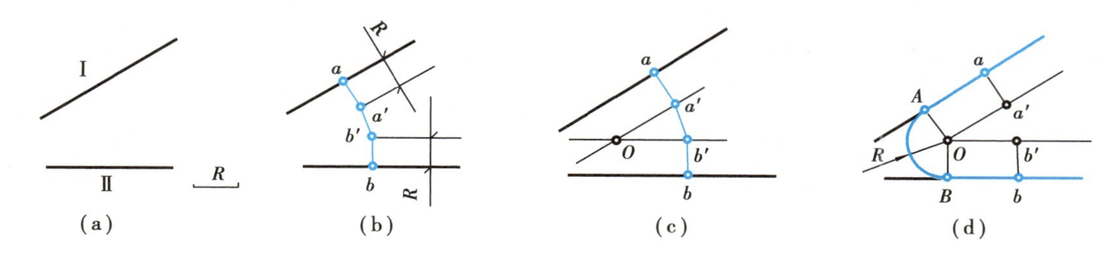

图 1.39　圆弧和两直线连接

2)圆弧与一直线和一圆弧连接

①已知直线Ⅰ及以 R_1 为半径的已知圆弧和连接圆弧的半径 R,求作圆弧与Ⅰ及已知圆弧相连接,如图 1.40(a)所示。

②以 O_1 为圆心,R_1+R 为半径,作圆弧,并作Ⅰ的平行线Ⅱ,使其间距为 R,平行线Ⅱ与半径为 R_1+R 的圆弧交于 O 点,如图 1.40(b)所示。

③连 OO_1 与已知半径 R_1 的圆弧交于 B 点,过 O 作Ⅰ的垂线得垂足 A,A,B 即为切点,如图 1.40(c)所示。

④以 O 为圆心,R 为半径,画出图示 AB 弧即为所求,如图 1.40(d)所示。

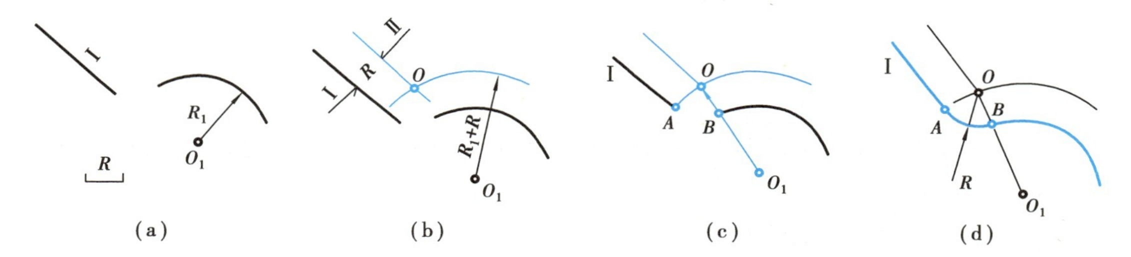

图 1.40　圆弧与一直线和一圆弧连接

3)圆弧与两圆弧连接

(1)外连接

①已知半径为 R_1 和 R_2 的两圆弧,外连接圆弧的半径为 R,求作圆弧与已知两圆弧外连接,如图 1.41(a)所示。

②以 O_1 为圆心,R_1+R 为半径,作圆弧;以 O_2 为圆心,R_2+R 为半径,作圆弧,两圆弧相交于 O,即为所求连接弧圆心,如图 1.41(b)所示。

③连 O_1O 和 O_2O,分别交两已知圆弧于 A,B 点,A,B 即为所求连接弧与已知弧切点,如图 1.41(c)所示。

④以 O 为圆心,R 为半径,画出图示 AB 弧即为所求,如图 1.41(d)所示。

(2)内连接

①已知半径为 R_1 和 R_2 的两圆弧,内连接圆弧的半径为 R,求作圆弧与已知两圆弧内连接,如图 1.42(a)所示。

②以 O_1 为圆心,$R-R_1$ 为半径,作圆弧;以 O_2 为圆心,$R-R_2$ 为半径,作圆弧,两圆弧相交于 O,O 即为所求圆心,如图 1.42(b)所示。

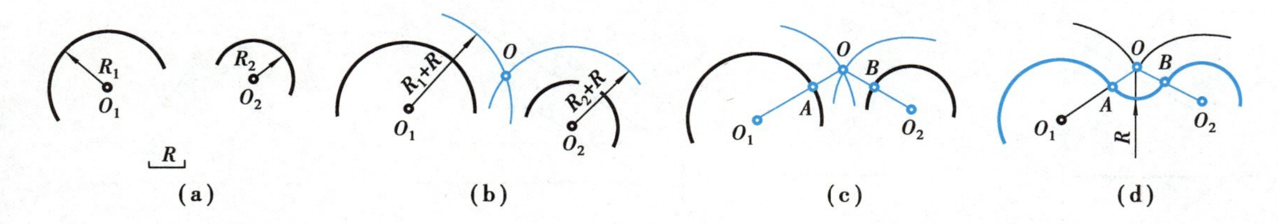

图 1.41　圆弧与两圆弧外连接

③连接 OO_1 和 OO_2，并延长交两已知圆弧于 A，B 两点，A，B 即为所求切点，如图 1.42(c)所示。

④以 O 为圆心，R 为半径，作圆弧即为所求，如图 1.42(d)所示。

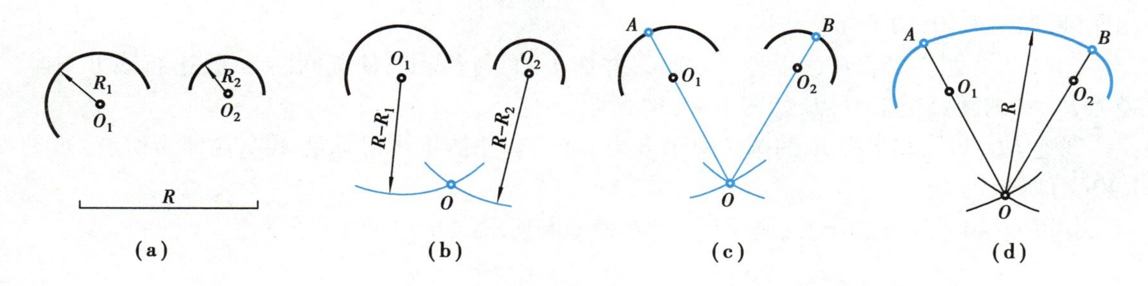

图 1.42　圆弧与圆弧内连接

(3)混合连接

①已知半径 R_1，R_2 的两圆弧和连接圆弧的半径 R，求作圆弧与已知两圆弧混合连接，如图 1.43(a)所示。

②以 O_1 为圆心，R_1+R 为半径，作圆弧；以 O_2 为圆心，R_2-R 为半径，作圆弧；两圆弧相交于 O，O 即为所求圆心，如图 1.43(b)所示。

③连接 O_1O，与以 R_1 为半径的圆弧交于 A；连接 OO_2 并延长，与以 R_2 为半径的圆弧交于 B，A，B 即为所求切点，如图 1.43(c)所示。

④以 O 为圆心，R 为半径，作圆弧即为所求，如图 1.43(d)所示。

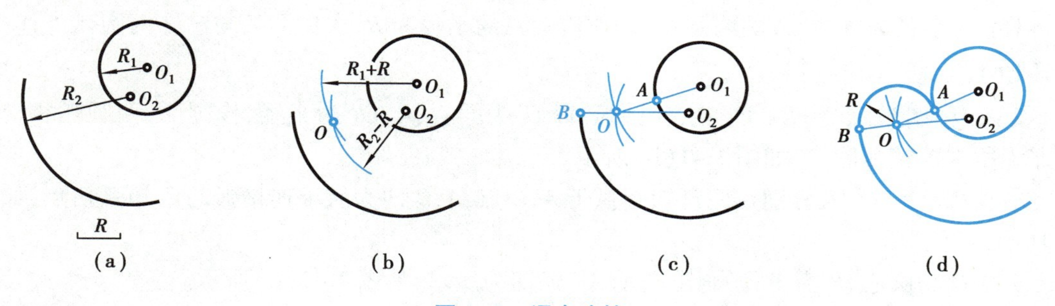

图 1.43　混合连接

(4)反向曲线连接

①已知两平行线 AB，CD，以及 AB，CD 上的切点 T_1，T_2，求反向曲线，如图 1.44(a)所示。

②连接切点 T_1，T_2，并在其上取曲线的反向点 E，分别作 T_1E 和 ET_2 的垂直平分线，如图 1.44(b)所示。

③过切点 T_1 和 T_2 分别作 AB 和 CD 的垂线，交 T_1E 和 ET_2 的垂直平分线于 O_1 和 O_2，如图1.44(c)所示。

④分别以 O_1，O_2 为圆心，O_1T_1，O_2T_2 为半径，作圆弧，即为所求的反向曲线，如图 1.44(d)所示。

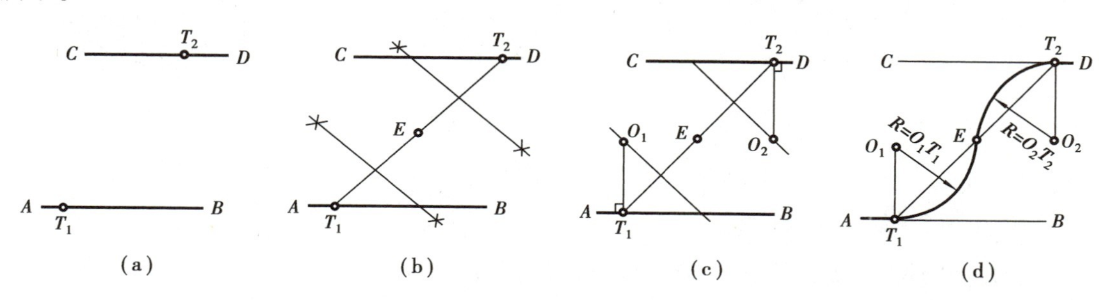

图 1.44　反向曲线连接

· 1.3.7　椭圆的画法 ·

1)用同心圆法画椭圆

①已知椭圆长轴 AB 和短轴 CD，求作椭圆。

②以 O 为圆心，分别以 AB 和 CD 为直径画同心圆，如图 1.45(a)所示。

③分圆为若干等分(如 12 等分)，得点 1,2,…,12 和点 1′,2′,…,12′，如图 1.45(b)所示。

④过大圆上各点作 CD 的平行线，过小圆上各点作 AB 的平行线，各对应直线交于 E,F,G,H,I,J,K,L 点，如图 1.45(c)所示。

⑤用平滑的曲线连接 C,E,F,B,…,A,K,L,C 等点，即为所求椭圆，如图 1.45(d)所示。

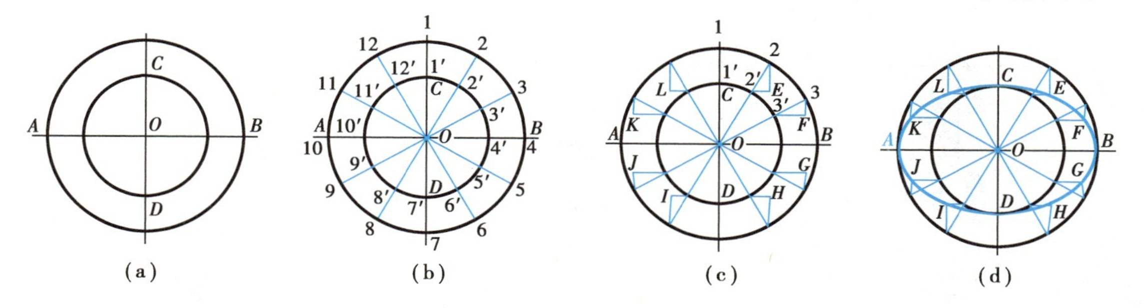

图 1.45　同心圆法

2)用共轭轴法画椭圆

①已知共轭直径 AB 和 CD，如图 1.46(a)所示。

②过 $ABCD$ 作平行四边形 $efgh$，将 ef,gh 和 AB 分为相同的等分(如 8 等分)，并标以数字，如图 1.46(b)所示。

③连接 D 点与 Ae,AB,Bh 上的各等分点，又连接 C 点与 fA,AB,gB 上的各等分点，如图1.46(c)所示。

④将四边形内带有相同数字的各线的交点依次平滑连接，即成椭圆，如图 1.46(d)所示。

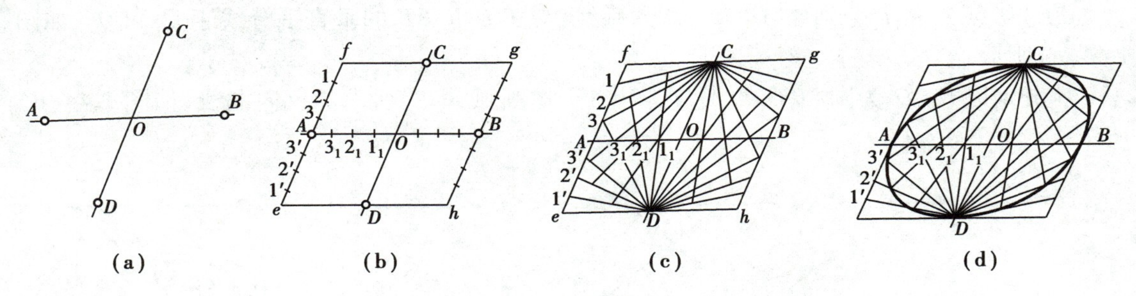

图 1.46　共轭轴画法

3)用四心圆法画近似椭圆

①已知椭圆长轴 AB、短轴 CD,求作椭圆,如图 1.47(a)所示。

②以 O 为圆心,OA(或 OB)为半径作圆弧,并交 DC 延长线于 E,又以 C 为圆心,CE 为半径,作圆弧交 AC 于 F,如图 1.47(b)所示。

③作 AF 的垂直平分线,并交长轴 AB 于 O_1,交短轴 CD 的延长线于 O_4,如图 1.47(c)所示。

④作 O_1 和 O_4 的对称点 O_2 和 O_3,并将 O_1,O_2,O_3 和 O_4 两两相连,如图 1.47(d)所示。

⑤分别以 O_3,O_4 为圆心,以 O_3D,O_4C 为半径,作圆弧,如图 1.47(e)所示。

⑥分别以 O_1,O_2 为圆心,以 O_1A,O_2B 为半径,作圆弧,即得所求的近似椭圆,如图 1.47(f)所示。

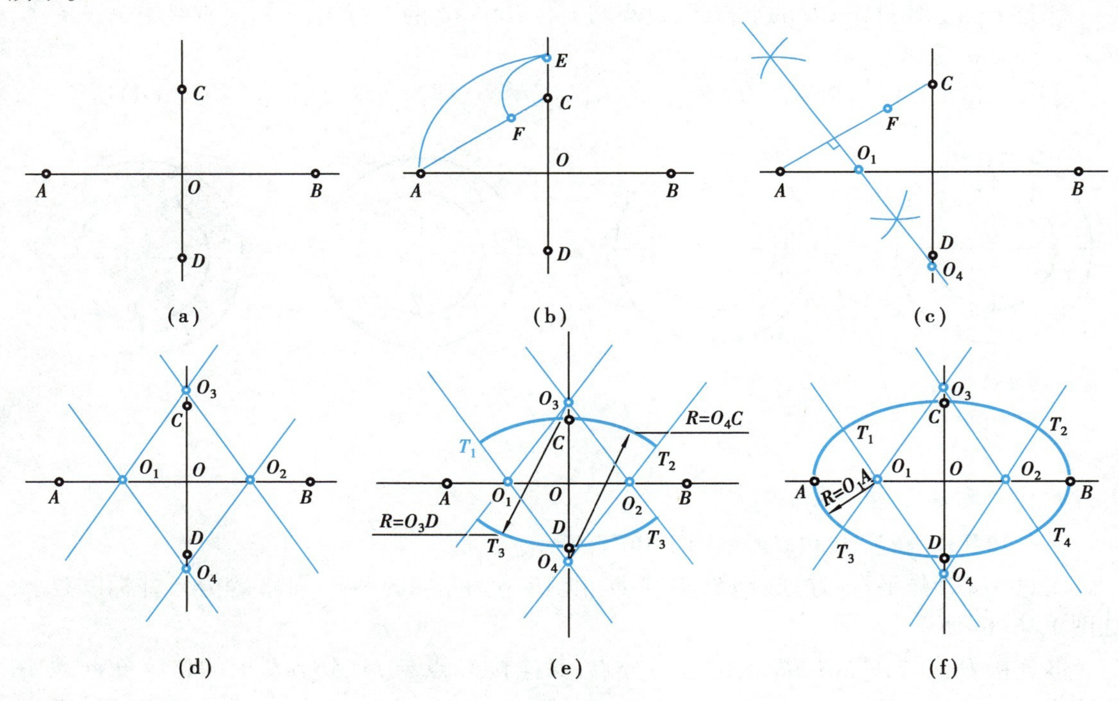

图 1.47　四心圆法

复习思考题

1.1 试述图纸的图幅、图框、标题栏的含义和作用。
1.2 图纸有几种图幅?
1.3 工程图上的文字应该是什么字体?
1.4 什么是绘图比例?
1.5 解释比例“1∶2”的含义。
1.6 图线分哪几种? 分别说出它们的用途。
1.7 尺寸标注的组成有哪些?
1.8 尺寸标注有哪些基本规定?
1.9 解释尺寸“R12” “SR12”的含义。

2 投影的基本知识

在绘制建筑工程结构物时，必须具备能够完整而准确地表示出工程结构物的形状和大小的图样。绘制这种图样，通常采用投影的原理和方法。本章着重介绍正投影法的基本原理和三面投影图的形成及其投影基本规律。

2.1 投影概述

· 2.1.1 影子和投影 ·

1）投影的基本概念

日常生活中，物体在光线（灯光和阳光）的照射下，就会在地面或墙面上产生影子，影子是一种自然现象。当光线照射的角度或距离改变时，影子的位置、大小及形状也随之改变。由此看来，光线、物体和影子三者之间，存在着一定的联系。

如图 2.1（a）所示，桥台模型在正上方的灯光照射下，产生了影子，随着光源、物体和投影面之间距离的变化，影子会发生相应的变化，这是光线从一点射出的情形。假如把光源移到无穷远处，即假设光线变为互相平行并垂直于地面时，影子的大小就和基础底板一样大了，如图 2.1（b）所示。

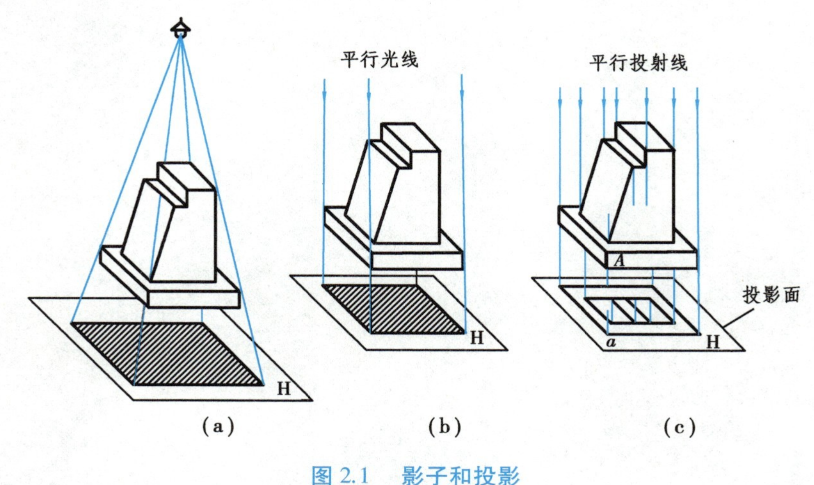

图 2.1　影子和投影

人们通过对这种现象进行几何抽象,把形体的所有内外轮廓和内外表面交线全部表示出来,且依投影方向凡可见的轮廓线画粗实线,不可见的轮廓线画虚线。这样,形体的影子就发展成为能满足生产需要的投影图,简称投影,如图 2.1(c)所示。这种投影方法满足了用二维图形表示三维形体的方法,称为投影法。我们把光线称为投射线,把承受投影的平面称为投影面。

投影必备的三个基本条件如图 2.2 所示。

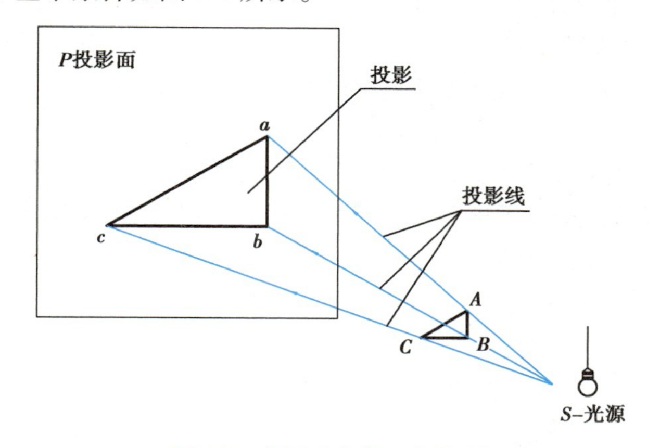

图 2.2　投影必备的三个条件

2)投影的分类

按投射线的不同情况,投影可分为 2 大类:

(1)中心投影

所有投射线都从一点(投影中心)发出的,称为中心投影。如图 2.3 所示,若投影中心为 S,把投射线与投影面 H 的各交点相连,即得三角板的中心投影。

(2)平行投影

所有投射线互相平行则称为平行投影。若投射线与投影面斜交,称为斜角投影或斜投影,如图 2.4(a)所示;若投射线与投影面垂直,则称为直角投影或正投影,如图 2.4(b)所示。

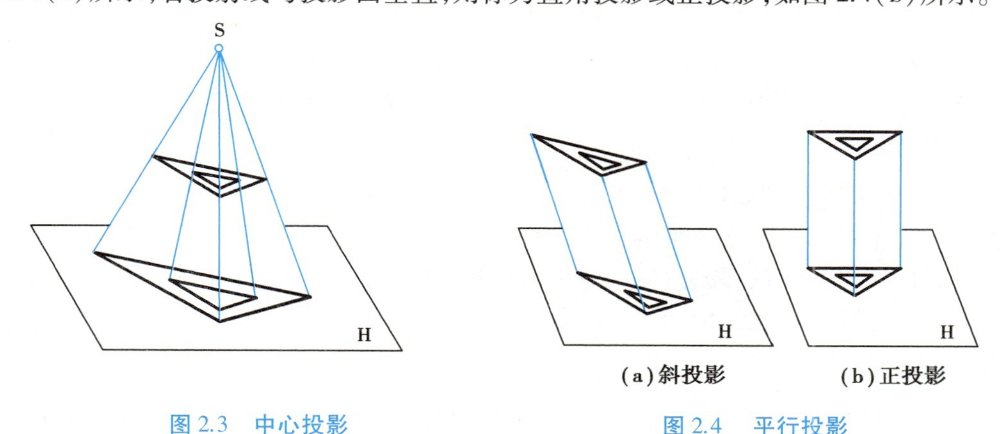

图 2.3　中心投影　　图 2.4　平行投影

大多数的工程图,都是采用正投影法绘制的。正投影法是本课程的主要内容,本课程中凡未作特别说明的,都属正投影。

· 2.1.2　工程上常用的几种图示法 ·

图示工程结构物时，根据被表达对象的特征不同和实际需要，可采用不同的图示方法。常用的图示方法有正投影法、轴测投影法、透视投影法和标高投影法。

1）正投影法

正投影法是一种多面投影。空间几何体在两个或两个以上互相垂直的投影面上进行正投影，然后将这些带有几何体投影图的投影面展开在一个平面上，从而得到几何体的多面正投影图，由这些投影便能完全确定该几何体的空间位置和形状。如图 2.5 所示，为桥台的三面正投影图。

正投影图的优点是作图较简便，而且采用正投影法时，常将几何体的主要平面放置成与相应投影面相互平行的位置，这样画出的投影图能反映出这些平面的实形，因此，从图上可以直接量得空间几何体的较多尺寸，即正投影图具有良好的度量性，所以在工程上应用最广。其缺点是无立体感，直观性较差。

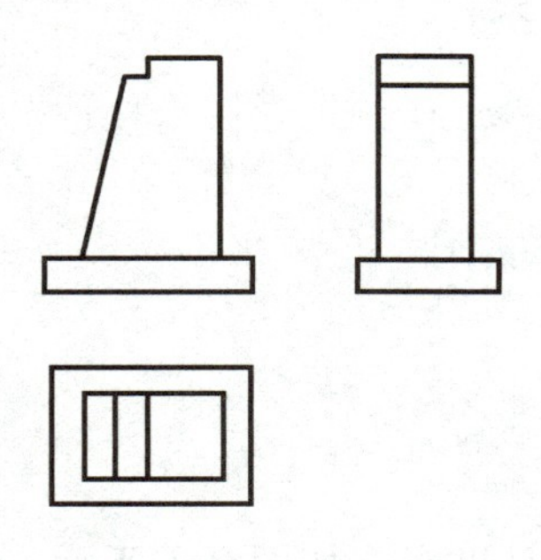

图 2.5　桥台的三面投影

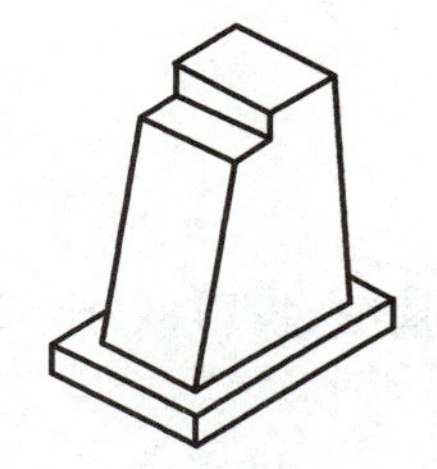

图 2.6　桥台正等测轴测图

2）轴测投影法

轴测投影采用单面投影图，是平行投影之一，它是把物体按平行投影法投射至单一投影面上所得到的投影图。如图 2.6 所示，为桥台的正等测轴测图。轴测投影的特点是在投影图上可以同时反映出长、宽、高 3 个方向上的形状，所以投影富有立体感，直观性较好；但它不能完整地表达物体的形状，而且作图复杂、度量性差，一般只作为工程上的辅助图样。

3）透视投影法

透视投影法即中心投影法。如图 2.7 所示，是按中心投影法画出的桥台透视图。由于透视图和照相原理相似，它符合人们的视觉，投影接近于视觉映像，逼真、悦目，直观性很强，常用于设计方案比较以及展览用的图样。但绘制较繁，且不能直接反映物体的真实大小，不便度量。近年来透视图在高速公路设计中应用甚广，它是公路设计的依据之一。

4）标高投影法

标高投影是一种带有数字标记的单面正投影，常用来表示不规则曲面。假定某一山峰被一系列水平面所截割（图 2.8），用标有高程数字的截交线（等高线）来表示地面的起伏，这就是标高投影法。它具有一般正投影的优缺点。用这种方法表达地形所画出的图称为地形图，在工程中被广泛采用。

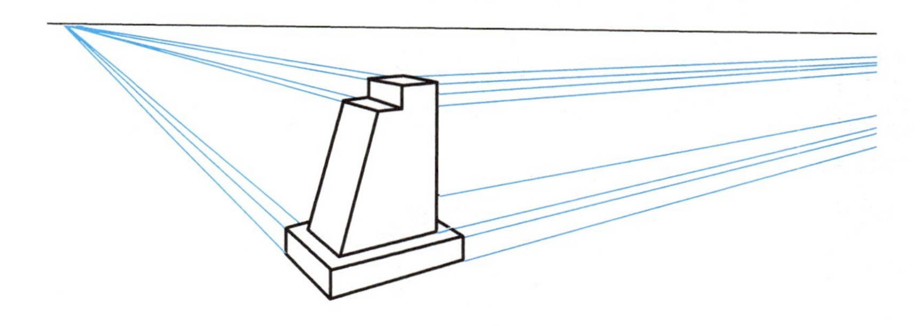

图 2.7 桥台透视图

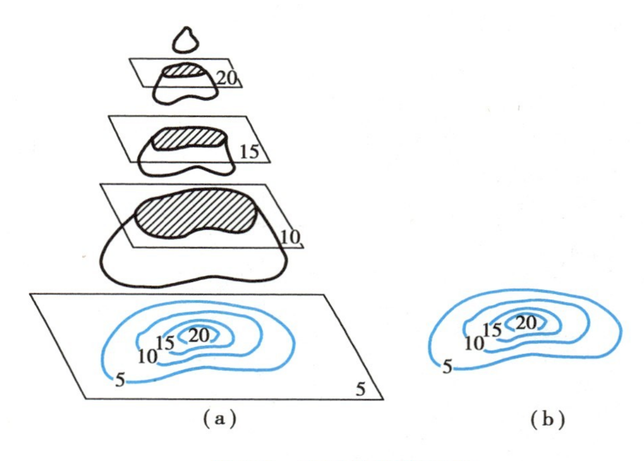

图 2.8 山峰的标高投影

· 2.1.3 平行投影特性 ·

1)类似性

①点的投影仍是点,如图 2.9(a)所示。

②直线的投影在一般情况下仍为直线,当直线段倾斜于投影面时,其正投影短于实长,如图 2.9(b)所示。通过直线 AB 上各点的投射线,形成一平面 $ABba$,它与投影面 H 的交线 ab,即为 AB 的投影。

③平面的投影在一般情况下仍为平面,当平面倾斜于投影面时,其正投影小于实形,如图 2.9(c)所示。

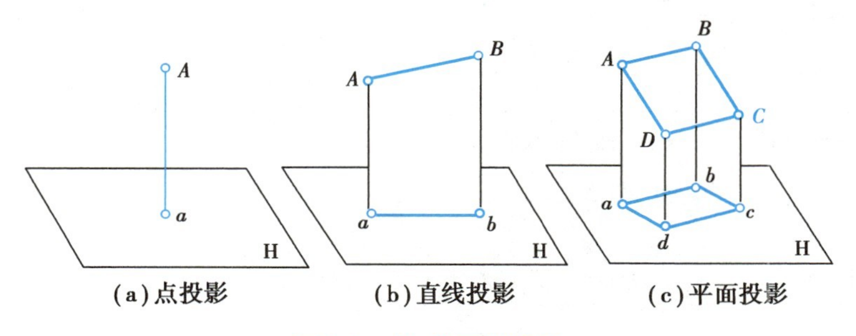

图 2.9 点、线面的投影

2)从属性

若点在直线上,则点的投影必在该直线的投影上。如图 2.10 所示,点 K 在直线 AB 上,投射线 Kk 必与 Aa,Bb 在同一平面上,因此点 K 的投影 k 一定在 ab 上。

3)定比分割性

直线上一点把该直线分成两段,该两段之比,等于其投影之比。如图 2.10 所示,由于 $Aa /\!/ Kk /\!/ Bb$,所以 $AK:KB=ak:kb$。

4)真实性

平行于投影面的直线和平面,其投影反映实长和实形。如图 2.11 所示,直线 AB 平行于投影面 H,其投影 $ab=AB$,即反映 AB 的真实长度。平面 $ABCD /\!/$ H,其投影 $abcd$ 反映 $ABCD$ 的真实大小。

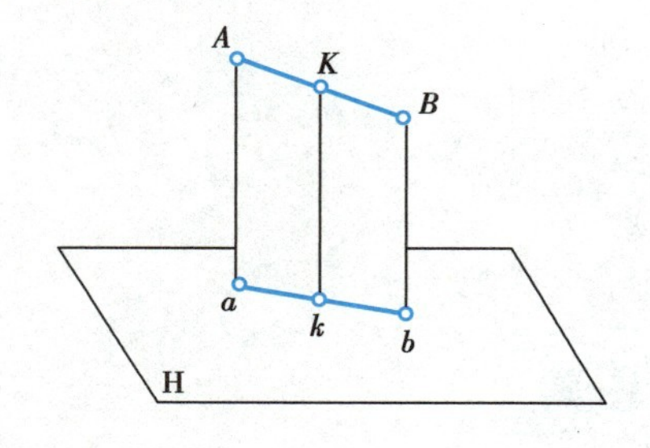

图 2.10　直线的从属性和定比性

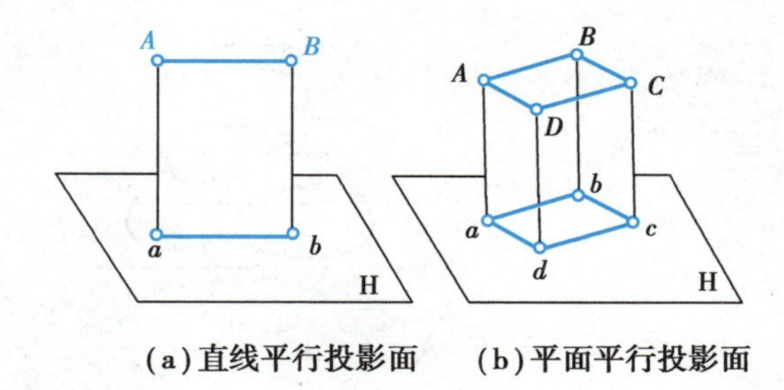

图 2.11　投影的实形性

5)积聚性

垂直于投影面的直线,其投影积聚为一点;垂直于投影面的平面,其投影积聚为一条直线。如图 2.12 所示,直线 AB 垂直于投影面 H,其投影积聚成一点 $a(b)$。平面 $ABCD$ 垂直于投影面 H,其投影积聚成一直线 $ab(dc)$。

6)平行不变性

两平行直线的投影仍互相平行,且其投影长度之比等于两平行线段长度之比。如图 2.13 所示,$AB /\!/ CD$,其投影 $ab /\!/ cd$,且 $ab:cd=AB:CD$。

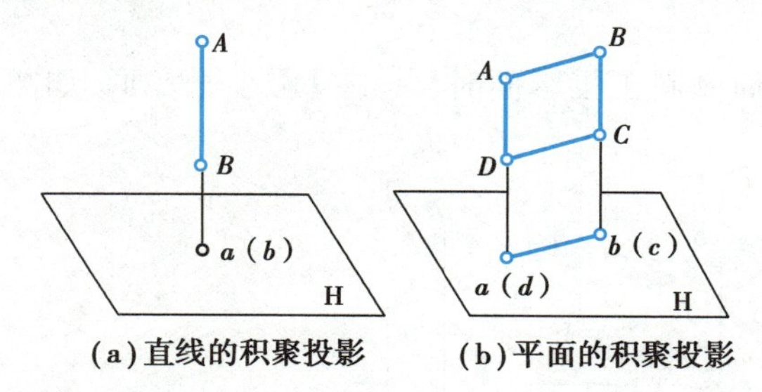

图 2.12　直线和平面的积聚性

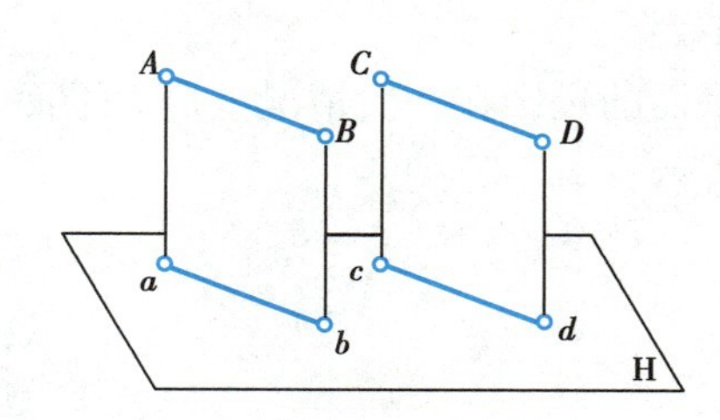

图 2.13　两平行直线的投影

2.2 形体的三面正投影图

· 2.2.1 形体三面投影体系 ·

如图 2.14 所示,根据平行投影,图中 3 个形状不同的形体在同一投影面的投影却是相同的。这说明由形体的一个投影,不能准确地表示形体的形状,因此,需要多个投影面来反映形体的实形。一般把形体放在 3 个互相垂直平面所组成的三面投影体系中进行投影,如图2.15所示。在三面投影体系中,水平放置的平面称为水平投影面,用字母“H”表示,简称为 H 面;正对观察者的平面称为正立投影面,用字母“V”表示,简称 V 面;观察者右侧的平面称为侧立投影面,用字母“W”表示,简称 W 面。三投影面两两相交,构成 3 条投影轴 OX,OY 和 OZ,三轴的交点 O 称为原点。只有在这个体系中,才能比较充分地表示出形体的空间形状。

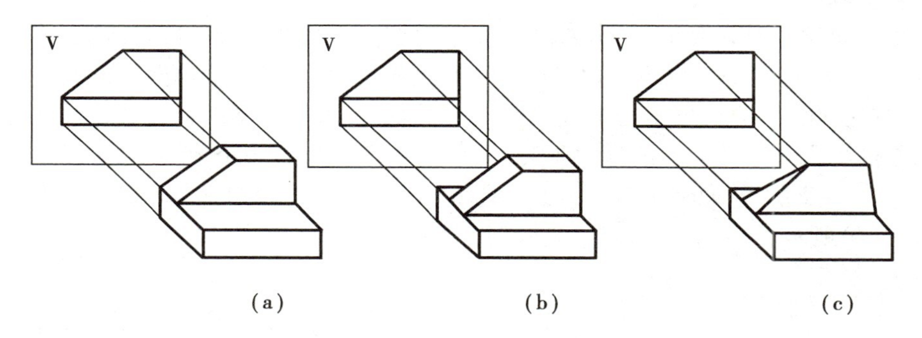

图 2.14　一个投影图不能确定形体的空间形状

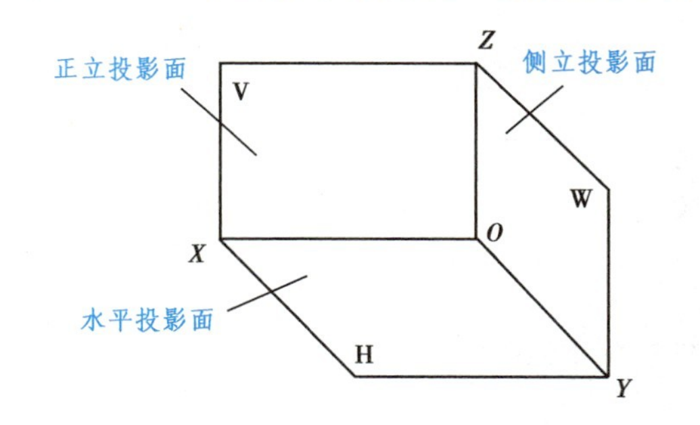

图 2.15　三面投影体系

· 2.2.2 三面正投影图的形成 ·

将形体置于三面投影体系中,且形体在观察者和投影面之间。如图 2.16 所示,形体靠近观察者一面称为前面,反之称为后面。由观察者的角度出发,定出形体的左、右、上、下 4 个面。由放置位置可知,形体的前、后两面均与 V 面平行,顶、底两面则与 H 面平行。用 3 组分别垂直于 3 个投影面的投射线对形体进行投影,就得到该形体在 3 个投影面上的正投影。

①由上而下投影,在 H 面上所得的投影图,称为水平投影图,简称 H 面投影。

②由前向后投影,在 V 面上所得的投影图,称为正立面投影图,简称 V 面投影。

③由左向右投影，在 W 面上所得的投影图，称为(左)侧立面投影图，简称 W 面投影。

上述所得的 H，V，W 3 个投影图就是形体最基本的三面正投影图。

本书主要讲述正投影，后面讲述中所有正投影均简称为投影。

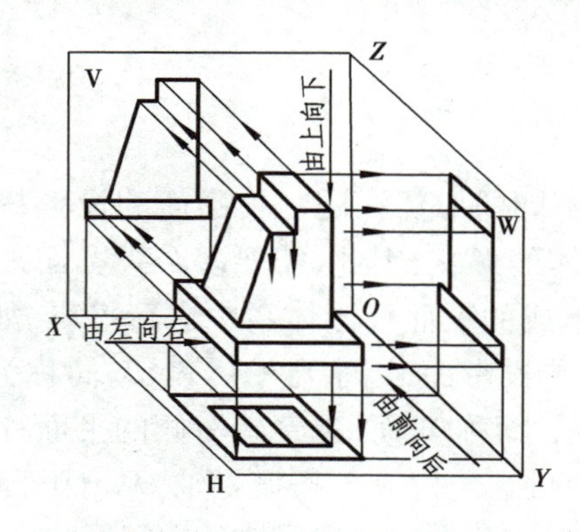

图 2.16　三面投影图的形成

图 2.17　三面投影图的展开

为了使三面投影图能画在一张图纸上，还必须把 3 个投影面展开，使之摊平在同一个平面上，完成从空间到平面的过渡。国家标准规定：V 面不动，H 面绕 OX 轴向下旋转 90°，W 面绕 OZ 轴向右旋转 90°，使它们转至与 V 面同在一个平面上，如图 2.17 所示，这样就得到在同一平面上的三面投影图。这时 Y 轴被分为 2 支：一支是随 H 面旋转至下方，与 Z 轴在同一铅垂线上，标以 Y_H；另一支随 W 面转至右方，与 X 轴在同一水平线上，标以 Y_W。摊平后的三面投影图如图 2.18(a)所示。

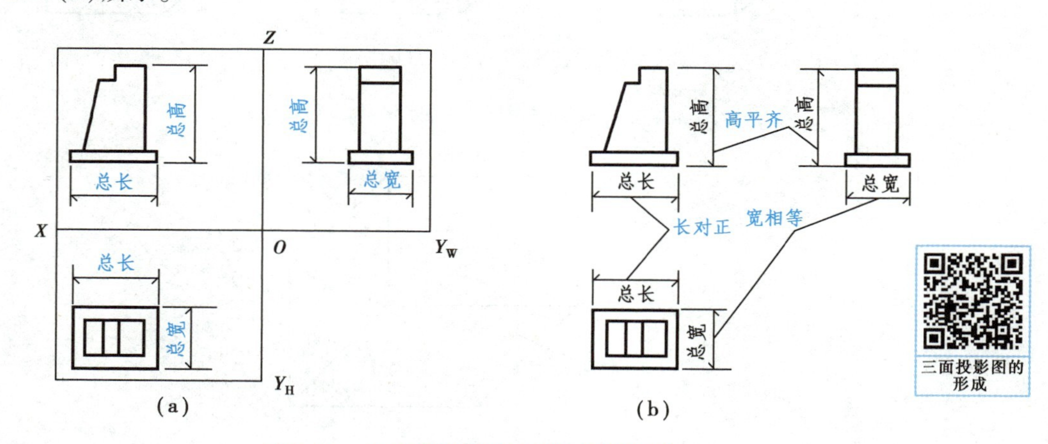

图 2.18　三面投影图的形成和投影规律

为了使作图简化，在三面投影图中不画投影图的边框线，投影图之间的距离可根据需要确定，3 条轴线也可省去，如图 2.18(b)所示。

2.2.3　三面投影图的投影关系

三面投影图是从形体的 3 个方向投影得到的。3 个投影图之间是密切相关的，它们的关系主要表现在它们的度量和相互位置上的联系。

1) 投影形成相互的顺序关系

在三面投影体系中：从前向后，以人→物→图的顺序形成 V 面投影；从上向下，以人→

物→图的顺序形成 H 面投影；从左向右，以人→物→图的顺序形成 W 面投影。所以，投影形成相互的顺序关系是人→物→图。

2）投影中的长、宽、高和方位关系

每个形体都有长度、宽度、高度或左右、前后、上下 3 个方向的形状和大小。形体左右两点之间平行于 *OX* 轴的距离称为长度；上下两点之间平行于 *OZ* 轴的距离称为高度；前后两点之间平行于 *OY* 轴的距离称为宽度。

每个投影图能反映其中 2 个方向关系：H 面投影反映形体的长度和宽度，同时也反映左右和前后位置；V 面投影反映形体的长度和高度，同时也反映左右、上下位置；W 面投影反映形体的高度和宽度，同时也反映上下、前后位置，如图 2.18 所示。

三面投影图最基本的投影规律

3）投影图的三等关系

三面投影图是在形体安放位置不变的情况下，从 3 个不同方向投影所得到，它们共同表达同一形体，因此它们之间存在着紧密的关系：V，H 两面投影都反映形体的长度，展开后所反映形体的长度不变，因此画图时必须使它们左右对齐，即“长对正”的关系；同理，H，W 面投影都反映形体的宽度，有“宽相等”的关系；V，W 面投影都反映形体的高度，有“高平齐”的关系，总称为“三等关系”。

“长对正、高平齐、宽相等”是三面投影图最基本的投影规律。绘图时，无论是形体总的轮廓还是局部细节，都必须符合这一基本规律。

2.3 轴测投影的基本知识

用正投影法画的多面投影图能够完整、准确地表达空间形体的形状和大小，且作图简便，是工程图样的主要表达方法。如图 2.19(a)所示为轻型桥台的三面投影图。由于每个投影图只反映三维形体中的两维信息，故缺乏立体感，对于缺少读图知识的人来说难以看懂。为了帮助理解与读图，常用如图 2.19(b)所示立体图样作为辅助图样。这种图是采用平行投影法画出的，能同时反映出形体长、宽、高方向的信息，富有立体感，称为轴测投影，简称轴测图；其缺点是不能反映出形体的各个侧面实形，度量性差。

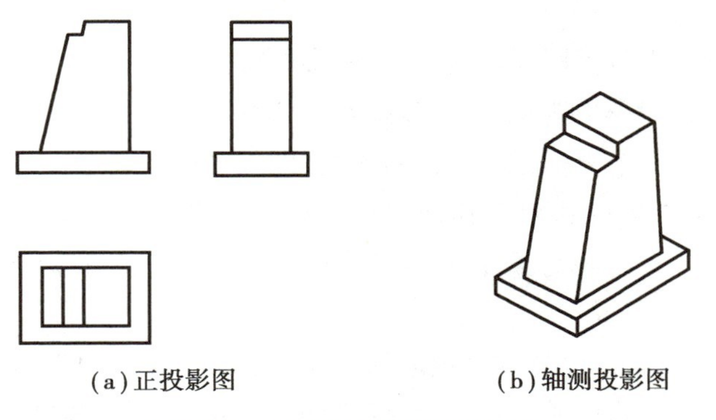

(a)正投影图　　(b)轴测投影图

图 2.19　正投影图和轴测投影图

· 2.3.1 轴测投影图的形成 ·

如图 2.19(b)所示的轴测图,由于在单一投影面上能同时反映形体的长、宽、高 3 个向度,接近人的视觉印象,故富有立体感。在单面投影中同时获得形体长、宽、高 3 个方向信息,一般采用下述方法:

①如图 2.20(a)所示,使形体三维方向,亦即空间直角坐标系 $O—XYZ$ 与投影面 P 倾斜,采用正投影法将形体投射到投影面 P 上。此时由于三维方向均不积聚而能同时得到反映,使投影呈现立体感,这样获得的投影称为正轴测投影。

②如图 2.20(b)所示,不改变形体对投影面的相对位置,亦即形体三维方向仍平行于投影轴,但用斜投影法将形体投射到投影面 P 上,从而获得形体直观的三维形象,这种投影称为斜轴测投影。

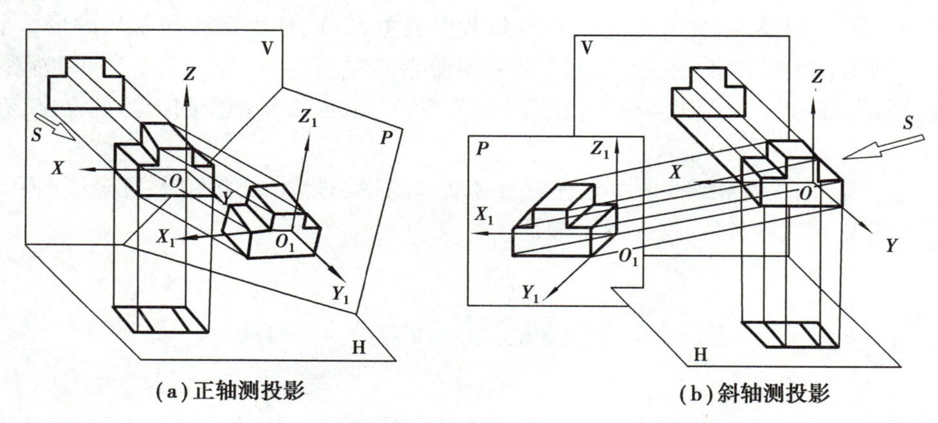

图 2.20 轴测投影的形成

我们把接受轴测投影的投影面 P 称为轴测投影面,将附于形体上的直角坐标轴 OX,OY,OZ 在轴测投影面上的投影 O_1X_1,O_1Y_1,O_1Z_1 称为轴测投影轴,简称轴测轴。

· 2.3.2 轴测投影的特性 ·

由于轴测投影属于平行投影,故具备平行投影的特性:

①空间直角坐标轴投影成为轴测投影轴以后,直角在轴测图中一般已不是 90°了,但是它沿轴测轴确定长、宽、高 3 个坐标方向的性质不变,即仍可沿轴确定长、宽、高方向。

②平行性:空间互相平行的直线其轴测投影仍保持平行。如果 $AB // CD$,则其轴测投影 $A_1B_1 // C_1D_1$,即形体上与空间直角坐标轴平行的线段,其轴测投影线段仍平行于相应的轴测轴。

③定比性:空间各平行线段的轴测投影的变化率相等。如果 $AB // CD$,则 $A_1B_1 // C_1D_1$,且 $AB/CD = A_1B_1/C_1D_1$。这就是说,平行两直线的投影长度,分别与各自的原来长度的比值是相等的,该比值称为变化率,所以空间各平行线段的轴测投影的变化率相等。因此,在轴测图中,形体上平行于坐标轴的线段其变化率等于相应坐标轴的变化率。

但应注意,形体上不平行于坐标轴的线段(非轴向线段),它们的投影变化与平行于坐标轴的线段不同,因此不能将非轴向线段的长度直接移到轴测图上。画非轴向线段的轴测投影时,需要用坐标法定出其两端点在轴测坐标系中的位置,然后再连成线段的轴测投影图。

· 2.3.3 轴间角和轴向变化率 ·

分别以 O_PX_P,O_PY_P,O_PZ_P 表示轴测轴。3 个轴测轴间的夹角 $\angle X_PO_PY_P$,$\angle Y_PO_PZ_P$ 及 $\angle X_PO_PZ_P$ 称为轴间角。它们可以用来确定 3 个轴测轴间的相互位置,显然,也确定了与 OX,OY,OZ 之间的角度。如图 2.21 所示,Oa_X,Oa_Y,Oa_Z 为 A 点的坐标线段,长分别为 m,n,l;A 点的坐标线段投影成为 $O_Pa_{X_P}$,$O_Pa_{Y_P}$,$O_Pa_{Z_P}$,称为轴测坐标线段,长分别为 i,j,k。

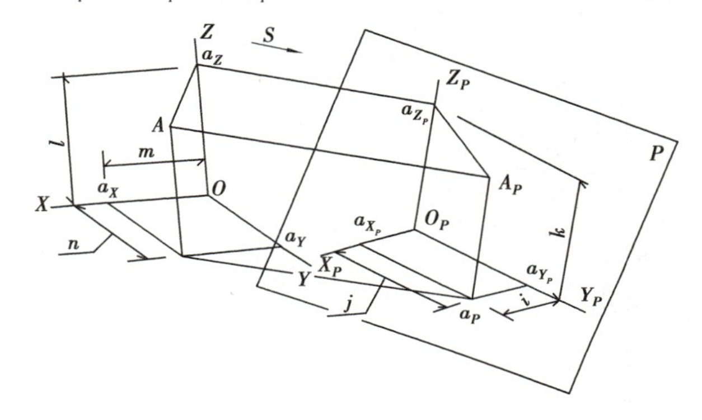

图 2.21　点的轴测投影

在空间坐标系中,投射方向和投影面三者相互位置被确定后,点 A 的轴测坐标线段与其相对应的坐标线段的比值,称为轴向变化率,分别用 p,q,r 表示之。

$$\frac{O_Pa_{X_P}}{Oa_X}=\frac{i}{m}=p \qquad \frac{O_Pa_{Y_P}}{Oa_Y}=\frac{j}{n}=q \qquad \frac{O_Pa_{Z_P}}{Oa_Z}=\frac{k}{l}=r$$

根据上式得:

$$\frac{O_Pa_{X_P}}{Oa_X}=p \quad 或 \quad O_Pa_{X_P}=pOa_X$$

$$\frac{O_Pa_{Y_P}}{Oa_Y}=q \quad 或 \quad O_Pa_{Y_P}=qOa_Y$$

$$\frac{O_Pa_{Z_P}}{Oa_Z}=r \quad 或 \quad O_Pa_{Z_P}=rOa_Z$$

式中,p,q,r 分别称为 X 轴,Y 轴,Z 轴的轴向变化率。

这样,如果已知轴测投影中的轴测轴的方向和变化率,则与每条坐标轴平行的直线,其轴测投影必平行于轴测轴,其投影长度等于原来长度乘以该轴的变化率。这就是把这种投影法称为轴测投影的原因。

轴间角和轴向变化率,是作轴测图的 2 个基本参数。随着物体与轴测投影面相对位置的不同以及投影方向的改变,轴间角和轴向变化率也随之改变,从而可以得到各种不同的轴测图。

· 2.3.4 轴测投影的分类 ·

轴测投影按投射线与投影面相对位置的不同分为正轴测投影和斜轴测投影 2 类，每类按轴向变化率的不同又分为 3 种：

①正（或斜）等测轴测投影：3 个轴向变化率均相等，即 $p=q=r$，称正（或斜）等测。

②正（或斜）二测轴测投影：3 个轴向变化率中有两个相等，即 $p=q\neq r$，称正（或斜）二测。

③正（或斜）三测轴测投影：3 个轴向变化率均不相等，即 $p\neq q\neq r$，称正（或斜）三测。

工程上常采用正等测、正二测和斜二测投影。

复习思考题

2.1　什么是投影？

2.2　什么是投射线？

2.3　什么是投影面？

2.4　投影是如何分类的？

2.5　各类投影有哪些特点？

2.6　正投影有哪些特性？

2.7　三面投影体系中，各投影面的名称是什么？各投影面的简称是什么？

2.8　形体的三面投影图是怎么形成的？

2.9　什么是三等关系？

2.10　三个投影面的方位关系是怎样的？

2.11　简单基本体三面投影图的绘制应遵循什么原则？

2.12　三面投影图绘制时，要保证 H 面与 W 面的宽相等，该怎样用作图方法来保证？

2.13　什么是轴侧轴？

2.14　什么是轴间角？

2.15　轴侧投影分为哪几类？

2.16　什么是正等轴侧投影？

2.17　什么是斜二轴侧投影？

3 点、直线和平面

点、直线、平面是构成空间形体最基本的几何元素，在学习空间形体的投影方法之前，必须先学习点、直线、平面的投影方法。

3.1 点的投影

· 3.1.1 点的投影规律 ·

1) 投影的形成

如图 3.1(a)所示，在三面投影体系中，有一个空间点 A，由 A 分别向 3 个投影面 V，H 和 W 作投射线(垂线)，交得的 3 个垂足 a'，a，a''，即为空间点 A 的三面投影。空间点用大写字母表示，如 A，B，C 等；H 面投影用相应的小写字母表示，如 a，b，c 等；V 面投影用相应的小写字母加一撇表示，如 a'，b'，c'等；W 面投影用相应的小写字母加两撇表示，如 a''，b''，c''等。

如图 3.1(b)，(c)所示，按投影体系的展开方法，将 3 个投影面展平在一个平面上，并去掉边框线后，即得到点的三面投影图。在投影图中，点用小圆圈表示。

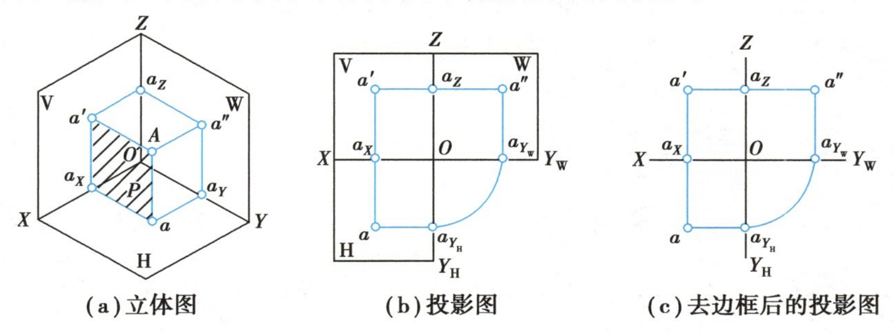

图 3.1 点的三面投影

2) 投影规律

(1) 垂直规律

点在任意两投影面上的投影之连线垂直于相应的投影轴，即：点的 V 面投影和 H 面投影的连线垂直于 OX 轴($a'a \perp OX$)；点的 V 面投影和 W 面投影的连线垂直于 OZ 轴($a'a'' \perp OZ$)。证明如下：

如图 3.1(a)所示，由投射线 Aa'，Aa 所构成的投射平面 $P(Aa'a_Xa)$ 与 OX 轴相交于 a_X 点，

因 $P\perp V$,$P\perp H$,即 P,V,H 三面互相垂直,由立体几何可知,此三平面的交线必互相垂直,即 $a'a_X\perp OX$,$a_Xa\perp OX$,$a'a_X\perp a_Xa$,故 P 面为矩形。

当 H 面旋转至与 V 面重合时,a_X不动,且 $a_Xa\perp OX$ 的关系不变,所以 a',a_X,a 3 点共线,即 $a'a\perp OX$ 轴。同理亦可证得 $a'a''\perp OZ$ 轴。

(2)等距规律

空间点的投影到相应投影轴的距离,反映该点到相应投影面的距离。如图 3.1(a)所示,即:

- $Aa=a'a_X=a''a_Y$,反映 A 点至 H 面的距离;
- $Aa'=aa_X=a''a_Z$,反映 A 点至 V 面的距离;
- $Aa''=a'a_Z=aa_Y$,反映 A 点至 W 面的距离。

由此可知点的三面投影的实质是:长对正,宽相等,高平齐。

根据上述投影规律,只要已知点的任意两面投影,即可求其第三面投影。为了能更直接地看到 a 和 a''之间的关系,经常用以 O 为圆心的圆弧把 a_{Y_H}和 a_{Y_W}联系起来(如图 3.1(b)所示),也可以自 O 点作 45°的辅助线来实现 a 和 a''的联系。

【例 3.1】已知一点 A 的 V,W 面投影 a',a'',如图 3.2(a)所示,求 a。

【解】①按第 1 条规律,过 a'作垂线并与 OX 轴交于 a_X点。

②按第 2 条规律在所作垂线上量取 $aa_X=a''a_Z$得 a 点,即为所求。作图时,也可以借助于过 O 点作 45°斜线 Oa_0,因为$Oa_{Y_H}a_0a_{Y_W}$是正方形,所以 $Oa_{Y_H}=Oa_{Y_W}$。

3)各种位置点的投影

点的位置有在空间、在投影面上、在投影轴上以及在原点上 4 种情况,点的位置不同,所具有的投影特征也不同。

①在空间的点,点的 3 个投影都在相应的投影面上,不可能在轴及原点上,如图 3.1 所示。

②在投影面上的点,一个投影与空间点重合,另 2 个投影在相应的投影轴上。它们的投影仍完全符合上述 2 条基本投影规律。如图 3.3 所示,A 点在 V 面上,B 点在 H 面上,C 点在 W 面上。

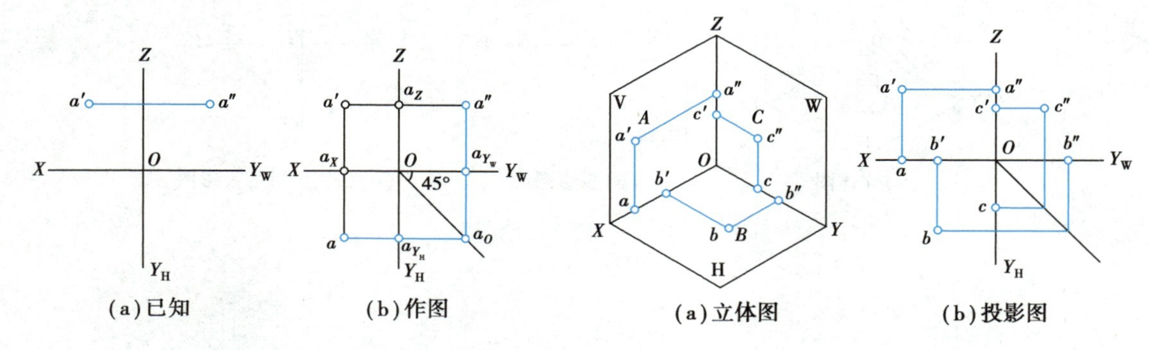

图 3.2 已知点的两面投影求第三投影

图 3.3 投影面上的点

③在投影轴上的点,2 个投影与空间点重合,另一个投影在原点上。如图 3.4 所示,A 点在 OX 轴上,B 点在 OZ 轴上,C 点在 OY 轴上。

④在原点上的点,点的 3 个投影与空间点都重合在原点上。

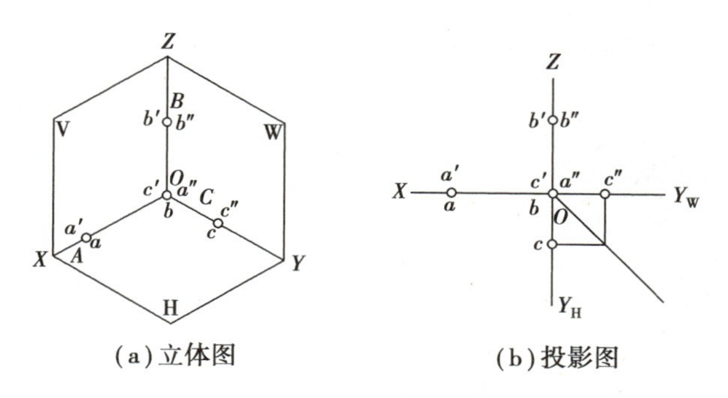

图 3.4　投影轴上的点

· 3.1.2　点的投影与坐标 ·

如果把三面投影体系当作直角坐标系,则各投影面就是坐标面,各投影轴就是坐标轴,点到 3 个投影面的距离,就是点的 3 个坐标数值。如图 3.1(a)所示:

- A 点到 W 面的距离为其 X 坐标,即 $Aa''=aa_Y=a'a_Z=X$;
- A 点到 V 面的距离为其 Y 坐标,即 $Aa'=aa_X=a''a_Z=Y$;
- A 点到 H 面的距离为其 Z 坐标,即 $Aa=a'a_X=a''a_Y=Z$。

则点在空间的位置可用坐标确定,如空间 A 点的坐标可表示为: $A\ (X,Y,Z)$;而点的每个投影只反映 2 个坐标,其投影与坐标的关系如下:

- A 点的 H 面投影 a 可反映该点的 X 和 Y 坐标;
- A 点的 V 面投影 a'可反映该点的 X 和 Z 坐标;
- A 点的 W 面投影 a''可反映该点的 Y 和 Z 坐标。

因此如果已知一点 A 的三投影 a,a'和 a'',就可从图中量出该点的 3 个坐标;反之,如果已知 A 点的 3 个坐标,就能作出该点的三面投影。空间点的任意 2 个投影都具备了 3 个坐标,所以给出一个点的两面投影即可求得第三面投影。

【例 3.2】 已知 $A(4,6,5)$,求作 A 点的三面投影。

【解】 ①作出 3 个投影轴及原点 O,在 OX 轴上自 O 点向左量取 4 个单位,得到 a_X点,如图 3.5(a)所示。

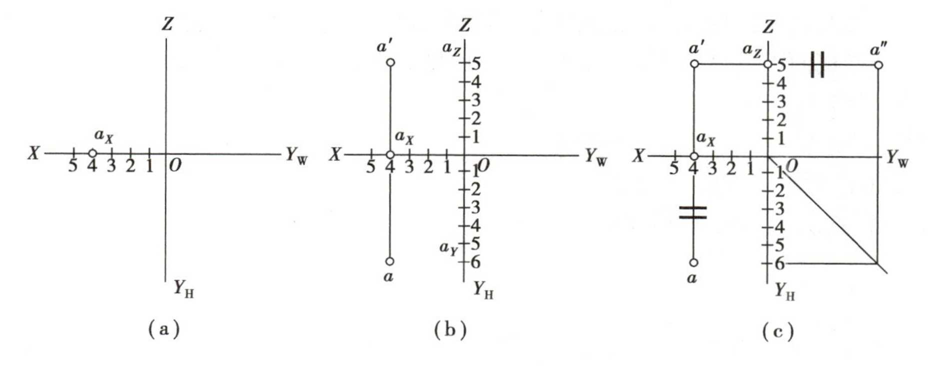

图 3.5　已知点的坐标求作点的三面投影

②过 a_X点作 OX 轴的垂线,由 a_X向上量取 $Z=5$ 单位,得 V 面投影 a',再向下量取 $Y=6$ 单位,得 H 面投影 a,如图 3.5(b)所示。

③过 a' 作线平行于 OX 轴并与 OZ 轴相交于 a_Z，量取 $a_Za''=Y=a_Xa$，得 W 面投影 a''。a，a'，a'' 即为所求，如图 3.5(c)所示。

· 3.1.3 两点的相对位置 ·

1)两点的相对位置

空间每个点具有前后、左右、上下 6 个方位。空间两点的相对位置是以其中某一点为基准，来判断另一点在该点的方位，这可用点的坐标值大小或两点的坐标差来判定。具体地说就是：X 坐标大者在左边，小者在右边；Y 坐标大者在前边，小者在后边；Z 坐标大者在上边，小者在下边。

如图 3.6 所示，如以 A 点为基准，由于 $X_B>X_A$，$Y_B>Y_A$，$Z_B<Z_A$，所以 B 点在 A 点的左前下方。

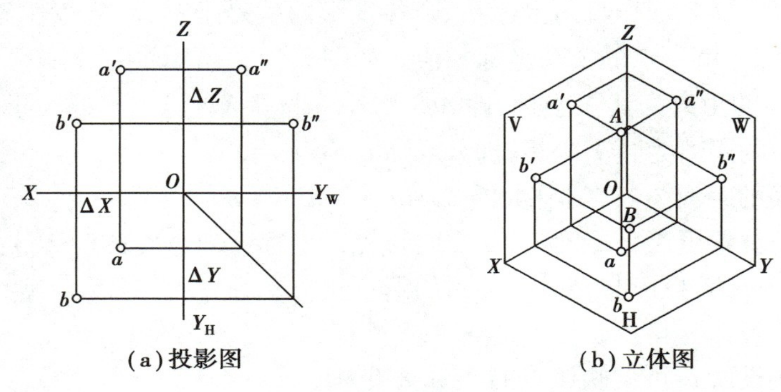

图 3.6 两点的相对位置

2)重影点及投影的可见性

当空间两点向某一投影面投射时，它们位于同一投射线上，则此两点在该投影面上的投影重合，此两点称为对该投影面的重影点。

如图 3.7(a)所示，A，B 两点位于垂直 H 面的同一投射线上，A 点在 B 点的正上方，a，b 两投影重合，为对 H 面的重影点；但其他两同面投影不重合。至于 a，b 两点的可见性，可从 V 面投影(或 W 面投影)进行判断，因为 a' 高于 b'(或 a'' 高于 b'')，所以 a 为可见，b 为不可见。此外，判别重影点的可见性时，也可以比较两点不重影的同面投影的坐标值，坐标值大的点可见，坐标值小的点其投影被遮挡而不可见。为区别起见，凡不可见的投影其字母写在后面，并加括号表示。

同理，如图 3.7(b)所示，C 点在 D 点的正前方，位于 V 面的同一投射线上，c'，d' 两投影重合，为对 V 面的重影点，c' 可见，d' 不可见。

如图 3.7(c)所示，E 点在 F 点的正左方，位于 W 面的同一投射线上，e''，f'' 两投影重合，为对 W 面的重影点，e'' 可见，f'' 不可见。

· 3.1.4 点的轴测投影 ·

图 3.1(a)是表示点空间状况的图，是轴测图的一种形式(有关内容详见第 2 章轴测投影的基本知识)。图中 OZ 轴画成铅垂线，OX，OY 轴与水平线成 30°的倾斜方向，故原来边框为矩形的 V 面、H 面和 W 面，均变成平行四边形了。所谓“轴测”，就是说沿坐标轴的方向，即平行于坐标轴的直线，可以测量长度。因此在各轴上，以及平行各轴的方向，均可按实际尺寸量

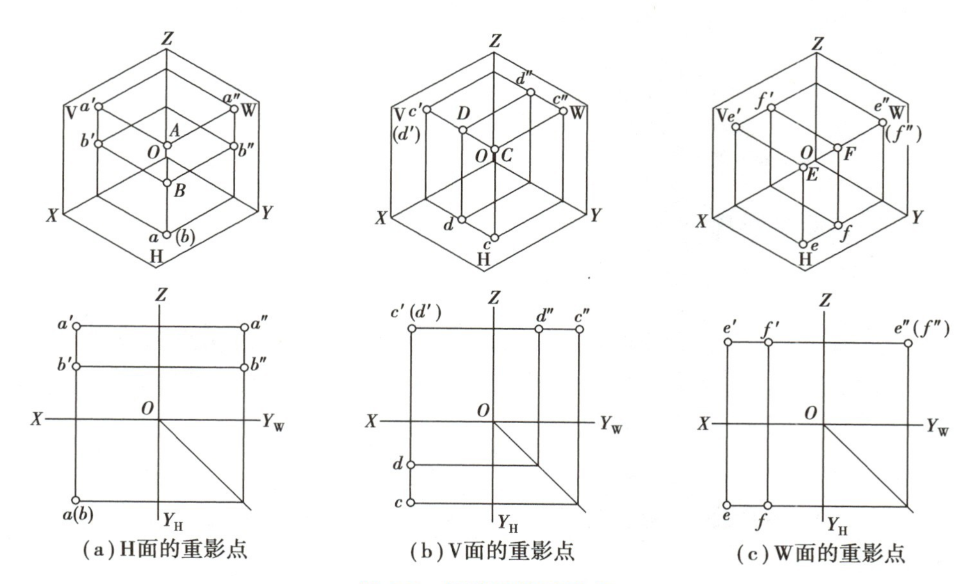

(a) H面的重影点　(b) V面的重影点　(c) W面的重影点

图 3.7　投影面的重影点

取长度。

有了一点的轴测图，可画出其投影图；反之，有了一点的投影图，亦可画出反映其空间状况的轴测图。可由一点的坐标画出其轴测图；反之，也可由轴测图量出其坐标。

【例 3.3】根据点 A 的三面投影图，如图 3.8(a)所示，完成其正等轴测投影图。

求作点的正等轴测投影图

【解】分析：绘制点的轴测投影图，主要依据点的坐标来完成。

①建立正等轴测图的投影体系：正等轴测投影图的 3 个轴间角都是 120°，即将 OZ 轴画成铅垂线，OX，OY 轴与水平线成 30°的倾斜线。

②完成点的轴测图：按 1∶1的轴向变化系数，先根据点的 X 坐标和 Y 坐标，完成点在 XOY 坐标平面上的投影；再按 1∶1的轴向变化系数，根据点的 Z 坐标完成点的轴测投影图，如图3.8(b)所示。

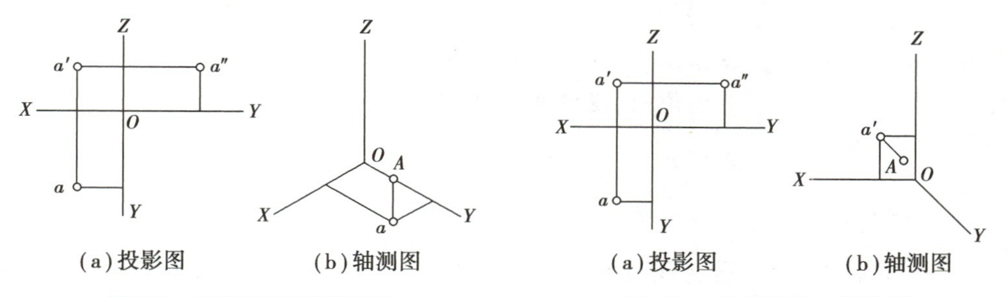

(a) 投影图　(b) 轴测图　(a) 投影图　(b) 轴测图

图 3.8　求点的正等轴测图　　图 3.9　求点的斜二轴测图

【例 3.4】根据点的三面投影图，如图 3.9(a)所示，完成点的斜二轴测投影图。

求作点的斜二轴测投影图

【解】①建立斜二轴测图的投影体系：先画垂直方向的 Z 轴，再画与 Z 轴成 90°的 X 轴，最后画与 Z 轴成 135°的 Y 轴。

②完成点的轴测图：按 1∶1的轴向变化系数，根据点的 X 坐标和 Z 坐标，完成点在 XOZ 坐标平面上的投影；按 1∶0.5 的轴向变化系数，根据点的 1/2 Y 坐标，完成点的轴测投影图，如图 3.9(b)所示。

3.2 直线的投影

· 3.2.1 直线的投影规律 ·

1)直线投影的形成

两点确定一条直线,因此要做直线的投影,只需画出直线上任意两点的投影,连接其同面投影,即为直线的投影。对直线段而言,一般用线段2个端点的投影来确定直线的投影。如图3.10所示为直线段AB的三面投影。

2)直线的投影规律

一般情况下,直线的投影仍为直线;但当直线垂直于投影面时,其投影积聚为一个点。

3)直线对投影面的倾角

直线与投影面的夹角(即直线和它在某一投影面上的投影间的夹角),称为直线对该投影面的倾角。

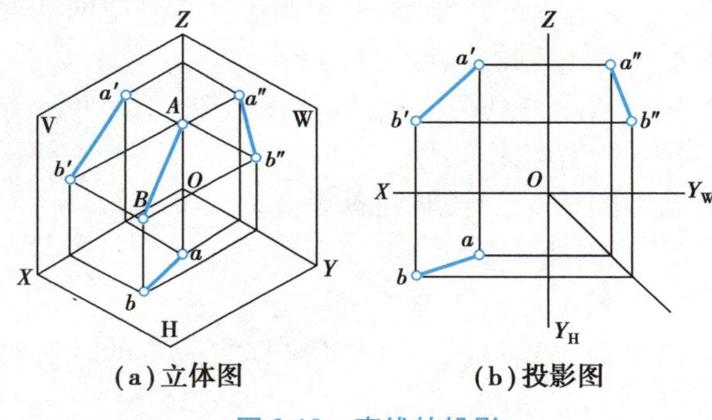

图3.10 直线的投影

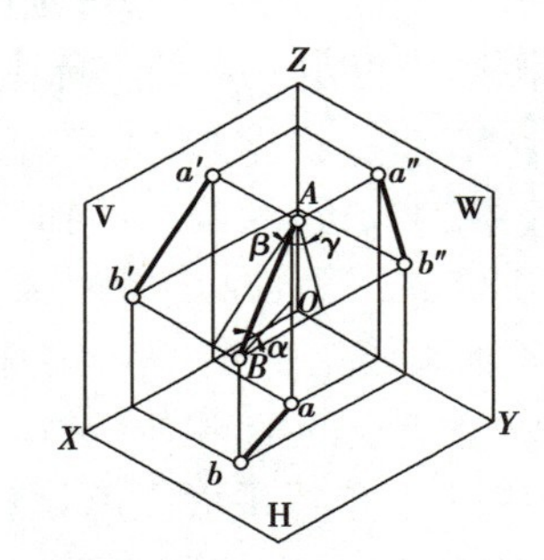

图3.11 直线对投影面的倾角

直线对H面的倾角为α角,α角的大小等于AB与ab的夹角;直线对V面的倾角为β角,β角的大小等于AB与$a'b'$的夹角;直线对W面的倾角为γ角,γ角的大小等于AB与$a''b''$的夹角,如图3.11所示。

· 3.2.2 各种位置直线的投影 ·

在三面投影体系中,根据直线对投影面的相对位置,直线可分为一般位置直线和特殊位置直线。特殊位置直线有2种,即投影面的平行线和投影面的垂直线。

1)一般位置直线

对3个投影面都倾斜(不平行也不垂直)的直线称为一般位置直线,简称一般线,如图3.10(a)所示。

(1)一般位置直线的投影特征

①由图3.11可知:$ab=AB\cos\alpha$,$a'b'=AB\cos\beta$,$a''b''=AB\cos\gamma$。而对于一般位置直线而言α,β,γ均不为零,即$\cos\alpha,\cos\beta,\cos\gamma$均小于1,所以一般位置直线的3个投影都小于实长。

②一般位置直线的三面投影都倾斜于各投影轴，且各投影与相应投影轴所成的夹角都不反映直线对各投影面的真实倾角，如图 3.10(b)所示。

(2)一般位置直线的实长和倾角

对于一般位置直线而言，其投影图既不反映实长，也不反映倾角，要想求得一般线的实长和倾角，可以采用直角三角形法。

如图 3.12 所示，在 $ABba$ 所构成的投射平面内，延长 AB 和 ab 交于点 C，则 $\angle BCb$ 就是 AB 直线对 H 面的倾角 α。过 B 点作 $BA_1 // ab$，则 $\angle ABA_1 = \alpha$ 且 $BA_1 = ab$。所以只要在投影图上作出直角三角形 ABA_1 的实形，即可求出 AB 直线的实长和倾角 α。

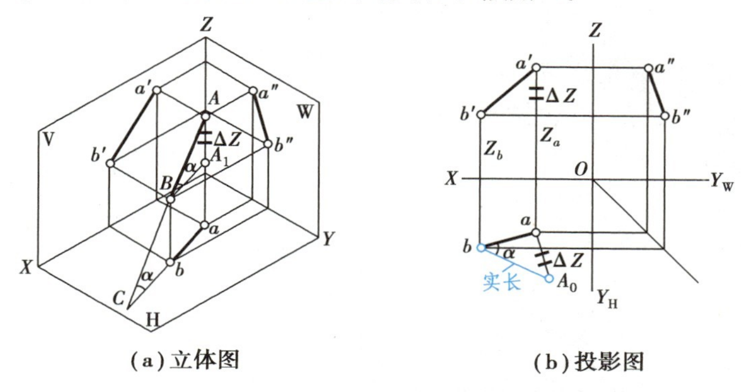

(a)立体图　　(b)投影图

图 3.12　求直线的实长与倾角 α

其中直角边 $BA_1 = ab$，即 BA_1 为已知的 H 面投影；另一直角边 AA_1，是直线两端点的 Z 坐标差，即 $AA_1 = Z_A - Z_B$，可从 V 面投影图中量得，也是已知的，其斜边 BA 即为实长。

其作图步骤(如图 3.12(b)所示)为：

①过 H 面投影 ab 的任一端点 a 做直线垂直于 ab。

②在所作垂线上截取 $aA_0 = Z_A - Z_B$，得 A_0 点。

③连直角三角形的斜边 bA_0，即为所求的实长，$\angle abA_0$ 即为倾角 α。

如图 3.13 所示，求作 AB 直线对 V 面的倾角 β，即以直线的 V 面投影 $a'b'$ 为一条直角边，直线上两端点的 Y 坐标差为另一条直角边，组成一个直角三角形，就可求出直线的实长和直线对 V 面的倾角 β。同理如图 3.14 所示，如果求作 AB 直线对 W 面的倾角 γ，即以直线的 W 面投影 $a''b''$ 为一条直角边，直线上两端点的 X 坐标差为另一条直角边，组成一个直角三角形，就可求出直线的实长和直线对 W 面的倾角 γ。

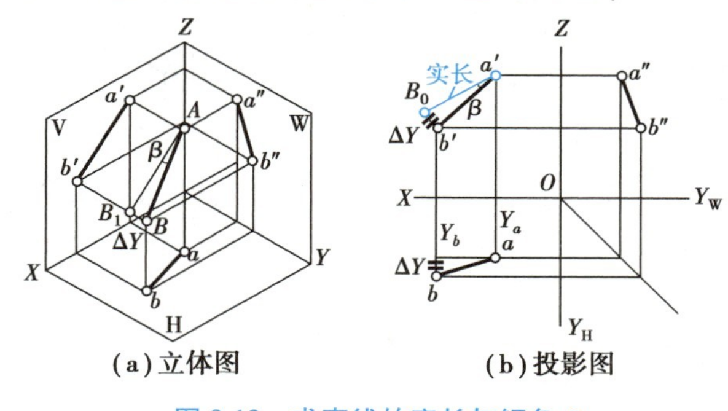

(a)立体图　　(b)投影图

图 3.13　求直线的实长与倾角 β

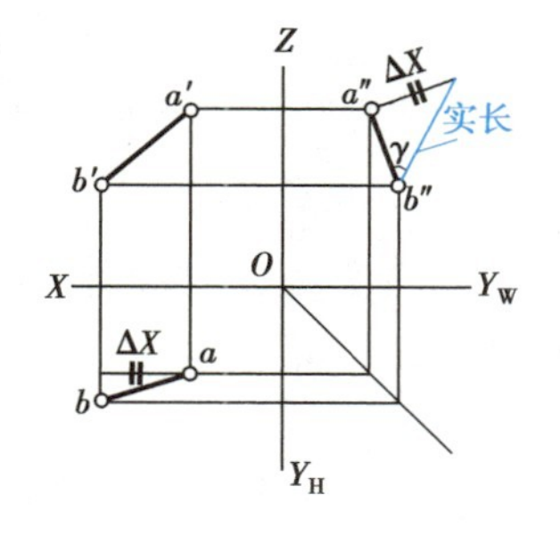

图 3.14　求直线的实长与倾角 γ

综上所述，这种利用直角三角形求一般位置直线的实长及倾角的方法称为直角三角形法。其作图步骤为：

①以直线段的一个投影为直角边。

②以直线段两端点相对于该投影面的坐标差为另一直角边。

③所构成的直角三角形的斜边即为直线段的空间实长。

④斜边与直线段之间的夹角即为直线对该投影面的倾角。

在直角三角形法中，涉及直线实长、直线的一个投影、直线与该投影所在投影面的倾角及另一投影两端点的坐标差 4 个参数，只要已知其中的 2 个，就可作出一个直角三角形，从而求得其余参数。

【例 3.5】已知直线 AB 的部分投影 $a'b'$，a，如图 3.15(a)所示，AB 的实长为 20 mm，求 b。

【解】①过 $a'b'$ 的任一端点 a' 做 $a'b'$ 的垂线，以 b' 为圆心，$R=20$ mm 画圆弧，与垂线相交于 A_0 点，得直角三角形 $A_0a'b'$。

②过 b' 做 OX 轴的垂线，再过 a 作 OX 轴的平行线，两直线相交于 b_0，在 $b'b_0$ 线上截取 Y 坐标 $b_0b_1=a'A_0$，得 b_1 点，边 ab_1 即为所求，如图 3.15(b)所示。

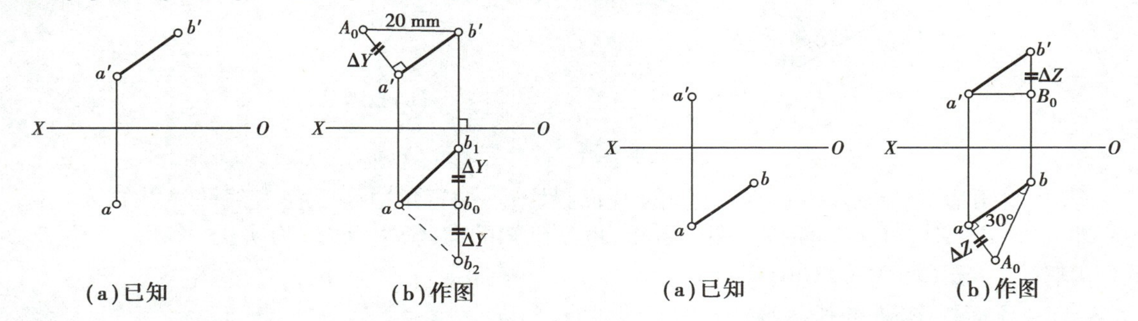

图 3.15　用直角三角形法求直线的投影

图 3.16　用直角三角形法求直线的投影

③如果截取 $b_0b_2=a'A_0$，连 ab_2 也为所求，所以本题有 2 解。

【例 3.6】已知直线 AB 的部分投影 ab，a'，如图 3.16(a)所示，$\alpha=30°$，B 点高于 A 点，求 AB 的实长及 b'。

【解】①过 ab 的任一端点 a 做 ab 的垂线，再过 b 引斜线 bA_0 与 ba 成 30°夹角，两线相交于 A_0，得一直角三角形，其中 bA_0 之长即为 AB 的实长，aA_0 之长为 A，B 两点的 Z 坐标之差。

②过 a' 做 OX 轴的平行线，同时过 b 做 OX 轴的垂线，两直线相交于 B_0。

③延长 bB_0 并在其上截取 $B_0b'=aA_0$，得 b' 点，连 $a'b'$ 即为所求，如图 3.16(b)所示。

2)特殊位置直线

特殊位置直线，如投影面的垂直线和投影面的平行线，可由投影图直接定出直线段的实长和对投影面的倾角。

(1)投影面平行线

只平行于某一投影面而倾斜于另外 2 个投影面的直线称为投影面平行线。投影面平行线有 3 种情况：

- 与 V 面平行，倾斜于 H，W 面的直线称为正面平行线，简称正平线；
- 与 H 面平行，倾斜于 V，W 面的直线称为水平面平行线，简称水平线；

● 与 W 面平行，倾斜于 H，V 面的直线称为侧面平行线，简称侧平线。

如图 3.17(a)所示，现以正平线 AB 为例，讨论其投影特征：

①因为 $AB /\!/$ V 面，所以其 V 面投影反映实长，即 $a'b'=AB$；且 $a'b'$ 与 OX 轴的夹角，反映直线对 H 面的真实倾角 α；$a'b'$ 与 OZ 轴的夹角，反映直线对 W 面的真实倾角 γ。

②因为 AB 上各点到 V 面的距离都相等，所以 $ab /\!/ OX$ 轴；同理 $a''b'' /\!/ OZ$ 轴。

如图 3.17 所示，可归纳出投影面平行线的投影特征：

①直线在所平行的投影面上的投影反映实长，且该投影与相应投影轴所成之夹角，反映直线对其他两投影面的倾角。

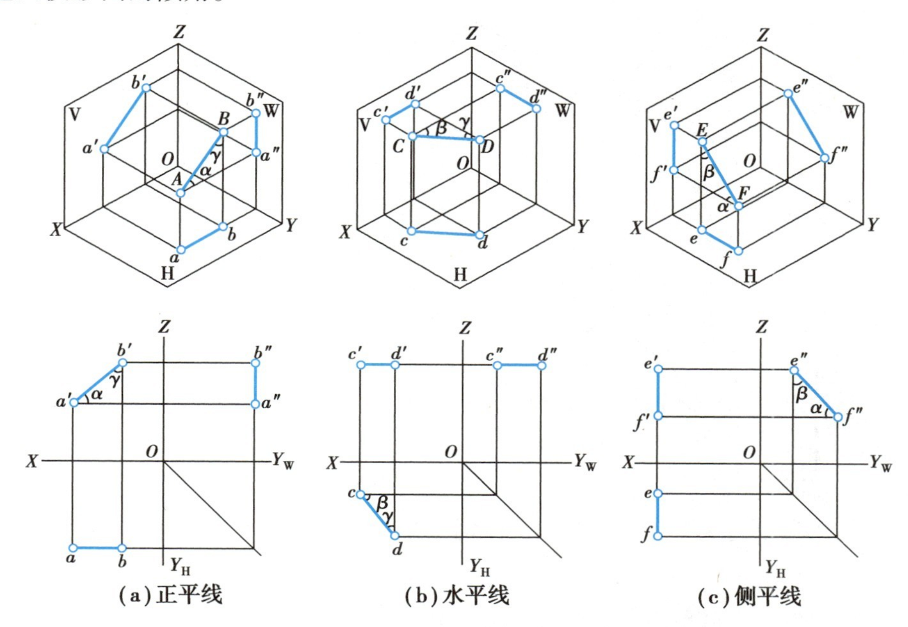

(a)正平线　(b)水平线　(c)侧平线

图 3.17　投影面平行线

②直线其他两投影均小于实长，且平行于相应的投影轴。

【例 3.7】已知水平线 AB 的长度为 15 mm，$\beta=30°$，A 的两面投影 a，a'，如图3.18(a)所示，试求 AB 的三面投影。

【解】①过 a 作直线 $ab=15$ mm，并与 OX 轴成 30°角。

②过 a' 作直线平行 OX 轴，与过 b 作 OX 轴的垂线相交于 b'。

③根据 ab 和 $a'b'$ 作出 $a''b''$，如图 3.18(b)所示。

④根据已知条件，B 点可以在 A 点的前、后、左、右 4 种位置，本题有 4 种答案。

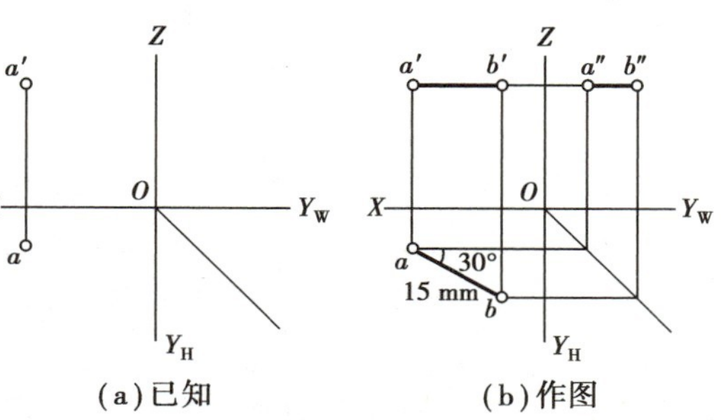

(a)已知　(b)作图

图 3.18　求水平线

(2)投影面垂直线

垂直于 1 个投影面的直线称为投影面垂直线；垂直于 1 个投影面，必平行于另 2 个投影面。投影面垂直线有 3 种情况：

- 垂直于 H 面的称为水平面垂直线，简称铅垂线；
- 垂直于 V 面的称为正面垂直线，简称正垂线；
- 垂直于 W 面的称为侧面垂直线，简称侧垂线。

如图 3.19(a)所示，现以铅垂线 AB 为例，讨论其投影特征：

①$AB \perp$ H 面，所以其 H 面投影 ab 积聚为一点。

②$AB /\!/$ V，W 面，其 V，W 面投影反映实长，即 $a'b'=a''b''=AB$。

③$a'b' \perp OX$ 轴，$a''b'' \perp OY_W$ 轴。

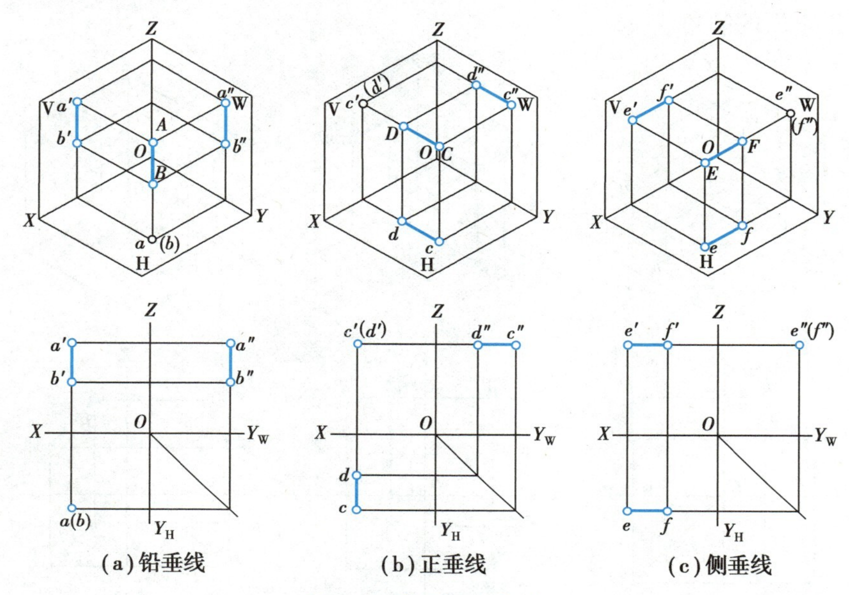

(a)铅垂线　(b)正垂线　(c)侧垂线

图 3.19　投影面垂直线

由图 3.19，可归纳出投影面垂直线的投影特征：

①投影面垂直线在所垂直的投影面上的投影积聚成一点。

②投影面垂直线其他两投影与相应的投影轴垂直，并都反映实长。

【例 3.8】 已知铅垂线 AB 的长度为 15 mm，A 的两面投影 a，a'，如图 3.20(a)所示，并知 B 点在 A 点的正上方，试求 AB 的三面投影。

【解】 ①过 a'往正上方作直线，并量取 $a'b'=15$ mm，定出 b'，并用粗实线连接$a'b'$。

②根据 ab 和 $a'b'$作出 $a''b''$，如图 3.20(b)所示。

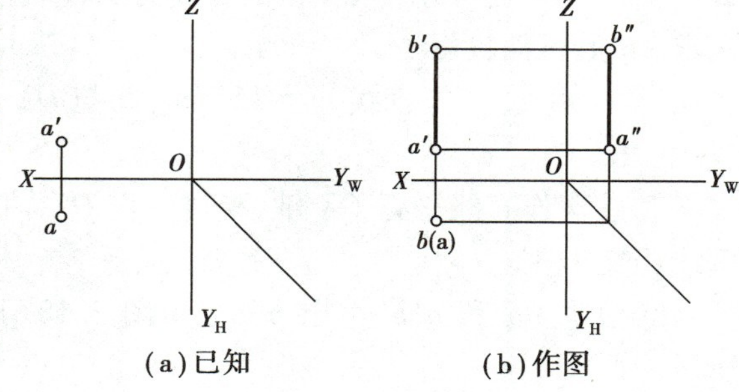

(a)已知　(b)作图

图 3.20　求铅垂线

3.2.3　直线上的点

如图 3.21 所示，C 点在直线 AB 上，则其投影 c，c'，c''必在 AB 的相应投影 ab，$a'b'$，$a''b''$上；且 $AC:CB=ac:cb=a'c':c'b'=a''c'':c''b''$。

由此可知，直线上的点除符合点的三面投影规律(垂直规律和等距规律)外，还具有如下投影特征：

①从属性：点在直线上，则点的各个投影必在直线的同面投影上。

②定比性：点分割直线段成定比，其投影也分割线段的投影成相同的比例。

【例 3.9】 已知侧平线 AB 的两投影 ab 和 $a'b'$，如图 3.22(a)所示，并知 AB 线上一点 K 的 V 面投影 k'，求 k。

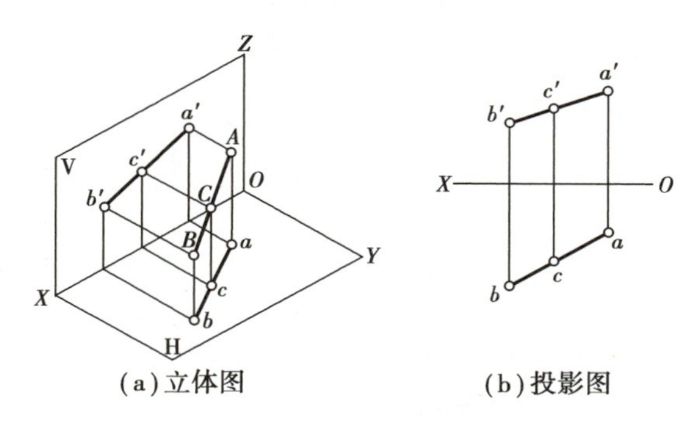

(a)立体图　　(b)投影图

图 3.21　直线上的点

【解】 作法 1：用从属性求作，如图 3.22(b)所示。由 ab 和 $a'b'$ 作出 $a''b''$，再求 k''，即可作出 k。

作法 2：用定比性求作，如图 3.22(c)所示。因为 $AK:KB=a'k':k'b'=ak:kb$，所以可在 H 面投影中过 a 作任一辅助线 aB_0，并使它等于 $a'b'$，再取 $aK_0=a'k'$。连 B_0b，过 K_0 作 $K_0k/\!/B_0b$ 交 ab 于 k，即为所求。

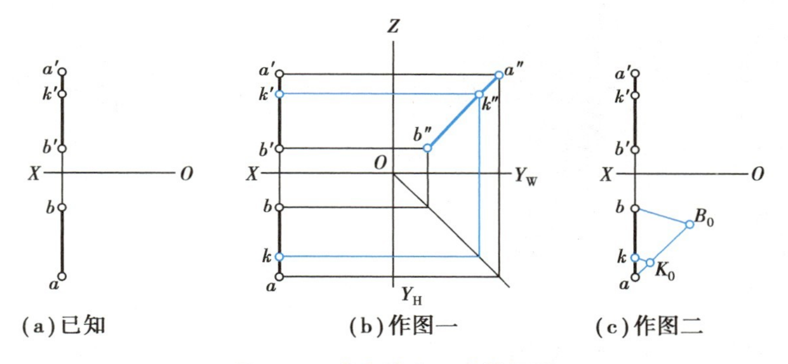

(a)已知　　(b)作图一　　(c)作图二

图 3.22　求直线上一点的投影

【例 3.10】 已知侧平线 CD 及点 M 的 V，H 面投影，试判定 M 点是否在侧平线 CD 上。

【解】 分析：判断点是否在直线上，一般只要观察两面投影即可，但对于特殊位置直线，如本题中的侧平线 CD，只考虑 V，H 两面投影还不行，还需作出 W 面投影来判定，或用定比性来判定。

作法 1：用从属性来判定，如图 3.23(a)所示。作出 CD 和 M 的 W 面投影，由作图结果可知，m'' 在 $c''d''$ 外面，因此 M 点不在直线 CD 上。

作法 2：用定比性来判定，如图 3.23(b)所示。在任一投影中，过 c 任作一辅助线 cD_0，并在其上取 $cD_0=c'd'$，$cM_0=c'm'$，连 dD_0，mM_0。因 mM_0 不平行于 dD_0，说明 M 点不在直线 CD 上。

· 3.2.4　两直线的相对位置 ·

空间两直线的相对位置分为 3 种情况：平行、相交和交叉；其中平行两直线和相交两直线称为共面直线，交叉两直线称为异面直线，如图 3.24 所示。

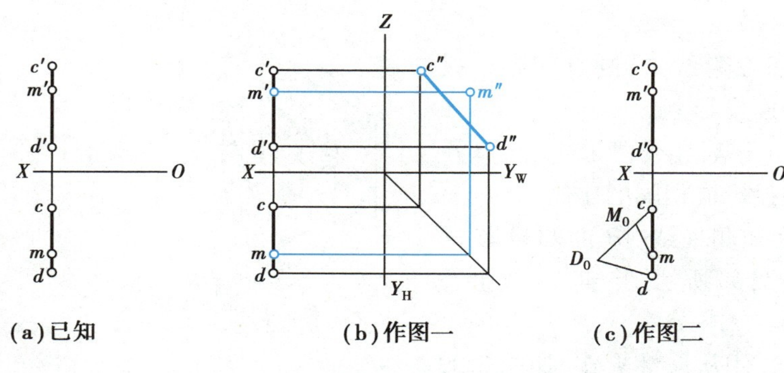

(a)已知　(b)作图一　(c)作图二

图 3.23　判断点是否在直线上

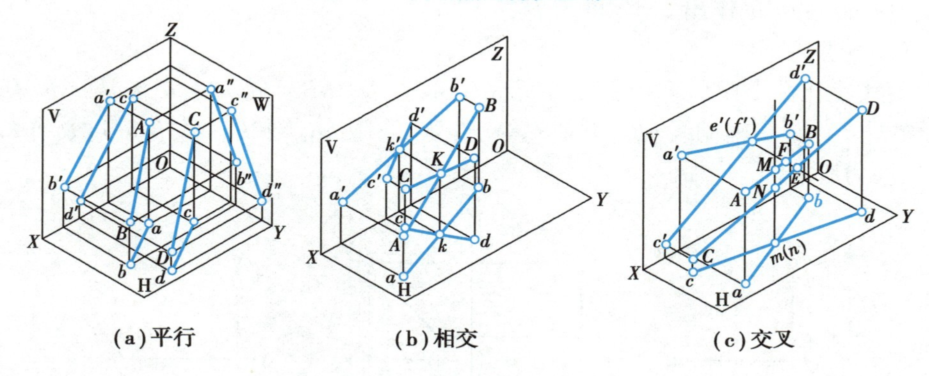

(a)平行　(b)相交　(c)交叉

图 3.24　两直线的相对位置

1)两直线平行

(1)投影特征

两直线在空间互相平行，则其各同面投影互相平行且比值相等。如图 3.25 所示，如果 $AB /\!/ CD$，则 $ab /\!/ cd$，$a'b' /\!/ c'd'$，$a''b'' /\!/ c''d''$，且 $AB:CD = ab:cd = a'b':c'd' = a''b'':c''d''$。

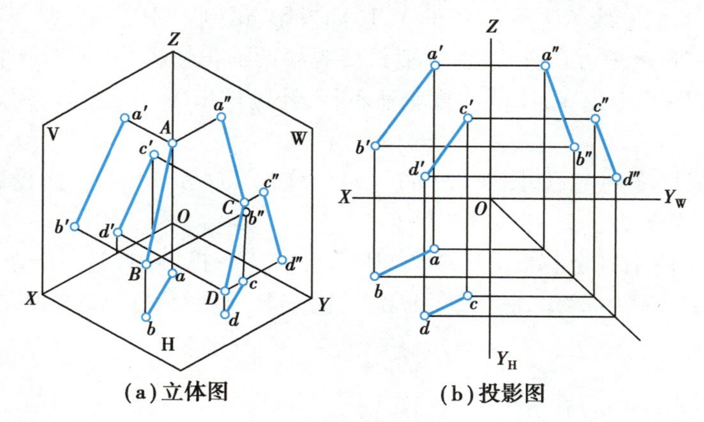

(a)立体图　(b)投影图

图 3.25　平行两直线的投影

(2)两直线平行的判定

①若两直线的各同面投影都互相平行且比值相等，则此两直线在空间一定互相平行。

②若两直线为一般位置直线，则只要有 2 组同面投影互相平行，即可判定两直线在空间平行。

③若两直线为某一投影面的平行线，则要用两直线在该投影面上的投影来判定其是否在空间平行。

如图3.26(a)所示，给出了2条侧面平行线 CD 和 EF，它们的V，H面投影平行，但是还不能确定它们是否平行，必须求出它们的侧面投影或通过判断比值是否相等才能最后确定。如图3.26(b)所示，其侧面投影 $c''d''$ 和 $e''f''$ 不平行，则 CD 和 EF 两直线在空间不平行。

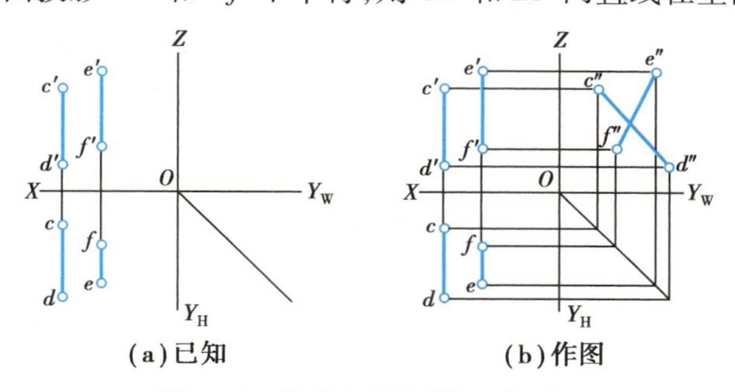

图3.26　判定两直线的相对位置

2)两直线相交

(1)投影特征

相交两直线，其各同面投影必相交，且交点符合点的投影规律，即各投影交点的连线必垂直于相应的投影轴。

如图3.27所示，AB 和 CD 为相交两直线，其交点 K 为两直线的共有点。由于直线上一点的投影必在该直线的同面投影上，因此 K 点的H面投影 k 既在 ab 上，又应在 cd 上。这样 k 必然是 ab 和 cd 的交点；k' 必然是 $a'b'$ 和 $c'd'$ 的交点；k'' 必然是 $a''b''$ 和 $c''d''$ 的交点。

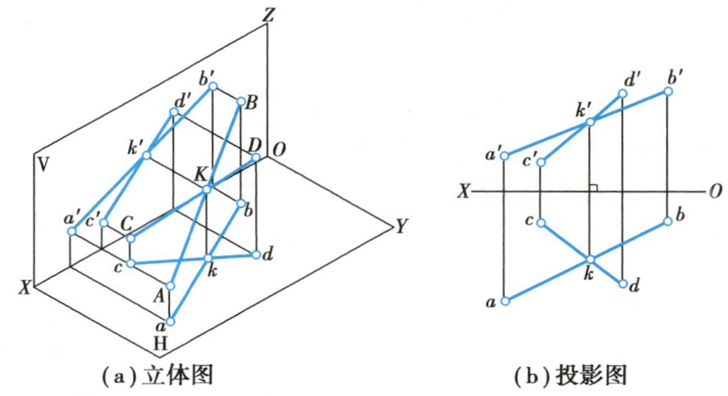

图3.27　相交两直线的投影

(2)两直线相交的判定

①若两直线的各同面投影都相交且交点符合点的投影规律，则此两直线为相交直线。

②对两一般位置直线而言，只要根据任意2组同面投影即可判断两直线在空间是否相交。

③对两直线之一为投影面平行线时，则要看该直线在所平行的那个投影面上的投影是否满足相交条件，才能判定；也可以用定比性判断交点是否符合点的投影规律，来验证两直线是否相交。

如图3.28所示，两直线 AB 和 CD，因为 $a''b''$ 和 $c''d''$ 的交点与 $a'b'$ 和 $c'd'$ 的交点不符合点的投影规律，所以可以判定 AB 和 CD 不相交。

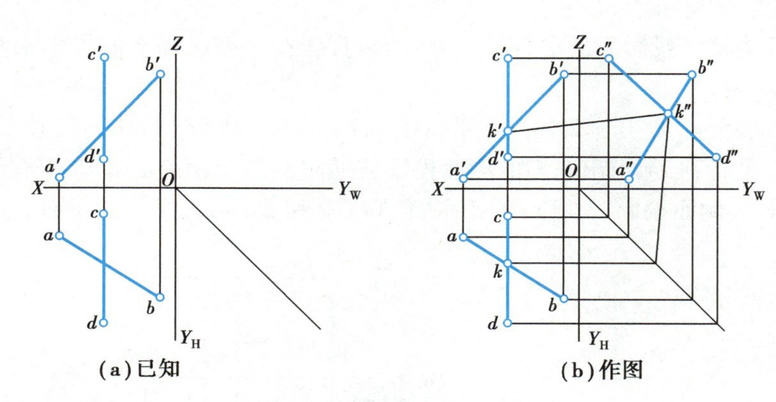

图 3.28　判定两直线的相对位置

3)两直线交叉

(1)投影特征

两直线在空间既不平行也不相交称为交叉。其投影特征是,各面投影既不符合平行两直线的投影特征,也不符合相交两直线的投影特征。

(2)两直线交叉的判定

若两直线的同面投影都不平行,或同面投影虽相交但交点连线不垂直于投影轴,则该两直线必交叉。交叉两直线的投影可能有 1 对或 2 对同面投影互相平行,但绝不可能 3 对同面投影都互相平行。交叉两直线的投影可能有 1 对、2 对或 3 对同面投影相交,但其交点的连线不可能符合点的投影规律。

(3)交叉直线重影点可见性的判别

两直线交叉,其同面投影的交点为交叉两直线对该投影面重影点的投影,可根据其他投影判别其可见性。

如图 3.29 所示,AB 和 CD 是两交叉直线,其三面投影都相交,但其交点不符合点的投影规律,即 ab 和 cd 的交点不是一个点的投影,而是 AB 上 M 点和 CD 上 N 点在 H 面上的重影点,M 点在上,m 可见,N 点在下,n 为不可见。同样 $a'b'$和 $c'd'$的交点是 CD 上 E 点和 AB 上 F 点在 V 面上的重影点,E 点在前,e'为可见,F 点在后,f'为不可见。

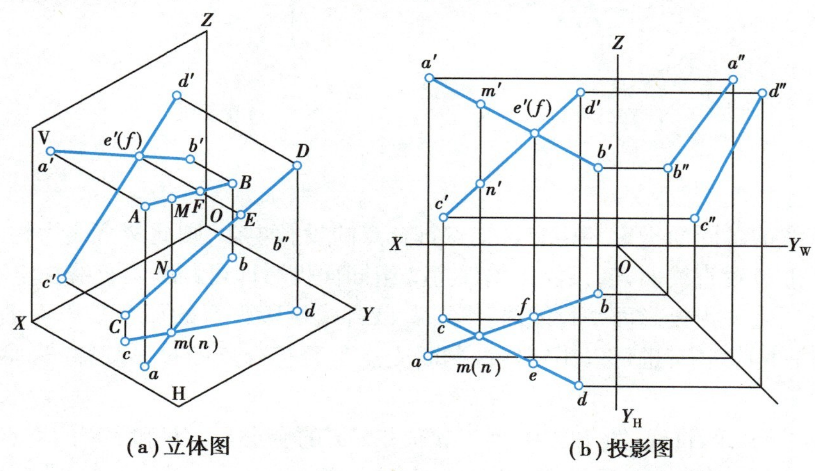

图 3.29　交叉两直线的投影

4)直角投影

若两直线相交(或交叉)成直角,且其中有一条直线与某一投影面平行,则此直角在该投影面上的投影仍反映直角,这一性质称为直角定理。反之,若相交或交叉两直线的某一同面投影成直角,且有一条直线是该投影面的平行线,则此两直线在空间的交角必是直角。

(1)相交垂直

已知:如图 3.30 所示,$\angle ABC=90°$,$BC//$H 面,求证$\angle abc=90°$

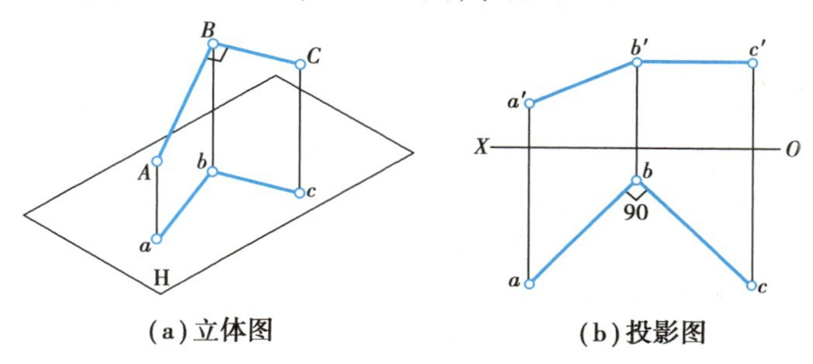

图 3.30　两直线相交垂直

证明:因 $BC\perp AB$,$BC\perp Bb$;$BC\perp$平面 $AabB$;又 $bc//BC$,故 $bc\perp$平面 $AabB$。因此,bc 垂直平面 $Abba$ 上的一切直线,即 $bc\perp ab$,$\angle abc=90°$。

(2)交叉直线

已知:如图 3.31 所示,MN 与 BC 成交叉直线,$BC//$H 面,求证:$mn\perp bc$。

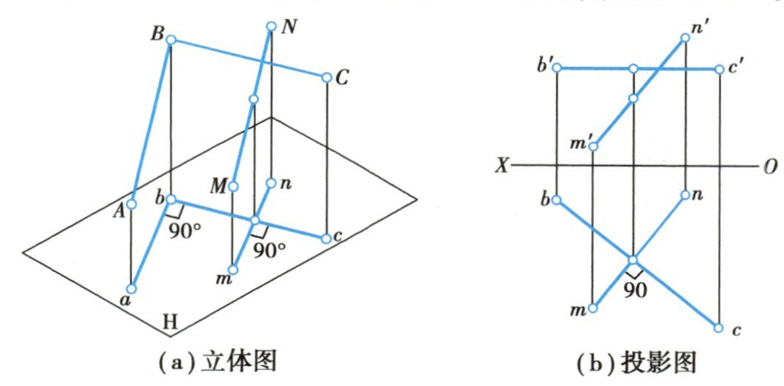

图 3.31　两直线交叉垂直

证明:过 BC 上任一点 B 作 $BA//MN$,则 $AB\perp BC$。根据上述证明,已知 $bc\perp ab$,现 $AB//MN$,则 $ab//mn$,因为 BC 为水平线,故 $bc\perp mn$。

【例 3.11】 求点 A 到正平线 BC 的距离,如图 3.32 所示。

【解】 分析:求点到直线的距离,应过该点向该直线引垂线,然后求出点到垂足距离的实长。

根据直角投影定理,其作图步骤如下:

①由 a' 向 $b'c'$ 作垂线,得垂足 k'。

②过 k' 向下引连系线,在 bc 上得 k。

③连 ak 即为所求垂线的 H 面投影。

④因 AK 是一般线,故要用直角三角形求其实长。

【例 3.12】 已知菱形 $ABCD$ 的对角线 BD 的两面投影和另一对角线 AC 的一个端点 A 的水

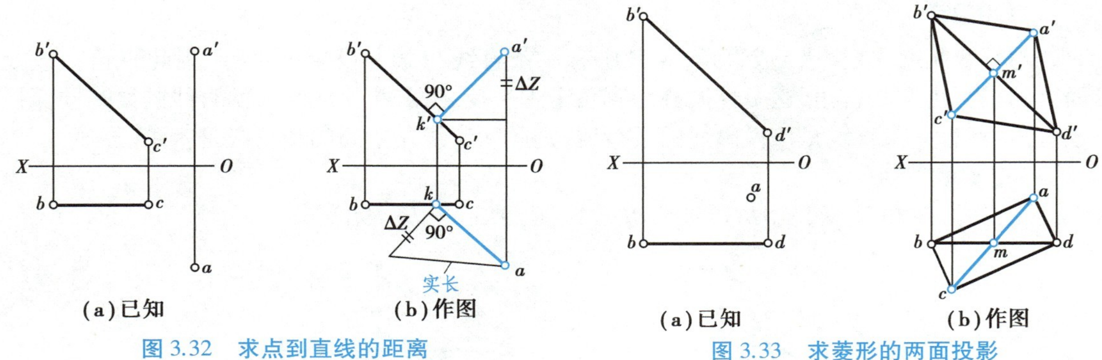

图 3.32　求点到直线的距离

图 3.33　求菱形的两面投影

平投影 a,如图 3.33(a)所示,求作该菱形的两面投影。

【解】 分析:根据菱形的对角线互相垂直且平分,两组对边分别互相平行的几何性质;直角投影原理;平行两直线的投影特征,即可作出其投影图,如图 3.33(b)所示。

①过 a 和 bd 的中点 m 作对角线 AC 的水平投影 ac,并使 $am=mc$。

②由 m 可得 m',再过 m'作 $b'd'$的垂直平分线,由 a 得出 a',由 c 得出 c'。$a'm'=m'c'$即为对角线 AC 的正面投影。

③连接各顶点的同面投影,即为菱形的投影图。

· 3.2.5　直线的轴测投影 ·

前面已经学习过,两点确定一条直线,因此要做直线的投影,只需画出直线上任意两点的投影,连接其同面投影,即为直线的投影。同理,要作出直线的轴测投影,只需画出直线上任意两点的轴测投影(点的轴测投影的画法详见 3.1.4)并将其连接,即为直线的轴测投影。如图 3.10(a)、图 3.11 等就是直线的轴测图。有了直线的轴测图,可画出其投影图;反之,有了直线的投影图,亦可画出反映其空间状况的轴测图。

【例 3.13】 根据直线的三面投影图,分别完成其正等轴测投影图和斜二轴测投影图,如图 3.34 所示。

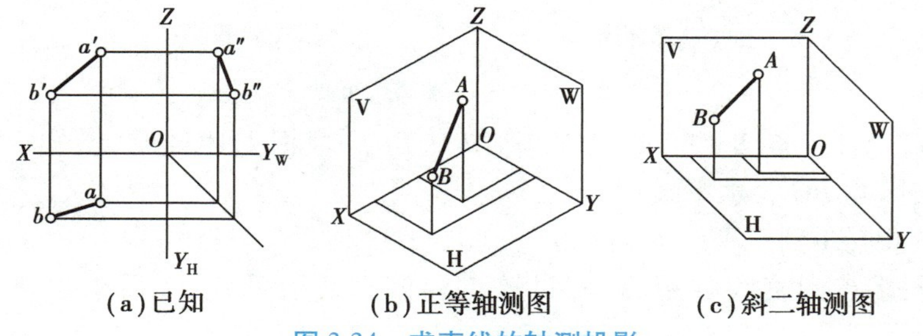

图 3.34　求直线的轴测投影

【解】 分析:AB 直线是由 A 点和 B 点连接而成,所以要完成 AB 直线的轴测投影图,应先作 A 点和 B 点的轴测投影图,然后连接 A 点和 B 点的轴测投影图完成 AB 直线的轴测投影图。

①先分别建立正等轴测图和斜二轴测图的投影体系。

②作 A,B 2 个点的轴测投影图。

③连接 A 点和 B 点,完成直线的轴测投影图。

3.3 平面的投影

· 3.3.1 平面的表示方法 ·

平面的表示方法有两种，一种是用几何元素表示平面，另一种是用迹线表示平面。

1)几何元素表示法

由几何学知识可知，以下任一组几何元素都可以确定一个平面：

①不在同一直线上的 3 点，如图 3.35(a)所示。

②一直线和直线外一点，如图 3.35(b)所示。

③相交两直线，如图 3.35(c)所示。

④平行两直线，如图 3.35(d)所示。

⑤任意平面图形，即平面的有限部分，如三角形、圆形和其他封闭平面图形，如图 3.35(e)所示。

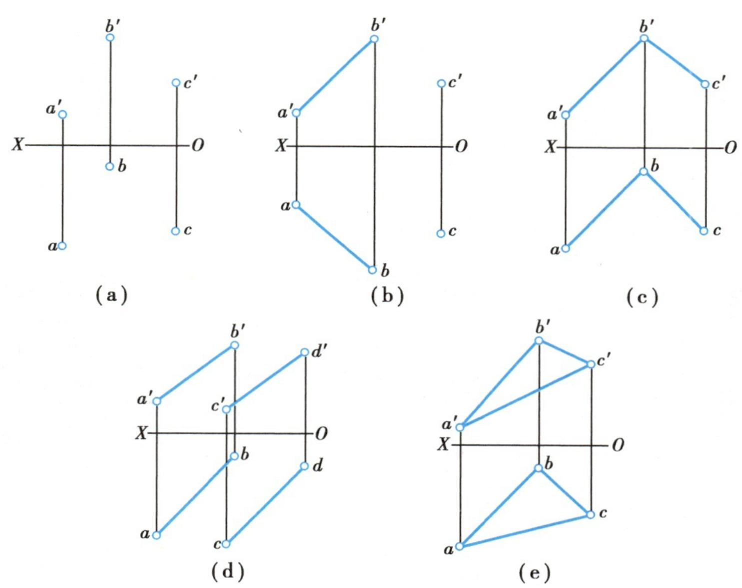

图 3.35 平面的 5 种表示方法

2)迹线表示法

平面除上述 5 组表示法外，还可以用迹线表示。迹线就是平面与投影面的交线。如图3.36 所示，空间平面 Q 与 H,V,W 3 个投影面相交，交线分别为 Q_H(水平迹线)，Q_V(正面迹线)，Q_W(侧面迹线)。迹线与投影轴的交点称为集合点，分别以 Q_X，Q_Y 和 Q_Z 表示。用平面 3 条迹线 Q_H，

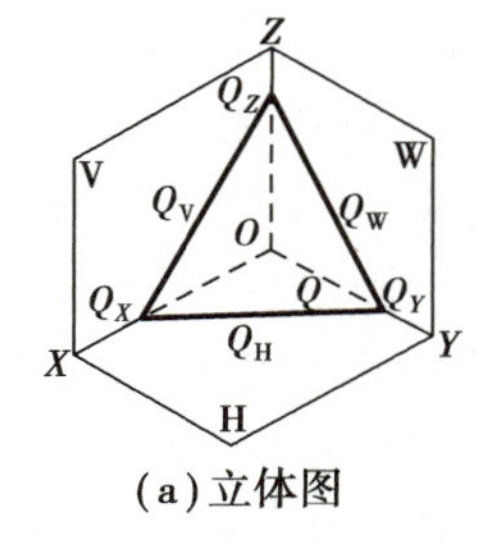

(a)立体图

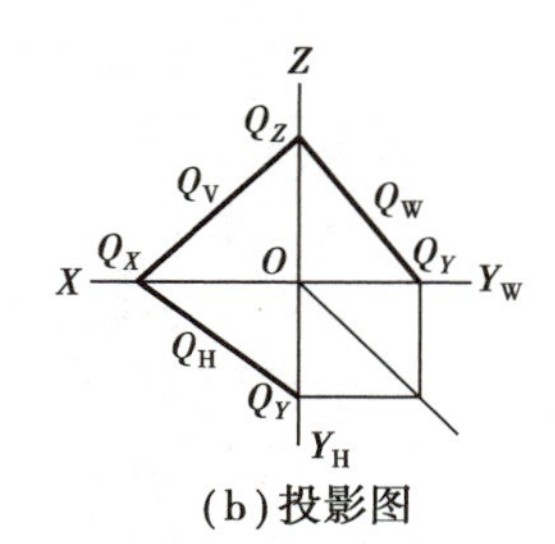

(b)投影图

图 3.36 迹线表示平面

Q_V,Q_W的三面投影来表达平面的空间位置称为平面的迹线表示法,如图 3.36(b)所示。

3.3.2 各种位置平面的投影

在三面投影体系中,根据平面对投影面的相对位置不同,平面可分为:一般位置平面和特殊位置平面。特殊位置平面有两种,即投影面平行面和投影面垂直面。

1)投影面平行面的投影

平行于某一投影面,与另两个投影面都垂直的平面称为投影面平行面,简称平行面。如图3.37 所示,投影面平行面有 3 种情况:

①平行于 H 面的称为水平面平行面,简称水平面。

②平行于 V 面的称为正面平行面,简称正平面。

③平行于 W 面的称为侧面平行面,简称侧平面。

投影面平行面的投影特征为:平面在所平行的投影面上的投影反映实形,其他两个投影都积聚成与相应投影轴平行的直线。

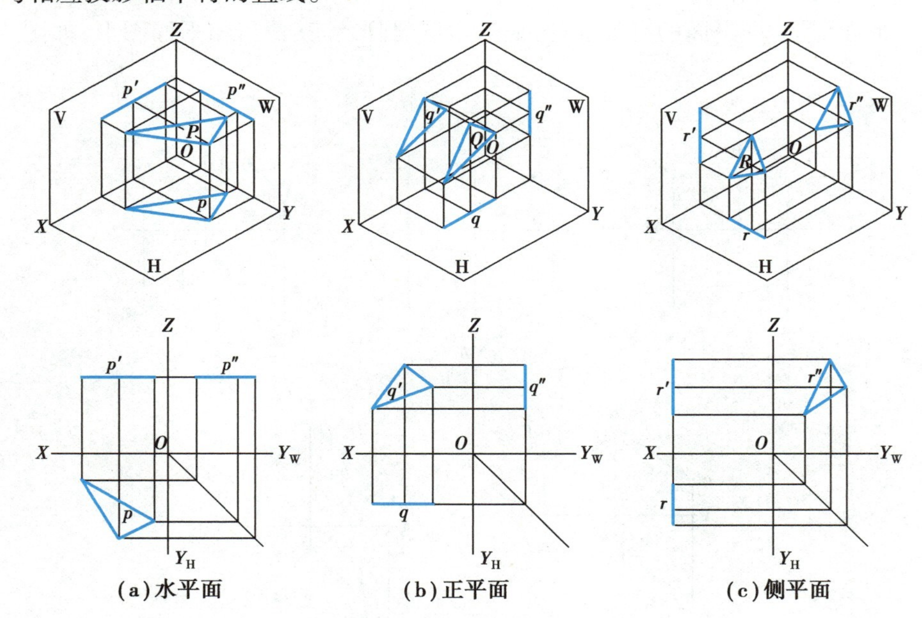

(a)水平面　(b)正平面　(c)侧平面

图 3.37　投影面平行面

2)投影面垂直面的投影

垂直于一个投影面,与另两个投影面都倾斜的平面称为投影面垂直面,简称垂直面。如图3.38 所示,投影面垂直面有 3 种情况:

①垂直于 H 面的称为水平面垂直面,简称铅垂面。

②垂直于 V 面的称为正面垂直面,简称正垂面。

③垂直于 W 面的称为侧面垂直面,简称侧垂面。

投影面垂直面的投影特征为:平面在所垂直的投影面上的投影积聚成一直线,且它与相应投影轴所成的夹角即为该平面对其他两个投影面的倾角;另外两个投影为平面的类似图形且小于平面实形。

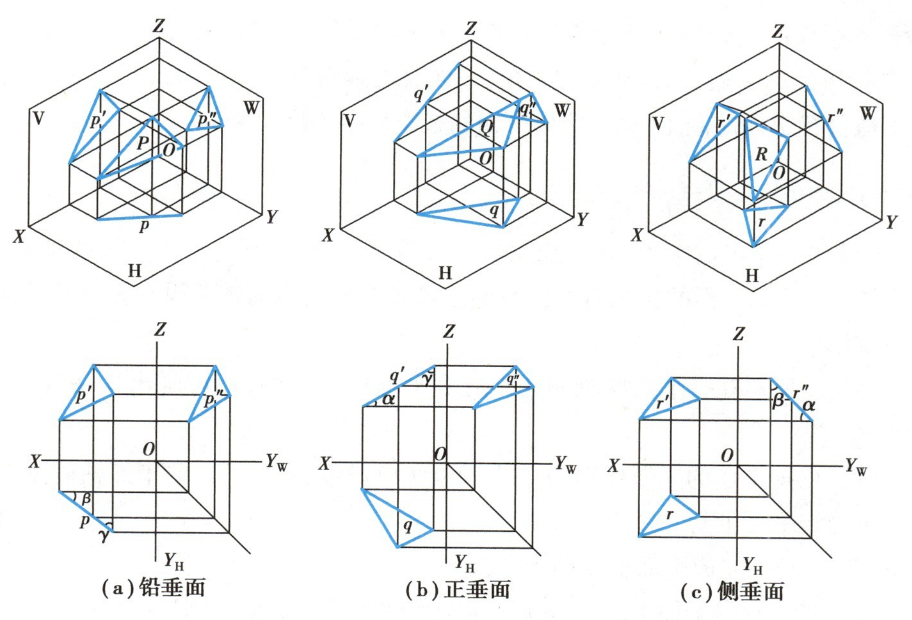

图 3.38 投影面垂直面

【例 3.14】过已知点 K 的两面投影 k',k,作一铅垂面,使它与 V 面的倾角 $\beta=30°$,如图 3.39 所示。

【解】①过 k 点作一条与 OX 轴成 30°的直线,这条直线就是所作铅垂面的 H 面投影。

②作平面的 V 面投影可以用任意平面图形表示,例如$\triangle a'b'c'$。

③过 k 可以作两条方向与 OX 轴成 30°角的直线,所以本题有两解。

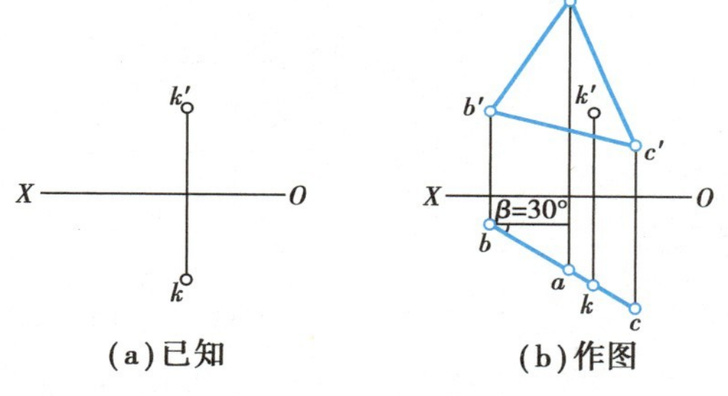

图 3.39 过已知点求铅垂面的投影

3)一般位置平面的投影

与 3 个投影面都倾斜(既不平行也不垂直)的平面称为一般位置平面,简称一般面。如图 3.40中的平面 ABC 即为一个一般位置平面。

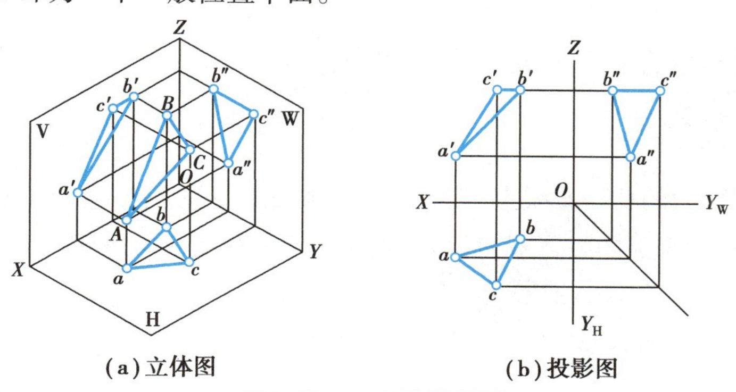

图 3.40 一般位置平面

一般位置平面的投影特征:3 个投影都没有积聚性,均为小于平面实形的类似形。

平面与投影面的夹角,称为平面的倾角;平面对投影面 H,V 和 W 面的倾角仍分别用 α,β,γ 表示。一般位置平面的倾角,也不能由平面的投影直接反映出来。

· 3.3.3 平面的轴测投影 ·

点连线、线围面是组成空间形体的基本规律。前面已经学习过点和直线的轴测投影的画法,因此只需画出围成平面的各条直线或平面上的各个转折点的轴测投影并将其顺次连接,即为平面的轴测投影。

如图 3.40(a)所示就是平面的轴测图。有了平面的投影图,即可画出反映其空间状况的轴测图。

【例 3.15】 根据平面的三面投影图,如图 3.41(a)所示,完成平面的正等轴测投影图。

【解】 ①确定平面上有几个点。

②根据点的坐标,完成平面上点的轴测投影。

③按一定的顺序连接平面上的点,完成平面的轴测投影图,如图 3.41(b)所示。

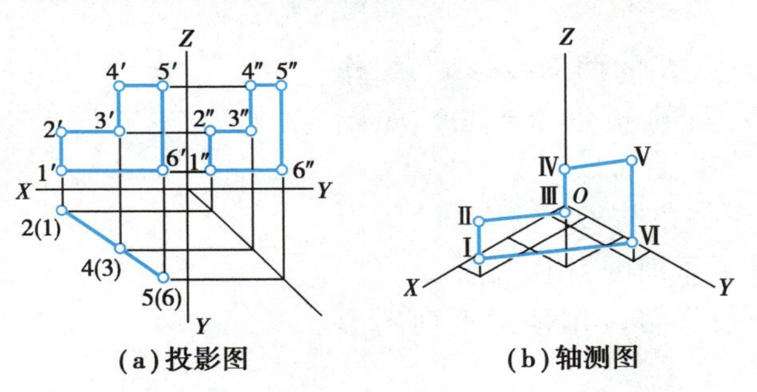

图 3.41 平面图测图绘制

3.4 平面上的点和直线

· 3.4.1 点和直线在平面上的几何条件 ·

1)点属于平面的几何条件

若一点位于平面内的任一直线上,则该点位于平面上。换言之,若点的投影位于平面内某一直线的投影上,且符合点的投影规律,则点属于平面。如图 3.42 所示,点 K 位于平面△ABC 内的直线 BD 上,则 K 点位于△ABC 上。

2)直线属于平面的几何条件

①若一条直线上有两点位于一平面上,则该直线位于平面上。如图 3.43 所示,在平面 H 上的两条直线 AB 和 BC 上各取一点 D 和 E,则过该两点的直线 DE 必在 H 面上。

②若一直线有一点位于平面上，且平行于该平面上的任一直线，则该直线位于平面上。如图3.43所示，过H面上的C点，作$CF//AB$，AB是平面H内的一条直线，则直线CF必在H面上。

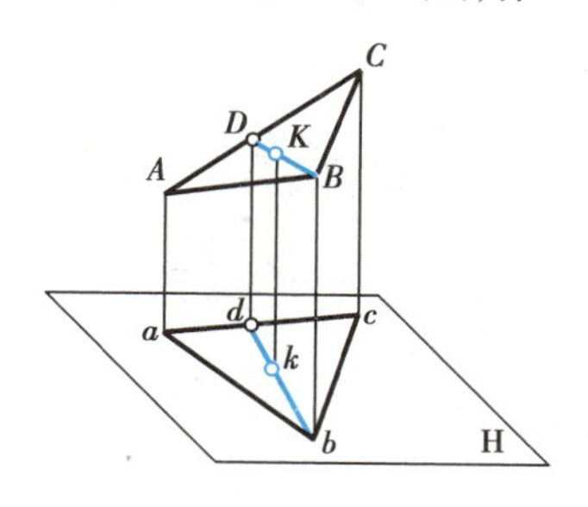

图3.42　点属于平面图

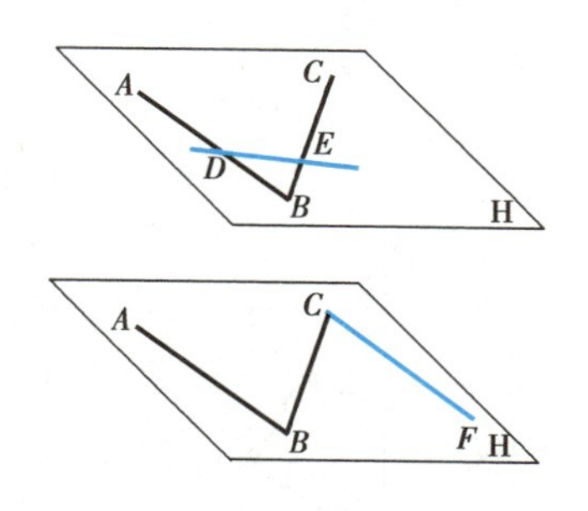

图3.43　直线属于平面

· 3.4.2　平面上取点作图的方法 ·

由点属于平面的几何条件可知，如果点在平面内的任一直线上，则此点一定在该平面上。因此在平面上取点的方法是：先在平面上取一辅助线，然后再在辅助线上取点，这样就能保证点属于平面。在平面上可作出无数条线，一般选取作图方便的辅助线为宜。

求作平面三角形上点的V面投影图

【例3.16】已知△ABC的两面投影及其上一点K的V面投影k'，如图3.44(a)所示，求K点的H面投影k。

【解】①过k'在平面上作辅助线BE的V面投影$b'e'$，据此再作出be。

②因K点在BE上，k必在be上，从而求得k，如图3.44(b)所示。

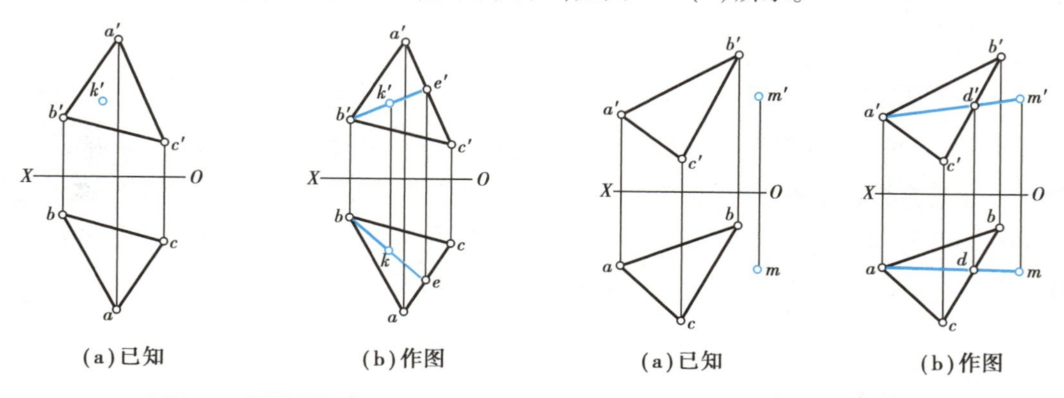

图3.44　平面上取点　　图3.45　判断点是否属于平面

【例3.17】已知△ABC和M点的V，H面投影，如图3.45所示，判别M点是否在平面上。

【解】分析：如果能在△ABC上作出一条通过M点的直线，则M点在该平面上，否则不在该平面上。

①连接$a'm'$，交$b'c'$于d'，求出d。

②因为m在ad上，则M点是在该平面上的点。

判断点是否在平面上

【例 3.18】已知四边形 $ABCD$ 的 H 面投影和其中两边的 V 面投影,如图 3.46 所示,完成四边形的 V 面投影。

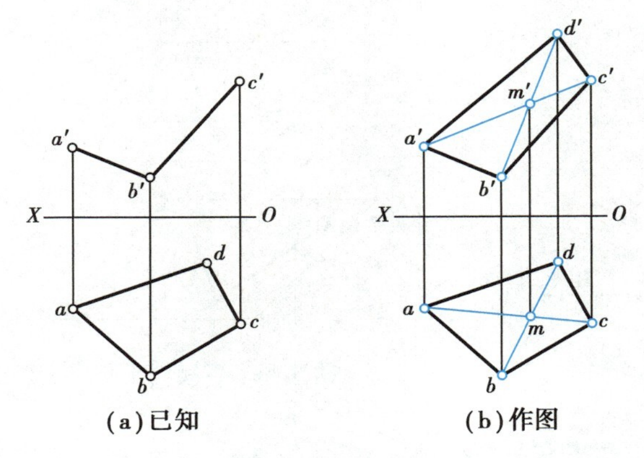

(a)已知　　(b)作图

图 3.46　完成四边形的 V 面投影

【解】分析:已知的 A,B,C 3 点决定一平面,而 D 点是该平面上的一点,已知 D 点的 H 面投影 d,求其 V 面投影,也就是在平面上取点。

①连接 bd 和 ac 交于 m。

②再连接 $a'c'$,根据 m 可在 $a'c'$ 上作出 m'。

③连接 $b'm'$,过 d 向 OX 轴作垂线,与 $b'm'$ 的延长线相交于 d'。

④连接 $a'd'$ 和 $d'c'$,$a'b'c'd'$ 即为四边形的 V 面投影。

· 3.4.3　平面上的投影面平行线和最大坡度线 ·

1)平面上取直线的作图方法

由直线属于平面的几何条件,可知平面上取直线的作图方法是:在平面内取直线应先在平面内取点,并保证直线通过平面上的两个点,或过平面上的一个点且与另一条平面内的直线平行。

如图 3.47 所示,要在△ABC 上任作一条直线 MN,则可在此平面上的两条直线 AB 和 CB 上各取点 $M(m,m',m'')$ 和 $N(n,n',n'')$,连接 M 和 N 的同面投影,则直线 MN 就是△ABC 上的一条直线。

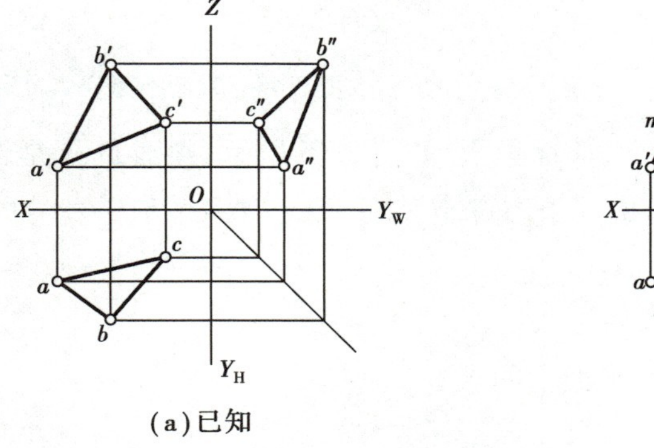

(a)已知　　(b)作图

图 3.47　直线属于平面

2)平面上的投影面平行线

既在平面上同时又平行于某一投影面的直线称为平面上的投影面平行线。平面上的投影面平行线有 3 种:

①平面上平行于 H 面的直线称为平面上的水平线。

②平面上平行于 V 面的直线称为平面上的正平线。

③平面上平行于 W 面的直线称为平面上的侧平线。

平面上的投影面平行线,既在平面上,就具有投影面平行线的一切投影特征;并且在同一平面上可作出无数条水平线、正平线和侧平线。

【例 3.19】已知平面△*ABC* 的 H 面投影和 V 面投影,如图 3.48(a)所示,过 *A* 取一条水平线,过 *C* 取一条正平线,试完成该两直线的投影。

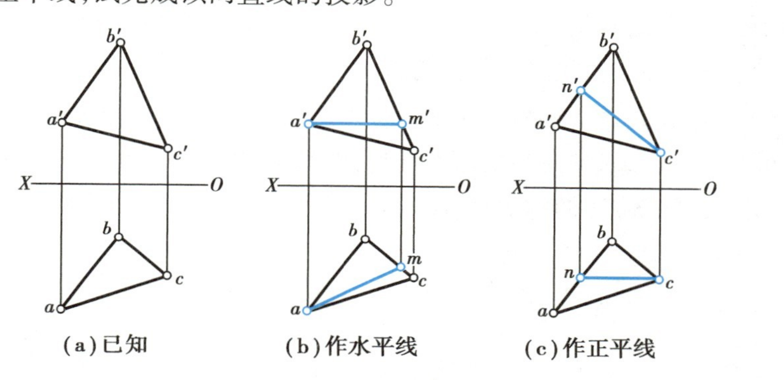

图 3.48 求作平面上的投影面平行线

【解】①过 a' 作 $a'm'//OX$,交 $b'c'$ 于 m',求出 m。连接 am,$AM(am,a'm')$ 即为平面上的水平线,如图 3.48(b)所示。

②过 c 作 $cn//OX$,交 ab 于 n,求出 n'。连接 $c'n'$,$CN(cn,c'n')$ 即为平面上的正平线,如图 3.48(c)所示。

3)平面上的最大坡度线

平面上对投影面倾角为最大的直线称为平面上对投影面的最大坡度线,它必垂直于平面内该投影面的平行线。最大坡度线有 3 种:垂直于水平线的称为对 H 面的最大坡度线;垂直于正平线的称为对 V 面的最大坡度线;垂直于侧平线的称为对 W 面的最大坡度线。

如图 3.49 所示,*L* 是平面 *P* 内的水平线,*AB* 属于 *P*,$AB \perp L$(或 $AB \perp P_H$),*AB* 即是平面 *P* 内对 H 面的最大坡度线。现证明直线 *AB* 对 H 面的倾角为最大,过程如下:

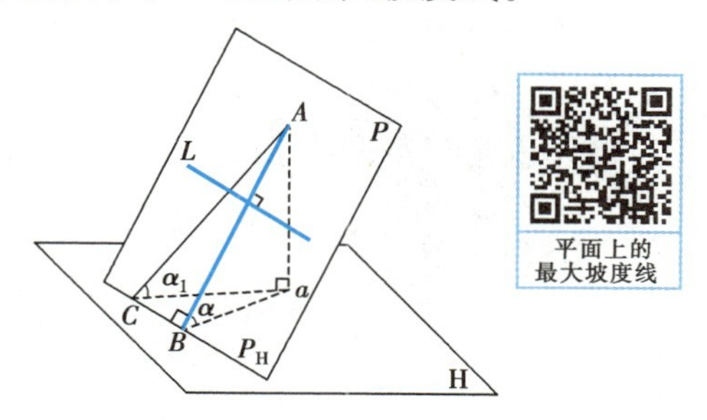

图 3.49 平面上对 H 面的最大坡度线

①过 *A* 点任作一直线 *AC*,它对 H 面的倾角为 α_1。

②在直角 △*ABa* 中,$\sin\alpha = Aa/AB$;在直角 △*ACa* 中,$\sin\alpha_1 = Aa/AE$。又因为△*ABC* 为直角三

角形，$AB<AC$，所以 $\alpha>\alpha_1$；即垂直于 L 的直线 AB 对 H 面的倾角 α 为最大，因此称其为最大坡度线。

同理，平面上对 V，W 面的最大坡度线也分别垂直于平面上的正平线和侧平线。由于 $AB\perp PH$，$aB\perp PH$（直角投影），则 $\angle ABa=\alpha$，它是 P，H 面所成的二面角的平面角，所以平面 P 对 H 面的倾角就是最大坡度线 AB 对 H 面的倾角。

综上所述，最大坡度线的投影特征是：平面内对 H 面的最大坡度线，其水平投影垂直于面内水平线的水平投影，该直线的倾角 α 代表了平面对 H 面的倾角；平面内对 V 面的最大坡度线，其正面投影垂直于面内正平线的正平投影，该直线的倾角 β 代表了平面对 V 面的倾角；平面内对 W 面的最大坡度线，其侧面投影垂直于面内侧平线的侧平投影，该直线的倾角 γ 代表了平面对 W 面的倾角。

由此可知，求一个平面对某一投影面的倾角，可按以下 3 个步骤进行：

①先在平面上任做一条该投影面的平行线。

②利用直角定理，在该面上任做一条最大坡度线，垂直于所做的投影面平行线。

③利用直角三角形法，求出此最大坡度线对该投影面的倾角，即为平面的倾角。

【例 3.20】求△ABC 对 H 面的倾角 α，如图3.50所示。

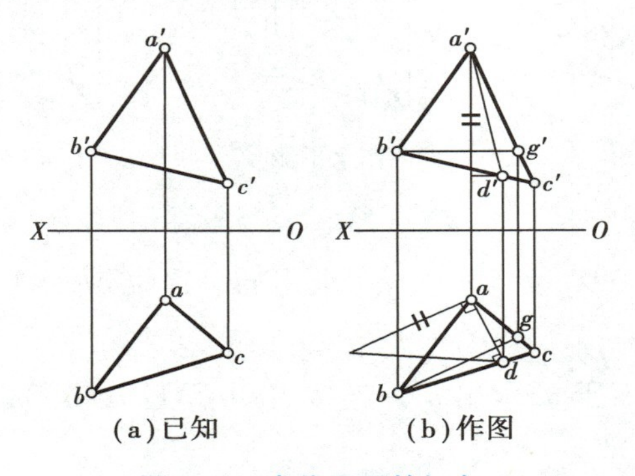

图 3.50　求作平面的倾角 α

【解】分析：要求△ABC 对 H 面的倾角 α，必须首先作出对 H 面的最大坡度线，再用直角三角形法求出最大坡度线对该投影面的倾角即可。

①在△ABC 上任作一水平线 BG 的两面投影 $b'g'$，bg。

②根据直角投影规律，过 a 作 bg 的垂线 ad，即为所求最大坡度线的 H 面投影，并求出其 V 面投影 $a'd'$。

③用直角三角形法求 AD 对 H 面的倾角 α，即为所求△ABC 对 H 面的倾角 α。

复习思考题

3.1　点的投影规律是什么？

3.2　点在三面投影图中的书写是怎样规定的？

3.3 根据点的两面投影，通过作图怎样完成点的第三面投影？
3.4 点的坐标书写是怎样规定的？
3.5 根据点的坐标怎样完成点的三面投影图？
3.6 根据投影图，如何判别两点的相对位置？
3.7 什么是重影点？在投影图中如何判断重影点的相对位置？
3.8 直线的投影规律是什么？
3.9 根据直线的两面投影，通过作图怎样完成直线的第三面投影？
3.10 什么是投影面垂直线？
3.11 投影面垂直线有几种？名称分别是什么？
3.12 投影面垂直线有哪些投影规律？
3.13 根据直线的三面投影图怎样判断是否是投影面垂直线？
3.14 什么是投影面平行线？
3.15 投影面平行线有几种？名称分别是什么？
3.16 投影面平行线有哪些投影规律？
3.17 根据直线的三面投影图怎样判断是否是投影面平行线？
3.18 什么是一般位置直线？
3.19 一般位置直线的三面投影图能反映直线的实长吗？
3.20 在一般位置直线的三面投影图中怎样求实长？
3.21 什么是点、线的从属关系？
3.22 怎样利用点、线的从属关系，在投影图中求直线上的点？
3.23 怎样利用点、线的从属关系，在投影图中判断点是否在直线上？
3.24 两直线有哪几种相对位置？
3.25 两直线平行、相交、交叉的投影特性各是什么？
3.26 在投影图中，判断两直线平行、相交、交叉的几何判断条件是什么？
3.27 什么是直角定理？
3.28 怎样利用直角定理求点到直线的距离？
3.29 在三面投影图中，平面的表示方法有哪两种？
3.30 几何元素表示法平面有几种情况？
3.31 什么是投影面平行面？
3.32 投影面平行面有几种？名称分别是什么？
3.33 投影面平行面有哪些投影规律？
3.34 根据直线的三面投影图怎样判断是否是投影面平行面？
3.35 什么是投影面垂直面？
3.36 投影面垂直面有几种？名称分别是什么？
3.37 投影面垂直面有哪些投影规律？
3.38 根据直线的三面投影图，怎样判断是否是投影面垂直面？

3.39 什么是一般位置平面?

3.40 一般位置平面的投影特性是什么?

3.41 根据直线的三面投影图,怎样判断是否是一般位置平面?

3.42 直线在平面上的几何判定条件是什么?

3.43 在三面投影图中,怎样判断直线是否在直线上?

3.44 在三面投影图中,怎样作平面上的水平线?

3.45 点在平面上的几何判定条件是什么?

3.46 在三面投影图中,怎样判断点是否在直线上?

3.47 直线与平面平行的几何判定条件是什么?

4　形体投影图的画法

完成台阶的三面投影图，就要在点、线的投影基础上，先完成各面的投影，如图 4.1(a) 所示；再由面围成各形体，如图 4.1(b) 所示；在各形体的三面投影基础上再组合完成台阶的三面投影图，如图 4.1(c)、(e) 所示。

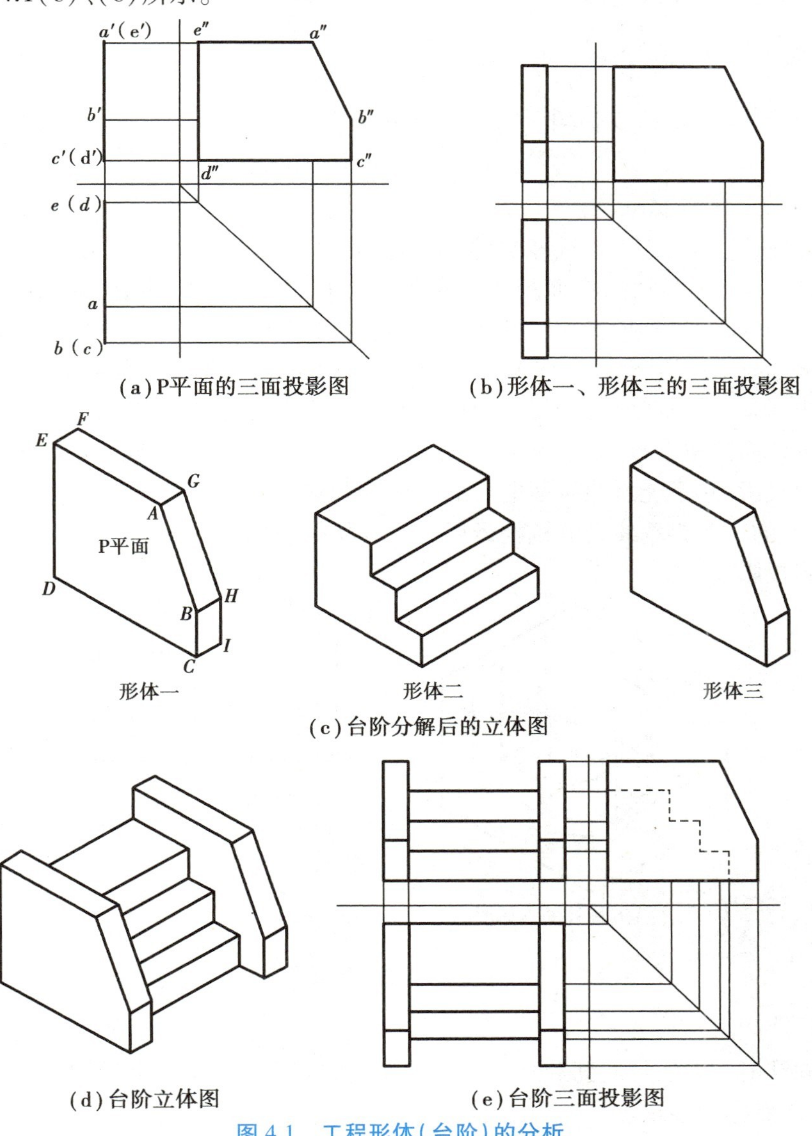

图 4.1　工程形体(台阶)的分析

综上所述，点连线、线围面、面围体。无论形状多么复杂的工程形体，从几何学的观点来看，都可视为是由若干基本几何体（柱、锥等）组合而成。当绘制工程形体时，可以把它分解成若干基本形体来研究，就能化繁为简、化难为易。

4.1　基本体的投影

建筑形体不论简单还是复杂，都可以看成是由若干个形体叠加或切割而成，称这样的形体为基本体。基本体又称几何体，按其表面的几何性质可以分为平面立体和曲面立体。

- 平面立体：由平面多边形所围成的立体，如棱柱体和棱锥体等。
- 曲面立体：由曲面或曲面与平面所围成的立体，如圆柱体和圆锥体等。

4.1.1　平面立体的投影

平面立体的三面投影图就是组成平面立体的各平面投影的集合。常见的平面立体有棱柱和棱锥。

1）棱柱体的三面投影

棱柱的棱线（立体表面上面面相交的交线）互相平行，上下两底面互相平行且大小相等。

图4.2即为一正五棱柱的三面投影。在图4.2（b）中，五棱柱的H面投影是一个正五边形，它是上下两底面的重合投影，并且反映上下底面的实形；H面投影中的五边形也是五棱柱五个棱面在H面上的积聚投影。在V面投影中，上、下两段水平线是顶面和底面的积聚投影；虚线围成的矩形是五棱柱最后棱面的投影，且反映最后棱面的实形；左边实线围成的矩形是五棱柱左边两个棱面的重合投影，它不能反映棱面的实形；右边实线围成的矩形是五棱柱右边两个棱面的重合投影，它不能反映棱面的实形。W面投影中的两个矩形是五棱柱4个侧棱面的重合投影；最后的一条铅垂线是五棱柱最后棱面的积聚投影；上、下两条水平线是五棱柱顶面和底面的积聚投影。

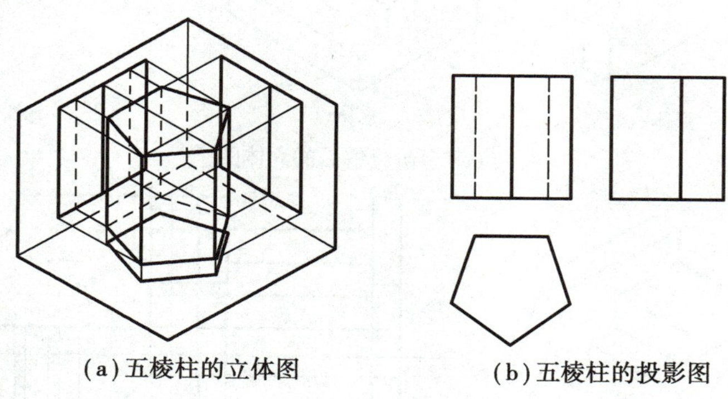

（a）五棱柱的立体图　　（b）五棱柱的投影图

求作五棱柱三面投影图

图4.2　五棱柱的三面投影

2）棱锥体的三面投影

完整的棱锥由一多边形底面和具有一公共顶点的多个三角形平面所围成。棱锥的棱线汇交于一个点，该点称为锥顶。

图 4.3 即为一三棱锥的三面投影。从图 4.3(a)可知,三棱锥的底面是水平面,最后棱面是侧垂面,其余两个棱面是一般位置平面。如图 4.3(b)所示,由于底面是水平面,所以在三棱锥的 H 面投影中 *abc* 反映三棱锥底面的实形;在 V 面和 W 面投影中底面积聚成直线。由于三棱锥的最后棱面是侧垂面,所以在 W 面投影中最后棱面积聚成直线,其余两个投影是三角形。三棱锥左、右棱面是一般位置平面,所以 3 个投影面上的投影都是三角形。

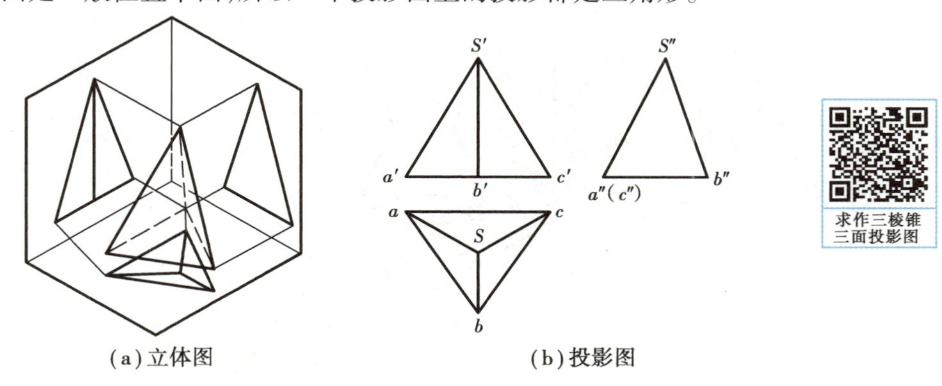

(a)立体图　　(b)投影图

图 4.3　三棱锥的三面投影

· 4.1.2　曲面立体的投影 ·

曲面立体的曲面是由运动的母线(直线或曲线),绕着固定的导线做运动形成的。母线上任一点的运动轨迹形成的圆周称为纬圆。母线在曲面上的任一位置称素线。

母线绕一定轴做旋转运动而形成的曲面,称为回转曲面。工程中应用较多的是回转曲面,如圆柱、圆锥等。

1)圆柱体的形成及投影

圆柱是由母线(直线)绕一定轴旋转一周形成的。圆柱面上的所有素线都相互平行,如图 4.4(a)所示。

如图 4.4(c)所示,H 面投影为一圆面,是上、下底面的重合投影,且反映上、下底面的实形;H 面投影中的圆周线是圆柱面的积聚投影。V 面投影为一矩形,上、下两条直线为圆柱上、下底面的积聚投影;左、右两条直线是圆柱最左素线和最右素线的投影。W 面投影也是一个矩形,上、下两条直线是圆柱上、下底面的积聚投影;前、后两条直线是圆柱最前、最后素线的投影。

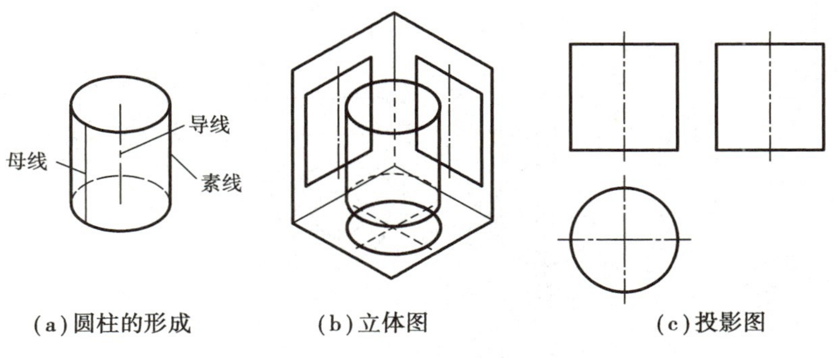

(a)圆柱的形成　　(b)立体图　　(c)投影图

图 4.4　圆柱体的形成及投影

2)圆锥体的形成及投影

圆锥是由母线(直线)绕一定轴旋转(在旋转时母线与定轴相交一点)一周形成的。圆锥表面上的素线都交汇于一点,如图 4.5(a)所示。

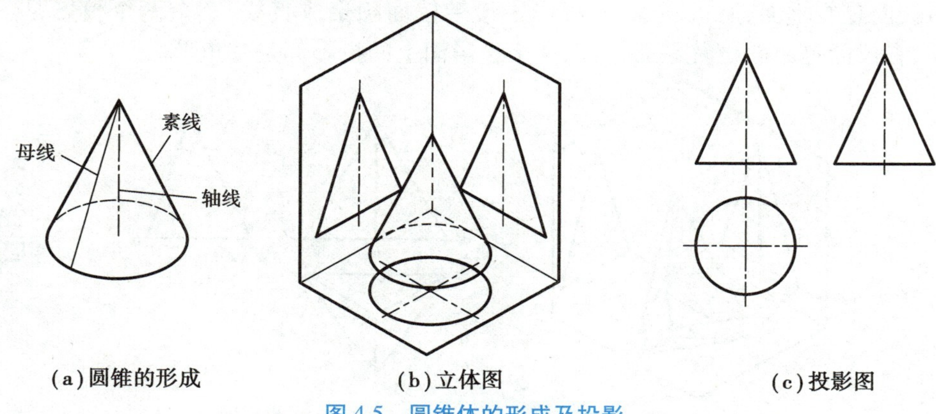

(a)圆锥的形成　(b)立体图　(c)投影图

图 4.5　圆锥体的形成及投影

如图 4.5(c)所示,圆锥的 H 面投影是一个圆,它是圆锥底面和圆锥表面的重合投影,且反映底面的实形。圆锥的 V 面和 W 面投影都是三角形,三角形的底边是圆锥底面的积聚投影,三角形的两条腰分别是圆锥最左、最右素线和最前、最后素线的投影。

· 4.1.3　基本体的尺寸标注 ·

基本体的尺寸一般只需注出长、宽、高 3 个方向的尺寸。图 4.6 为一些常见基本体尺寸标注的示例。

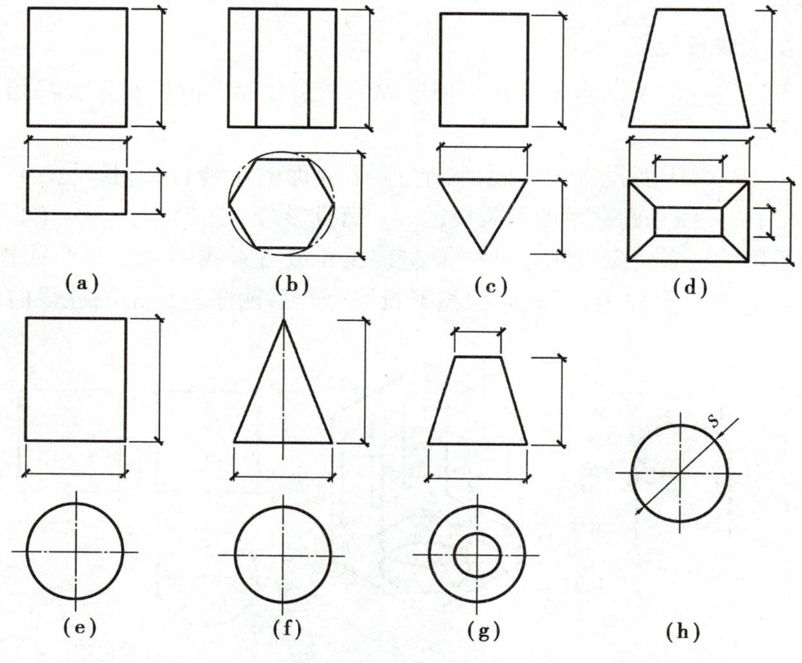

图 4.6　基本体的尺寸标注

如果棱柱体的上、下底面(或棱锥体的下底面)是圆内接多边形,也可标注外接圆的直径和棱柱体(或棱锥体)的高来确定棱柱体(或棱锥体)的大小。圆柱、圆锥则需标注它底面圆的直径和高度尺寸。球体只需标注其直径,但要在“ϕ”前加写“S”或“球”字。

4.2　截交线、相贯线的形成

1)截交线的形成

平面与立体相交,可看作是立体被平面所截。与立体相交的平面称为截平面,截平面与立体表面的交线称为截交线,由截交线围成的断面称为截断面,如图 4.7 所示。

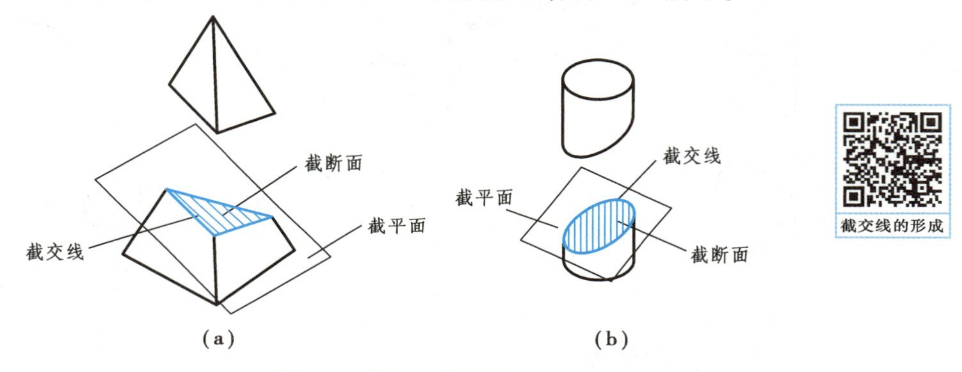

图 4.7　截交线的形成

如图 4.8 所示,平面与平面立体产生的截交线是由截交点连接而成。截交点是截平面与平面立体棱线的交点或是截平面与截平面交线的端点。

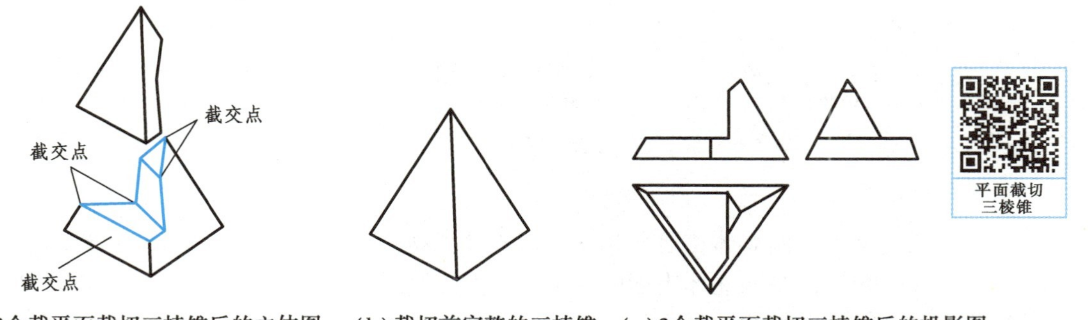

(a)3个截平面截切三棱锥后的立体图　(b)截切前完整的三棱锥　(c)3个截平面截切三棱锥后的投影图

图 4.8　平面截切三棱锥

平面与曲面立体相交其截交线是截平面与曲面立体表面交线的组合,如图 4.9 所示。

平面与平面立体产生的截交线是直线,截交线围成的截断面是平面多边形,如图 4.8 所示。

平面与曲面立体相交,产生的截交线一般情况下是平面曲线。截交线的形状取决于曲面体表面的性质及其与截平面的相对位置,如图 4.10 和图 4.11 所示。

平面与曲面
立体的截交线

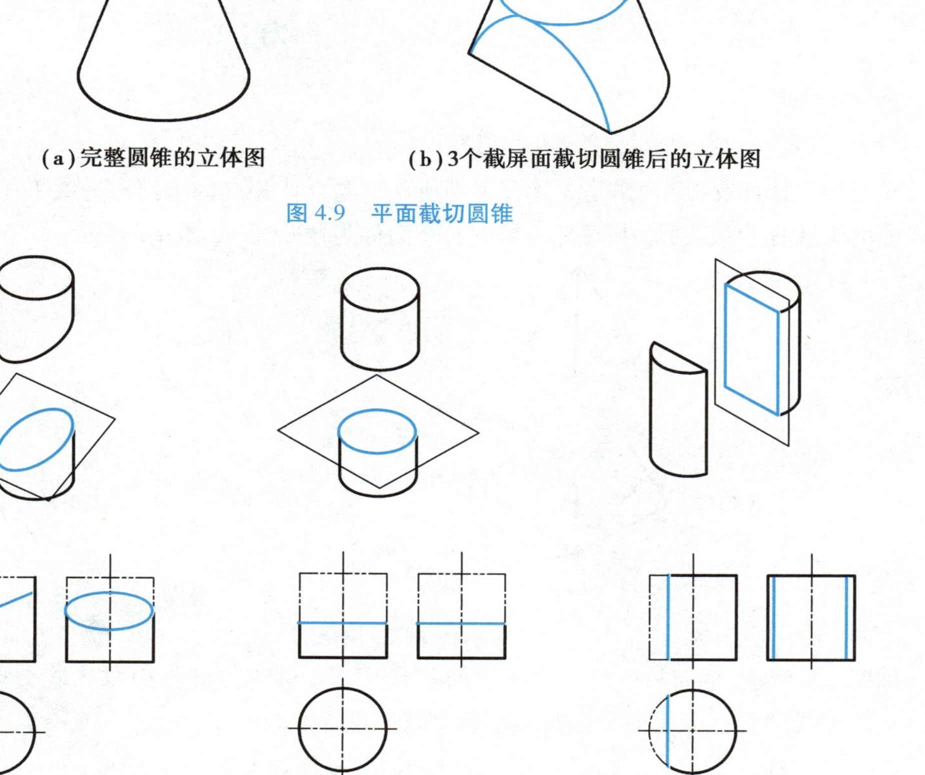

(a)完整圆锥的立体图　　(b)3个截屏面截切圆锥后的立体图

图 4.9　平面截切圆锥

(a)截平面与圆锥的轴线倾斜（截交线是椭圆）

(b)截平面与圆柱的轴线垂直（截交线是圆）

(c)截平面与圆柱的轴线平行（截交线是直线）

图 4.10　平面与圆柱相交的 3 种情况

2)相贯线的形成

两立体相交又称为两立体相贯。相交的两立体成为一个整体称为相贯体，它们表面的交线称为相贯线。相贯线是两立体表面的共有线，相贯线是由贯穿点连接而成，贯穿点是两立体表面的共有点。

相贯线的形状随立体形状和两立体的相对位置不同而异，一般分为全贯和互贯两种类型。当一个立体全部穿过另一个立体时，产生两组相贯线，称为全贯，如图 4.12(a)所示。当两个立体相互贯穿，产生一组相贯线，称为互贯，如图 4.12(b)所示。

相贯线的概念

相贯线的形成及其特点

两曲面立体相贯线的形成及特点

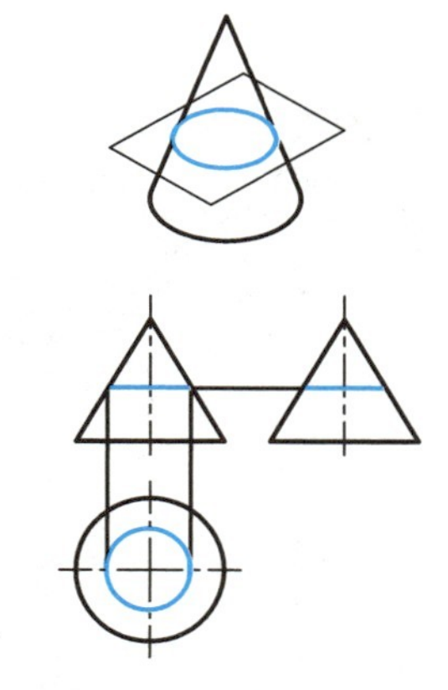

(a) 截平面与圆锥的轴线垂直
（截交线是圆）

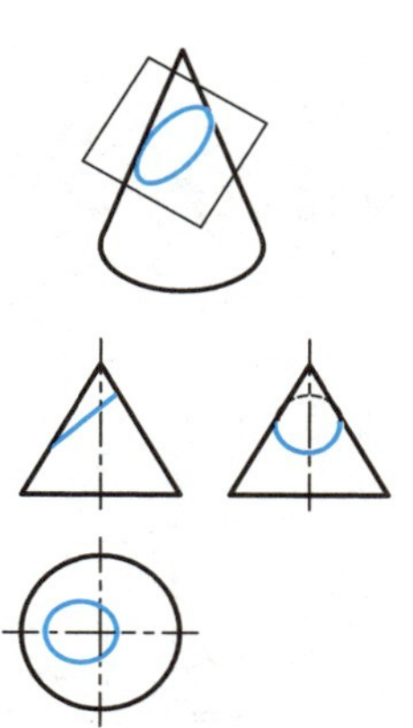

(b) 截平面与圆锥的轴线倾斜
且与圆锥的所有素线相交
（截交线是椭圆）

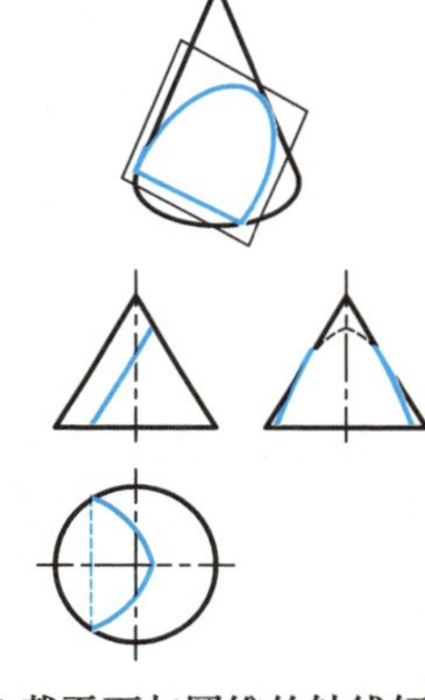

(c) 截平面与圆锥的轴线倾斜
且与圆锥的一条素线平行
（截交线是抛物线）

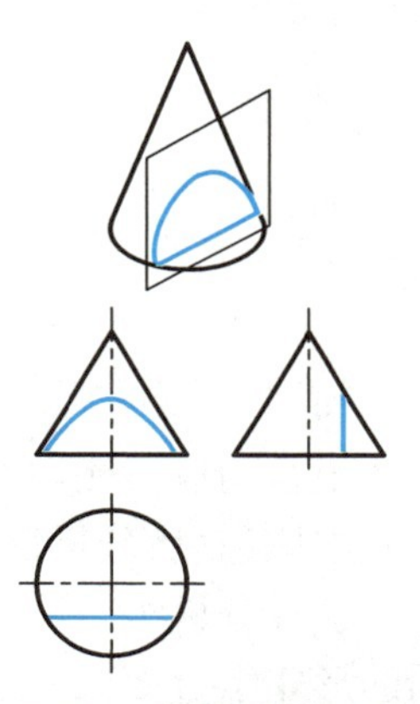

(d) 截平面与圆锥的轴线平行
（截交线是双曲线）

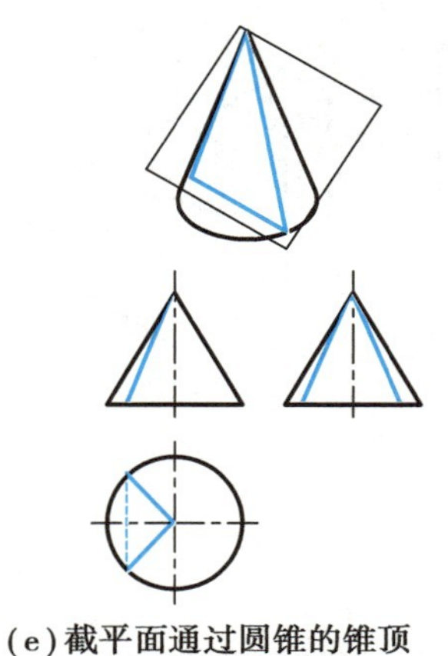

(e) 截平面通过圆锥的锥顶
（截交线是直线）

图 4.11　平面与圆锥相交的 5 种情况

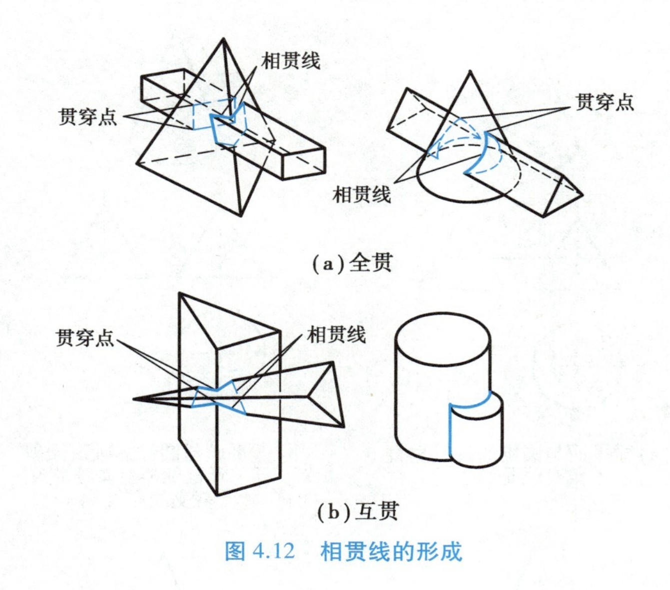

(a)全贯

(b)互贯

图 4.12　相贯线的形成

4.3　组合体的投影

1)组合体的形体分析

组合体是由基本体组合而成。我们在研究组合体时,无论组合体多么复杂,通常可把一个组合体分解成若干个基本体,然后分析每个基本体的形状、相对位置,便可方便地分析出组合体的形状和空间位置。这种分析组合体的方法称为形体分析法。

由基本体按不同的形式组合而成的形体称为组合体。组合体的组合形式一般有:叠加式,如图 4.13(a)所示;截割式,如图 4.13(b)所示;综合式,如图 4.13(c)所示。

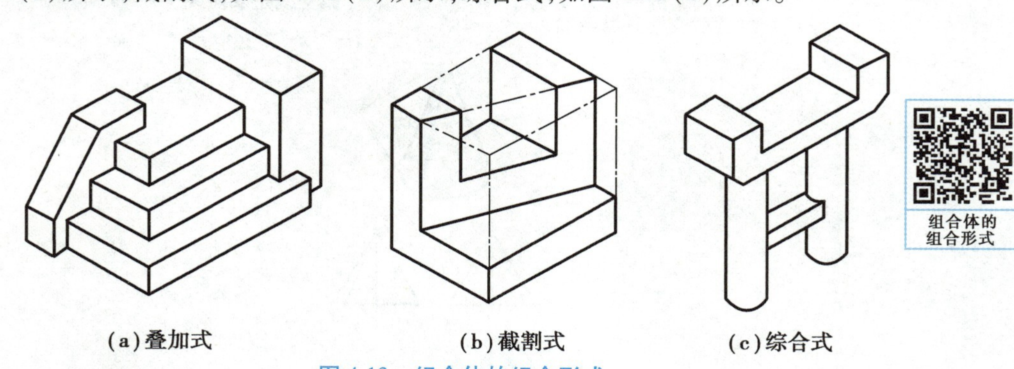

(a)叠加式　　(b)截割式　　(c)综合式

图 4.13　组合体的组合形式

2)组合体三面投影的画法

(1)叠加式组合体的投影图绘制

形体分析法是求叠加式组合体投影图的基本方法,即将组合体分解为几个基本体,分别画出各基本体的投影图,分析出各基本体之间的相对位置关系,然后根据它们的相对位置进行组合,这样就可以完成组合体的投影图。

【例 4.1】 根据立体图(如图 4.14 所示),完成组合体的三面投影图。

【解】 ①形体分析:根据已知立体图可以判断,该形体是由 5 个基本体叠加而成,如图4.15所示。

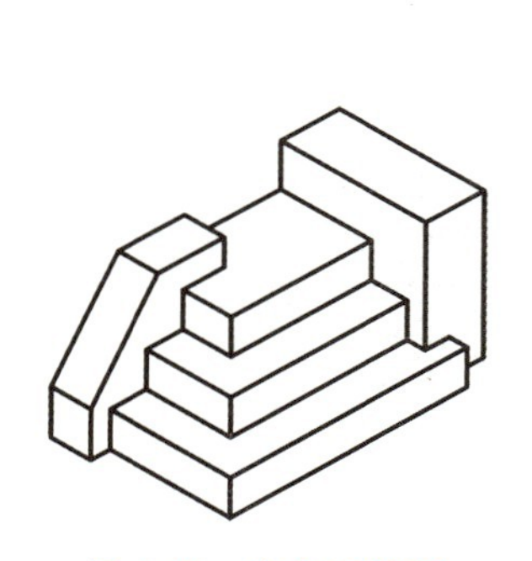

图 4.14 台级立体图

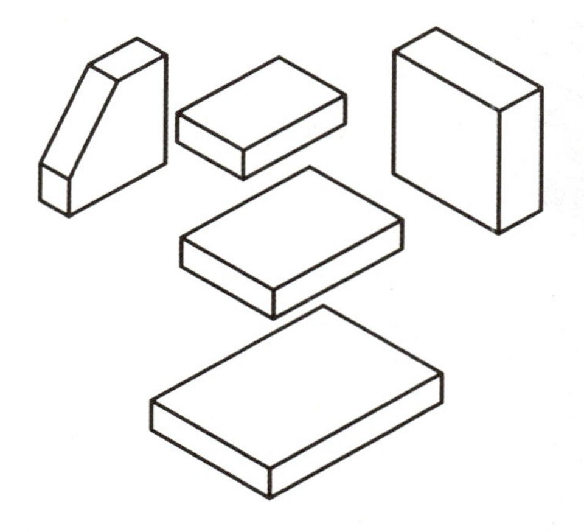

图 4.15 形体分析

②选择投影图数量和投影方向,如图 4.16(a)所示。

特别提示

为了用较少的投影图把组合体的形状完整清晰地表达出来,在形体分析的基础上,还要选择合适的投影方向和投影图数量。

选择 V 面投影方向的原则是:让 V 面投影图能明显地反映组合体的形状特征;同时还应考虑尽量减少其他投影图中的虚线和合理地使用图纸,如图 4.16(a)所示。

③选比例、定图幅。

④布置投影图,如图 4.16(b)所示。

特别提示

布图时,根据选定比例和组合体的总体尺寸,可粗略算出各基本体投影范围大小,并布置匀称图面。一般定出形体的对称线、主要端面轮廓线,作为作图的基线。

⑤绘制底图:

- 画最下面台阶的三面投影图,如图 4.16(b)所示。
- 画中间台阶的三面投影图,并与最下面台阶组合,如图 4.16(c)所示。
- 画最上面台阶的三面投影图,并与中间台阶和最下面台阶组合,如图 4.16(d)所示。
- 画左侧支撑板的三面投影图,并与 3 个台阶组合,如图 4.16(e)所示。
- 画右支撑板的三面投影图,并与其余四个基本体组合,如图 4.16(f)所示。
- 去掉多余图线(去掉两端面平齐的连接线、去掉相贯两基本体内部的交线),如图 4.16(g)所示。
- 判断可见性,如图 4.16(h)所示。

特别提示

画底图时,力求作图准确轻描淡写。在画图时,注意以下几点:

画图的先后顺序,一般应从形状特征明显的投影图入手,先画主要部分,后画次要部分;先画可见轮廓线,后画不可见轮廓线。

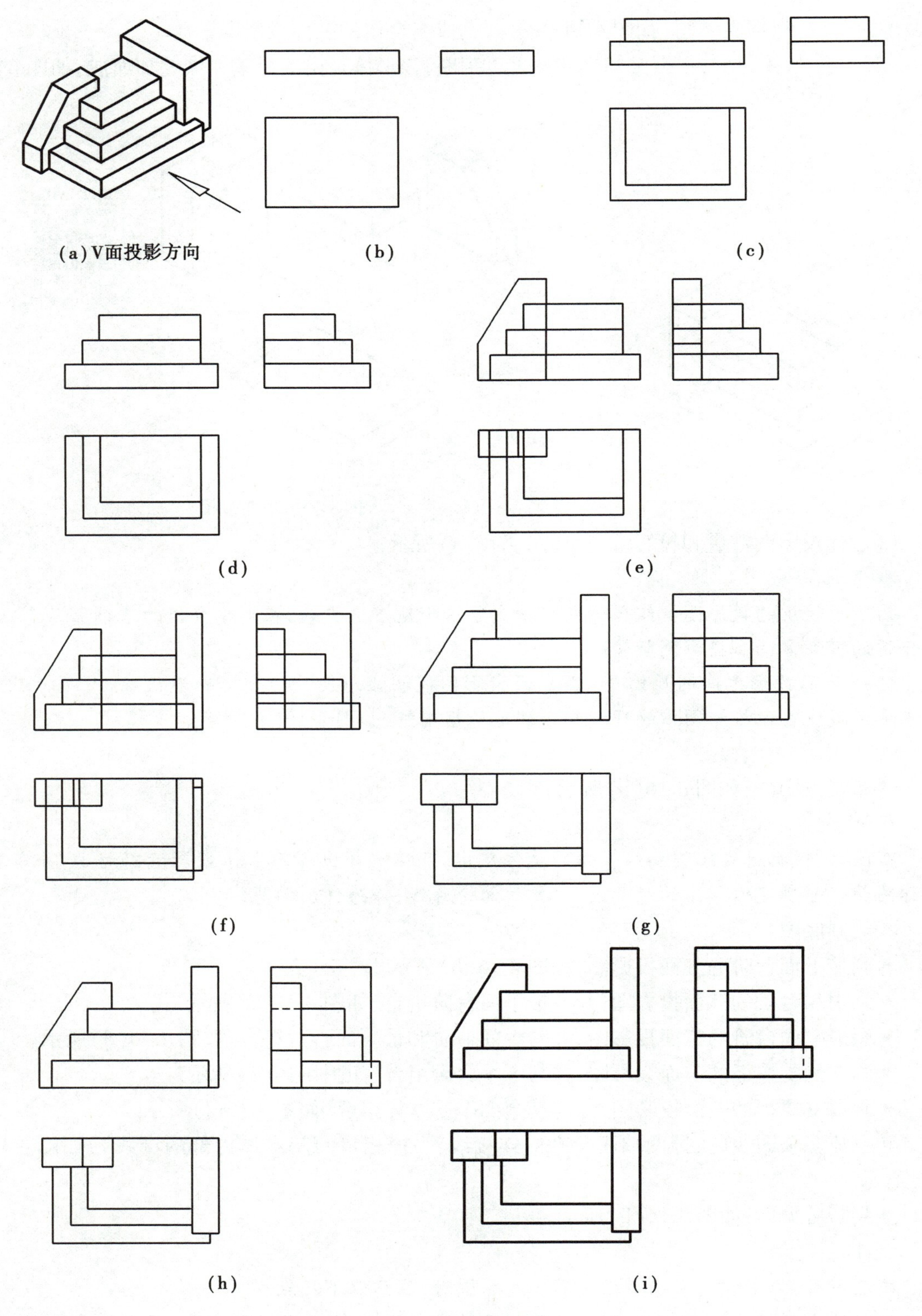

图 4.16　绘图步骤

画图时，对组合体的每一组成部分的三面投影，最好根据对应的投影关系同时画出，不要先把某一投影全部画好后，再画另外的投影，以免漏画线条。

⑥检查和描深，如图 4.16(i)所示。

特别提示

底图画完后，检查确认无误后按《建筑制图标准》(GB/T 50104—2010)规定的线型加深轮廓线。

(2)切割式组合体投影图的绘制

如果组合体是切割式，则完成其三面投影图时，应先画原始基本体的三面投影图，然后根据切平面的位置，逐个完成切平面与基本体的截交线，最后综合完成组合体的三面投影图。

【例 4.2】 根据组合体的立体图(图 4.17)，完成组合体的三面投影图。

【解】 ①形体分析：组合体是在四棱柱的基础上经 5 次切割而成，如图 4.19 所示。

②选择投影图数量和投影方向，如图 4.18 所示。

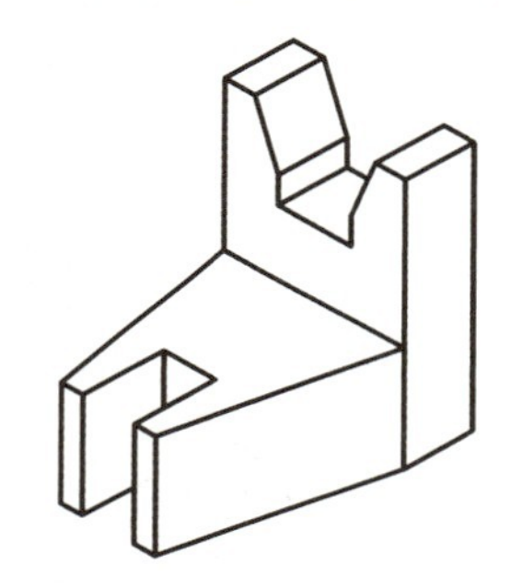

图 4.17　切割式组合体立体图

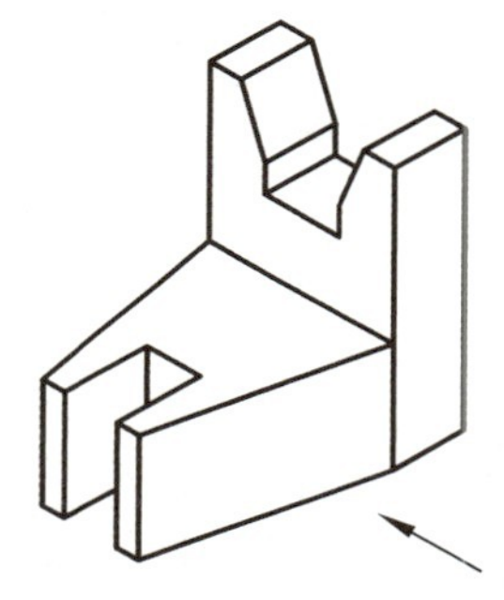

图 4.18　V 面投影方向

③选比例、定图幅。

④布置投影图。

⑤绘制底图：

- 画原始四棱柱的三面投影图，如图 4.20(a)所示。
- 画第 1 次切割后形体的三面投影图，如图 4.20(b)所示。
- 画第 2 次切割后形体的三面投影图，如图 4.20(c)所示。
- 画第 3 次切割后形体的三面投影图，如图 4.20(d)所示。
- 画第 4 次切割后形体的三面投影图，如图 4.20(e)所示。
- 画第 5 次切割后形体的三面投影图，如图 4.20(f)所示。

⑥检查和描深，如图 4.20(f)所示。

求作组合体三面投影图

3)组合体的尺寸标注

投影图只能表达立体的形状，而要确定立体的大小，则需标注立体的尺寸，而且还应满足以下要求：

- 正确：要符合国家最新颁布的《建筑制图标准》(GB/T 50104—2010)。
- 完整：所标注的尺寸，必须能够完整、准确、唯一地表达物体的形状和大小。
- 清晰：尺寸的布置要整齐、清晰，便于阅读。
- 合理：标注的尺寸要满足设计要求，并满足施工、测量和检验的要求。

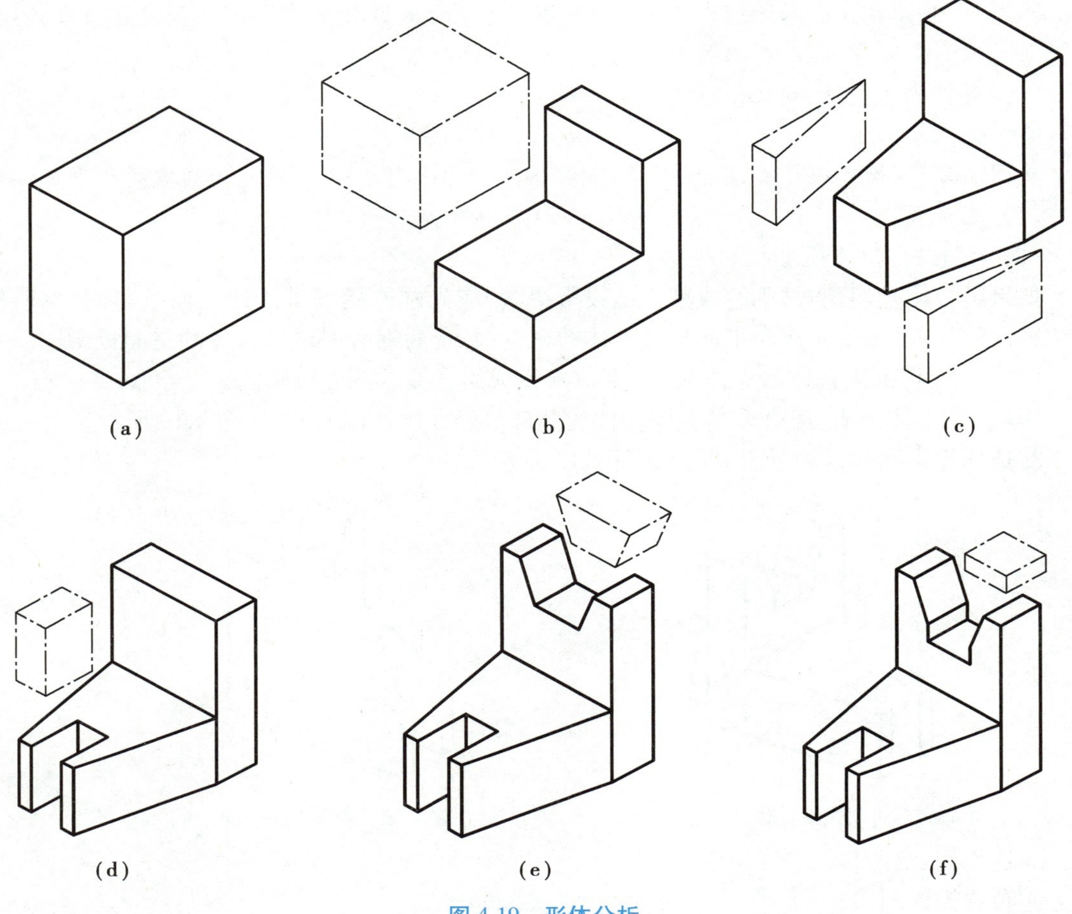

图 4.19　形体分析

(1) 尺寸种类

要完整地确定一个组合体的大小,需注全 3 类尺寸:

①定形尺寸:确定组合体各组成部分形体大小的尺寸,称为定形尺寸。

②定位尺寸:确定各组成部分相对位置的尺寸,称为定位尺寸。

如图 4.21 所示,V 面投影图右下方的定位尺寸 50 为直墙在长度方向的定位尺寸;W 面投影中的 50 和 120 为支撑墙在宽度方向的定位尺寸;直墙和支撑墙在高度方向相对底板的位置,通过组合体叠加形式确定,不需要定位尺寸。

由以上定位尺寸的标注可看出,在某一方向确定各组成部分的相对位置时,标注每一个定位尺寸均需有一个相对的基准作为标注尺寸的起点,这个起点称为尺寸基准。由于组合体有长、宽、高 3 个方向的尺寸,所以每个方向至少有一个尺寸基准,如图 4.22 所示。尺寸基准一般选在组合体底面、重要端面、对称面及回转体的轴线上。

③确定组合体外形的总长、总宽、总高的尺寸,称为总体尺寸。如图 4.21 中的总高 480 mm,总长351 mm,总宽 320 mm。

(2) 组合体的尺寸标注

①形体分析。组合体尺寸标注前需进行形体分析,弄清反映在投影图上的有哪些基本形体及这些基本形体的相对位置。

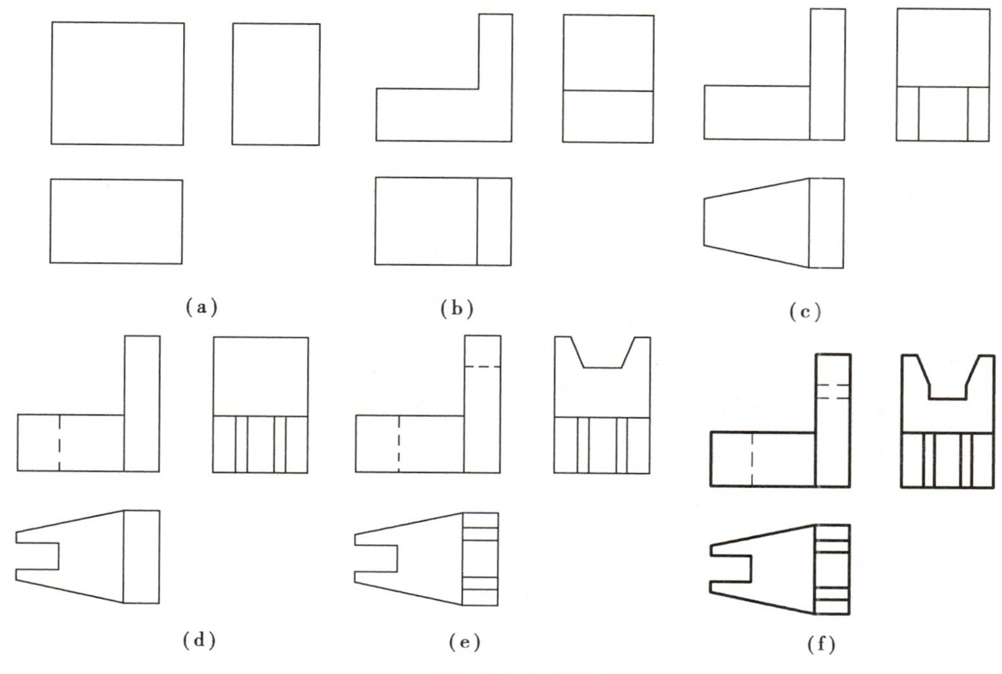

图 4.20　绘图步骤

②标注 3 类尺寸：

a.在形体分析的基础上，应先分别注出各基本体的定形尺寸。如果基本体是带切口的，不应标注截交线的尺寸，而是标注截平面的位置尺寸。

b.选定基准，标注定位尺寸。

c.标注总体尺寸。

③检查复核。注完尺寸后，要用形体分析法认真检查 3 类尺寸，补上遗漏尺寸，并对布置不合理的尺寸进行必要的调整。

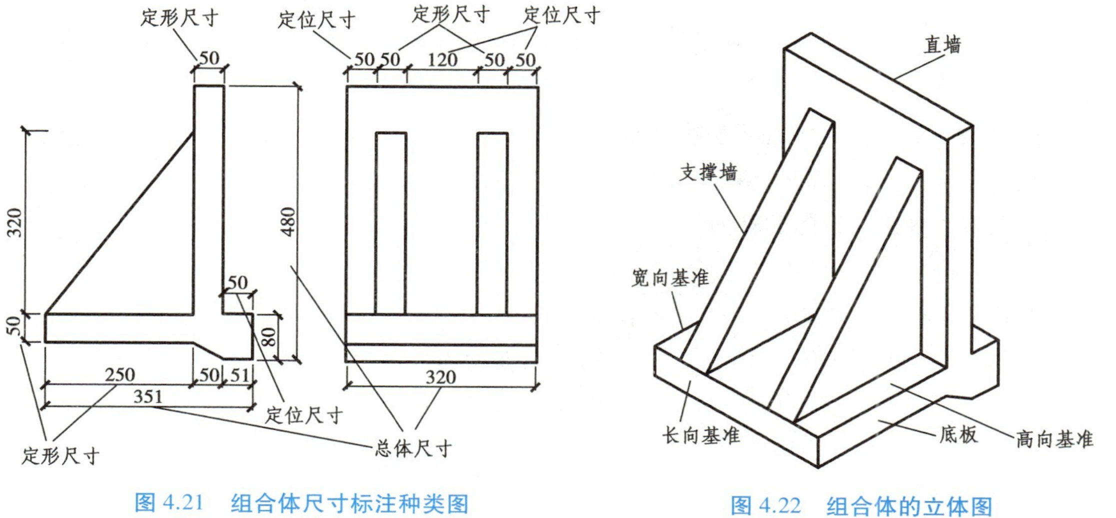

图 4.21　组合体尺寸标注种类图

图 4.22　组合体的立体图

4.4　形体的轴测投影图画法

画轴测投影图的基本方法是坐标法，即按坐标系画出形体上各点，然后按照点连线、线围面、面围体的方法完成形体轴测投影图的绘制。但在作图时，还应根据物体的形状特点而灵活采用其他不同的方法。

此外，在画轴测投影图时，为了使图形清晰，一般不画不可见轮廓线（虚线）。

特别提示

画轴测投影图时还应注意，只有平行于轴向的线段才能直接量取尺寸，不平行于轴向的线段可由该线段的两端点的位置来确定。

轴测投影图是按平行投影的原理得到的，所以作图时要遵循平行投影的一切特性：相互平行的直线的轴测投影仍相互平行（因此，形体上平行于坐标轴的线段，其轴测投影必然平行于相应的轴测轴，且其变形系数与相应的轴向变形系数相同）；两平行直线或同一直线上的两线段的长度之比，轴测投影后保持不变（因此，形体上平行于坐标轴的线段，其轴测投影长度与实长之比，等于相应的轴向变形系数）。

1）平面立体轴测投影图的画法

为了使作图简便、图形清晰，作图时应分析清楚立体的特点灵活应用坐标法，一般先从可见部分作图。

正等轴测投影图和斜二轴测投影图的画法基本一样，只是画图时根据轴间角建立的坐标系不同，根据轴向变化系数的不同，量取尺寸时的比例不同。

【例 4.3】 如图 4.23（a）所示，根据五棱柱的三面投影图，完成其正等轴测投影图。

分析：棱柱体由于上、下底面的大小形状相等且棱线互相平行，所以在作图时，先用坐标法把棱柱的顶面画出，再过顶面上的每一个点作互相平行的棱线，最后完成底面的作图，如图 4.23（f）所示。

【解】 ①分析立体，在三面投影中确定坐标原点，如图 4.23（b）所示。

②根据正等轴测投影图的轴间角建立画图坐标系，如图 4.23（c）所示。

③根据正等轴测投影图的轴向变化系数，用坐标法完成棱柱体顶面 5 个点的轴测投影（三面投影图中 1 点与 2 点、3 点与 5 点、O 点与 4 点、O 点与 K 之间的距离同轴测投影图中 1 点与 2 点、3 点与 5 点、O 点与 4 点、O 点与 K 之间的距离相等），依次连接 1、2、3、4、5 这 5 个点，完成棱柱体顶面的轴测投影，如图 4.23（d）所示。

绘制五棱柱正等轴测投影图

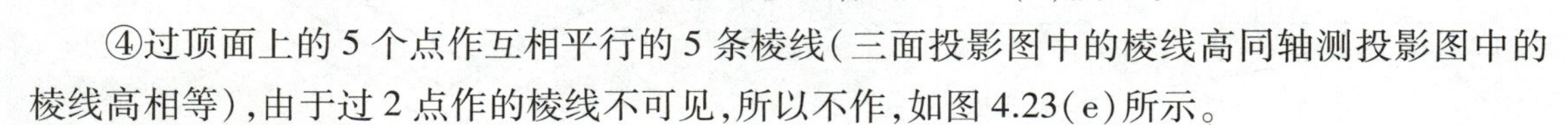

④过顶面上的 5 个点作互相平行的 5 条棱线（三面投影图中的棱线高同轴测投影图中的棱线高相等），由于过 2 点作的棱线不可见，所以不作，如图 4.23（e）所示。

⑤绘制底面，如图 4.23（f）所示。

⑥去掉作图线，如图 4.23（g）所示。

⑦加深图线,如图 4.23(h)所示。

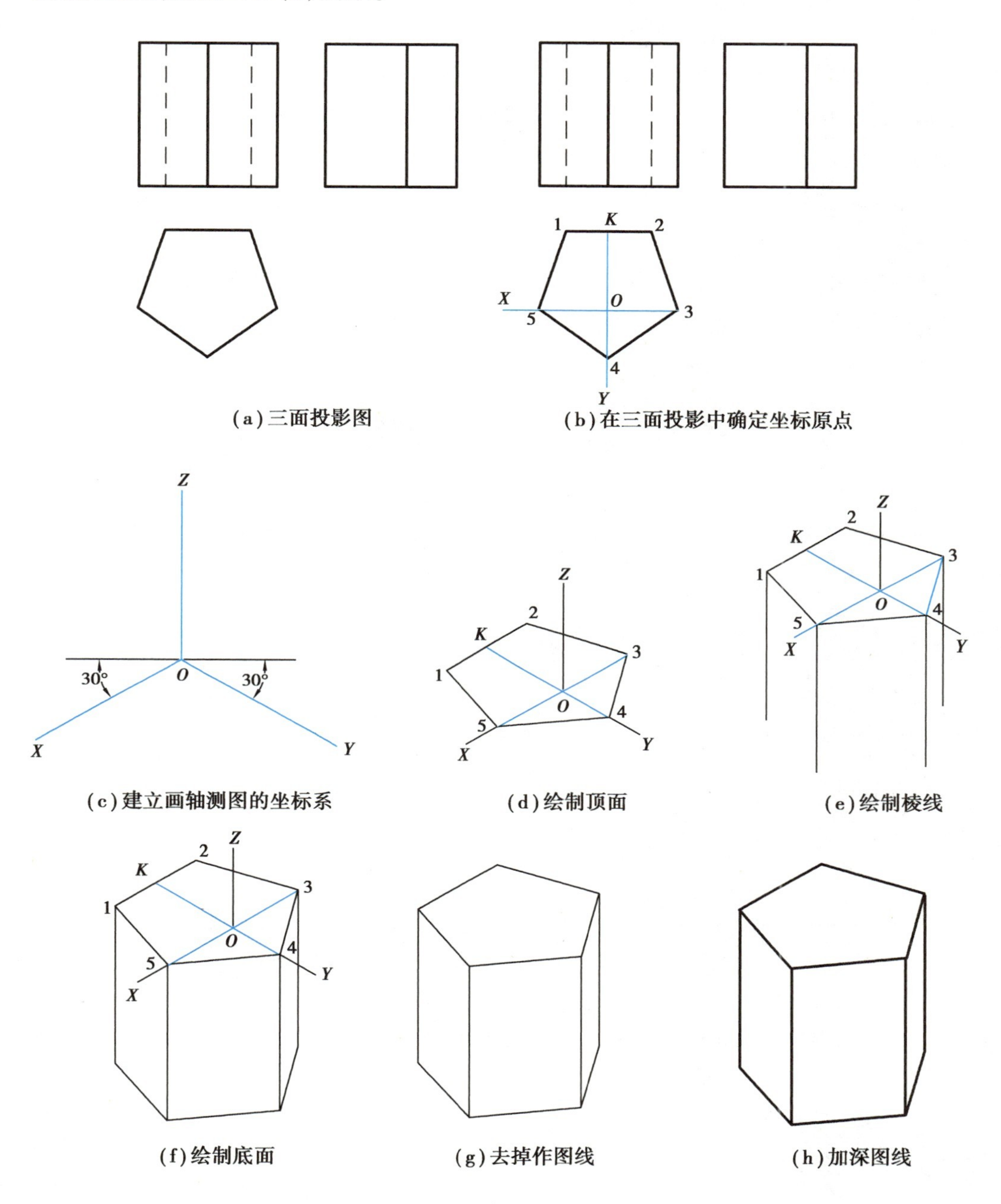

图 4.23　绘制五棱柱的正等轴测投影图

【例 4.4】 如图 4.24(a)所示,根据五棱锥的三面投影图,完成其斜二轴测投影图。

分析:绘制棱柱体的轴测投影图时,应先用坐标法完成棱锥的底面,再用坐标法完成锥顶,最后把锥顶与底面的各点连接完成棱线。

【解】 ①分析立体,在三面投影中确定坐标原点,如图 4.24(b)所示。

②根据正等轴测投影图的轴间角建立画图坐标系,如图 4.24(c)所示。

③根据正等轴测投影图的轴向变化系数,用坐标法完成棱锥底面 5 个点的轴测投影(三面投影图中 1 点与 2 点、3 点与 5 点之间的距离同轴测投影图中 1 点与 2 点、3 点与 5 点之间的距离相等;轴测投影图中 O 点与 4 点、O 点与 K 点之间的距离是三面投影图中 O 点与 4 点、O 点与 K 点之间的距离的一半),依次连接 1,2,3,4,5 这 5 个点,完成棱锥底面的轴测投影,如图 4.24(d)所示。

④用坐标法作锥顶的轴测投影(三面投影图中的 $O'S'$ 同轴测投影图中的 OS 相等),如图 4.24(e)所示。

⑤把锥顶与底面的各点连接完成棱线,S 与 2 连接不可见,所以不作,如图 4.24(f)所示。

⑥去掉作图线和不可见图线,如图 4.24(g)所示。

⑦加深图线,如图 4.24(h)所示。

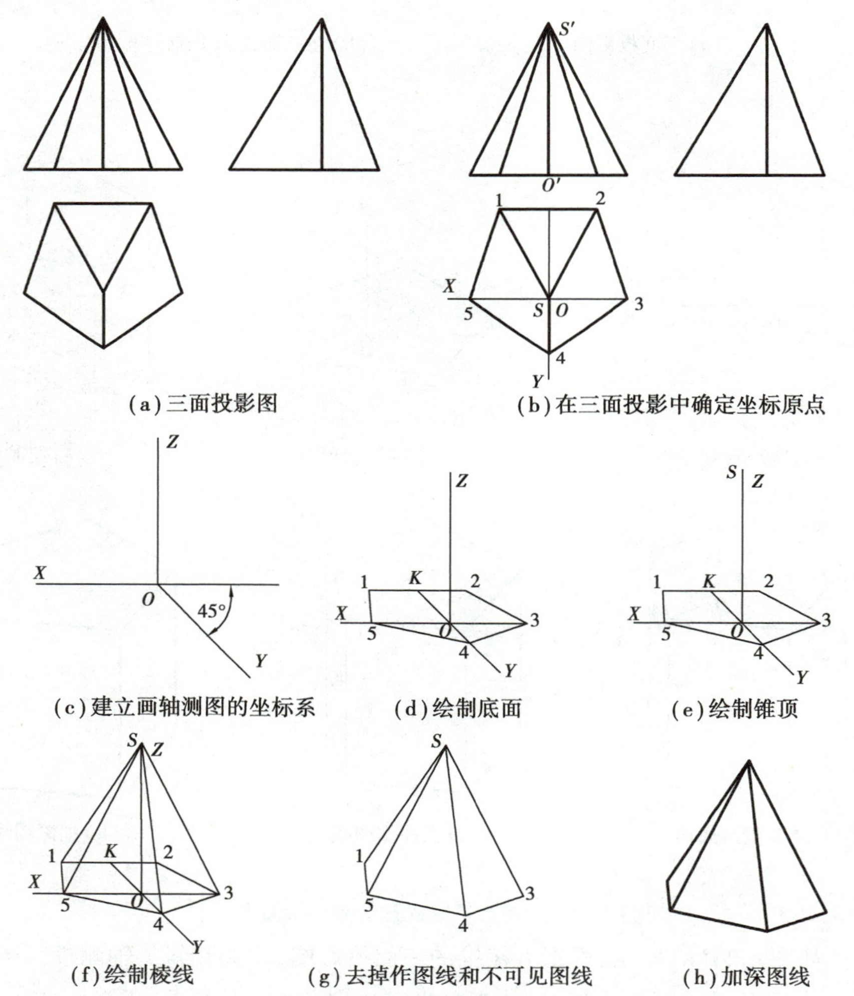

图 4.24　绘制五棱锥的斜二轴测投影图

2)曲面立体轴测投影图的画法

曲面立体中不可避免地会遇到圆与圆弧的轴测投影画法。为简化作图,在绘图中一般使圆所外的平面平行于坐标面,从而可以得到其正等轴测投影为椭圆。作图时,一般以圆的外接正方形为辅助线,先画出正方形的轴测投影,再用四心圆法近似画出椭圆。

【例 4.5】如图 4.25(a)所示,根据圆柱的两面投影图,完成其正等轴测投影图。

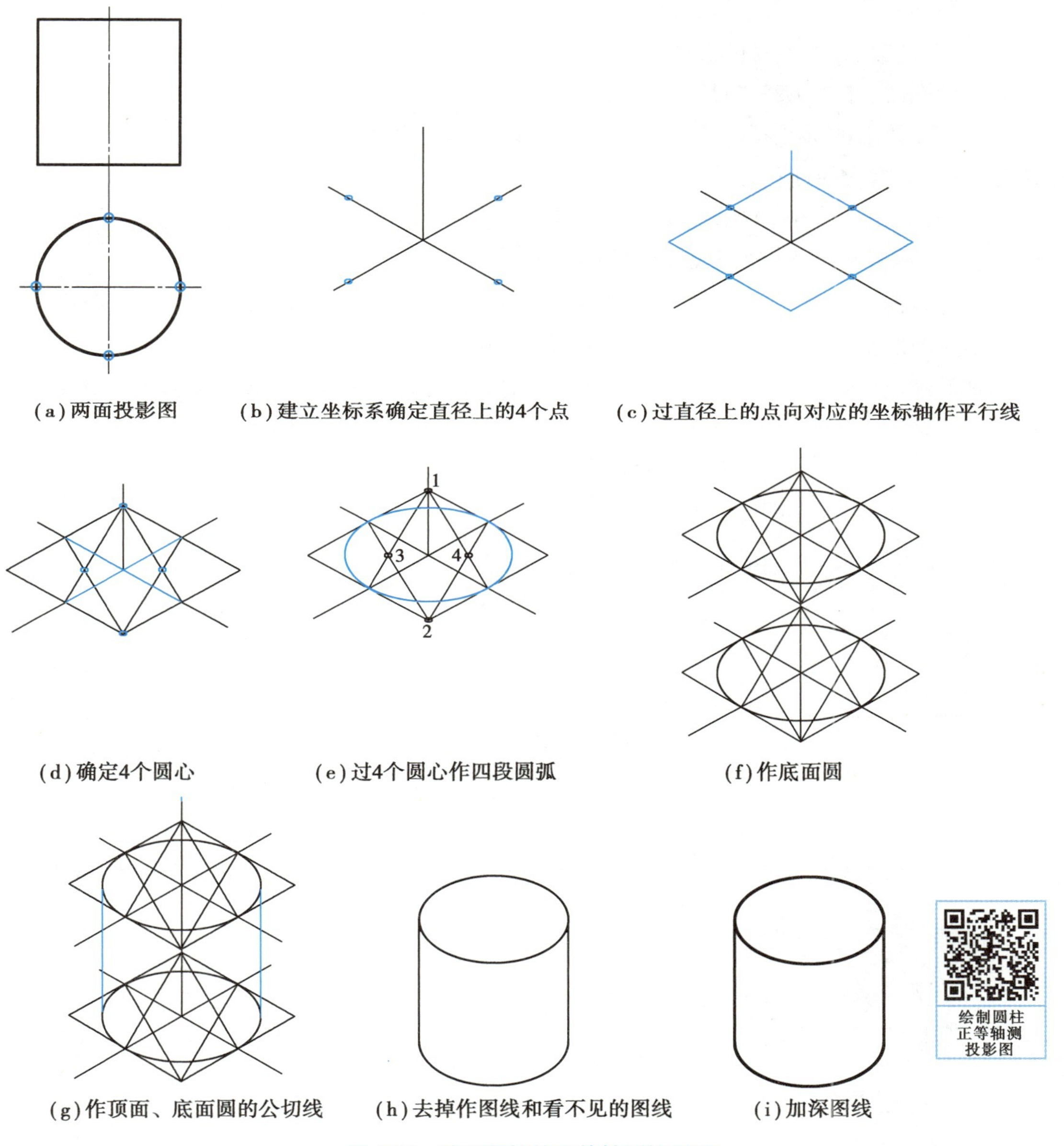

(a)两面投影图　(b)建立坐标系确定直径上的4个点　(c)过直径上的点向对应的坐标轴作平行线

(d)确定4个圆心　(e)过4个圆心作四段圆弧　(f)作底面圆

(g)作顶面、底面圆的公切线　(h)去掉作图线和看不见的图线　(i)加深图线

图 4.25　绘制圆柱的正等轴测投影图

【解】①建立绘制轴测图的坐标系,并在 X 轴和 Y 轴上根据圆柱底面圆的半径确定 4 个点(圆柱底面圆外接正方形各边的中点),如图 4.25(b)所示。

②过 X 轴上的两个点向 Y 轴作平行线;过 Y 轴上的两个点向 X 轴作平行线,两组平行线

围成一个四边形(圆柱底面圆外接正方形的轴测投影),如图 4.25(c)所示。

③确定 4 个圆心,即过四边形对角线短的两个顶点向其对边的中点相连接,连线的 4 个交点就是 4 个圆心,如图 4.25(d)所示。

④过 4 个圆心作 4 段圆弧,完成圆柱顶面的投影,如图 4.25(e)所示。

⑤用画顶面圆的方法,完成底面圆的轴测投影,如图 4.25(f)所示。

⑥作顶面、底面圆的公切线,如图 4.25(g)所示。

⑦去掉作图线和看不见的图线,如图 4.25(h)所示。

⑧加深图线,如图 4.25(i)所示。

当曲面立体上的圆或圆弧所在平面平行于坐标平面 *XOZ* 时,用斜二轴测投影作曲面立体的轴测投影图,就会简便很多。

【例 4.6】 如图 4.26(a)所示,根据立体的两面投影,完成其斜二轴测投影图。

【解】 ①建立坐标系,如图 4.26(b)所示。

②画前端面(由于前端面平行于坐标平面 *XOZ*,所以前端面的轴测投影与立体前端面在 V 面投影上的形状一样、大小相等),如图 4.26(c)所示。

③画后端面(由于前后端面平行,所以只需把前端面沿 *Y* 轴方向,向后平移立体宽度的一半即可),如图 4.26(d)所示。

④画棱线和半圆柱的公切线,如图 4.26(e)所示。

⑤去掉作图线,加深图线,如图 4.26(f)所示。

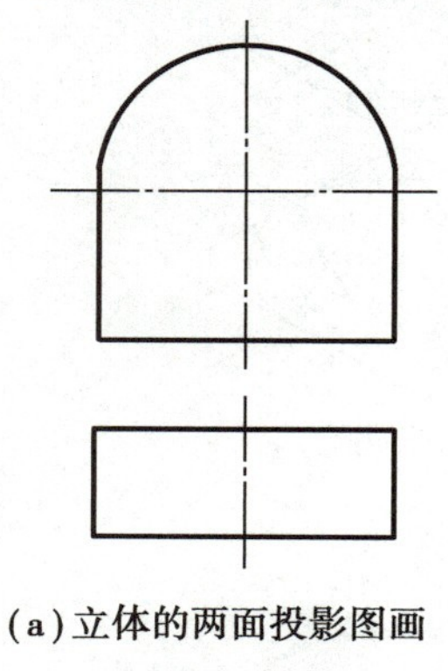

(a)立体的两面投影图画

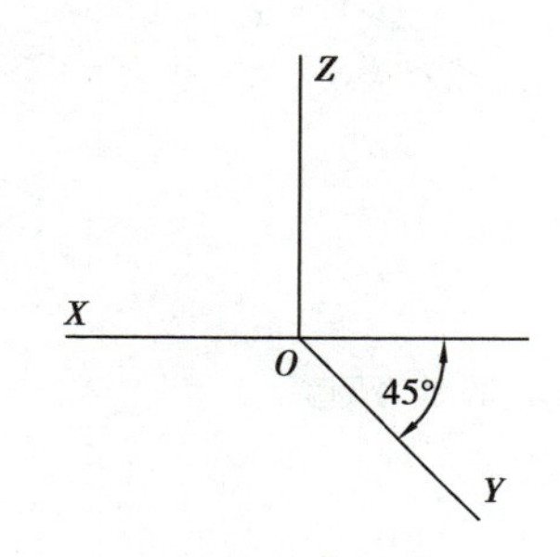

(b)建立坐标系

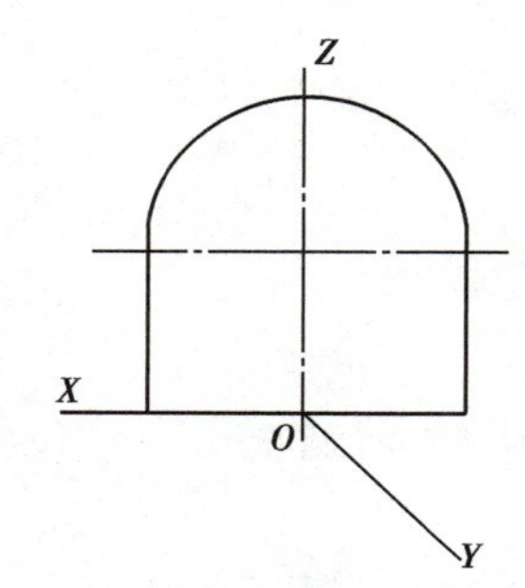

(c)画前端面的轴测投影图

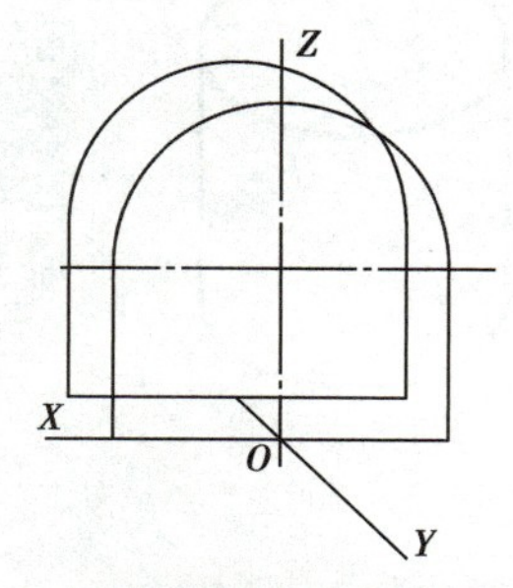

(d)画后端面的轴测投影

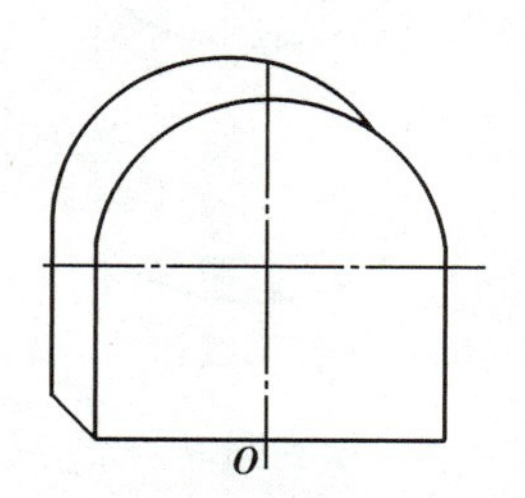

(e)画棱线和半圆柱的公切线

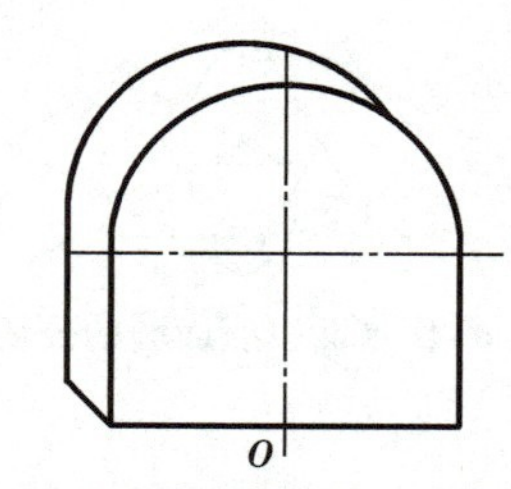

(f)去掉作图线，加深图线

图 4.26 立体斜二轴测投影图绘制

3)组合体轴测投影图的画法

在画组合体的轴测图之前，先应通过形体分析了解组合体的组合方式和各组成部分的形状、相对位置，再选择适当的画图方法。一般绘制组合体轴测投影的方法有叠加法和切割法。

(1)叠加法

当组合体是由基本体叠加而成时，先将组合体分解为若干个基本体，然后按各基本体的相对位置逐个画出各基本体的轴测图，经组合后完成整个组合体的轴测图，这种绘制组合体轴测图的方法叫叠加法。

【例 4.7】 求作如图 4.27(a)所示组合体的正等轴测投影图。

【解】 ①形体分析。由已知的三面投影图可知，该组合体由 4 个基本体叠加而成，所以，可用叠加法完成组合体的轴测投影图，见图 4.27(a)。

②建立坐标系。根据正等轴测图轴间角的要求建立坐标系，如图 4.27(b)所示。

③绘制各基本体的正等轴测投影图。根据各基本体的相对位置组合各基本体，完成组合体的正等轴测投影图。绘制底板的轴测投影图。如图 4.27(c)所示；绘制背板的轴测投影图，并与底板组合，如图 4.27(d)所示；绘制两个侧板的轴测投影图，并与底板和背板组合，如图 4.27(e)所示。

④去掉多余的图线(基本体叠加后，端面平齐不应有接缝)，如图 4.27(f)所示。

⑤校核、清理图面，加深图线，如图 4.27(g)所示。

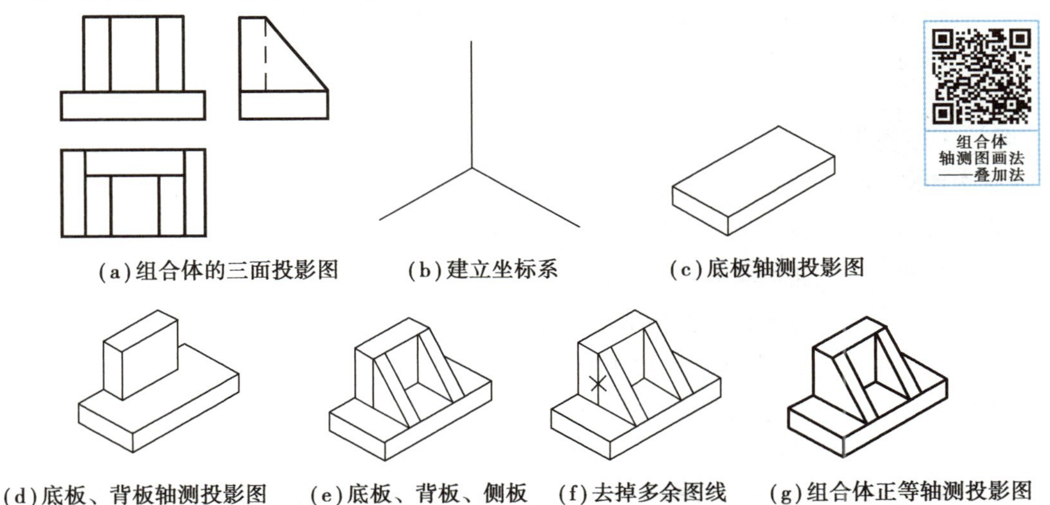

图 4.27　组合体轴测图的画法——叠加法

(2)切割法

当组合体是由基本体切割而成时，先画出完整的原始基本体的轴测投影图，然后按其切平面的位置，逐个切去多余部分，从而完成组合体的轴测投影图。这种绘制组合体轴测图的方法叫切割法。

【例 4.8】 求如图 4.28(a)所示组合体的正等轴测投影图。

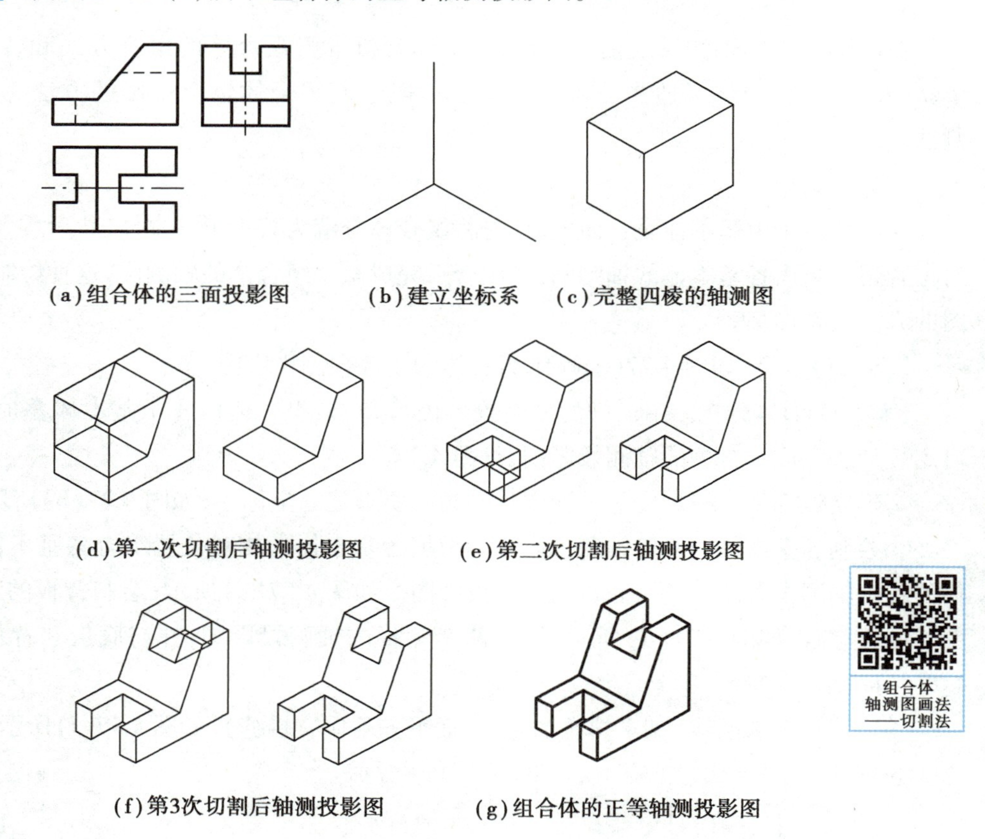

(a)组合体的三面投影图　(b)建立坐标系　(c)完整四棱的轴测图

(d)第一次切割后轴测投影图　(e)第二次切割后轴测投影图

(f)第3次切割后轴测投影图　(g)组合体的正等轴测投影图

图 4.28　组合体轴测图的画法——切割法

【解】 ①形体分析。由已知的三面投影图可知,该组合体是在四棱柱的基础上由八个切平面经三次切割而成,所以可用切割法完成组合体的轴测投影图。

②建立坐标系。根据正等轴测投影图的要求建立坐标系,如图 4.28(b)所示。

③画完整四棱柱的正等轴测投影图,如图 4.28(c)所示。

④按切平面的位置逐个切去被切部分,如图 4.28(d)、(e)和(f)所示。

⑤校核、清理图面,加深图线,如图 4.28(g)所示。

有些组合体俯视时主要部分相遮住不可见,用仰视画出组合体的轴测投影图,则直观效果较好。

【例 4.9】 画出如图 4.29(a)所示组合体的仰视斜二轴测投影图。

【解】 如图 4.29(a)所示,组合体是由一个四棱柱和两个六棱柱叠加而成。解题步骤如图 4.29(b)、(c)、(d)和(e)所示。

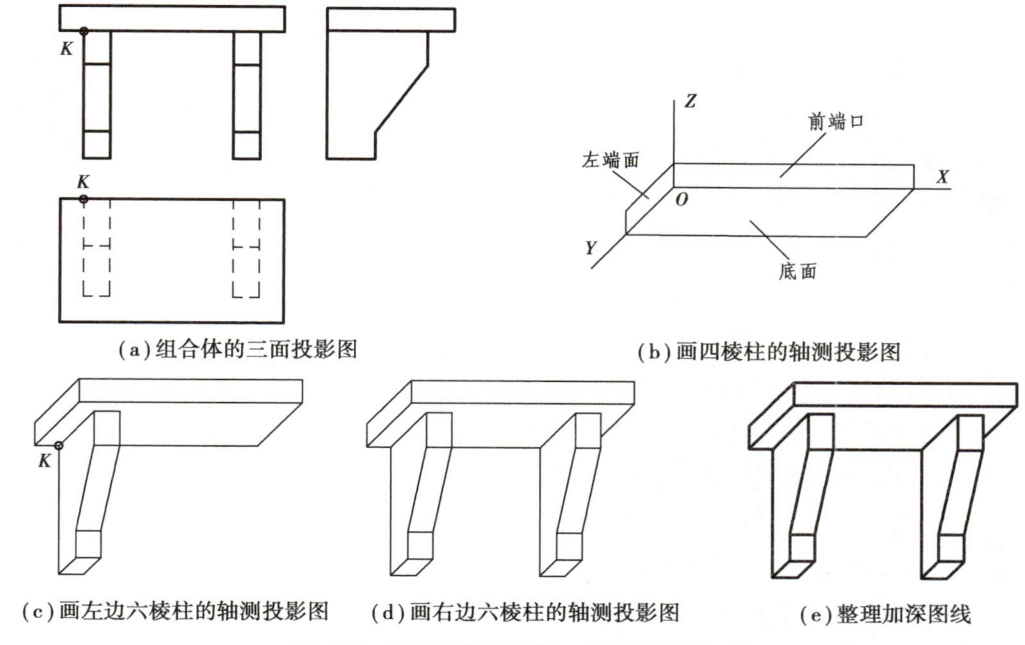

(a)组合体的三面投影图　(b)画四棱柱的轴测投影图
(c)画左边六棱柱的轴测投影图　(d)画右边六棱柱的轴测投影图　(e)整理加深图线

图 4.29　组合体的仰视斜二轴测投影图画法

复习思考题

4.1　什么是平面立体？什么是曲面立体？

4.2　什么是棱柱体？

4.3　棱柱体的三面投影图有什么特点？

4.4　怎样完成棱柱体的三面投影图？

4.5　什么是棱锥体？

4.6　怎样完成棱锥体的三面投影图？

4.7　什么是回转立体？什么是非回转立体？

4.8　什么是母线？什么是导线？什么是素线？

4.9　圆柱体素线间是什么关系？

4.10　怎样完成圆柱体的三面投影图？

4.11　圆锥体素线间是什么关系？

4.12　怎样完成圆锥体的三面投影图？

4.13　什么是截交线？

4.14　什么是截断面？

4.15　根据截平面与圆柱的相对位置不同,平面与圆柱相交产生哪几种截交线？

4.16　根据截平面与圆锥的相对位置不同,平面与圆锥相交产生哪几种截交线？

4.17 什么是相贯线？

4.18 相贯线是怎么产生的？

4.19 什么是互贯？

4.20 什么是全贯？

4.21 组合体可分为哪几种类型？

4.22 什么是形体分析法？

4.23 组合体三面投影的绘图步骤是什么？

4.24 如何确定正立投影面的投影方向？

4.25 叠加式组合体投影图绘制的步骤是什么？

4.26 叠加式组合体投影图绘制的方法是什么？

4.27 切割式组合体投影图绘制的步骤是什么？

4.28 切割式组合体投影图绘制的方法是什么？

4.29 棱柱体的正等轴测图绘制步骤是什么？

4.30 棱锥体的正等轴测图绘制步骤是什么？

4.31 圆的正等轴测投影图该怎么画？

4.32 圆柱体的正等轴测图绘制步骤是什么？

4.33 圆锥体的正等轴测图绘制步骤是什么？

4.34 绘制组合体轴测投影图有哪两种方法？

5 形体投影图的识读

画图是将具有三维空间的形体画成只具有二维平面的投影图的过程，读图则是把二维平面的投影图形想象成三维空间的立体形状。读图的目的是培养和发展读者的空间分析能力和空间想象能力。画图和读图是本章的两个重要环节，读图又是其中的关键环节。读者可通过多读多练，达到真正掌握阅读组合体投影图的能力，为阅读工程施工图打下良好的基础。

5.1 基本体的识读

拉伸法是识读基本体投影图的主要方法，拉伸法读图是投影的逆向思维，即是把反映物体形状特征的投影图沿一定的投影方向从投影面拉回空间，完成物体的投影图识读。

如图 5.1 所示，对照棱柱的三面投影图用拉伸法阅读棱柱时，把 V 面投影中的六边形沿 Y 轴方向拉回空间（拉伸的长度是六棱柱的长），完成六棱柱的读图。

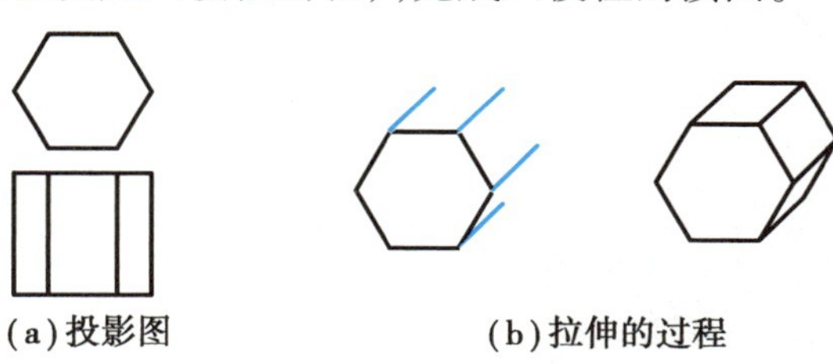

(a) 投影图　　(b) 拉伸的过程

图 5.1　拉伸法读棱柱

拉伸法
读五棱柱

如图 5.2 所示，把 H 面的圆沿 Z 轴方向拉回空间（拉伸的高度是圆柱的高），完成圆柱的读图。

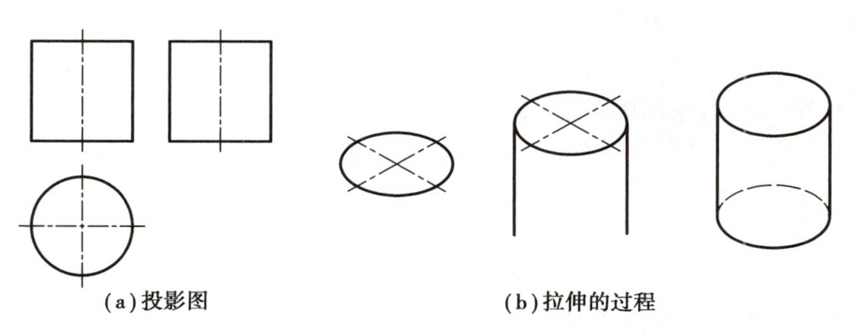

(a) 投影图　　(b) 拉伸的过程

图 5.2　拉伸法读圆柱

如图 5.3 和图 5.4 所示，用拉伸的方法阅读棱锥和圆锥时，是在反映底面实形的投影中把锥顶拉回空间，由此完成读图。

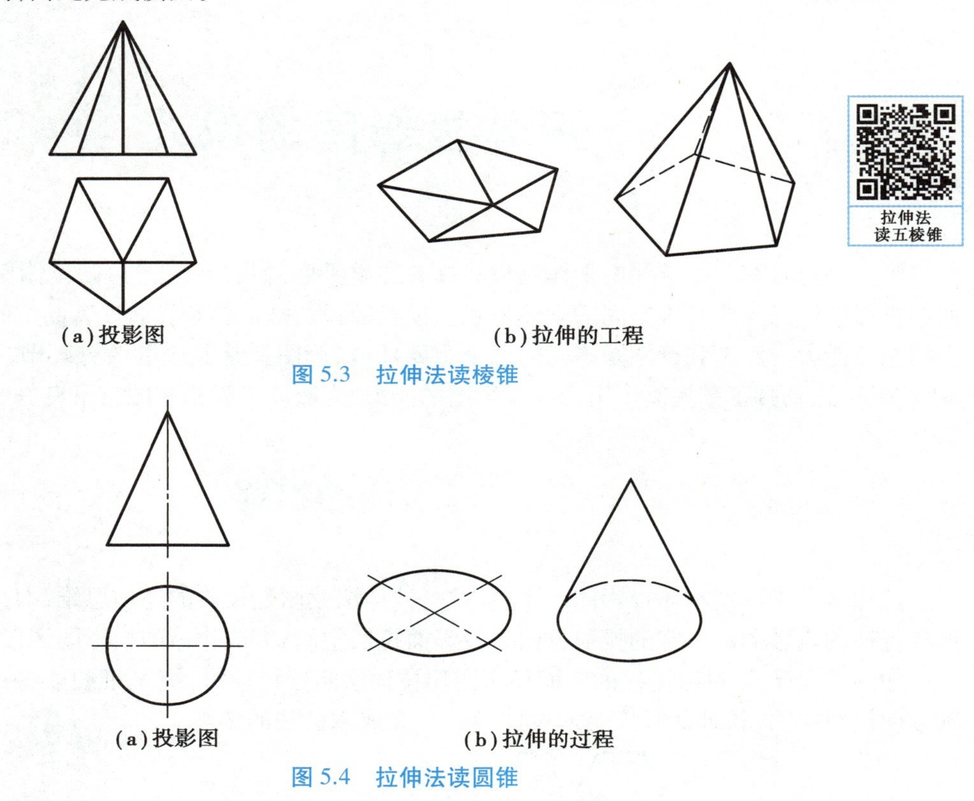

图 5.3　拉伸法读棱锥

图 5.4　拉伸法读圆锥

5.2　截交线、相贯线的识读

· 5.2.1　截交线的识读 ·

前面已经学习了截交线的形成，在此基础上识读截交线，其主要任务是识读带缺口基本立体的投影图。

【例 5.1】 如图 5.5(a)所示，根据已知的三面投影图，识读带缺口平面立体的投影图。

【解】 ①在三面投影图中确定截交点：

a.因为截交点是截平面与平面立体棱线的交点，根据两个截平面在 V 面上的投影积聚，可在 V 面上判断出两个截平面与五棱柱三条棱线相交产生的三个截交点，即 1′，2′，5′这 3 个点，如图 5.5(b)所示。

b.在 V 面投影图中可看出，两个截平面的交线是正垂线（在 V 面投影图中积聚成一个点），它们交线上的两个端点在 V 面投影图中重合，即 3′点和 4′点，如图 5.5(b)所示。

c.正垂截平面与五棱柱顶面的交线也是一条正垂线，交线上的端点在 V 面投影图中也重合，即 6′点和 7′点，如图 5.5(b)所示。

d.根据长对正、宽相等、高平齐的投影规律，可确定 7 个截交点的 H 面、W 面投影，如图 5.5(b)所示。

②用绘制轴测图的方法来识读投影图，绘制完整五棱柱的轴测投影图，如图 5.5(c)所示。

a.根据各截交点的坐标，完成截交点的轴测投影图。也可根据截交点与五棱柱上已知点、线的相对位置来确定截交点，如图 5.5(d)所示。

b.连截交点成截交线，如图 5.5(e)所示。

c.去掉被截切的图线和作图线，加深最后的成图线，如图 5.5(f)所示。

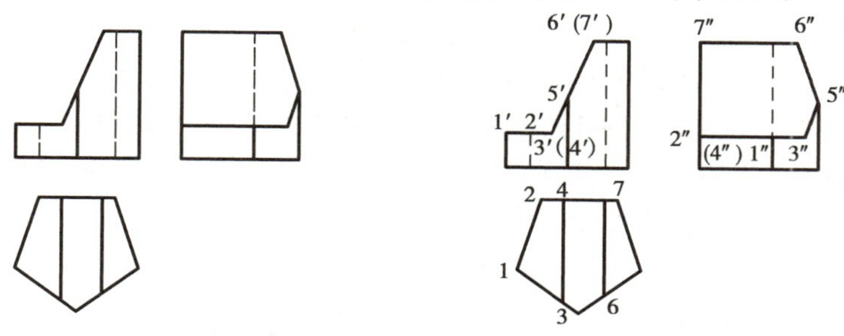

(a)五棱柱被两个平面截切后的投影图

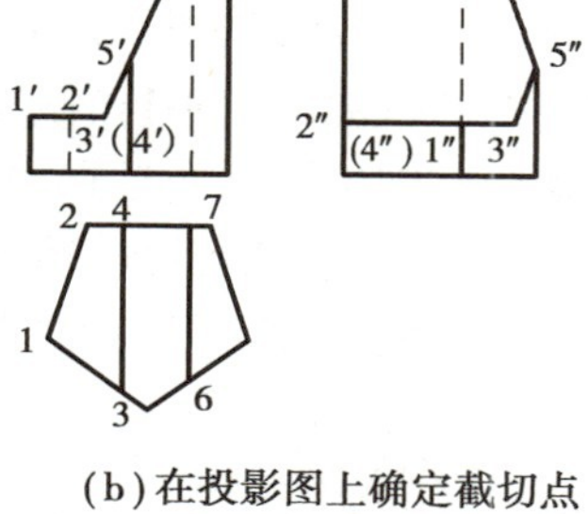

(b)在投影图上确定截切点

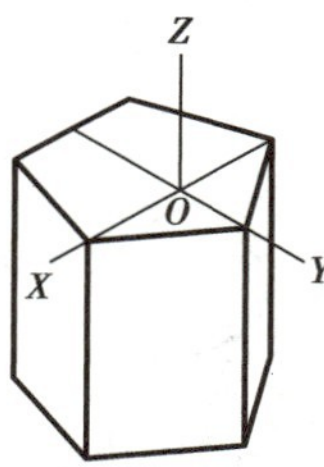

(c)绘制完整五棱柱的轴测图

(d)确定坐截交点

(e)连截交点成截交线

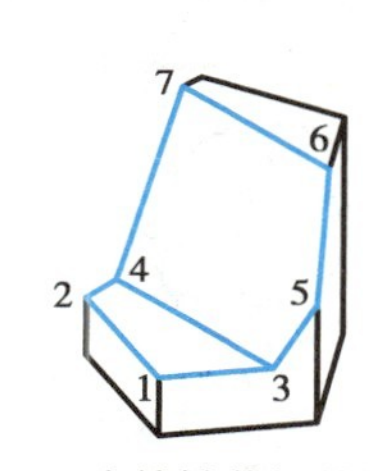

(f)去掉被截切的图线

图 5.5 识读平面截切五棱柱后的投影图

【例 5.2】 如图 5.6(a)所示，阅读下列三面投影图。

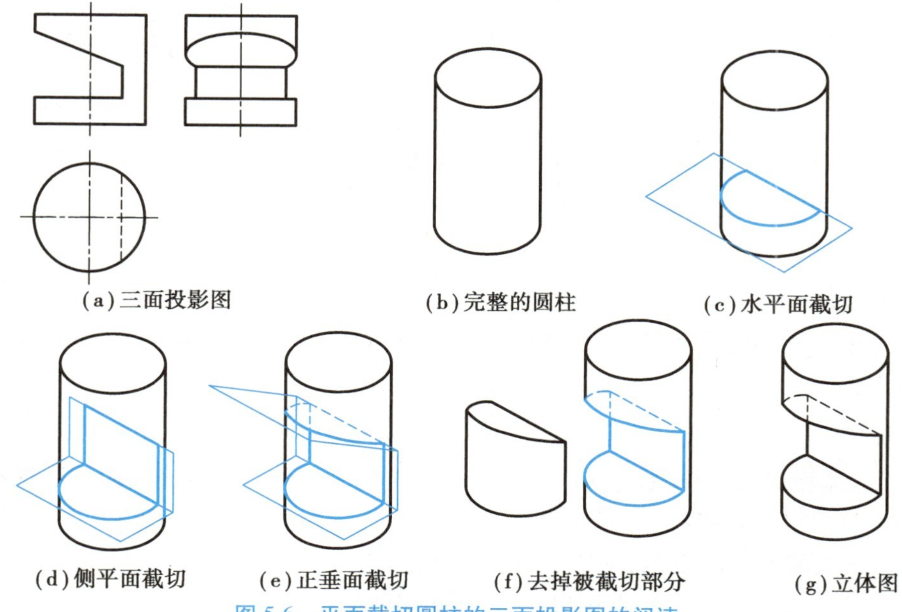

(a)三面投影图　(b)完整的圆柱　(c)水平面截切

(d)侧平面截切　(e)正垂面截切　(f)去掉被截切部分　(g)立体图

图 5.6 平面截切圆柱的三面投影图的阅读

【解】①从V面投影图可知圆柱被3个截平面截切,这3个截平面相对投影面的位置分别是:水平面、侧平面、正垂面,如图5.6(a)所示。

②水平截切面与圆柱的轴线垂直,截交线是部分圆曲线,如图5.6(c)所示。

③侧面截切面与圆柱的轴线平行,截交线是直线,截断面是矩形,如图5.6(d)所示。

④正垂截切面与圆柱的轴线倾斜,截交线是部分椭圆线,如图5.6(e)所示。

⑤去掉被截切部分的图线,就可完成读图,如图5.6(f)和(g)所示。

【例5.3】 如图5.7(a)所示,阅读下列三面投影图。

【解】①从V面投影图可知圆锥被三个截平面截切,这三个截平面相对投影面的位置分别是:侧平面、水平面、正垂面,如图5.7(a)所示。

②侧平截切面与圆锥的轴线平行,截交线是抛物线,如图5.7(c)和(d)所示。

③水平面截切面与圆锥的轴线垂直,截交线部分圆曲线,如图5.7(e)和(f)所示。

④正垂截切面通过了圆锥的锥顶,截交线是直线,截断是三角形,如图5.7(e)和(f)所示。

⑤去掉被截切部分的图线,就可完成读图,如图5.7(g)所示。

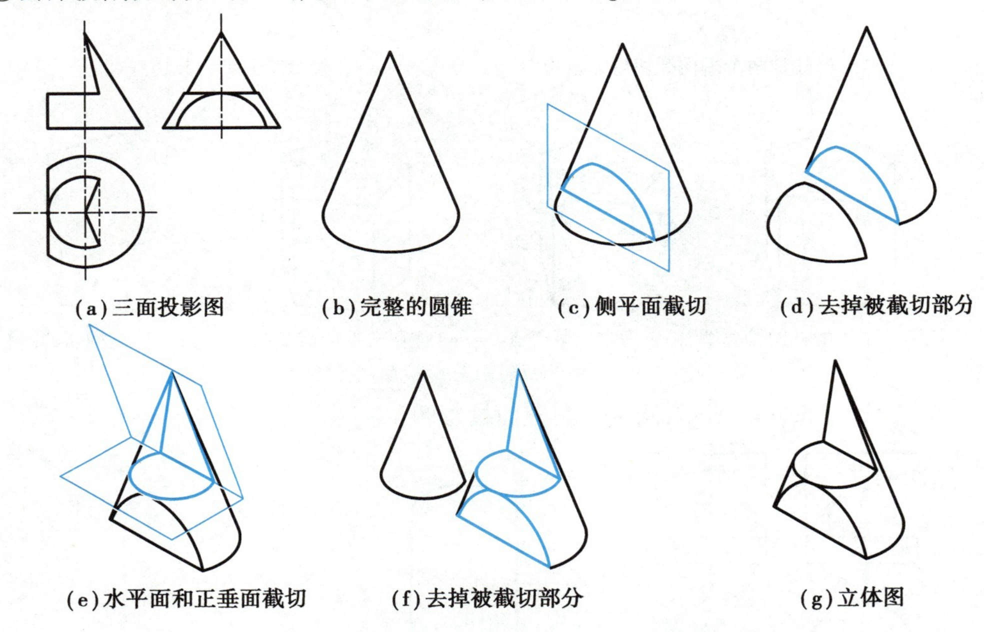

图5.7 平面截切圆锥的三面投影图的阅读

· 5.2.2 相贯线的识读 ·

两立体相交,称为两立体相贯。立体相贯有三种情况:两平面立体相贯,平面立体与曲面立体相贯,两曲面立体相贯。

1)平面立体与平面立体相交

两平面立体相交,相贯线是直线。每一条相贯线都由两个贯穿点连接而成。贯穿点是一个平面立体上的轮廓线与另一平面立体表面的交点。

【例5.4】 如图5.8(a)所示,阅读下列三面投影图。

【解】①从已知的三面投影图可以看出,两相交的平面立体分别是三棱锥和四棱柱,如图

5.8(a)所示。

②从 V 面投影图看出，四棱柱全部贯穿三棱锥，四棱柱的四条棱线与三棱锥的表面产生 8 个贯穿点，如图 5.8(b)和(d)所示；三棱锥只有最前面的一条棱线与四棱柱相贯，产生两个贯穿点，如图 5.8(b)和(e)所示。

③连贯穿点成相贯线，如图 5.8(f)所示。

特别提示

连点时要注意，同一棱面上的点才能连接。

④两平面立体相交成为一个整体，在它们的内部不应该有轮廓线，所以应去掉两平面立体贯穿点之间的轮廓线，如图 5.8(g)所示。

⑤判断可见性，完成读图，如图 5.8(h)所示。

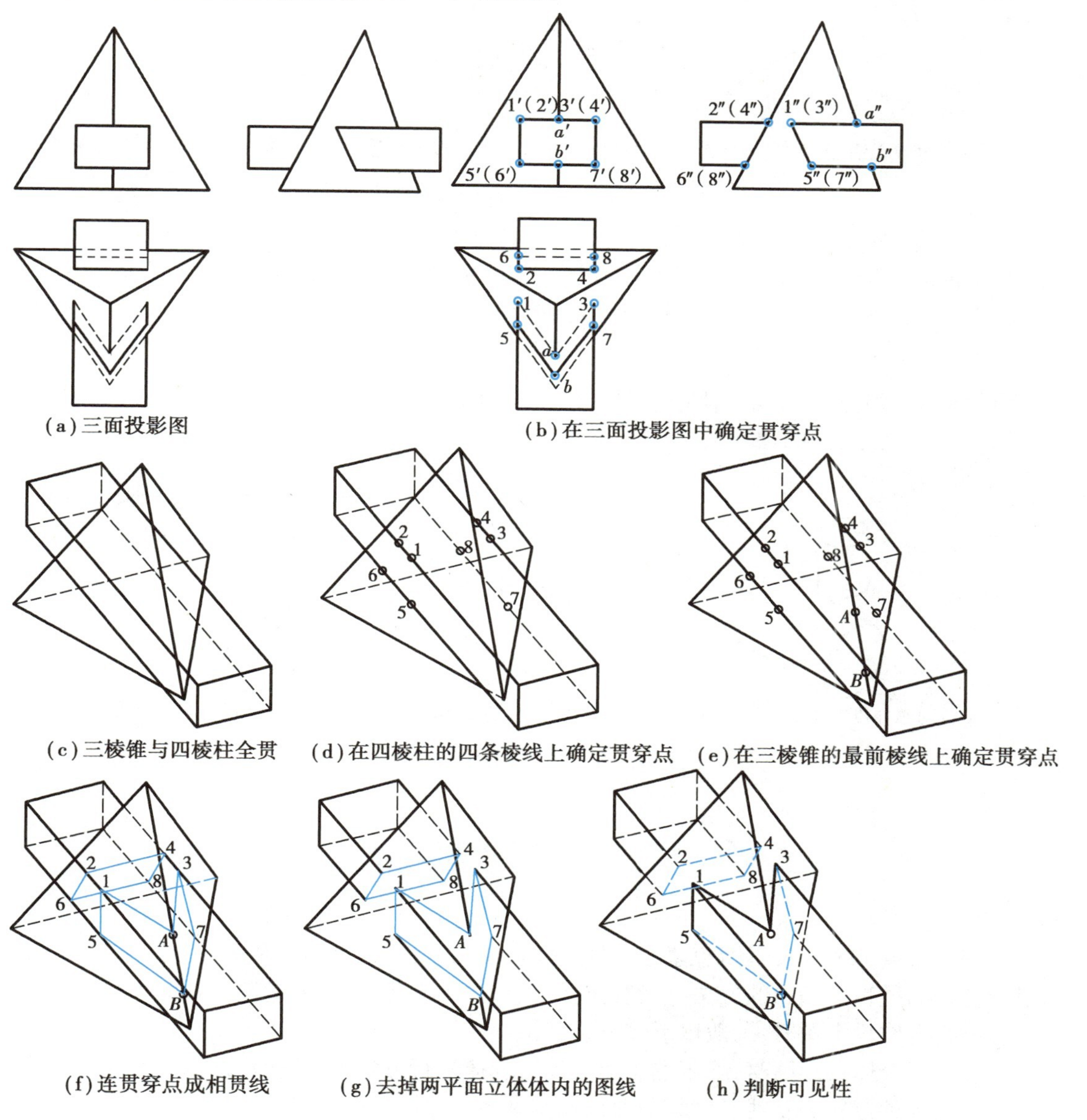

图 5.8　两平面立体相交

2)平面立体与曲面立体相交

平面立体与曲面立体相交,相贯线一般情况下是曲线,特殊情况下可能是直线。

如图5.9所示,圆锥和三棱柱全贯,产生前后两组封闭的相贯线。三棱柱的三条棱线都参加相贯,产生6个贯穿点。

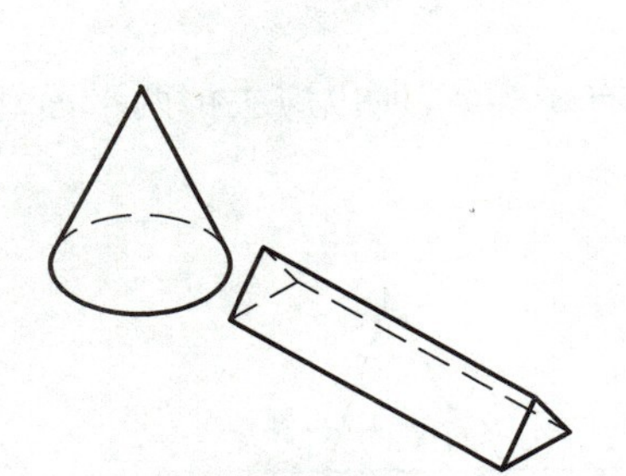

(a)圆锥和三棱柱没有相贯时的立体图

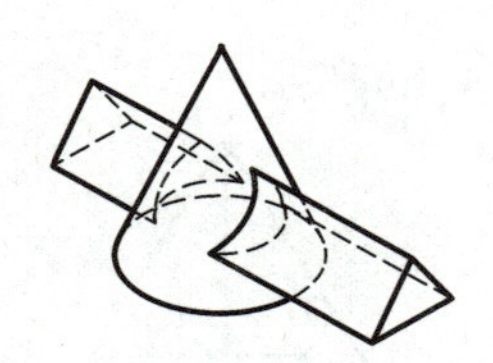

(b)圆锥与三棱柱全贯的立体图

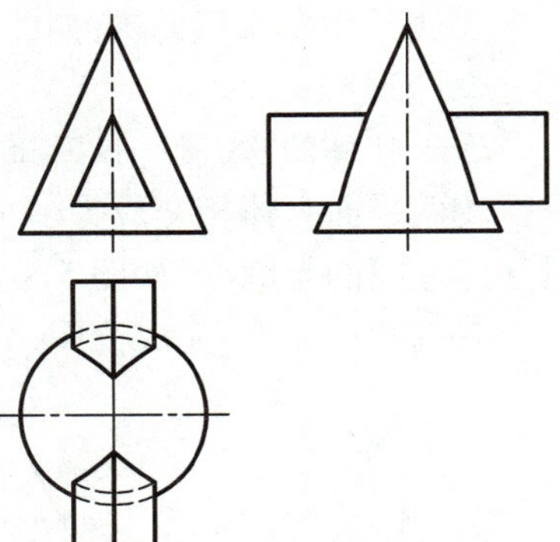

(c)圆锥与三棱柱全贯的投影图

图5.9　平面立体与曲面立体相交

由于对称性,前、后两组相贯线的形状一样,都是由三条曲线围成。其中,三棱柱上面两个棱面与圆锥的一条素线平行,与圆锥的轴线倾斜,产生的相贯线是部分抛物线;三棱柱最下棱面与圆锥的轴线垂直,产生的相贯线是部分圆曲线。

3)曲面立体与曲面立体相交

两曲面立体相交,相贯线一般是光滑的封闭的空间曲线,特殊情况下可能是直线或平面曲线。

如图5.10所示,两圆柱互贯,产生一组封闭的相贯线。

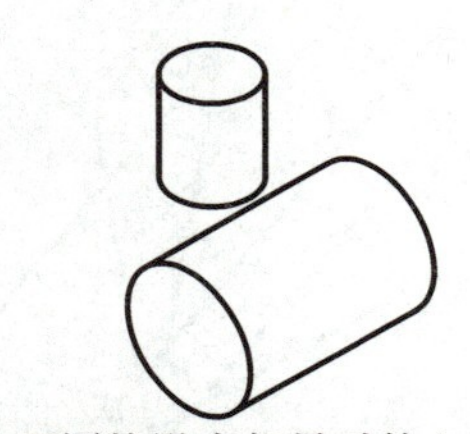

(a)两圆柱没有相贯时的立体图

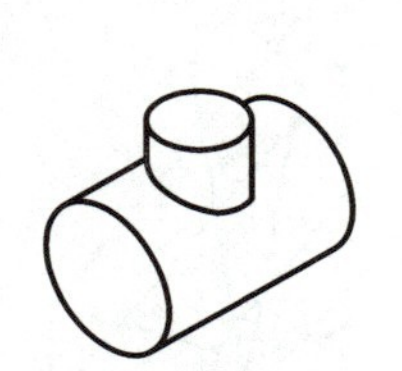

(b)两圆柱互贯的立体图

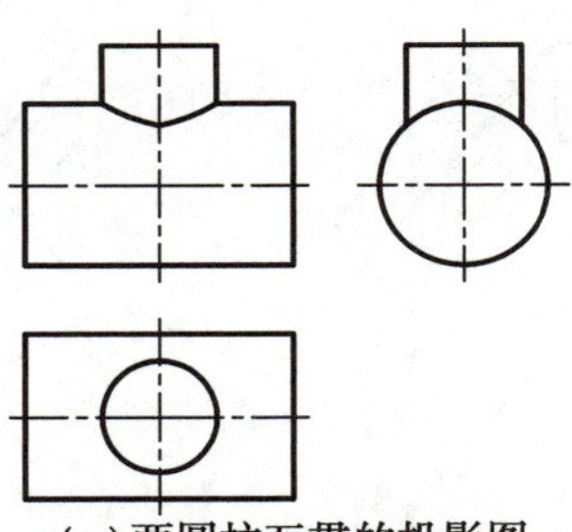

(c)两圆柱互贯的投影图

图5.10　曲面立体与曲面立体相交

5.3　组合体三面投影图的识读

读图是根据形体的投影图想象形体的空间形状的过程,也是培养和发展空间想象能力、空间思维能力的过程。读图的方法一般有拉伸法、形体分析法、线面分析法和轴测投影辅助读图法。阅读组合体投影图时,一般以形体分析为主。

在阅读组合体投影图时,除了熟练运用投影规律进行分析外,还应注意以下几点:

①熟悉各种位置的直线、平面、曲面以及基本体的投影特性。

②组合体的形状通常不能只根据一个投影图或两个投影图来确定。读图时必须把几个投影图联系起来思考，才能准确地确定组合体的空间形状。如图 5.11 所示，虽然图(a)和图(b)的 V 面、H 面投影图相同，但它们的 W 面投影图不同，因此，两个组合体的空间形状不相同。

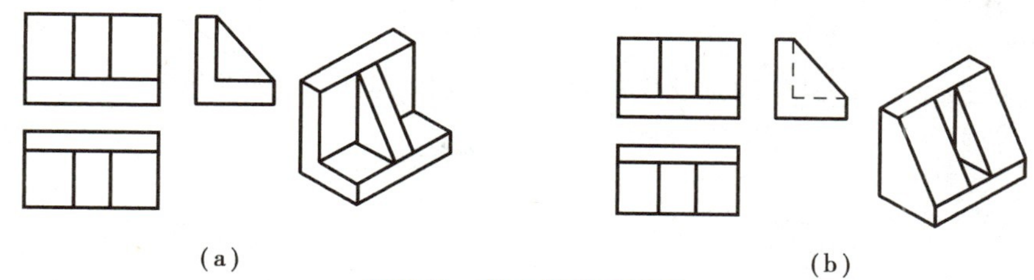

图 5.11　按三等关系读图

③注意投影图中线条和线框的意义。

投影图中的一个线条，除表示一条线的投影外，还可以表示一个有积聚的面的投影，可以表示两个面的相交线，可以表示曲面的转向轮廓线，如图 5.12(a)所示。

投影图中的一个线框除表示一个面的投影外，还可以表示一个基本体在某一投影面上的积聚投影，如图 5.12(b)所示。

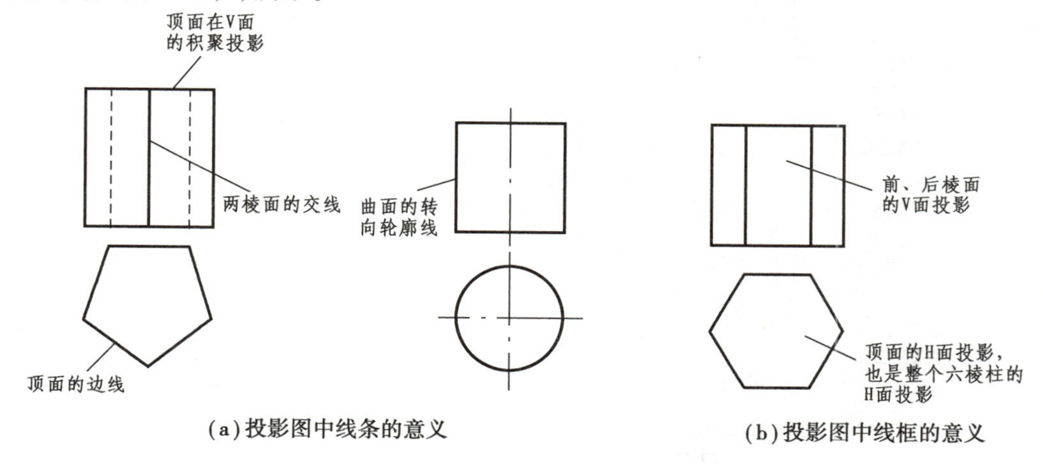

图 5.12　投影图中线条和线框的意义

· 5.3.1　拉伸法读图 ·

拉伸法读图是投影的逆向思维，即是把反映物体形状特征的投影图沿一定的投影方向从投影面拉回空间，完成物体的投影图阅读。拉伸法读图一般用于柱体或由平面切割立体而成的简单体。

运用拉伸法读图时，关键是在给定投影图中找出反映立体特征的线框。一般来讲，当立体的 3 个投影图中有两个投影图中的大多数线条互相平行且都是平行同一投影轴，而另一投影图是一个几何线框时，该线框就是反映立体形状特征的线框。

【例 5.5】 阅读如图 5.13(a)所示组合体的三面投影图。

分析：在三面投影图中，V 面和 W 面投影图的大多数图线都平行 Z 坐标轴，而 H 面投影是一个几何图形，所以 H 面投影的几何图框就是反映立体形状特征的线框，如图 5.13(b)所示。

在读图时用拉伸的方法，把 H 面的图框沿 Z 坐标方向拉伸 V 面(或 W 面)的高度，完成组合体的阅读，如图 5.13(c)、(d)所示。

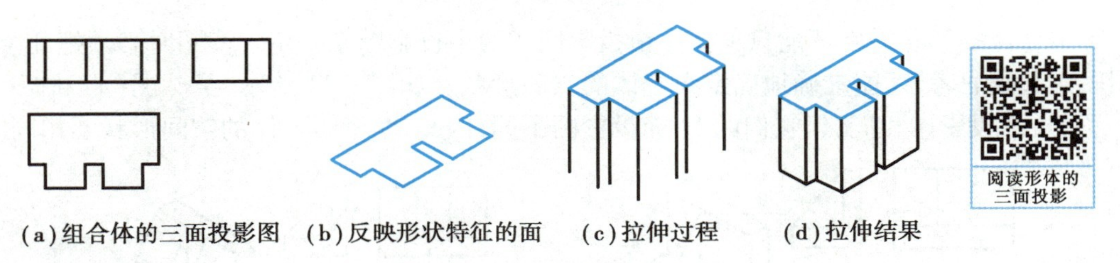

(a)组合体的三面投影图　(b)反映形状特征的面　(c)拉伸过程　(d)拉伸结果

图 5.13　拉伸法读图

· 5.3.2　形体分析法读图 ·

形体分析法读图，就是先以特征比较明显的视图为主，根据视图间的投影关系，把组合体分解成一些基本体，并想象各基本体的形状，再按它们之间的相对位置，综合想象组合体的形状。此读图方法常用于叠加型组合体。

【例 5.6】补画如图 5.14(a)所示立体的第三投影图。

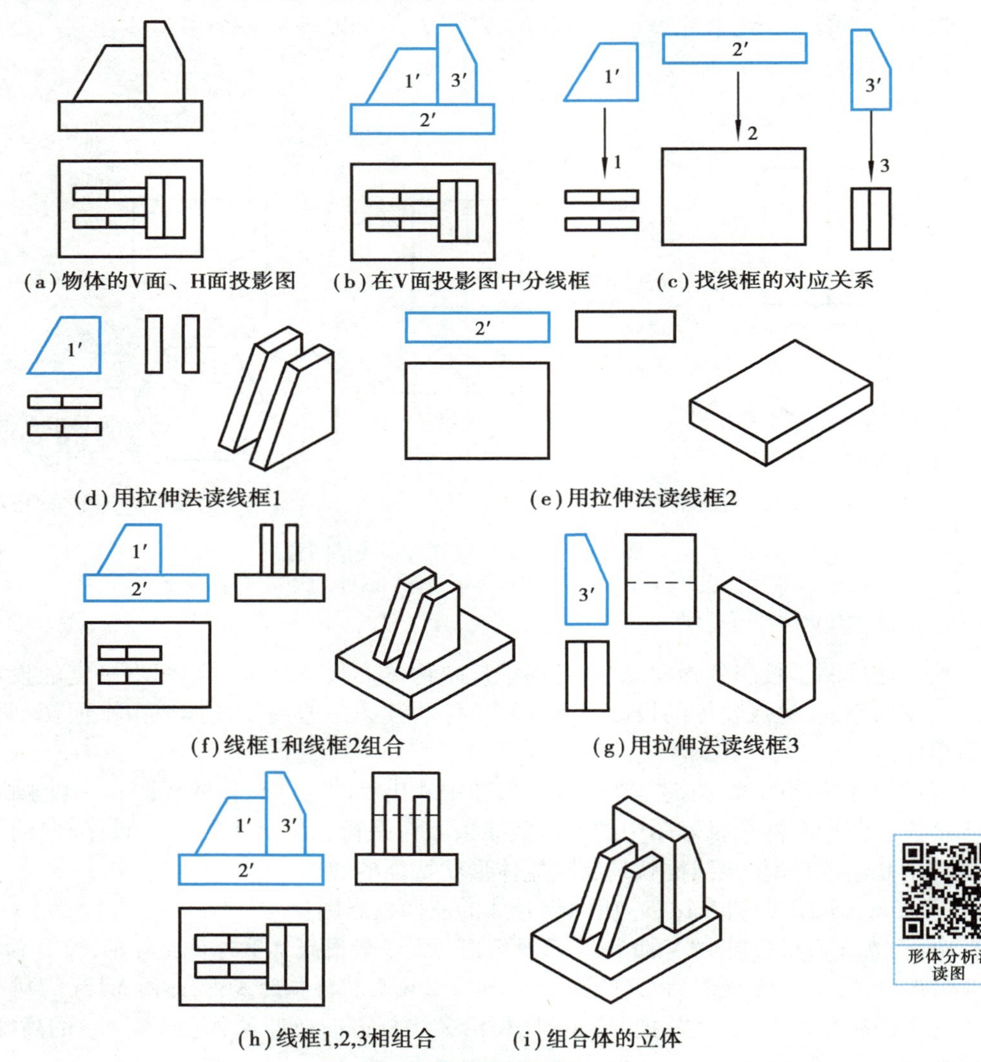

(a)物体的V面、H面投影图　(b)在V面投影图中分线框　(c)找线框的对应关系

(d)用拉伸法读线框1　(e)用拉伸法读线框2

(f)线框1和线框2组合　(g)用拉伸法读线框3

(h)线框1,2,3相组合　(i)组合体的立体

图 5.14　形体分析法读图

【解】①分线框:在组合体的三投影图线框中选择明显的视图来分线框(即从组合体中分解基本体),然后根据投影规律找出线框的对应关系。

a.在 V 面投影图中分出 3 个线框(即把组合体分解为 3 个基本体),如图 5.14(b)所示。

b.根据长对正的投影规律,找出 H 面这 3 个线框的对应图线,如图 5.14(c)所示。

②读线框:结合基本体的特征,读懂各基本体的形状,并补画其第三投影图。

a.读线框 1(基本体 1),补画其 W 面投影图,如图 5.14(d)所示。

b.读线框 2(基本体 2),补画其 W 面投影图,并与基本体 1 组合,如图 5.14(e)和(f)所示。

c.读线框 3(基本体 3),补画其 W 面投影图,并与基本体 1、2 组合,如图 5.14(g)和(h)所示。

③检查校核,完成读图,如图 5.14(i)所示。

· 5.3.3 线面分析法读图 ·

由于立体的表面是由线、面等几何元素组成,所以在读图时就可以把立体分解为线、面等几何元素。运用线、面的投影特性,识别这些几何元素的空间位置和形状,再根据线连面、面围体的方法,从而想象出立体的形状。这种方法适用于切割式的组合体。

【例 5.7】 阅读如图 5.15(a)所示组合体的三面投影图。

【解】①分析:从已知的三面投影图可看出,V 面只有 1 个线框,所以不能用形体分析的方法阅读。由于组合体的 V 面投影是 1 个封闭的五边形线框,说明组合体是由 7 个平面围成。如图 5.15(b)所示。

②确定各表面的形状和空间位置。

a.从已知的三面投影图可分析出 1 平面(前端面)是侧垂面,2 平面(后端面)是正平面,如图 5.15(c)、(d)和(e)所示。

b.从已知三面投影图可知 3 平面(左下侧面)是正垂面,6 平面(左上侧平面)是侧平面,如图 5.15(f)、(g)和(h)所示。

c.从已知三面投影图可知 4 平面(右侧面)是正垂面,如图 5.15(i)和(j)所示。

d.从已知三面投影图可知 5 平面(下底面)是水平面,7 平面(上顶面)是水平面,如图5.15(k)、(l)和(m)所示。

③综合想象组合体的空间形状,如图 5.15(n)所示。

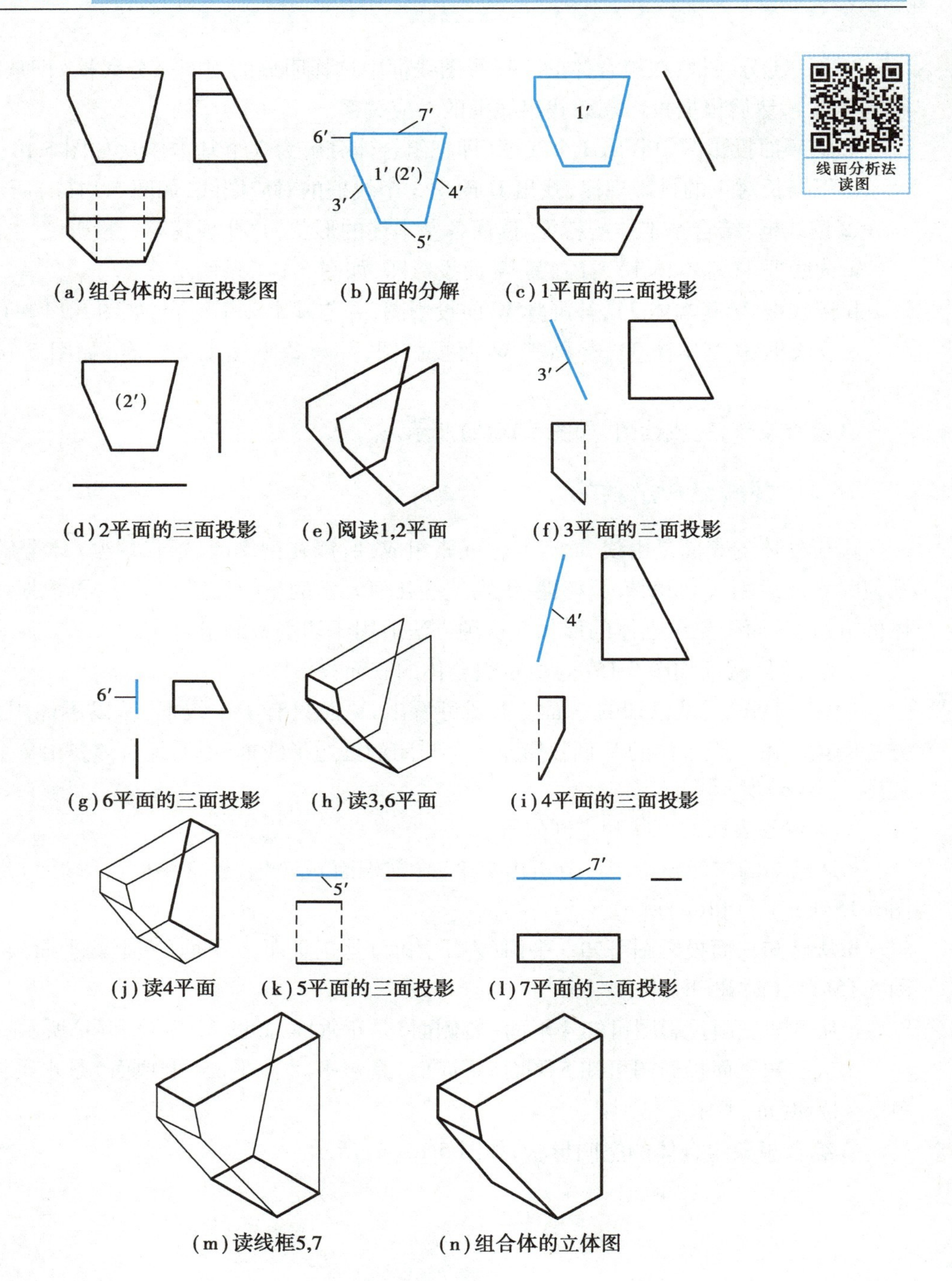

(a)组合体的三面投影图　(b)面的分解　(c)1平面的三面投影

(d)2平面的三面投影　(e)阅读1,2平面　(f)3平面的三面投影

(g)6平面的三面投影　(h)读3,6平面　(i)4平面的三面投影

(j)读4平面　(k)5平面的三面投影　(l)7平面的三面投影

(m)读线框5,7　(n)组合体的立体图

图5.15　线面分析法读图

· 5.3.4　轴测投影辅助读图 ·

轴测投影的特点是在投影图上同时反映出几何体长、宽、高3个方向的形状,所以富有立体感,直观性较好。我们在进行组合体投影图阅读时就可以利用轴测投影的特点帮助读图。

【例5.8】补全如图5.16(a)所示三面投影图中所缺少的图线。

【解】①分析:从已知的三面投影图可以看出,W 面投影只有一个线框,即该形体是一个截割式的组合体,不能用形体分析的方法读图。如果用线、面分析的方法读图面又太多,不便分析,用拉伸的方法更不适合。我们就用画轴测图的方法来阅读该形体的空间形状。

②想象原始基本体的形状。补上投影图的外边线,就可以分析出原始基本体是一个四棱柱,如图 5.16(b)所示。

③分析切割过程,画轴测图:

a.先在有积聚的投影图上分析切平面的位置,再分析切割过程。

b.第一次切割:由切平面 1 和切平面 2 完成,如图 5.16(c)所示。

c.第二次切割:由切平面 3,4,5 完成,如图 5.16(d)所示。

④对照轴测图补画投影图中所缺少的图线,如图 5.16(e)所示。

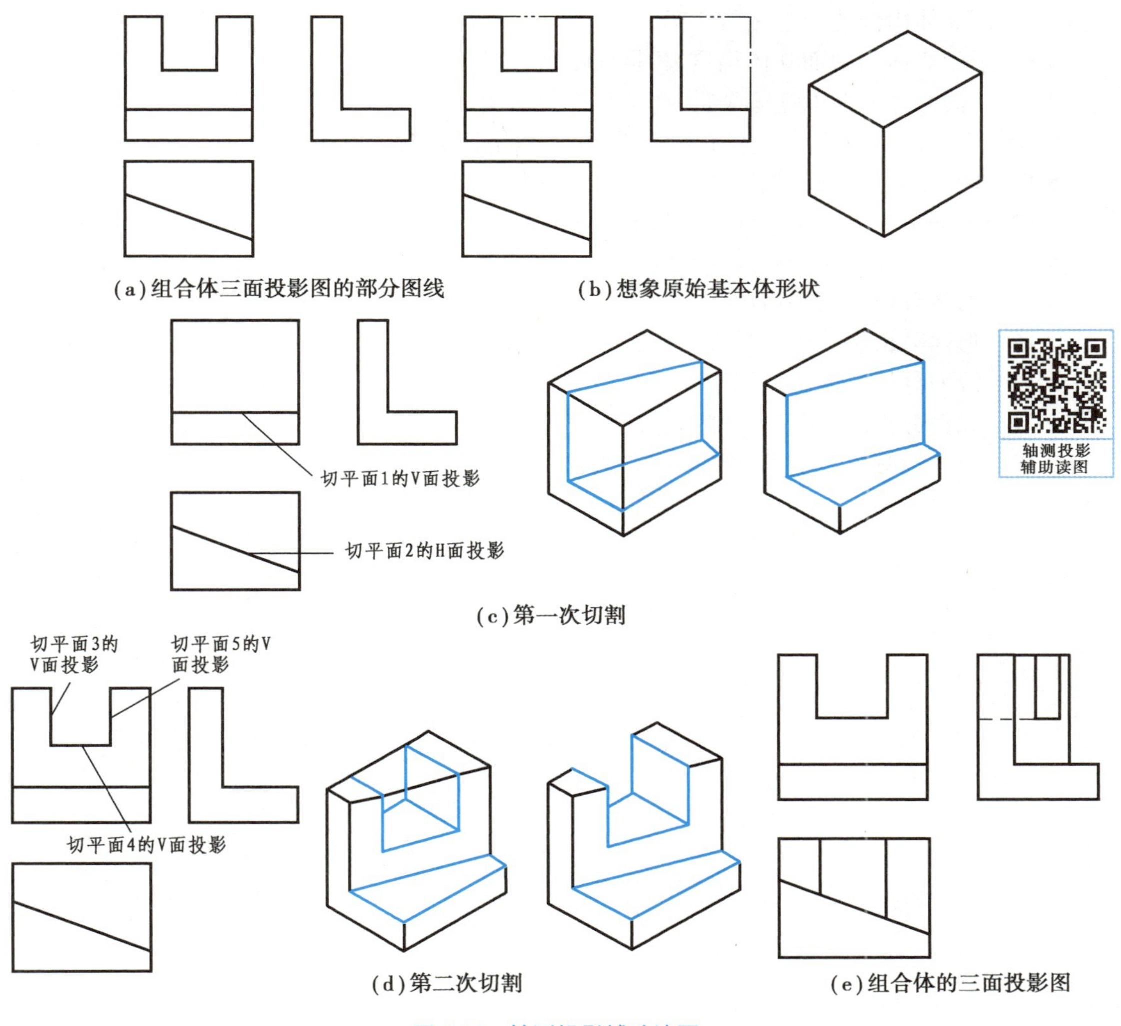

图 5.16　轴测投影辅助读图

由于组合体组合方式的复杂性,在实际读图时,有时很难确定它的读图方法。一般以形体分析法为主,拉伸法、线面分析法、轴测投影辅助读图法为辅,根据不同的组合体,灵活应用。

复习思考题

5.1　什么是阅读基本体的主要方法？
5.2　截交点连截交线的原则是什么？
5.3　怎么在投影图中判断截交点？
5.4　平面立体与平面立体相贯，相贯线是直线还是曲线？
5.5　在投影图中，如何判断贯穿点？
5.6　哪些贯穿点才能连接成相贯线？
5.7　两立体内部能产生相贯线吗？
5.8　平面立体与曲面立体相贯，相贯线都是直线吗？
5.9　平面立体与曲面立体全贯，产生几组封闭相贯线？
5.10　平面立体与曲面立体互贯，产生几组封闭相贯线？
5.11　阅读组合体三面投影图有哪些注意事项？
5.12　拉伸法读图适用于什么类型的形体？
5.13　拉伸法读图的步骤是什么？
5.14　形体分析法读图适用于什么类型的形体？
5.15　形体分析法读图的步骤是什么？
5.16　线面分析法读图适用于什么类型的形体？
5.17　线面分析法读图的步骤是什么？
5.18　简述轴侧投影辅助读图法的方法和步骤。

6　剖面图和断面图

6.1　概　述

前面已详细讨论了怎样用三面投影图来表达形体。在实际工程中，有些工程构造物的内、外形状都比较复杂，在画图时规定不可见轮廓线画虚线，但虚线出现太多就会影响图样的清晰度，又较难标注尺寸，因此，在工程上常用剖面图和断面图来表达。

· 6.1.1　剖、断面的概念 ·

1)剖面图

用假想的剖切平面将物体剖切开后，移去观察者和剖切平面之间的部分，画出剩余部分按垂直于剖切平面方向的投影，并在剖切到的实体部分画上相应的剖面材料图例(或剖面线)，这样所画的图形称为剖面图，如图6.1所示。剖面图是体的投影。

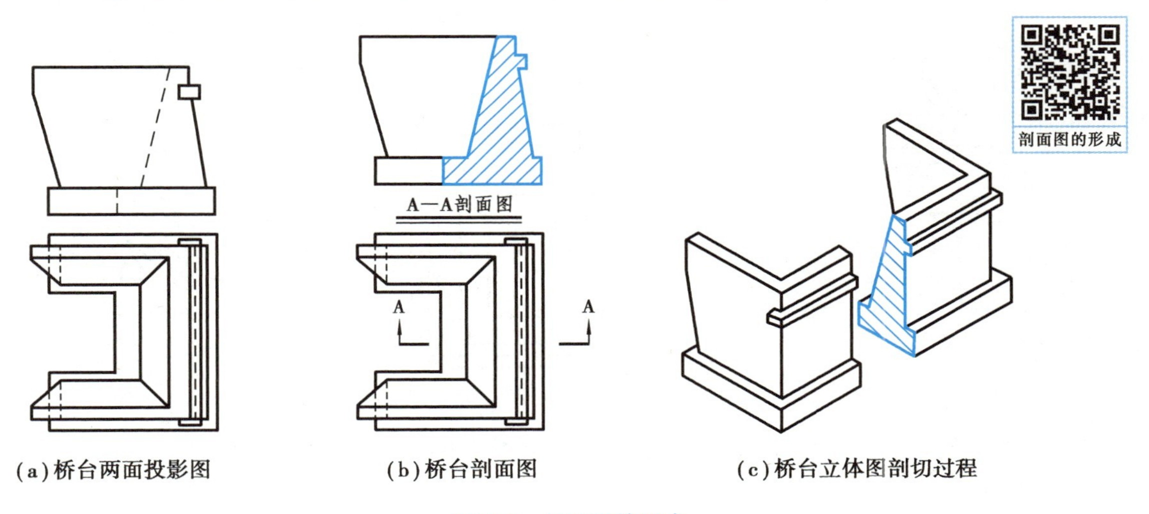

(a)桥台两面投影图　(b)桥台剖面图　(c)桥台立体图剖切过程

图6.1　剖面图的形成

2)断面图

假想用剖切平面将物体剖开后，只画出被剖切处断面的形状，并在断面内画上材料图例(或剖面线)，这种图形称为断面图，如图6.2所示。断面图是面的投影。

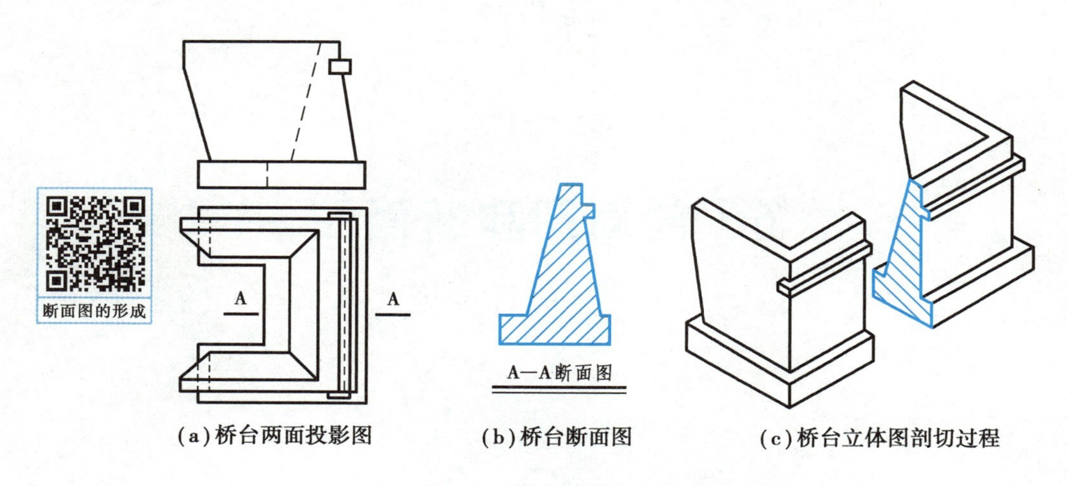

(a)桥台两面投影图　(b)桥台断面图　(c)桥台立体图剖切过程

图 6.2　断面图的形成

· 6.1.2　剖切标注 ·

1)剖切平面位置标注

作剖面图和断面图时,一般使剖切平面平行于基本投影面,从而使断面反映实形。剖切平面即为投影面平行面,与之垂直的投影面上的投影则积聚成一条直线,这条直线表示剖切平面的剖切位置,称为剖切位置线,简称剖切线。在投影图中用断开的一对短粗实线表示,长度为 5~10 mm,如图 6.3 所示。

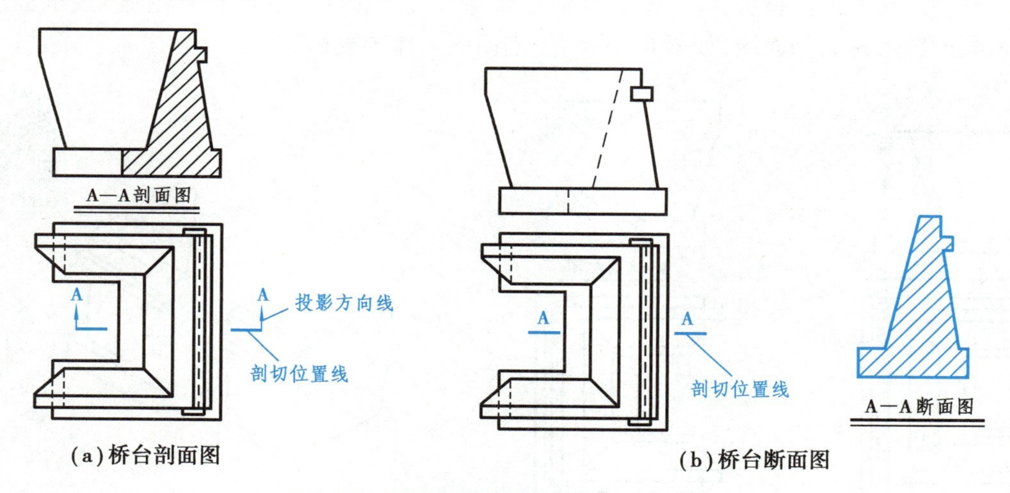

(a)桥台剖面图　(b)桥台断面图

图 6.3　剖切平面位置、投影方向的标注

2)剖切后投影方向的标注

画剖面图时,为表明剩余部分形体的投影方向,在剖切线两端的同侧各画一带箭头的短粗实线,长度为 4~6 mm,箭头方向即是投射方向,如图 6.3(a)所示。画断面图时无须标注箭头方向线。

3）被切平面的标注

假想用剖切平面将物体剖开后，在被切平面上要画上表示材料类型的图例，如图 6.4(a)所示。如果没有指明材料时，可在被切平面上画上与水平方向成 45°的细实线，如图 6.4(b)所示。

道路工程制图中常用的材料图例见表 6.1。

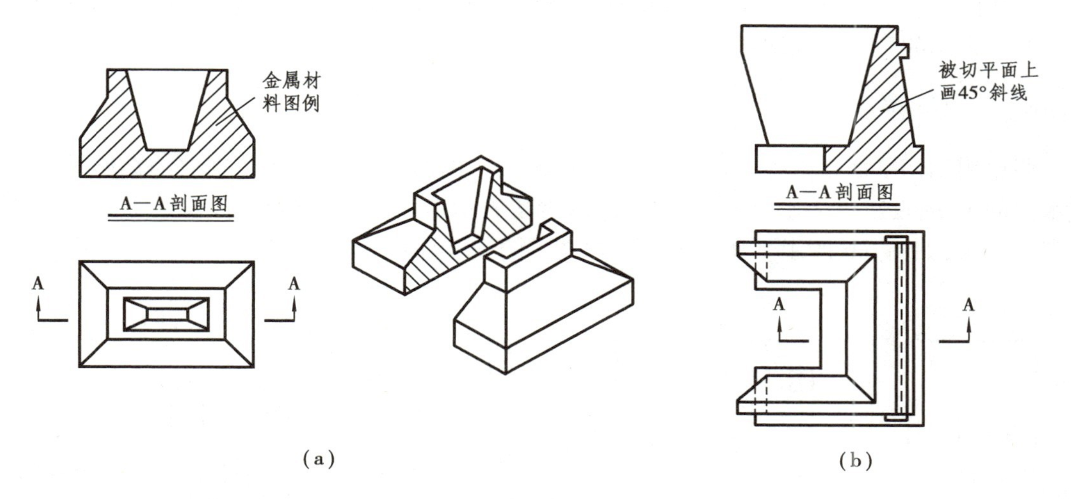

图 6.4 被切平面的标注

表 6.1 常用材料图例符号

材料名称	图 例	材料名称	图 例	材料名称	图 例
自然土壤		水泥稳定土		细粒式沥青混凝土	
夯实土壤		水泥稳定砂砾		粗粒式沥青混凝土	
天然砂砾		水泥稳定碎砂砾		金 属	
浆砌片石		钢筋混凝土		橡 胶	
干砌片石		水泥混凝土		木材横断面	
石灰土		石灰粉煤灰		木材纵断面	

6.2 剖面图

形体的形状多种多样,我们可以根据形体的内部构造和外形构造选用适当的剖切方法。下面介绍常用的几种剖面图。

· 6.2.1 全剖面图 ·

假想用剖切平面把形体全部剖切开后,画出的剖面图称为全剖面图,如图 6.5 所示。如果蓄水池的 W 面投影也采用全剖面,虽然可以清楚表示形体的内部构造,但左壁上的穿孔就不能表示出来,如图 6.6 所示。所以全剖面图适用于外形简单、内部结构比较复杂或不对称的形体。

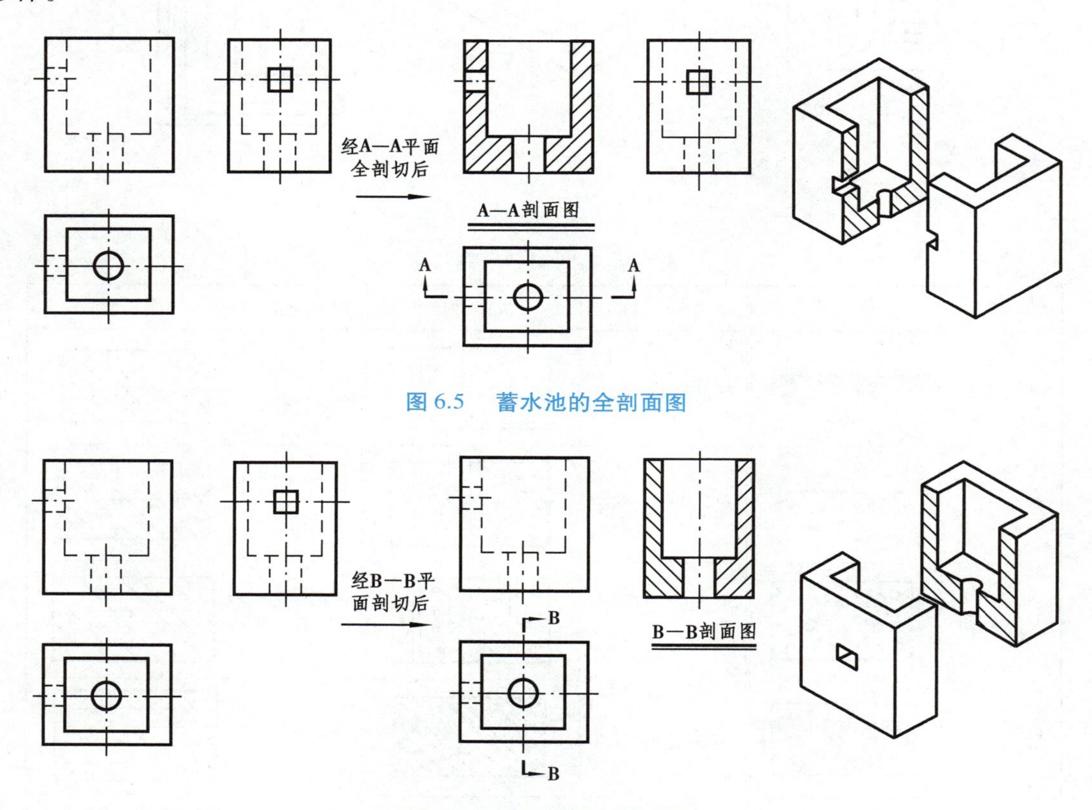

图 6.5　蓄水池的全剖面图

图 6.6　不合理的全剖面图

· 6.2.2 半剖面图 ·

当物体的内、外形均为左右对称或前后对称或上下对称,而外形又比较复杂时,以对称中心线为界,可将其投影的一半画成表示物体外部形状的正投影,另一半画成表示物体内部结构的剖面图,中间用点画线分界。这种投影图和剖面图各为一半的图,称为半剖面图。上述蓄水池的 W 面投影图就可以改画为半剖面图,如图 6.7 所示。

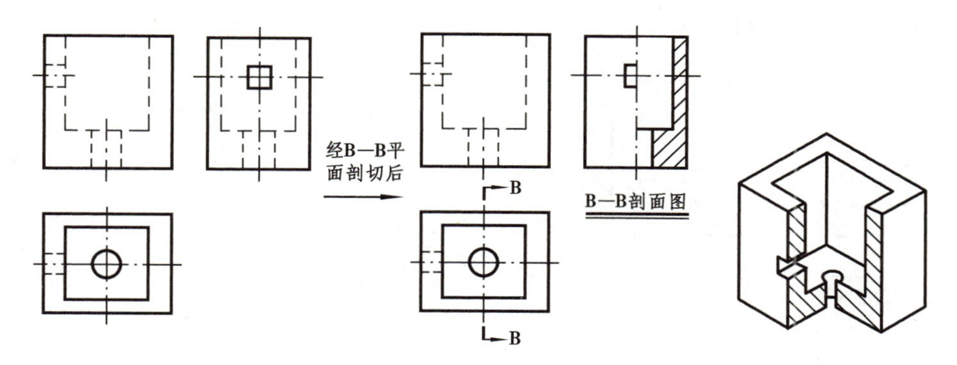

图 6.7 蓄水池的半剖面图

在半剖面图中应注意以下几个问题：

①半外形图和半剖面图的分界线应画成点画线，不能当作物体的外轮廓线而画成实线，如图 6.8 所示。

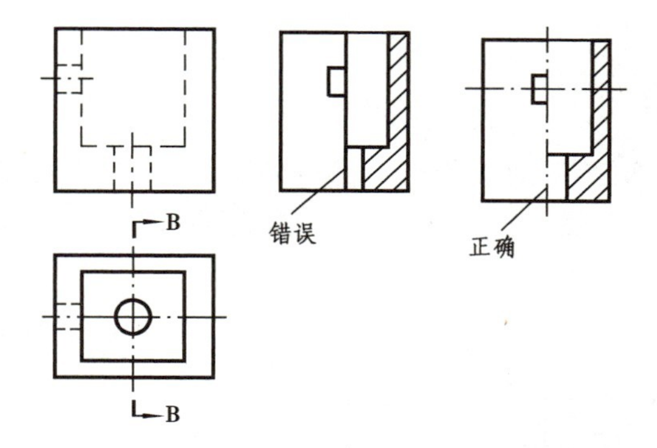

图 6.8 半外形图和半剖面图的分界线应画成点画线

②当物体左右对称或前后对称时，将外形投影图绘在中心线左边，剖面图绘在中心线右边，如图 6.9(a)所示；当物体上下对称时，将外形投影图画在中心线上方，剖面图绘在中心线下方，如图 6.9(b)所示。

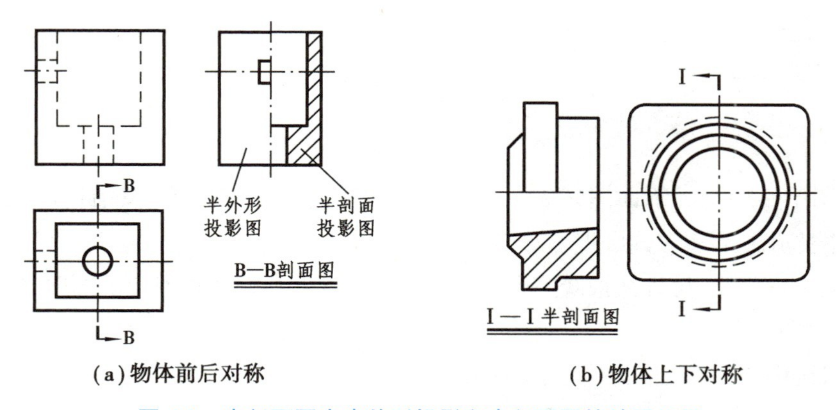

图 6.9 半剖面图中半外形投影和半剖面图的放置位置

③在半剖面图中，剖切平面位置的标注与全剖切一样。

④若形体具有 2 个方向的对称平面，且半剖面又置于基本投影位置时，标注可以省略。但

当形体只有一个方向的对称面时，半剖面图必须标注，如图 6.10 所示。

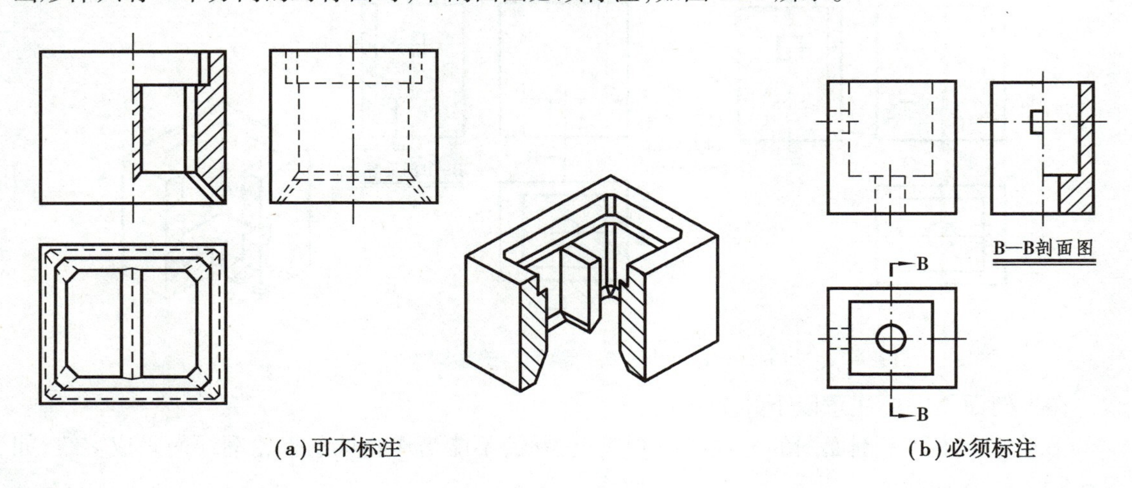

(a)可不标注　　(b)必须标注

图 6.10　半剖面图中的标注

· 6.2.3　局部剖面图 ·

当物体外形复杂、内形简单，且需保留大部分外形，只需表达局部内形时，在不影响外形表达的情况下，局部地剖开物体来表达结构内形所得到的剖面图，称为局部剖面图。局部剖切的位置与范围用波浪线表示。

如上述蓄水池的 H 面投影就可改画为局部剖面图，如图 6.11 所示。

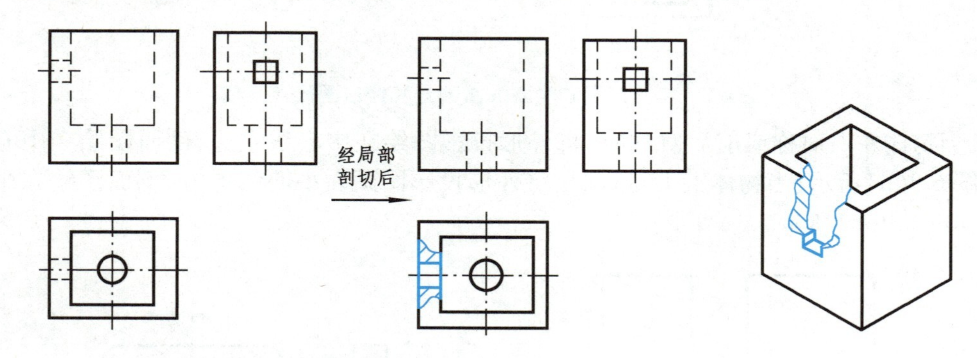

图 6.11　蓄水池的局部剖面图

在专业图中常用局部剖面图来表示多层结构所用的材料和构造，按结构层次逐层用波浪线分开，这种表示法又称为分层揭示法，如图 6.12 所示。

如果物体的轮廓线与对称轴线重合，不宜采用半剖切或不宜采用全剖切时，可采用局部剖切，如图 6.13 所示。

在局部剖面图中应注意以下几个问题：

①局部剖切比较灵活，但应照顾看图方便，不应过于零碎。

②用波浪线表示形体断裂痕迹，应画在实体部分。不能超过视图的轮廓线或画在中空部分；不能与视图中的其他图线重合。

③局部剖切图只是物体整个外形投影中的一个部分,不需标注。

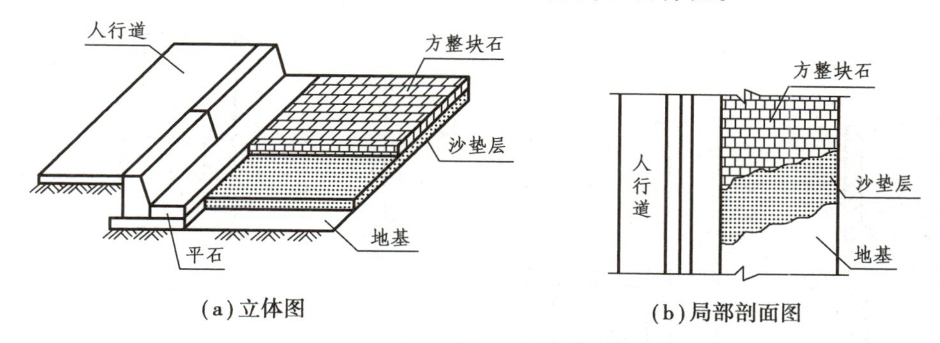

(a)立体图　(b)局部剖面图

图 6.12　路面结构分层局部剖面图

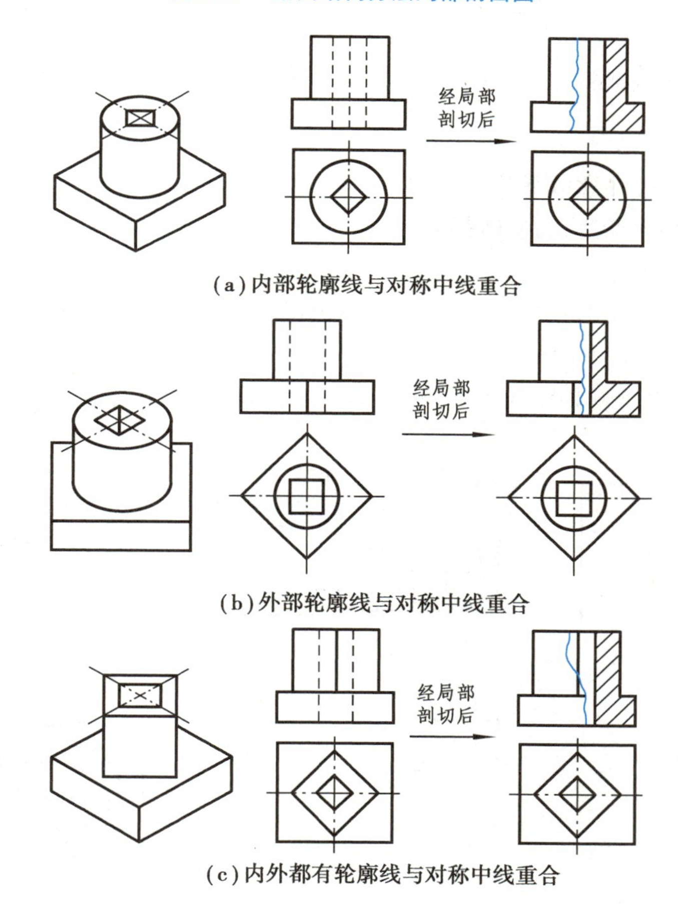

(a)内部轮廓线与对称中线重合

(b)外部轮廓线与对称中线重合

(c)内外都有轮廓线与对称中线重合

图 6.13　物体的轮廓线与对称轴线重合时,采用局部剖切

6.2.4 阶梯剖面图

当物体内部结构层次较复杂,采用一个剖切平面不能把物体内部结构全部表达清楚时,可以假想用两个或两个以上相互平行的剖切平面来剖切物体,所得到的剖面图称为阶梯剖面图。

如果上述蓄水池左壁上的穿孔与底板上的穿孔不在同一正平面上,而是前后错位,则蓄水池的 V 面投影图就可以改画为阶梯剖面图,如图 6.14 所示。

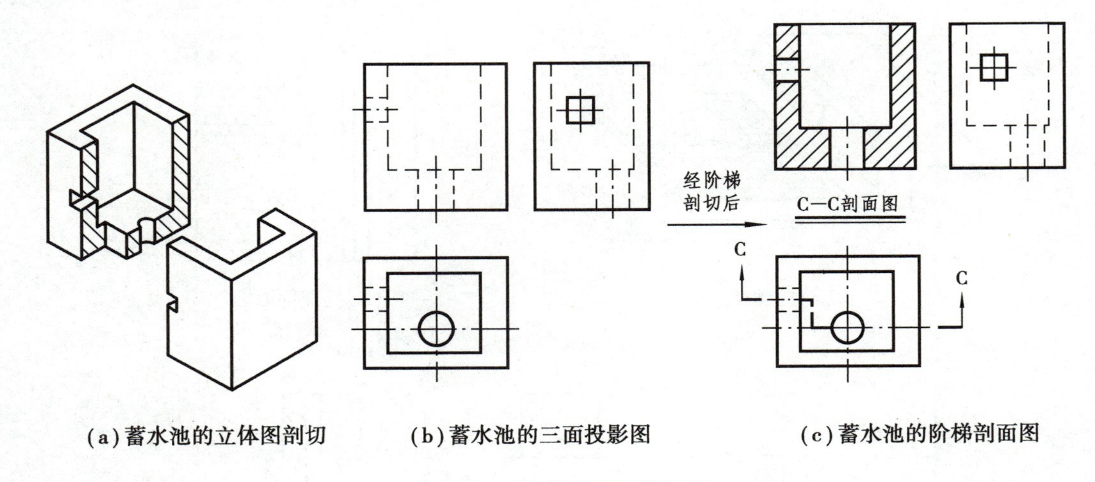

(a)蓄水池的立体图剖切　(b)蓄水池的三面投影图　(c)蓄水池的阶梯剖面图

图 6.14　蓄水池的阶梯剖切

在阶梯剖面图中应注意以下几个问题:

①阶梯剖面图必须标注,为使转折处的剖切位置不与其他图线发生混淆,应在转角处标注"┓",如图 6.15(a)所示。

②转折位置不应与图形轮廓线重合,也要避免出现不完整的要素(如不应出现孔、槽的不完整投影),如图 6.15(b)所示。

③在剖面图上,由于剖切平面是假想的,不要画出两个剖切平面转折处交线的投影,如图 6.15(c)所示。

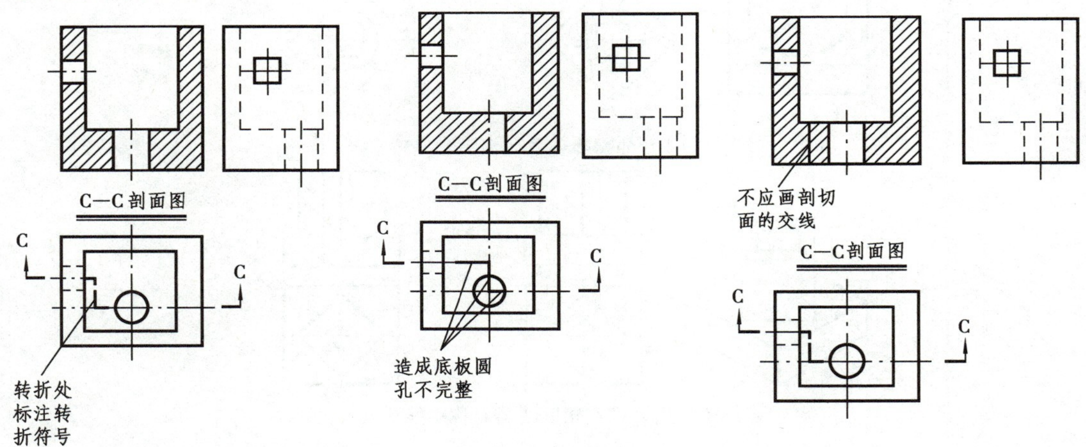

(a)应在转角处标注转折符号　(b)出现孔的不完整投影　(c)不应画出两个剖切平面转折处交线的投影

图 6.15　在阶梯剖面图中应注意的几个问题

· 6.2.5　旋转剖面图 ·

当物体具有回转轴,且内部结构不在同一平面上时,用两个相交的剖切平面(交线垂直于某一基本投影面)剖切物体后,将被剖切的倾斜部分旋转到与选定的基本投影面平行,再进行投射,使剖面图既得到实形又便于画图,这样的剖面图叫旋转剖面图,如图 6.16 所示。

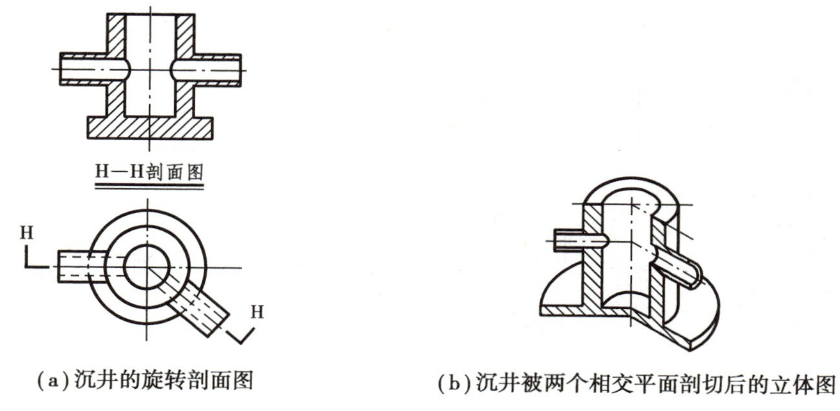

(a)沉井的旋转剖面图　(b)沉井被两个相交平面剖切后的立体图

图 6.16　沉井的旋转剖面图

在旋转剖面图中应注意以下几个问题:

①两剖切平面交线一般应与所剖切的物体回转轴重合,并垂直于某一基本投影面且必须标注。

②在画旋转剖面图时,应当先剖切,后旋转,再投射。

6.3　断　面　图

6.3.1　移出断面图

移出断面图就是把断面图绘制在投影图的外边,如图 6.17 所示。

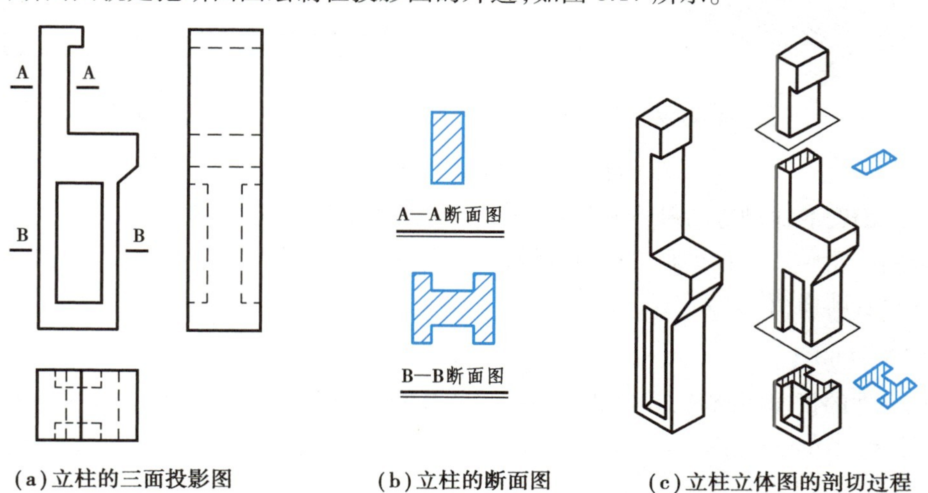

(a)立柱的三面投影图　(b)立柱的断面图　(c)立柱立体图的剖切过程

图 6.17　立柱移出断面图的形成

应当注意的是,移出断面的轮廓线用标准实线绘制,一般只画出剖切后的断面形状,但剖切后出现完全分离的2个断面时,这些结构应按剖面图画出,如图6.18所示。

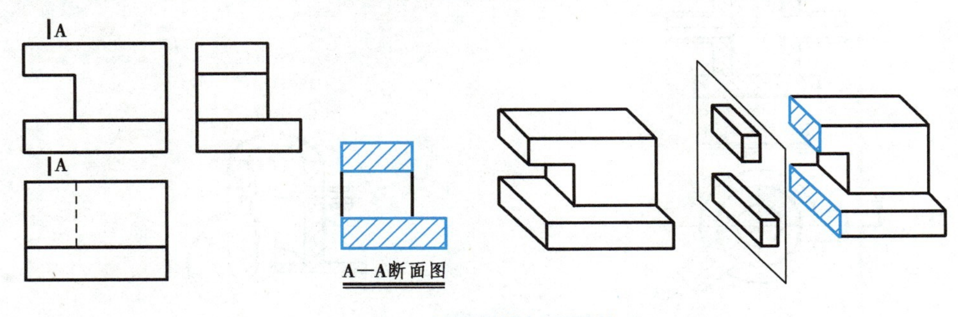

图6.18 断面图按剖面图处理

6.3.2 重合断面图和中断断面图

1)重合断面图

把断面图重叠在基本视图轮廓之内的断面图,称为重合断面图,如图6.19所示。

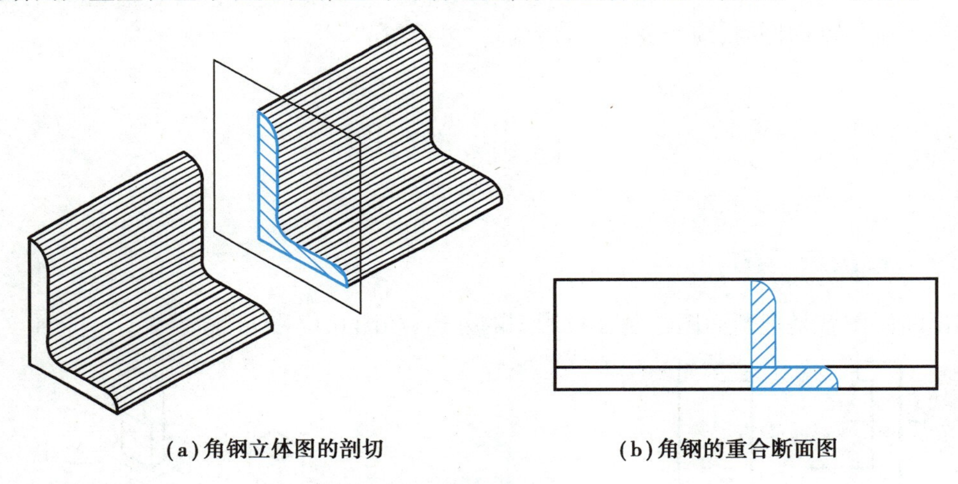

(a)角钢立体图的剖切　　(b)角钢的重合断面图

图6.19 角钢重合断面的形成

重合断面图的比例应与基本视图一致。其断面轮廓线规定用细实线,并不加任何标注。有时重合断面轮廓线内直接画出材料符号,使视图表达更清晰。如图6.20所示为桥台锥坡及挡土墙的重合断面图。

2)中断断面图

将长杆件的投影图断开,并把断面图画在断开间隔处,这样的断面图称为中断断面图,如图6.21所示。中断断面图不需要标注,而且比例与基本视图一致。

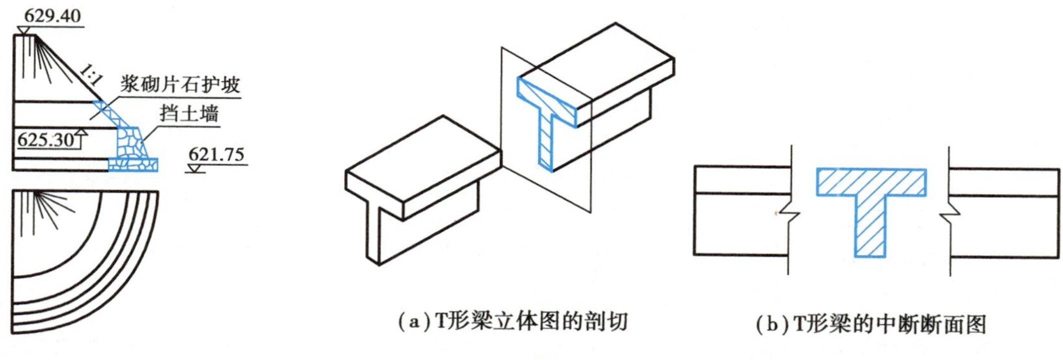

图 6.20　桥台锥坡及挡土墙的重合断面图

图 6.21　T 形梁中断断面的形成

6.4　阅读剖、断面图的注意事项和读图方法

· 6.4.1　阅读剖、断面图的注意事项 ·

①在剖面图或断面图中，较大面积的断面符号可以简化。如图 6.22 所示道路的横断面图，由于面积较大，只在其断面轮廓的边沿画等宽剖面线。

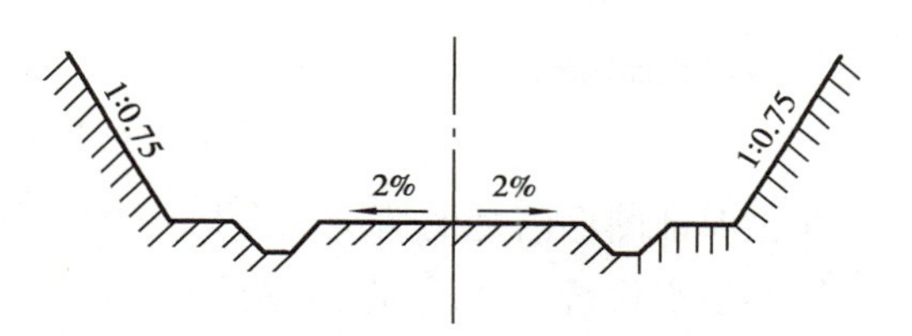

图 6.22　较大面积的剖面线表示法

②薄板、圆柱等构件（如梁的横隔板、桩、柱、轴等），凡剖切平面通过其对称中心线或轴线时，均不画剖面线，但可以画上材料图例，如图 6.23 所示。

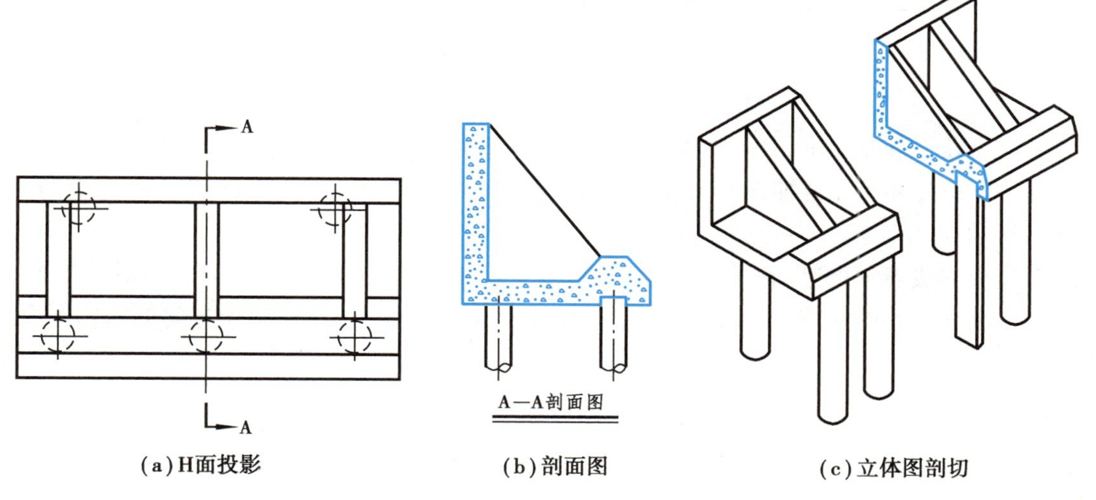

图 6.23　桩、薄板作不剖切表示

③在工程图中为了表示构造物的不同材料，在同一断面上画出材料分界线，并注明材料符号或文字说明，如图 6.24 所示。

(a)墙身和基础材料一样时

(b)墙身和基础材料不一样时

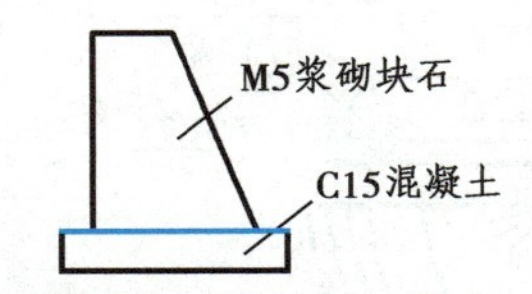

(c)墙身和基础材料不一样时

图 6.24　断面图上画材料分界线

④当剖、断面图中有部分轮廓线与该图的基本轴线成 45°倾角时，可将剖面线画成与基本轴线成 30°或 60°的倾斜线，如图 6.25(a)所示。对于 2 个或 2 个以上相邻构件的剖面，为表示区别，剖面线应画成不同倾斜方向或不同的间隔，如图 6.25(b)所示。

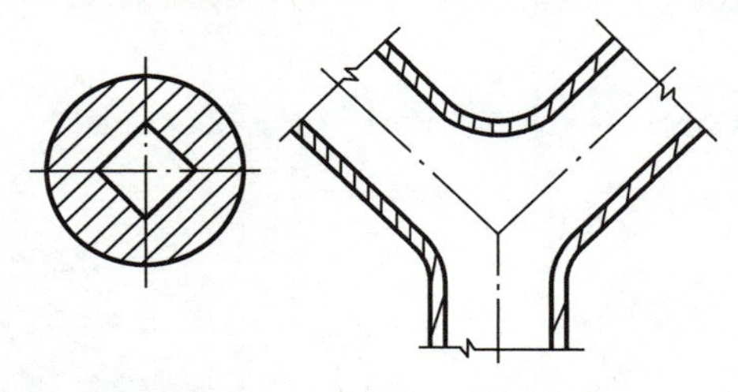

(a)剖面线画成30°或60°的倾斜线

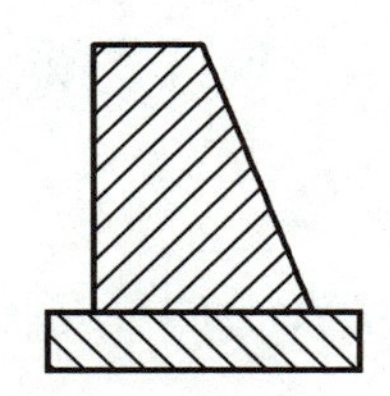

(b)剖面线应画成不同倾斜方向或不同的间隔

图 6.25　剖面线的特殊画法

⑤在保证图形清楚的情况下，对于图样上实际宽度小于 2 mm 的狭小面积的剖面，允许用涂黑的办法来代替剖面线，但涂黑的断面间应有空隙，如图 6.26 所示。

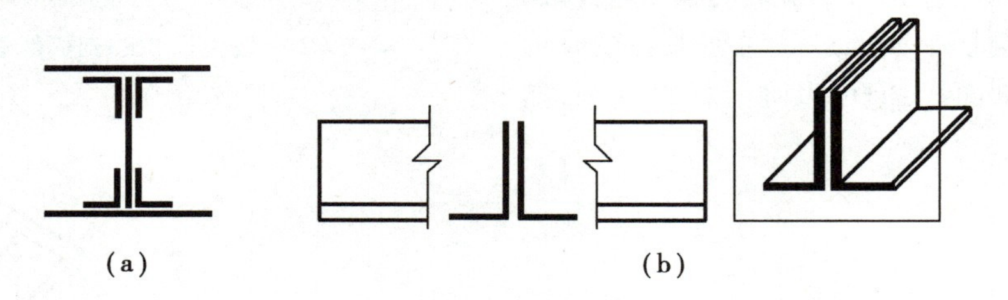

(a)　(b)

图 6.26　涂黑代替剖面线

⑥在道路工程制图中，有画近不画远的习惯。对剖面图的被切断面以外的可见部分，可以根据需要而决定取舍，这种图仍称为断面图，但不注明“断面”，仅注剖切平面的编号，如图 6.27所示。

⑦当用虚线表示被遮挡的复杂结构图时，应只绘制主要结构或离视图较近的不可见图线，虚线可不画出。如图 6.28 所示 U 形桥台的 W 面投影图由台前、台后两个方向的投影图合并而成。

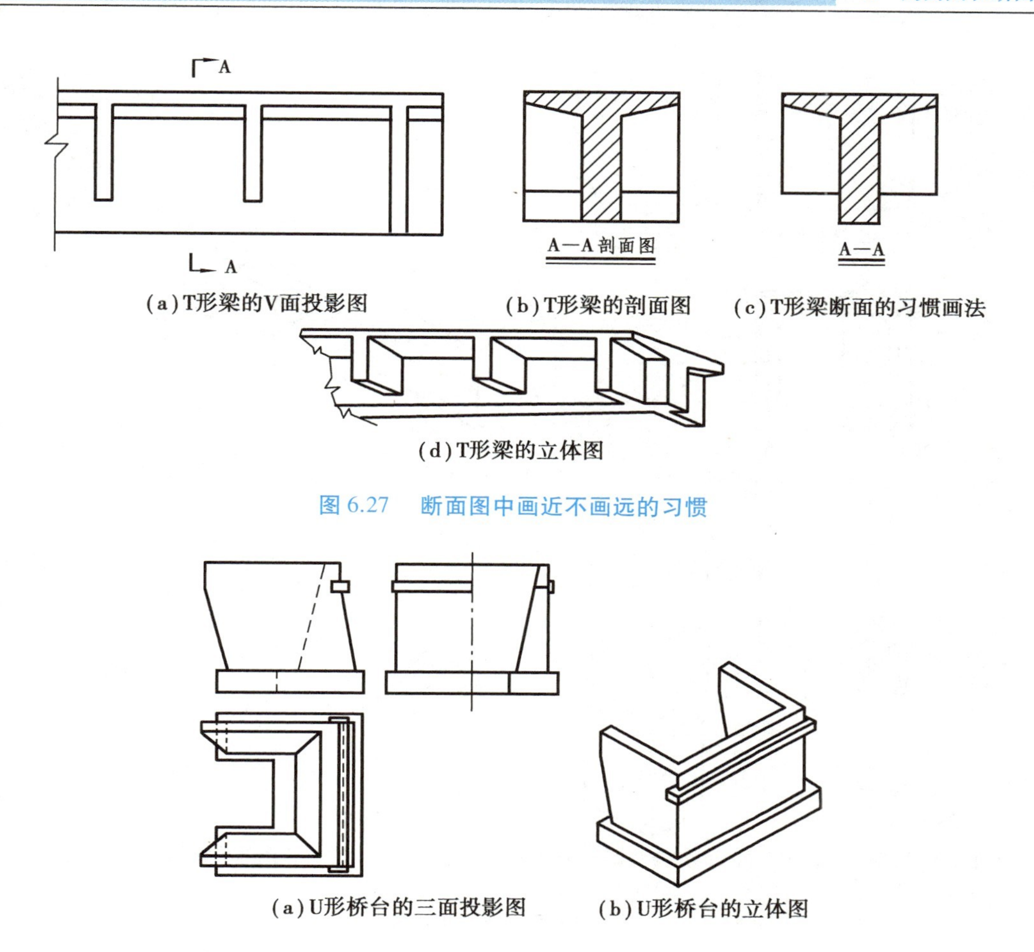

(a)T形梁的V面投影图　(b)T形梁的剖面图　(c)T形梁断面的习惯画法

(d)T形梁的立体图

图 6.27　断面图中画近不画远的习惯

(a)U形桥台的三面投影图　(b)U形桥台的立体图

图 6.28　U 形桥台合成图的形成

6.4.2　剖、断面图的阅读

图 6.29(a)为一沉井的投影图。因为沉井左右对称,其立面投影图采用半剖面图表达。虽然沉井前后也对称,但因为沉井中间有一道隔墙,所以侧面投影图不宜采用半剖面图,故采用阶梯剖面图。

从半剖面图和 H 面投影图可以看出沉井的外形是四棱柱,如图 6.29(b)所示。

从半剖面图和阶梯剖面图可以看出沉井是在四棱柱的基础上经过 3 次挖切而成,即第 1 次是在四棱柱的上部挖切了一个倒角的四棱柱孔,如图 6.29(c)所示;第 2 次是在四棱柱的中间挖切了两个倒角的四棱柱孔,如图 6.29(d)所示;第 3 次是在四棱柱的下部挖切了一个倒角的四棱台。

图 6.30 为一变截面梁的投影图。由于梁身断面不断变化,故变截面梁的投影图采用几个断面来表示。

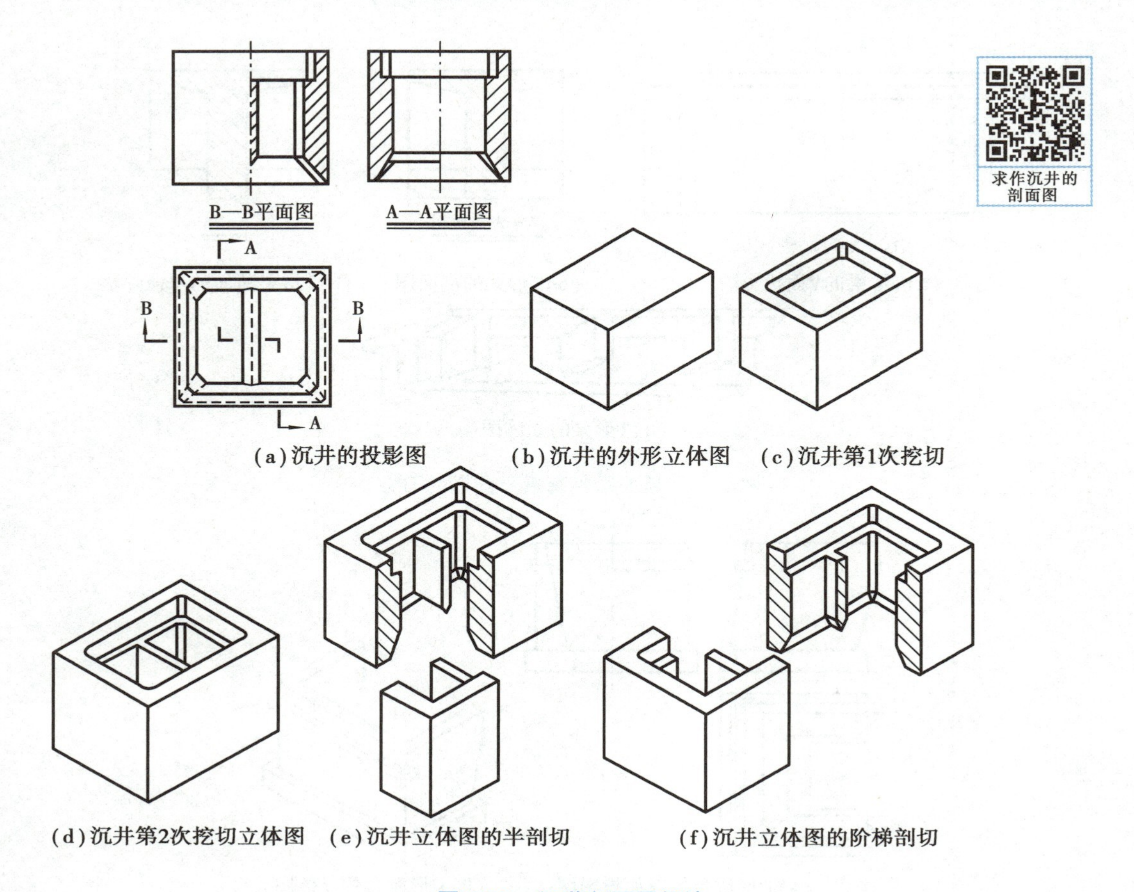

(a)沉井的投影图　(b)沉井的外形立体图　(c)沉井第1次挖切

(d)沉井第2次挖切立体图　(e)沉井立体图的半剖切　(f)沉井立体图的阶梯剖切

图 6.29　沉井剖面图阅读

小贴士

沉井是井筒状的结构物，它是以井内挖土，依靠自身重力克服井壁摩阻力后下沉到设计标高，然后经过混凝土封底并填塞井孔，使其成为桥梁墩台或其他结构物的基础。一般在施工大型桥墩的基坑、污水泵站、大型设备基础、人防掩蔽所、盾构拼装井、地下车道与车站水工基础施工围护装置中使用。沉井的类型很多，按平面形状可以分为圆形沉井、矩形沉井、圆端形沉井等，按立面形状可以分为柱形沉井、阶梯形沉井等，按建筑材料可以分为混凝土沉井、钢筋混凝土沉井和钢沉井等。

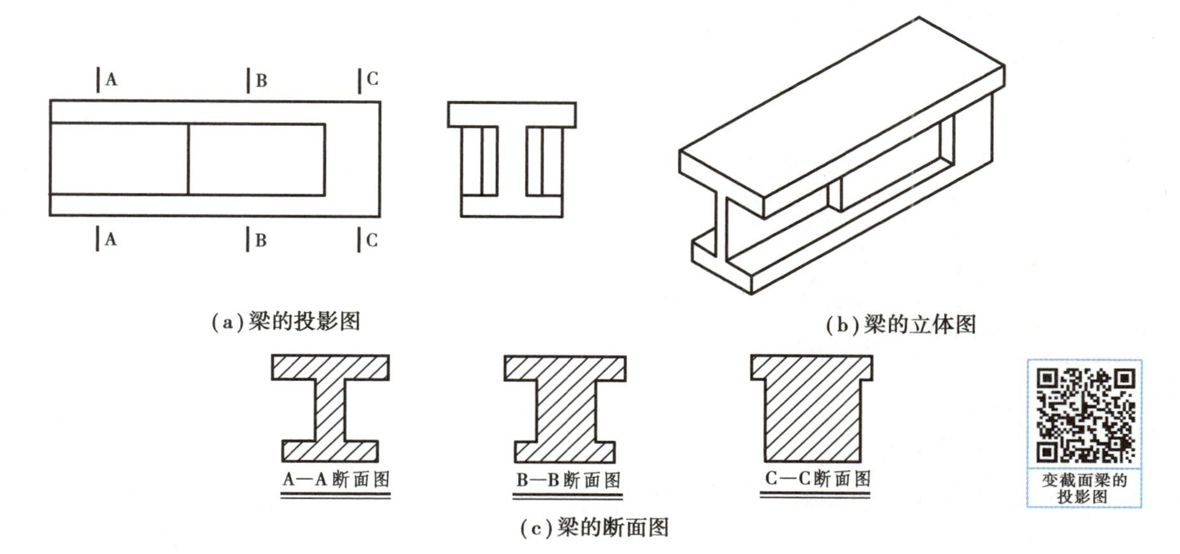

图 6.30　变截面梁的投影图

复习思考题

6.1　剖面图是怎么形成的？

6.2　剖切位置、材料符合、剖面名称怎么标注？

6.3　剖面图的种类有哪些？

6.4　画全剖面图的注意事项是什么？

6.5　全剖面图的适用范围是什么？

6.6　画半剖面图的注意事项是什么？

6.7　半剖面图的适用范围是什么？

6.8　画局部剖面图的注意事项是什么？

6.9　局部剖面图的适用范围是什么？

6.10　什么是阶梯剖？

6.11　什么是旋转剖？

6.12　什么是展开剖？

6.13　断面图是怎么形成的？

6.14　断面图与剖面图有什么区别？

6.15　简述断面图的特点。

6.16　断面图分为哪几类？

7　标高投影

7.1　概　述

土建工程与地形有着紧密的联系。建筑物大多是在地面上修建的，在设计和施工过程中，常常需要绘制表示地面起伏状况的地形图，以便在图纸上解决相关的工程问题。由于地面的形状往往比较复杂，长度方向尺寸和高度方向尺寸相差很大，用多面正投影法不仅作图困难，且不易表达清楚，因此，在生产实践中人们对正投影理论进行了改造，在水平投影图上加注形体上特征点、线、面的高程，以高程数字取代立面图的作用，从而创造出一种更适宜表达地形面的投影方法，即标高投影。

· 7.1.1　标高投影的概念 ·

在物体的水平投影上加注某些特征面、线及控制点的高程数值和比例来表示空间物体的方法称为标高投影法。在标高投影中，水平投影面 H 被称为基准面。而标高就是空间点到基准面 H 的距离。一般规定：H 面的标高为零，H 面上方的点标高为正值，下方的点标高为负值，标高的单位以 m 计。

通过标高投影方法绘制的投影图称为标高投影图。标高投影图是一种单面正投影图，它与比例尺相配合或是通过在图中标明比例来表达物体的空间形状和位置。标高投影的长度单位，如在图中没有特别说明，均以 m 计。除了地形面以外，也常用标高投影图来表示一些复杂曲面。

· 7.1.2　标高投影与三面投影的联系和区别 ·

在多面正投影中，当物体的水平投影确定以后，其正面投影的主要作用是提供物体各特征点、线、面的高度。若能在物体的水平投影中标明它的特征点、线、面的高度，就可以完全确定物体的空间形状和位置。

由此可见，标高投影图是将三面投影中的 H 面投影与 V 面投影组合在一起的一种单面正投影图，它必须标明比例或画出比例尺，否则就无法根据单面正投影图来确定物体的空间形状和位置。除了地形面以外，一些复杂曲面也常用标高投影法表示。

7.2 点、直线和平面的标高投影

· 7.2.1 点的标高投影 ·

在点的水平投影旁，标出该点距离水平投影面的高程数字时，便可得到该点的标高投影。

如图 7.1(a)所示，在空间有两个点 A,B，作出它们在 H 投影面上的投影 a,b，选 H 面为基准面，设其高度为零，当点高于 H 面时，标高为正；当点低于 H 面时，标高为负。点 A 在 H 面上方 5 m，点 B 在 H 面下方 3 m，若在 A,B 两点的水平投影 a,b 的右下角分别标明其高度数值 5,-3，就可得到 A,B 两点的标高投影图，如图 7.1(b)所示。高度数值 5,-3 称为高程或标高。

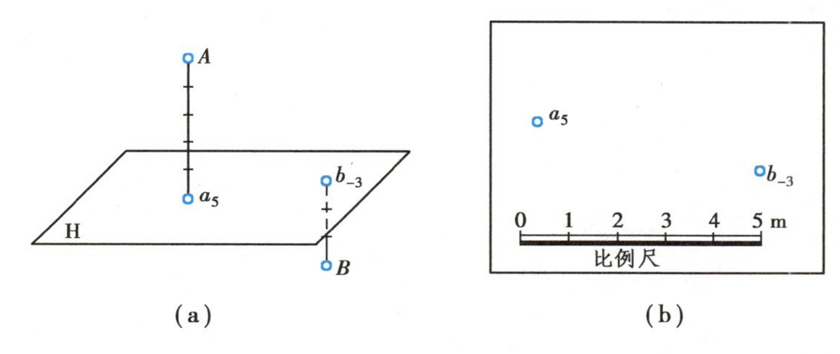

图 7.1 点的标高投影

· 7.2.2 直线的标高投影 ·

1) 直线的表示方法

在标高投影中，直线的位置是由直线上的两点或直线上一点及该直线的方向确定。因此，直线的表示方法有 2 种：

①直线的水平投影并加注直线上两点的高程，如图 7.2(a)所示。

②直线上一个点的标高投影并加注直线的坡度和方向，如图 7.2(b)所示。

2) 直线的实长及整数标高点

在标高投影中求直线的实长，仍然采用正投影中直角三角形法。以直线的标高投影为一条直角边，另一条直角边为直线两端点的高差，则斜边为实长，高差所对内角为直线对基准面的倾角 α，如图 7.3 所示。

在实际工作中，有时遇到直线两端点的标高并非整数，需要在直线的投影上标出各整数标高点的位置。解决这类问题，可利用定比分割原理作图，如图 7.4 所示。

3) 直线的坡度和平距

直线上任意两点的高差与其水平距离之比称为该直线的坡度。

$$坡度=\frac{高差}{水平距离}=\tan\alpha$$

上式亦表明两点间水平距离为 1 个单位时两点间的高差即为坡度。

当两点间的高差为 1 个单位时它的水平距离称为平距。

$$平距=\frac{水平距离}{高差}=\cot\alpha$$

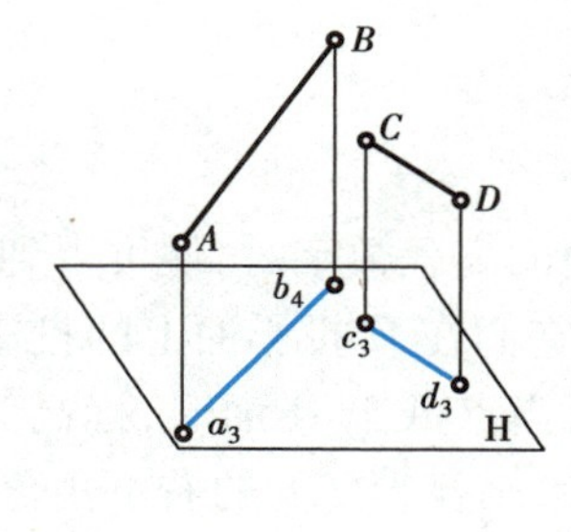

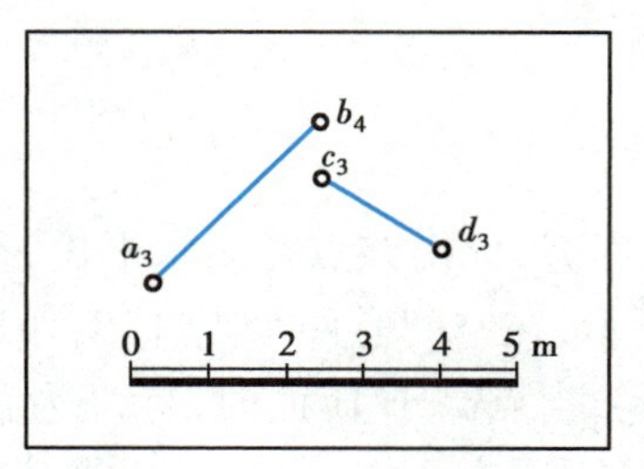

(a)

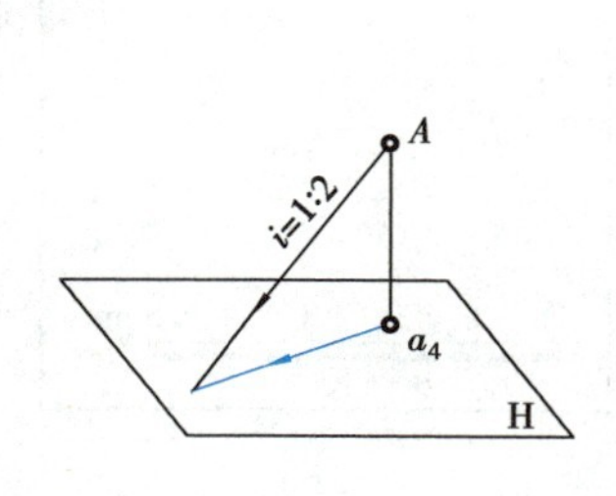

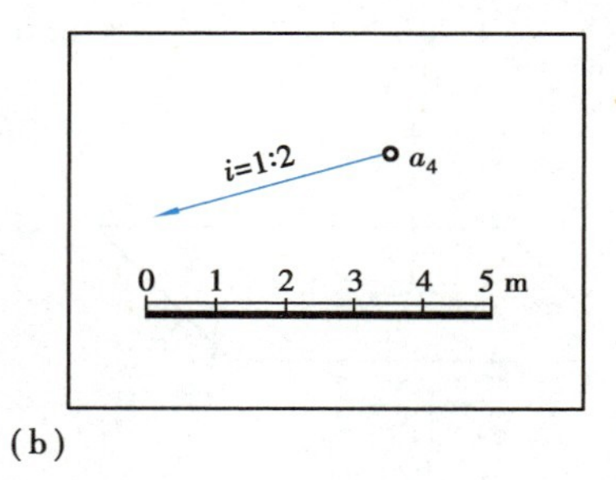

(b)

图 7.2　直线的标高投影

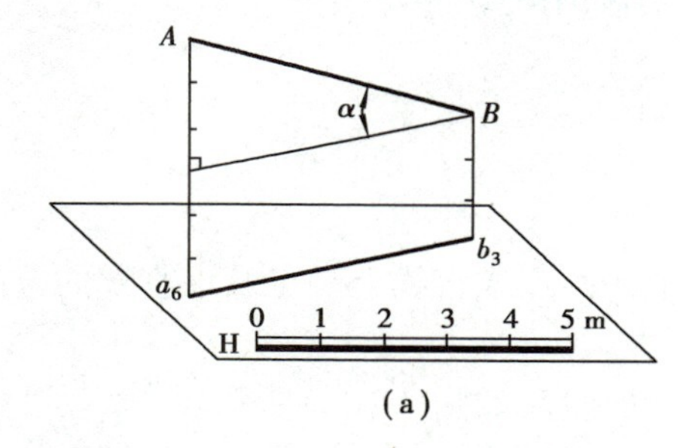

(a)

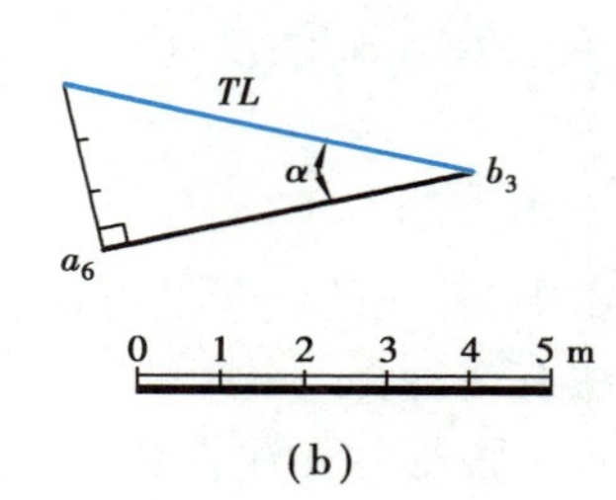

(b)

图 7.3　直线的实长

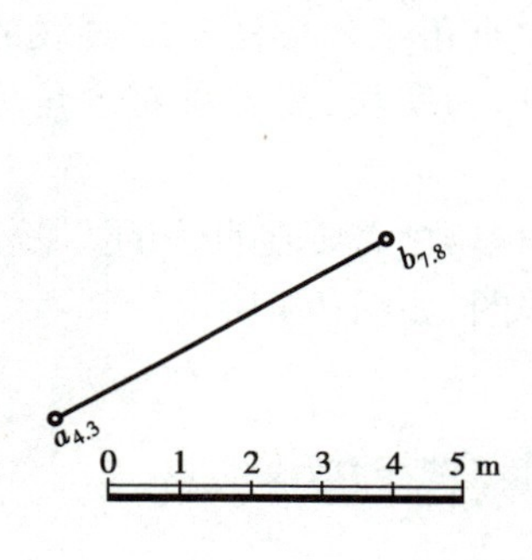

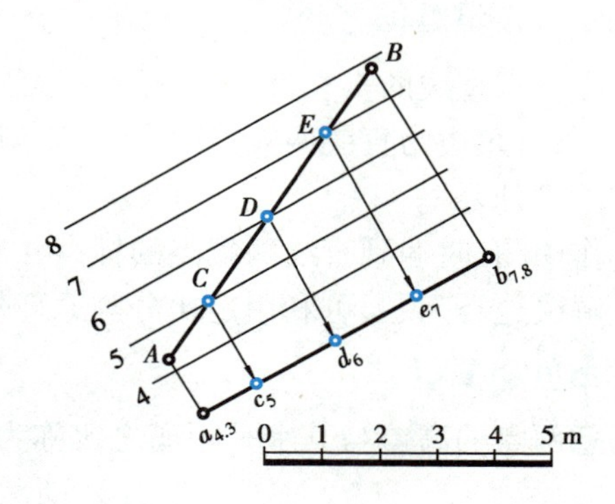

图 7.4　定比分割原理求直线的整数标高

由此可见，平距和坡度互为倒数。坡度越大，平距越小；反之，坡度越小，平距越大。

如图7.5所示，设直线上两点之间高差为 ΔH，它们的水平距离为 L。若用符号 i 和 l 分别表示坡度和平距，则有：

$$i=\frac{\Delta H}{L}=\tan\alpha$$

$$l=\frac{L}{\Delta H}=\cot\alpha$$

$$i=\frac{1}{l}$$

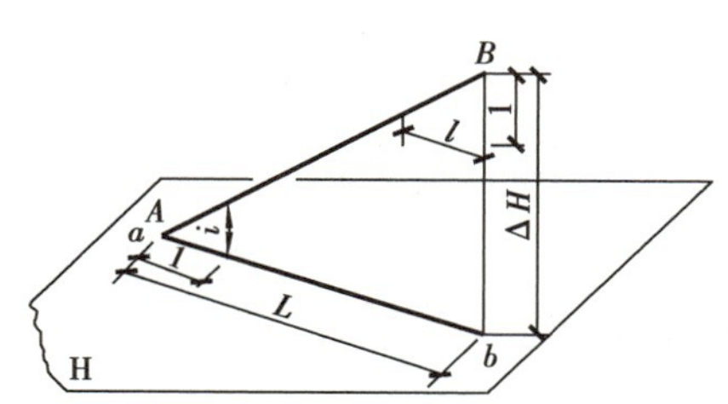

图 7.5 直线的坡度和平距

图 7.6 求直线的坡度和 C 点标高

【例 7.1】 如图 7.6 所示，求 AB 直线的坡度和平距，并求 C 点的标高。

【解】 为求直线 AB 的坡度与平距，先求出 ΔH 和 L，再利用定义式确定直线的平距与坡度。

$$\Delta H_{AB}=H_A-H_B=20-10=10$$

$$L_{AB}=30\text{（用所给比例尺量取）}$$

因此 $i=\dfrac{\Delta H_{AB}}{L}=\dfrac{10}{30}=\dfrac{1}{3}$　　$l=\dfrac{1}{i}=3$

又量得 $ac=13$，直线确定后，其坡度不变，所以

$$i=\frac{\Delta H_{AC}}{L}=\frac{1}{3}\text{，即 }\frac{\Delta H_{AC}}{13}=\frac{1}{3}\qquad \Delta H_{AC}=4.33$$

故 C 点标高为 $20-4.33=15.67$。

【例 7.2】 在标高投影图中，求直线上的整数标高点。

【解】 详见右侧二维码视频解析。

7.2.3 平面的标高投影

1）平面上的等高线和坡度线

（1）等高线与坡度线

标高投影中，预定高度的水平面与所表示表面（平面、曲面、地形面）的截交线称为等高线。如图 7.7(a)所示，平面上的水平线即平面上的等高线，也可看成是水平面与该平面的交线。在实际应用中常取整数标高的等高线，它们的高差一般取整数，如 1 m，5 m 等，并且把平面与基准面的交线，作为高程为零的等高线。图 7.7(b)为平面 P 上的等高线的标高投影。

从标高投影图中可以看出，平面上的等高线是一组互相平行的直线，当相邻等高线的高差

相等时，其水平间距也相等，这是平面上的等高线特性。图 7.7(b) 中相邻等高线的高差为 1 m，它们的水平间距就是平距。

平面的坡度线和平面上的水平线垂直，根据直角投影定理，它们的水平投影应互相垂直。坡度线的坡度就是该平面的坡度。

(2) 坡度比例尺

工程上有时也将坡度线的投影附以整数标高，并画成一粗一细的双线，称为平面的坡度比例尺。如图 7.7(b) 所示，*P* 平面的坡度比例尺用字母 *Pi* 表示。

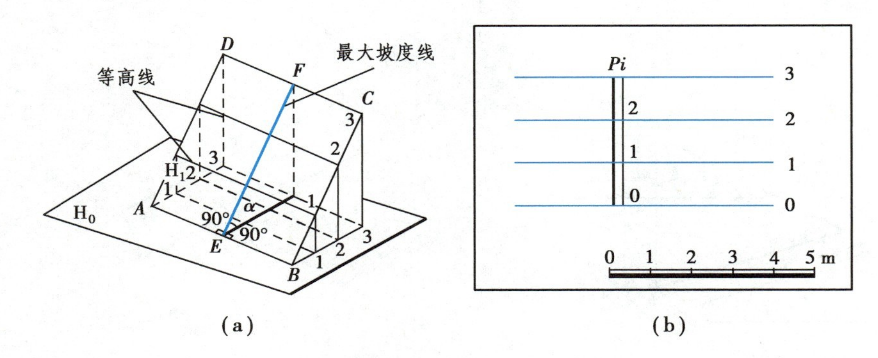

图 7.7　平面上的等高线和坡度比例尺

2) 平面的表示方法

在正投影中我们知道平面有几何元素、最大坡度线和迹线等方法表示，这些表示方法在标高投影中仍然适用，只是转换为用标高投影来表达。如由 3 点表示的平面，在标高投影中则为由 3 点的标高投影来表示。在标高投影中，平面常用如下方法表示：

(1) 等高线表示法

这种表示方法实质上是两平行直线表示平面，平面上的水平线称为平面上的等高线。在实际应用中一般采用高差相等，标高为整数的一系列等高线来表示平面，并把基准面 H 的等高线作为零标高的等高线，如图 7.8 所示。平面上的等高线是彼此平行的直线，当高差相同时，等高线间距相等。

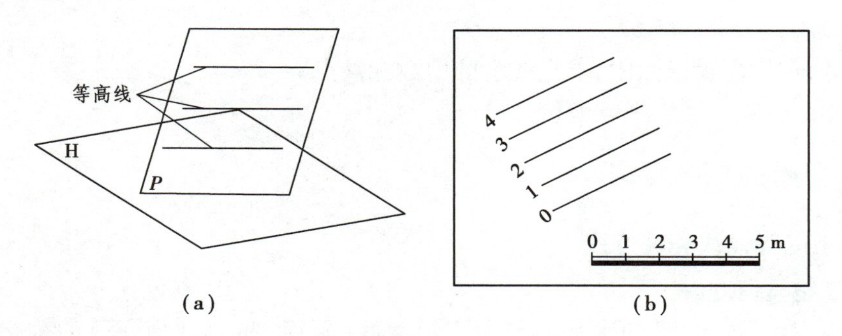

图 7.8　平面的等高线表示法

(2) 坡度比例尺表示法

坡度比例尺表示法就其实质而言就是最大坡度线表示法。如图 7.9(a) 所示，将平面上最大坡度线的投影附以整数标高，并画成一粗一细的双线称为平面的坡度比例尺表示法。

已知平面的等高线组，可以利用等高线与坡度比例尺的相互垂直关系，作出平面上的坡度比例尺，反之亦然。

坡度比例尺已知，则平面对基准面的倾角可以利用直角三角形方法求得。图 7.9(b)是根据 P 平面的等高线作出的坡度比例尺。

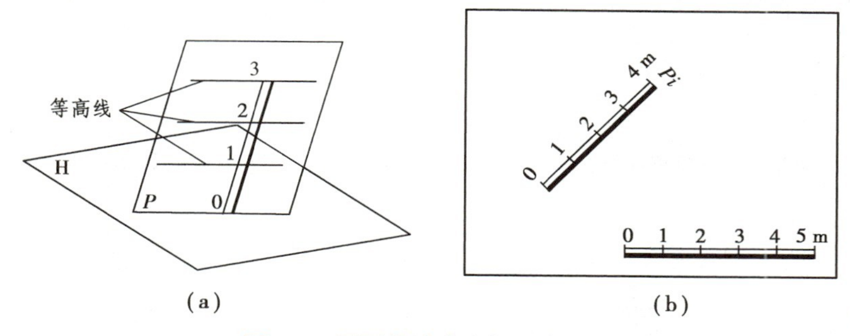

图 7.9　平面的坡度比例尺表示法

(3) 用平面上的一条等高线和平面的坡度表示平面

平面上的一条等高线已知，就可定出坡度线的方向，由于平面的坡度已知，该平面的方向和位置就确定了。如果作平面上的等高线，可利用坡度求得等高线的平距，然后作已知等高线的垂线，在垂线上按图中所给比例尺截取平距，再过各分点作已知等高线的平行线，即可作出平面上一系列等高线的标高投影，如图 7.10(b)所示。

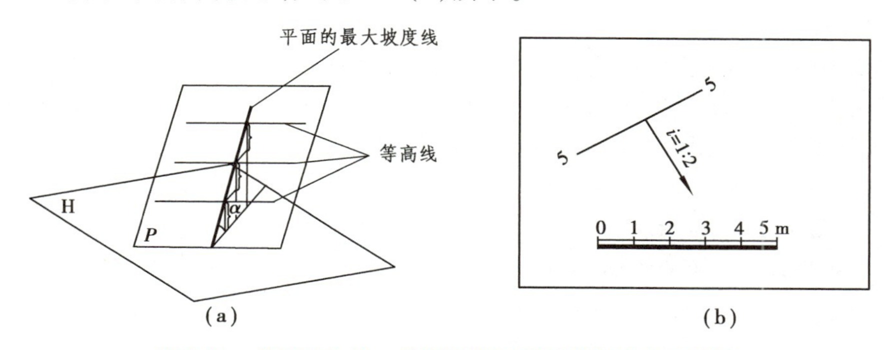

图 7.10　用平面上的一条等高线和平面的坡度表示平面

(4) 用平面上的一条非等高线和该平面的坡度与倾向表示平面

图 7.11 为一标高为 5 m 的水平场地及一坡度为 1∶3的斜坡引道，斜坡引道两侧倾斜平面 ABC 和 DEF 的坡度均为 1∶2，这种倾斜平面可由平面内一条倾斜直线的标高投影加上该平面的坡度来表示，如图 7.11(b)所示。图中的箭头只是表明该平面向直线的某一侧倾斜，并代表平面的坡度线方向，坡度线的准确方向需作出平面上的等高线后才能确定，所以用虚线表示。

3) 两平面的相对位置

两平面在空间的相对位置可分为平行与相交两种情况。

(1) 平行

如果两平面平行，则它们的坡度比例尺和等高线互相平行、平距相等、标高数字的增减方向一致，如图 7.12(a)所示。

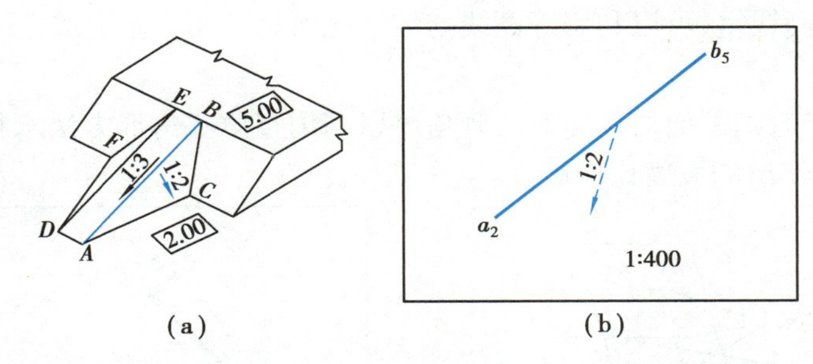

图 7.11　用平面上的一条非等高线和该平面的坡度与倾向表示平面

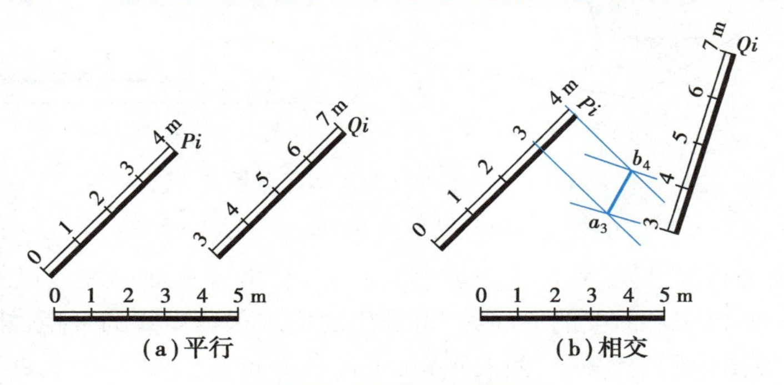

图 7.12　两平面相对位置

(2)相交

在标高投影中求两平面的交线，是利用辅助平面法在相交两平面上求得两个共有点，其连线即为两平面的交线。通常采用水平面作为辅助面。如图 7.12(b)所示，水平辅助面与 P,Q 两平面的截交线是两条相同高程的等高线，这两条等高线的交点就是两平面的共有点，分别求出两个共有点并连接起来，就可求得交线。

【例 7.3】 如图 7.13 所示，已知两平面 P,Q，求它们的交线。

分析：两平面的交线为两平面上高程相同的等高线交点的连线。Q 平面直接用等高线表示，而 P 平面已知一条等高线，再求一条等高线即可求出交线。

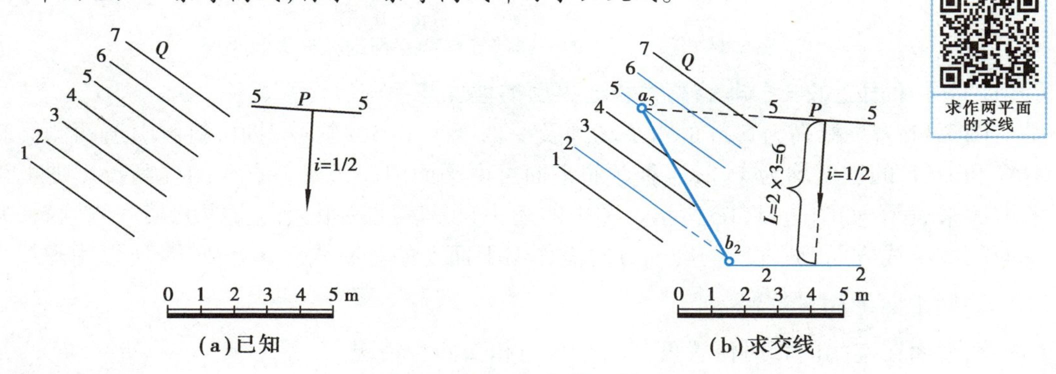

图 7.13　求平面 P,Q 的交线

【解】 ①延长 P 平面上等高线 5，与 Q 平面上等高线 5 相交，得交线上一点 a_5。

②利用已知 P 平面的坡度和比例尺求出 P 平面上的另一等高线，并求出其与 Q 平面上同等高线的交点。

③连接 a_5, b_2，得两平面的交线。

4)求坡面交线、坡脚线或开挖线

在工程中，把建筑物相邻两坡面的交线称为坡面交线，坡面与地面的交线称为坡脚线（填方）或开挖线（挖方）。

在工程中，坡面倾斜情况可用示坡线表示。如图 7.14(c)所示，图中长短相间的细实线叫示坡线，它与等高线垂直，用来表示坡面，短线画在高的一侧。

【例 7.4】已知主堤与支堤相交，顶面标高分别为 3 m 和 2 m，地面标高为 0，各坡面坡度如图 7.14(a)所示，求两堤相交的坡脚线和坡面交线。

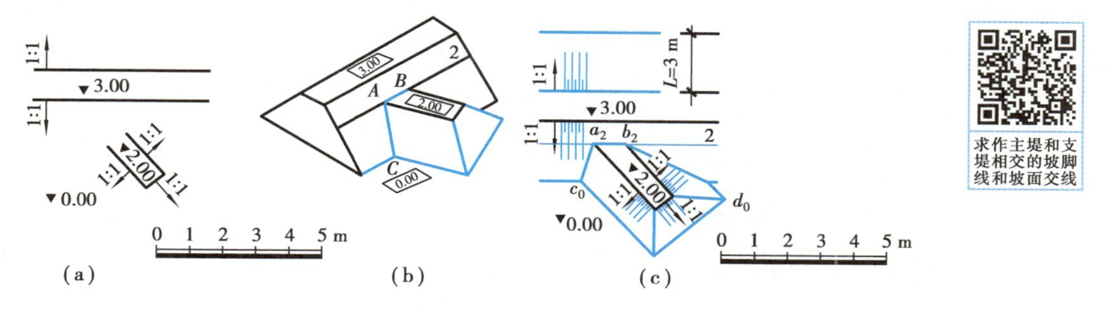

图 7.14　求主堤与支堤相交的标高投影图

【解】①求坡脚线。先求出主堤顶边缘到坡脚线的水平距离 $L=H/i=(3-0)/1=3$ m，再沿两侧坡面坡度线方向按所给比例尺量取，过零点作顶面边缘的平行线，即得两侧坡面的坡脚线。同理可作出支堤的坡脚线，如图 7.14(c)所示。

②求支堤顶面与主堤坡面的交线。支堤顶面标高为 2 m，与主堤坡面交线就是主堤坡面上标高为 2 m 的等高线中的 a_2b_2 段，如图 7.14(c)所示。

③求主堤坡面与支堤坡面的交线。主堤与支堤的坡脚线交于 c_0, d_0，连接 c_0, a_2 和 d_0, b_2，即得主堤与支堤的坡面交线，如图 7.14(c)所示。

④描深坡脚线和坡面交线，画出各坡面的示坡线。

【例 7.5】如图 7.15(a)所示，一斜坡引道直通水平场地，设地面高程为 2 m，水平场地顶面高程为 5 m，求引道和水平场地的坡脚线和坡面交线。

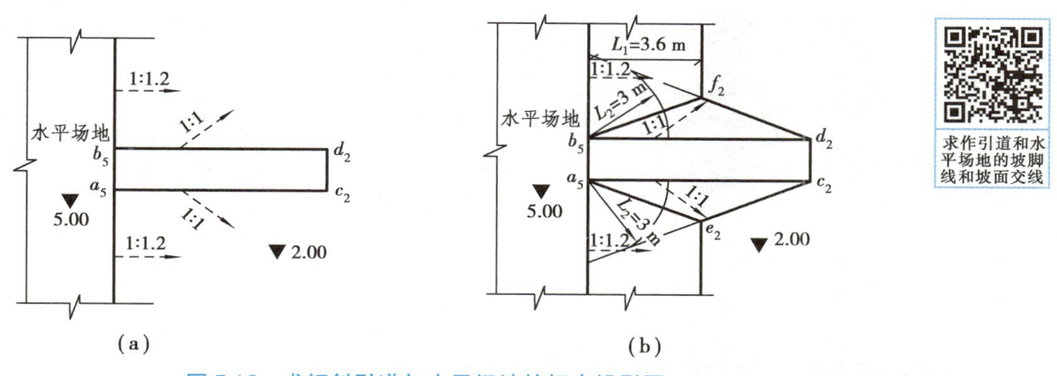

图 7.15　求倾斜引道与水平场地的标高投影图

【解】①求坡脚线。水平场地边缘与坡脚线的水平距离根据已知坡度和高差可求得，即

$L_1 = 1.2 \times 3\ \text{m} = 3.6\ \text{m}$。利用比例尺可作出水平场地的坡脚线。由于引道是倾斜的，在求其坡脚线时，分别以 a_5 和 b_5 为圆心，以 $L_2 = 1 \times 3\ \text{m} = 3\ \text{m}$（根据比例尺量取）为半径画圆弧，再分别由 c_2 和 d_2 作两圆弧的切线，即得引道两侧的坡脚线，如图 7.15(b) 所示。

②求坡面交线。水平场地与斜坡引道的坡脚线分别相交于 e_2 和 f_2，连接 a_5e_2 和 b_5f_2，即得到坡面交线，如图 7.15(b) 所示。

③将所求得坡脚线和坡面交线描深。倾斜引道与水平场地相交的立体图如图 7.16 所示。

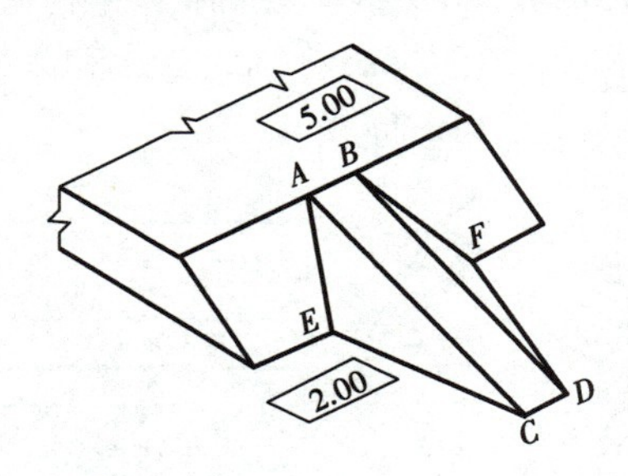

图 7.16 倾斜引道与水平场地相交的立体图

7.3 曲面的标高投影

在标高投影中，曲面也是用一系列等高线表示的，即假想用水平面与曲面相截，画出截交线的标高投影。工程上常见的曲面有锥面、同坡曲面和地形面等。

· 7.3.1 正圆锥面的标高投影 ·

正圆锥面的等高线都是同心圆，如图 7.17 所示。当高差相等时，等高线间的水平距离相等。当锥面正立时，等高线越靠近圆心，其标高数字越大；当锥面倒立时，等高线越靠近圆心，其标高数字越小。圆锥面示坡线的方向应指向锥顶。

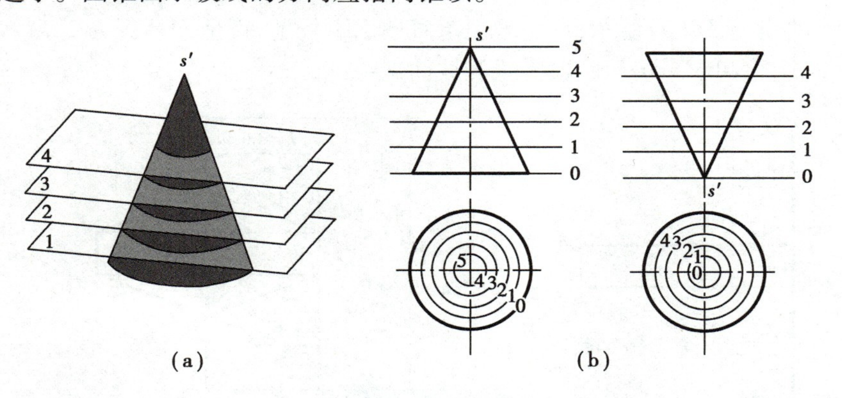

图 7.17 正圆锥面的标高投影

在绘制圆锥面的等高线时需要注意以下几点：

①必须注明锥顶高程，否则无法区分圆锥与圆台。

②等高线在遇到标高数字时必须断开。

③标高字头朝向高处以区分正圆锥与倒圆锥。

④等高线的疏密反映了坡度的大小。

在土石方工程中,常在两坡面的转角处采用与坡面坡度相同的锥面过渡。如图 7.18 所示,河坝与堤岸的连接处,用圆锥面护坡,其标高投影图可按照平面标高投影图的作图方法来完成,如图 7.18(b)和(c)所示。

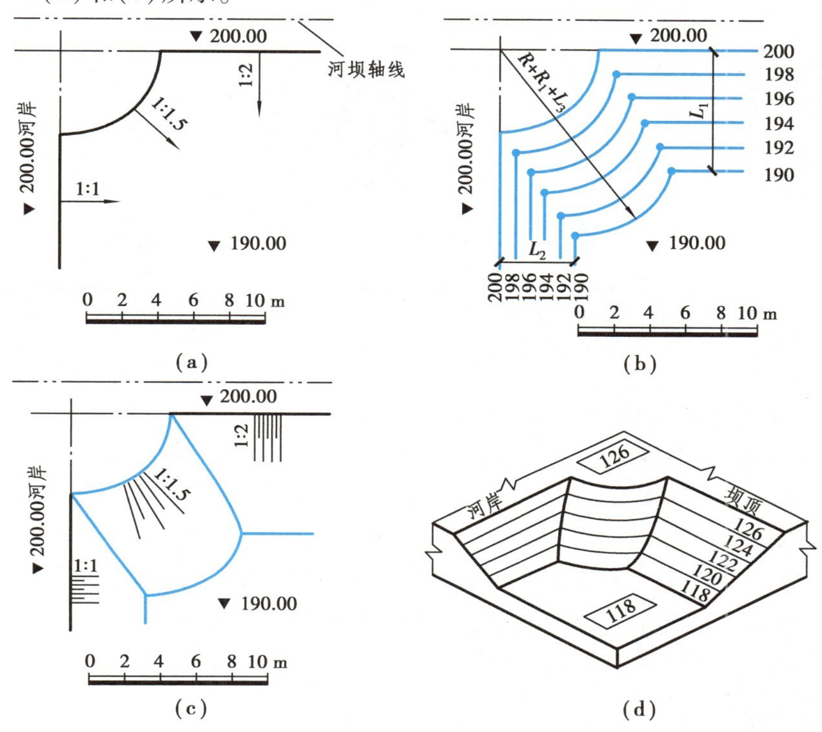

图 7.18　求土坝、河岸、护坡的标高投影

7.3.2　同坡曲面的标高投影

一个正圆锥沿一条空间曲导线运动且轴线方向保持不变,其包络曲面被称为同坡曲面,即各处坡度皆相等的曲面,如图 7.19 所示。

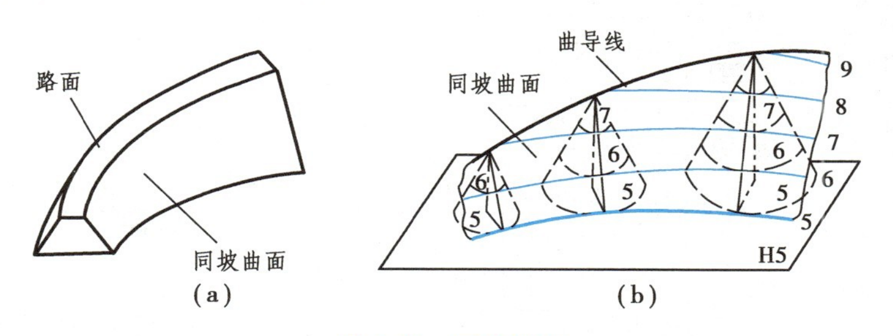

图 7.19　同坡曲面

同坡曲面有如下特征:

①运动的正圆锥在任何位置都和同坡曲面相切,切线即为曲面在该处的最大坡度线,故曲面上各处坡度均等于运动正圆锥的坡度。

②两个相切曲面与同一水平面的交线必然相切，即同坡曲面与运动正圆锥的同高程等高线必然相切。

工程上常用到同坡曲面，道路在弯道处，无论路面有无纵坡，其边坡均为同坡曲面。

【例 7.6】如图 7.20(a)所示一弯曲倾斜匝路与干道相连，干道顶面标高为 25.00 m，地面标高为 21.00 m，弯曲匝道由地面逐渐升高与干道连接，求其坡脚线和坡面交线。

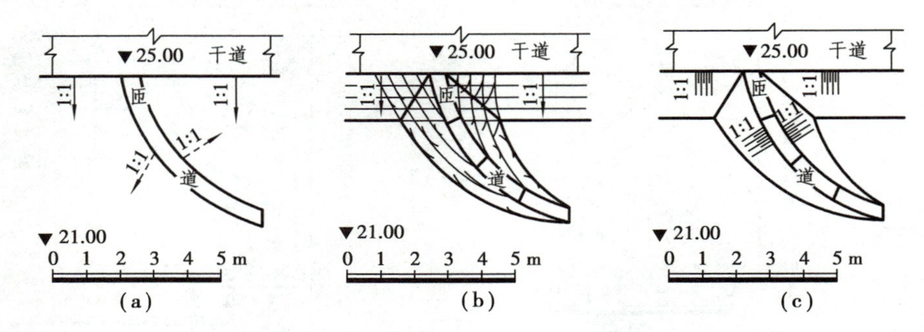

求作引道与干道的坡脚线和坡面交线

图 7.20 求匝道与干道的标高投影图

【解】①计算各边坡平距 $l=1/1=1$ 单位。

②弯道处的两条路边线即为同坡曲面的导线，在导线上取其整数标高点作为锥顶位置。

③分别以这些整数标高点为圆心，$R=1,2,3,4$ 为半径作同心圆，即为各正圆锥的等高线，如图 7.20(b)所示。

④作正圆锥上同标高的等高线的曲切线(包络线)，即得到匝道边坡的等高线。

⑤按照平面标高投影的方法作出同坡曲面与干道边坡的交线。

⑥将结果描深，画出示坡线，作图完成，如图 7.20(c)所示。

7.3.3 地形面的标高投影

地形面是非规则曲面，假想用一组高差相等的水平面截割地面，截交线便是一组不同高程的等高线。如图 7.21 所示，画出地面等高线的水平投影并标注其高程，即得地形面的标高投影，地形面的标高投影也称地形图。

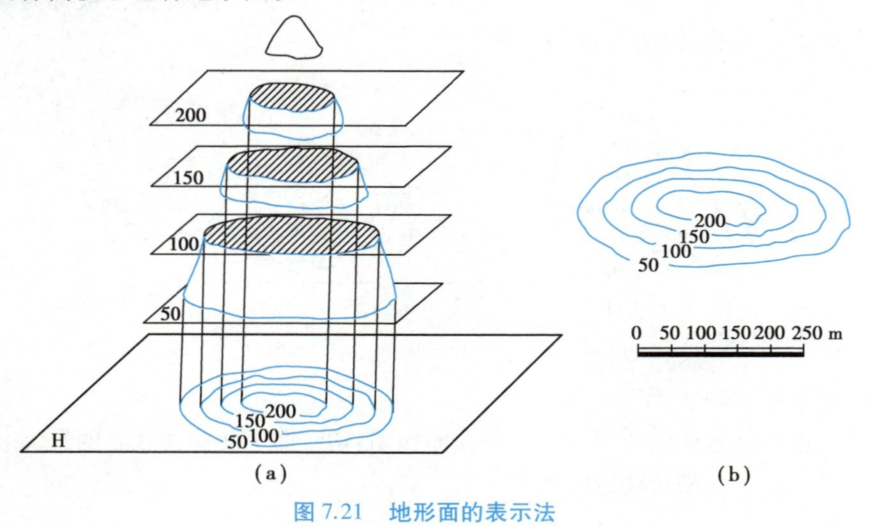

图 7.21 地形面的表示法

1)地形面上等高线的特性

地形面上的等高线有如下特性：

①由于地形面是不规则曲面，所以地形等高线是不规则曲线。

②地形面是有界的，故地形等高线均为闭合曲线，如在本图幅内不闭合，则通过其他图幅闭合。

③地形等高线除遇到特殊地形外一般不会相交。

④等高线的疏密反映地形的陡缓，即等高线愈密地势愈陡峻，反之地势平坦。

如图7.22所示是地形面的标高投影，称为地形图。图中每隔4根画得较粗并注有标高数字，单位为m的等高线，称为计曲线，不加粗的等高线称为首曲线。由图可知2根相邻等高线的高差是1 m。还可以看出图的下方在65 m标高附近有一环状等高线，表明这个地方是山丘。而在图上方标高为60 m的位置，两侧标高均增加，表明该处为一山坳。图左下角等高线较稀疏，表明地势较平坦，图中部等高线较密集，表明该处地面的坡度较陡。

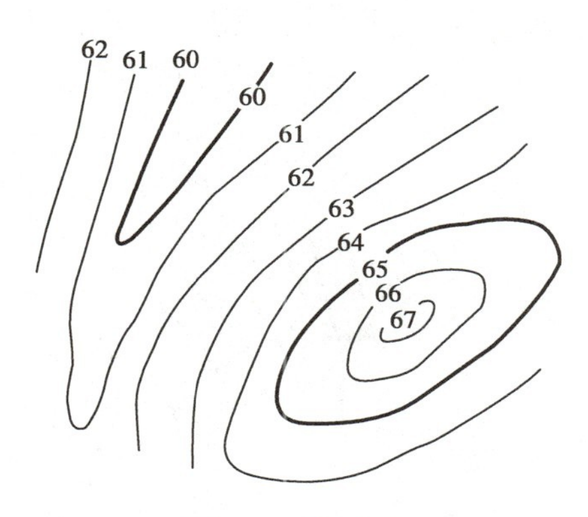

图7.22 地形图

2)典型地貌

为了便于看地形图，把典型地貌在地形图上的特征进行归纳，如图7.23所示。

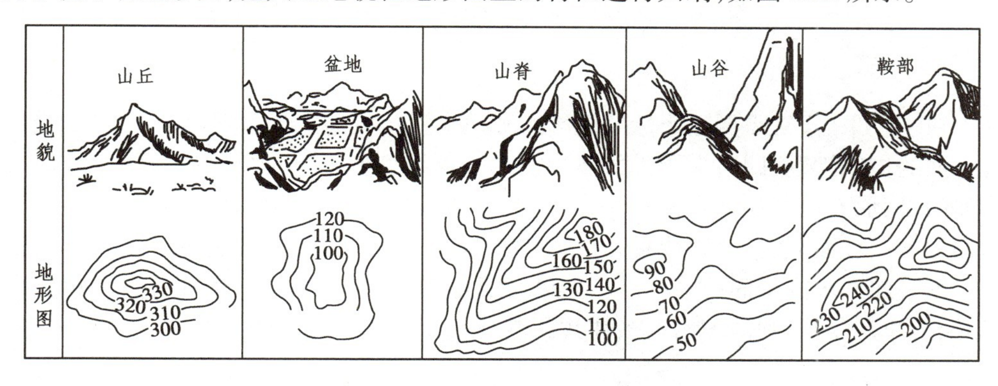

图7.23 典型地貌在地形图上的特征

- 山丘　等高线闭合圈由小到大高程依次递减，等高线亦随之渐稀，则对应地形是山丘。
- 盆地　等高线闭合圈由小到大高程依次递增，等高线亦随之渐稀，则对应地形是盆地。
- 山脊　等高线凸出方向指向低高程，则对应地形是山脊。
- 山谷　等高线凸出方向指向高处，则对应地形是山谷。
- 鞍部　相邻两峰之间，形状像马鞍的区域称为鞍部，在鞍部两侧的等高线形状接近对称。

3)地形断面图

用铅垂面剖切地形面，剖切平曲与地形面的截交线就是地形断面，并画上相应的材料图例,称为地形断面图,如图 7.24 所示。

其具体做法是:

①过 A—A 作铅垂面,它与地形面上各等高线的交点为 1,2,3,…,n。

②以 A—A 剖切线的水平距离为横坐标,以高程为纵坐标,按等高距及比例尺画一组平行线,如图 7.24(b)所示。

③将图 7.24(a)图中的 1,2,3,…,n 各点转移到图 7.24(b)中最下面一条直线上,并由各点作纵坐标的平行线,使其与相应的高程线相交得到一系列交点。

④光滑连接各交点,即得地形断面图,并根据地质情况画上相应的材料图例。

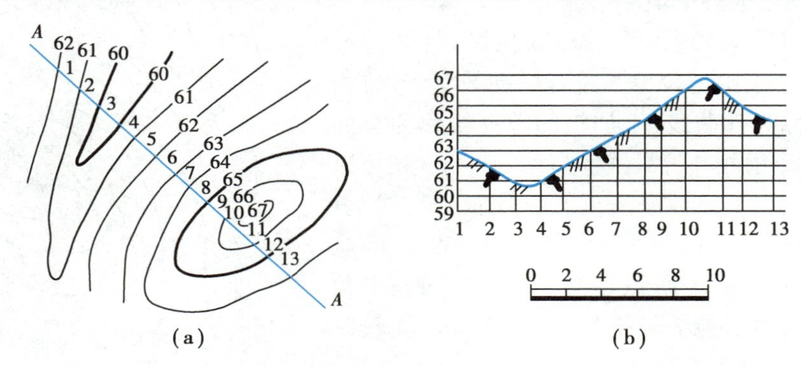

图 7.24 典型地貌在地形图上的特征

7.4 标高投影在道路工程图中的应用

在土建工程中,经常需要运用标高投影的知识来解决工程建筑物、构造物的坡面交线以及坡面与地面的交线问题,即通常所说的坡脚线和开挖线。由于建筑物和构造物的表面可能是平面或曲面,地形面也存在规则的平面或不规则的地面等各种情况,因此,它们的交线性质也是不同的。虽然坡面交线、坡脚线和开挖线的情况、性质不尽相同,但求解的基本方法都是利用水平辅助平面来求两个面的共有点。如果交线是直线,只需求出两个共有点并用直线完成连接;如果交线是曲线,则需求出一系列共有点,然后用光滑曲线依次连接。

7.4.1 平面与地形面的交线

求平面与地形面的交线,即求平面上与地形面上标高相同的等高线的交点,然后用平滑曲线顺次连接起来即得交线。

【例 7.7】求图 7.25 中地面与坡度为 2/3 的坡面的交线。

【解】①作平面的等高线。地面的等高线已经给出,根据已知的等高线和比例尺先求出平面上等高线的平距,并作出坡面上的等高线:

平面上等高线的平距:$l=1/i=1.5$。

按照平面的倾斜方向和比例尺,作等高线 36 的平行线组(间距为 1.5 个单位),即得到平面上的等高线。

②作平面与地面的交线。平面上和地形面上标高相同的等高线的交点,即是所求的交线

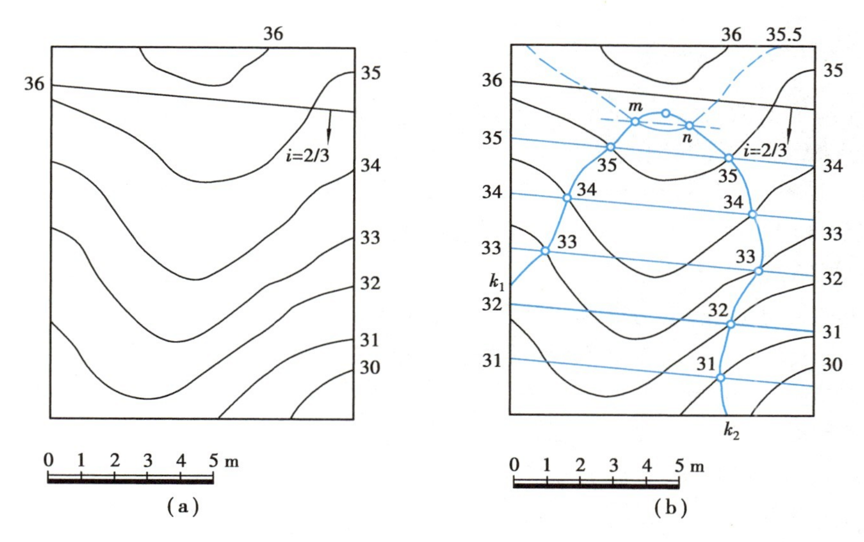

图 7.25　求平面与地面的交线

上的点。等高线 34 到 35 之间的交线需要采用内插法求解，即分别对平面和地形面上的等高线按间距加密，求出更多的交点，再完成连接。

【例 7.8】已知直管线两端的标高分别为 21.5 和 23.5，如图 7.26(a)所示，求管线 AB 与地面的交线。

分析：利用前面学习过的地形断面图，假想用一个断面沿 AB 管线将地面截开，得到其地形断面图，作出假想平面与地形面的截交线，再求管线与截交线的交点，即可得到管线与地形面的交点。

【解】①根据比例尺作间距为 1 个单位的平行线组。

②将直线的标高投影 $a_{21.5}b_{23.5}$ 与各地形面上各等高线的交点，按高程和水平距离点到平行线组中，连接各点得地形面截交线。

③将直线的标高投影 $a_{21.5}b_{23.5}$ 按其水平距离点到平行线组中，连接可得 AB 直线，AB 直线与截交线的交点 k_1, k_2, k_3, k_4 即是 AB 直线与地面的交点。

④将所求交点返回到标高投影中，并将地面以下的部分画成虚线，完成作图，如图 7.26(b)所示。

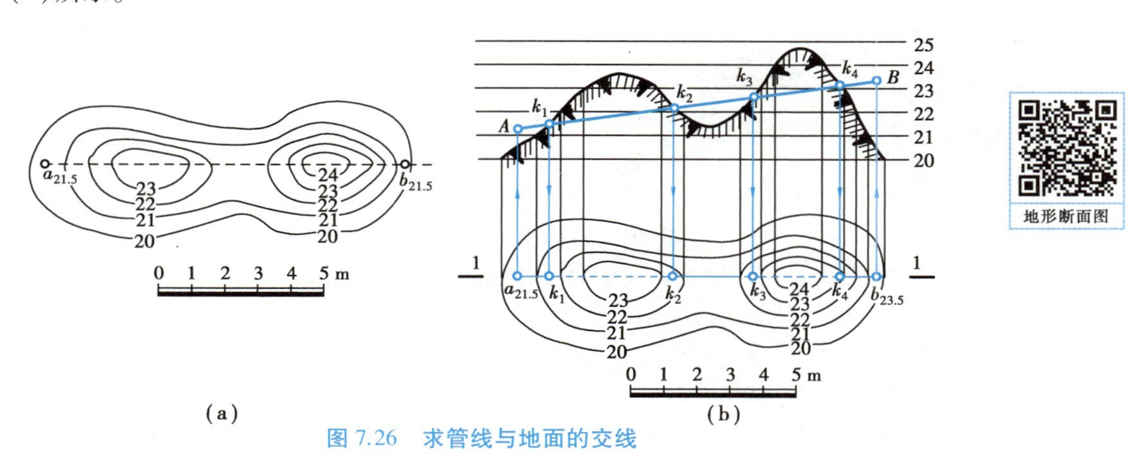

图 7.26　求管线与地面的交线

· 7.4.2 曲面与地形面的交线 ·

求曲面与地形面的交线，即求曲面上与地形面上标高相同的等高线的交点，然后用平滑曲线顺次连接起来即得曲面与地面的交线。

【例 7.9】如图 7.27 所示，要在山坡上修筑一带圆弧的水平广场，其标高为 25 m，填方边坡 1∶1.5，挖方边坡 1∶1，求其填挖边界线。

【解】①首先确定填挖分界线，水平广场高程为 25，因此，将地面上标高为 25 的等高线作为填挖分界线，它与广场边缘的交点即为填挖分界点。

②地形高程比 25 高的地方，应该是挖土的部分，在这些地方的坡面下降方向是朝着广场内部的，因而在圆弧形边缘处的坡面应该是倒锥面；而高程比 25 低的地方，应该是填土部分，在这些地方的坡面下降方向，应该是朝着广场外部的。

③由于挖方部分的坡度为 1∶1，则平距为 1∶1，故根据比例尺以 1 单位长度为间距，顺次作出挖土部分的两侧平面边坡坡面的等高线，并作出广场半圆边缘的半径长度加上整数倍的平距为半径的同心圆弧，即为倒圆锥面上的各等高线。

同理，由于填土部分的坡度为 1∶1.5，故其平距为 1.5 个单位长度，据此便可作出填土部分平面坡面与坡面、坡面与地形面的两高程等高线的交点，顺次连接这些交点即得相邻边坡坡面的交线及各坡面与地形面的交线。

④在等高线 18 与 19 以及 33 与 34 之间的交线，用内插法确定。填方相邻两边坡的交线与地形面的交点。

⑤图中还画出方向和坡面等高线垂直，位置画在高处的均匀长短细线，即边坡示坡线，使由坡面和地形面的交线组成的封闭的填挖边界线，如图 7.28 所示。

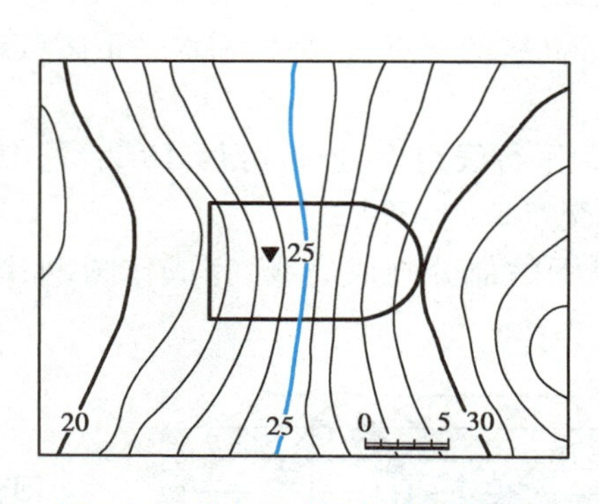

图 7.27 求水平广场与地面的交线

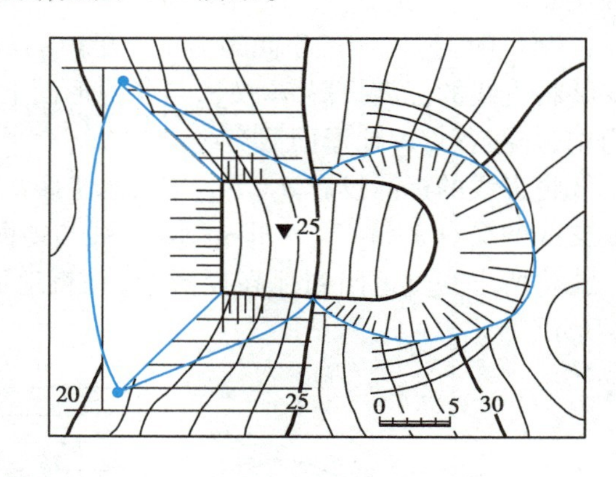

图 7.28 求水平广场与地面的交线结果

【例 7.10】在图 7.29 所示地面上修筑一条弯曲的道路，路面为平坡标高 20 m，道路两侧边坡，填方为 1∶1.5，挖方为 1∶1，求填挖边界线。

【解】①先找出填挖分界点，地形面上与路面上标高相同之点即为填挖分界点。因为道路标高为 20 m，故以地面上标高为 20 的等高线为填挖分界线。填挖分界点左面部分的地面标高比路面标高低，故为填方，填挖分界点右面部分的地面标高比路面高，故为挖方。

②各坡面为同坡曲面，同坡曲面上的等高线为曲线。在填方地段，愈往外的等高线，高程递减，即地势愈低；在挖方地段，愈往外的等高线，高程递增，即地势愈高。路缘曲线就是标高

为 20 的等高线。

③根据填方和挖方的坡度算出同坡曲面上等高线的平距，作出同坡曲面上的等高线。由于路面标高都是 20，就是平坡，所以无论是挖方地段还是填方地段，等高线与路缘曲线都是平行的。当路线为圆曲线时，可找出圆心，作等间距（平距）的同心圆，即得坡面上的等高线。

④连接坡面上各等高线与地面上同高程等高线的交点，即得填挖边界线，如图 7.30 所示。

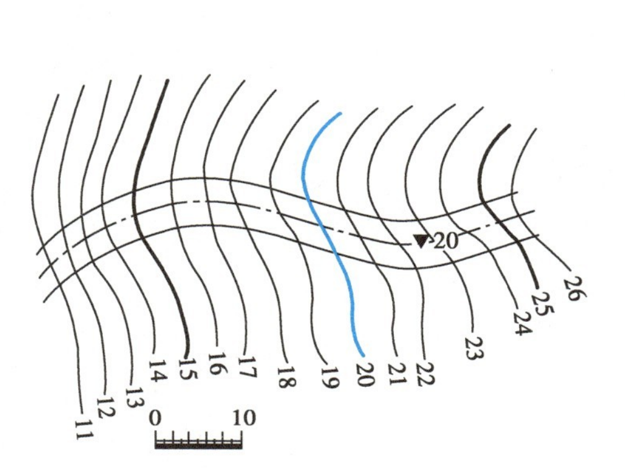

图 7.29　弯道的已知条件

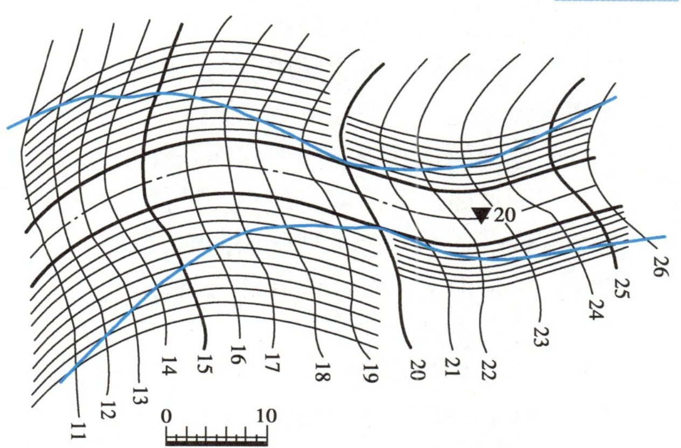

图 7.30　求弯道的填挖边界线结果

复习思考题

7.1　简述标高投影与三面投影的联系和区别。

7.2　点的标高投影怎么标注？

7.3　在标高投影图中，直线有几种表示方法？

7.4　在标高投影图中，怎么判断直线与投影面的相对位置？

7.5　什么是直线的坡度？

7.6　根据直线的标高投影，怎么求作直线的坡度？

7.7　什么是直线的平距？

7.8　根据直线的标高投影，怎么求作直线的平距？

7.9　直线的坡度与平距有什么关系？

7.10　简述在标高投影图中求直线实长和倾角的步骤。

7.11　在标高投影图中，求直线的整数标高点有几种方法？

7.12　简述作图法求直线的整数标高点的步骤。

7.13　用计算的方法求得直线上整数标高点的水平距离后，怎么在标高投影图中量取？

7.14　什么是平面上的等高线？

7.15　什么是平面上的最大坡度线？

7.16　平面上的等高线和最大坡度线有什么关系？

7.17 简述坡度比例尺表示平面面上等高线的求作方法。
7.18 简述一条等高线和平面的坡度表示平面面上等高线的求作方法。
7.19 简述一条非等高线和平面的坡度表示平面面上等高线的求作方法。
7.20 在标高投影图中,如何判断两平面平行?
7.21 两平面平行在标高投影图中,它们的坡度比例尺有什么关系?
7.22 两平面相交线是怎么形成的?
7.23 在标高投影图中,如何求作相交两平面的交线?
7.24 完成正圆锥的标高投影应注意什么?
7.25 正圆锥标高投影图中,等高线的疏密代表了什么?
7.26 什么是同坡曲面?
7.27 运动的正圆锥与同坡曲面是什么关系?
7.28 同坡曲面上的等高线与运动的正圆锥面上的等高线是什么关系?
7.29 地形面是一个不规则的曲面,在标高投影中用什么表示地形面?
7.30 地形面上的等高线有什么特性?
7.31 什么是计曲线?
7.32 什么是首曲线?
7.33 什么是地形断面图?
7.34 利用标高投影图,怎样求作地形断面图?

8　道路工程图的识别

道路是行人步行和车辆行驶用地的统称。按照道路所处地区不同，可以分成很多类型，如公路、城市道路、林区道路、工业区道路、农村道路等。各种性质和等级的道路都是由线形和结构两部分组成的，线形是指道路中线的空间几何形状和尺寸，这一空间线形投影到平、纵、横三个方面，分别绘制成反映其形状、位置和尺寸的图形，就是道路的平面图、纵断面图和横断面图；结构是承受荷载和自然因素影响的结构物，其组成包括路线、路基及防护、路面及排水、桥梁、涵洞与通道、隧道、交叉、交通工程及沿线设施和环境保护等。

道路工程图的内容极其庞杂，为便于讲解，桥梁、涵洞与通道、隧道、立体交叉和交通工程图的识别分别在其他章节讲解。

8.1　路线工程图

路线工程图主要指道路路线平面图、纵断面图和横断面图。它用于说明道路路线的平面位置、线型状况、沿线地形和地物、纵断标高和坡度、路基宽度和边坡坡度、路面结构、地质状况以及路线上的附属构造物，如桥涵、通道、隧道、挡土墙的位置及其与路线的关系。

· 8.1.1　路线平面图 ·

路线平面图的图示方法和一般工程详图不完全相同，它是在地形图上画出同样比例的路线水平投影来表示道路的走向。它使用地形图作为平面图，并在路线上绘制公路构造物（桥梁、隧道、涵洞及其构造物）的平面位置，其作用是表达路线的方位、平面线形，以及沿线两侧一定范围内的地形、地物情况和沿线构造物。路线平面图在有关部门审批、专家评议、指导施工、恢复定线等方面都有重要作用。图 8.1 为某公路 K3+300—K5+200 段路线平面图，识图时应按如下步骤和要点进行：

公路路线平面图的地形阅读　　公路路线平面图的路线阅读

1）比例尺的识别

为了反映路线全貌，又使图形清晰，通常根据地形起伏的不同选用不同的比例。山岭重丘区一般采用 1∶2 000，平原微丘区一般采用 1∶5 000，地形特别复杂地段的路线初步设计、施工图设计可用 1∶500 或 1∶1 000。带状地形图的测绘宽度，一般为中线两侧各 100～200 m。对1∶5 000的地形图，测绘宽度每侧应不小于 250 m。明确了地形图的比例，才能更进一步读懂路线的线型和路线所经过地区的地形和地貌，也可以按图解法确定图上两点的实地距离，或将实地距离换算成图上距离。

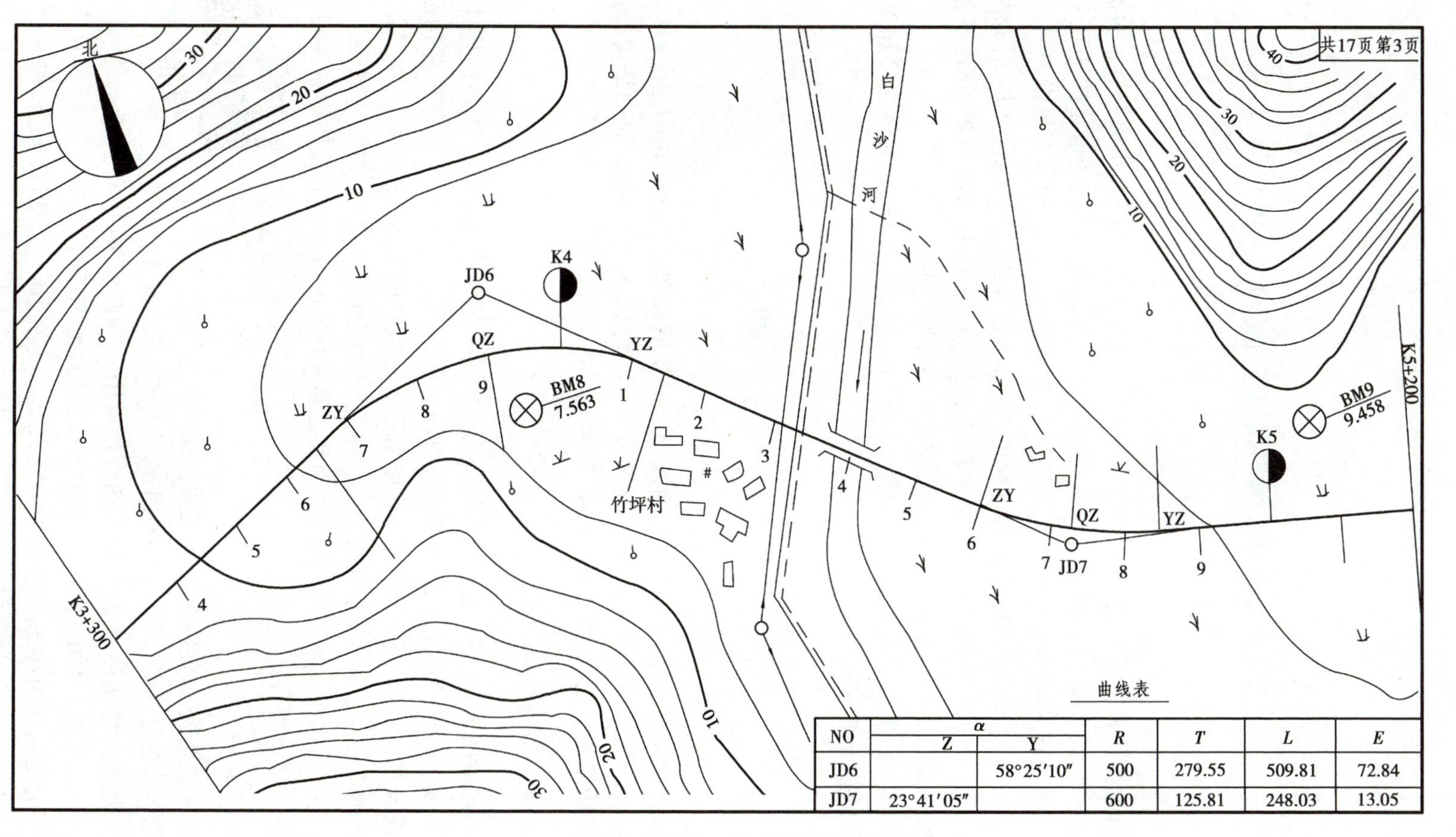

曲线表

NO	α Z	α Y	R	T	L	E
JD6		58°25'10"	500	279.55	509.81	72.84
JD7	23°41'05"		600	125.81	248.03	13.05

图8.1 K3+300—K5+200段路线平面图

2)图例的识别

在详细阅读路线平面图之前,必须看懂每个图例符号所代表的含义,因为对于地形、地貌,可以按照测图比例尺用等高线表示;对于地物,按照测图比例尺把实物的形状缩绘在平面图上,并用一定的符号表示;对于测图控制点的名称和高程、沿线构造物、水井、独立树木、名胜古迹等,无法按照比例绘制,同样也用一定的符号表示。道路工程常用地物图例和构造物图例分别见表 8.1 和表 8.2。

表 8.1 道路工程常用地物图例

名 称	图 例	名 称	图 例	名 称	图 例
机场		港口		井	
学校	文	交电室		房屋	
土堤		水渠		烟囱	
河流		冲沟		人工开挖	
铁路		公路		大车道	
小路		低压电力线 高压电力线		电信线	
果园		旱地		草地	
林地		水田		菜地	
导线点		三角点		图根点	
水准点		切线交点		指北针	

3)地物的识别

地面上的河流、房屋、电力电信设施、森林、企事业单位、桥梁、植被、路线以及构造物等用图例表示。识别地物时,首先按照地物符号(图例)找出大的居民点、主要道路构造物、桥梁等,再进一步识别各种道路、居民点、植被、河流、电力线等情况。对照图例可知,如图 8.1 所示的 K3+300—K5+200 段路线平面图中有一条河(白沙河),路线经过时要新建桥梁通过,河岸两边是水田地,水田地外侧是旱地及果园,河岸左侧有一排低压电力线横穿道路,电力线左侧有一片房屋,是竹坪村。

表 8.2　道路工程中常用的构造物图例

项　目	序　号	名　称	图　例	序　号	名　称	图　例
平面	1	涵洞		10	通道	
	2	桥梁（大、中桥按实际长度绘制）		11	分离式立交（a）主线上跨（b）主线下穿	(a) (b)
	3	隧道		12	互通式立交（采用型式绘）	
	4	养护机构		13	管理机构	
	5	隔离墩		14	防护栏	
纵断面	6	箱涵		15	桥梁	
	7	盖板涵		16	箱形通道	
	8	拱涵		17	管涵	
	9	分离式立交（a）主线上跨（b）主线下穿	(a) (b)	18	互通式立交（a）主线上跨（b）主线下穿	(a) (b)

4）地貌的识别

在地形图上地面的高低起伏和各种不同形态的地貌用等高线表示，识别地貌时应根据等高线的性质和基本等高距来进行。有的地形图上等高线比较稠密，尤其山区等高线更为复杂，不易识别地貌。一般方法是，首先根据河流找出主要谷线，再在其两侧找出一级谷线，各谷线形成树杈一样，然后在相邻谷线间找出各级脊线，它们连接起来也好像树杈一样，找到谷线和脊线后，该地区的基本地貌就掌握了，再由等高线的疏密程度及其变化情况来分辨斜坡的缓急，根据等高线的形状识别山头、盆地和鞍部。如图 8.1 所示的 K3+300—K5+200 段路线平面图中每两根等高线之间的高差为 2 m，每隔 4 条等高线画出一条粗的计曲线，并标有相应的高程数字，图中河岸左侧南部和北部地势高，中间地势低，路线在宽沟布设；河岸右侧地势北面高南面低，路线在平坦的水田及旱地中布设。

5）方位的识别

图上的指北针，用来指出公路所在地区的方位与走向，同时指北针在拼接图纸时又可用作核对之用,箭头所指为正北方向。在图的右上角可以看出第几张、共几张。

6) 里程桩号的识别

图上以一条加粗的实线表示道路的中线(设计线)。一般在道路中线上,从路线的起点到终点,沿路线前进方向在中线上编写里程桩和百米桩,千米桩宜注在路线前进方向的左侧,用符号“⫯”表示桩位,千米数注写在符号的上方,如“K4”表示离起点4千米。百米桩用垂直于中线的短线表示,其上用数字表示。同时,在截图线上可以看出该张图上路线的长度。另外,在图上可以看出水准点的位置和高程,如⊗$\frac{\mathrm{BM8}}{7.563}$,表示路线的第8个水准点,该点高程为7.563 m。

7) 平曲线要素的识别

道路路线转折处,在平面图上标有转折号(即交点号),标记为JD,并沿路线前进方向按顺序编号,在每个交点处根据道路等级分别设有圆曲线或缓和曲线,分别用ZY,QZ,YZ或ZH,HY, QZ,YH,HZ表示。同时在曲线要素表上可以看出,左右偏角(α)、曲线半径(R)、切线长(T)、曲线长(L)、外距(E)。图8.1中共设有2个交点,JD6为右转曲线,曲线半径为500 m;JD7为左转曲线,曲线半径为600 m,曲线元素在图右下方的曲线表中详细列出。各级公路平面不论转角大小,均应设置圆曲线。圆曲线半径的大小应与设计速度相适应。

· 8.1.2　路线纵断面图 ·

路线纵断面图是用假设的铅垂面沿公路中心线进行剖切的。由于公路中心线是由直线与曲线组合而成,故剖切断面既有平面,又有曲面。为了清晰地表达路线纵断情况,用展开剖面法将断面展成一平面,即为路线的纵断面图,主要表达道路的纵向设计线形以及沿线地面的高低起伏状况、地质和沿线设置构造物的概况。图8.2是假设铅垂面沿公路中心线进行剖切的示意图。

图8.2　路线纵断面图形示意

1) 路线纵断面图的内容

路线纵断面图包括高程标尺、图样和资料表三部分。按照《道路工程制图标准》(GB 50162—92)第3.2.1的规定及《公路工程基本建设项目设计文件图表示例》,图样画在图纸的上方,资料表在图纸的下方,高程标尺布置在资料表上方左侧,如图8.3所示。

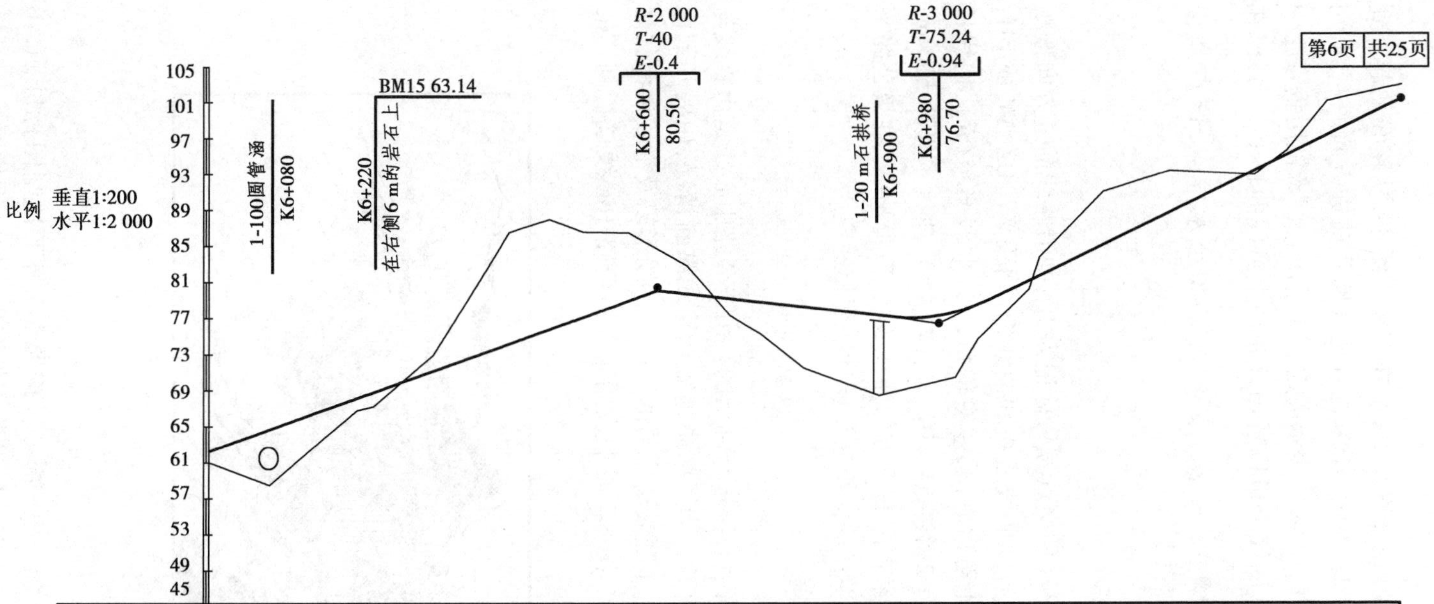

第6页 共25页

比例 垂直1:200 水平1:2 000

1-100圆管涵 K6+080

K6+220 在右侧6 m的岩石上 BM15 63.14

K6+600 80.50 R-2 000 T-40 E-0.4

1-20 m石拱桥 K6+900

K6+980 76.70 R-3 000 T-75.24 E-0.94

105 101 97 93 89 85 81 77 73 69 65 61 57 53 49 45

地质概况	普通黏土	坚 石	普通黏土	坚 石

坡度/% 坡长/m	62.50	3.000 / 600.00	+600 80.50	−1.000 / 380.00	+980 76.70	4.016 / 620.00	101.60

里程桩号	地面高程/m	设计高程/m	填挖高度/m
6+000.00	61.20	62.50	1.30
6+080.00	58.65	64.90	6.25
6+100.00	60.10	65.50	5.40
6+200.00	67.02	68.50	1.48
6+209.31	67.29	68.78	1.49
6+259.32	10.40	70.20	−0.12
6+300.00	73.15	71.50	−1.65
6+340.13	78.28	72.70	−5.16
6+400.00	66.80	74.50	−12.30
6+420.94	87.35	75.13	−12.22
6+470.94	87.79	76.63	−11.16
6+500.00	66.91	77.50	−9.41
6+560.00	86.80	79.30	−7.50
6+600.00	85.30	80.10	−5.20
6+640.00	83.16	80.10	−3.06
6+700.00	77.70	79.50	1.80
6+740.00	75.60	79.10	3.50
6+800.00	71.69	78.50	6.81
6+900.00	68.66	77.50	8.84
6+930.00	69.40	77.31	7.91
6+980.00	70.10	77.64	7.54
7+000.00	70.65	78.01	7.36
7+030.00	74.69	78.81	4.12
7+100.00	80.75	81.52	0.77
7+114.04	83.98	82.08	−1.90
7+200.00	91.50	85.54	−5.96
7+285.96	93.65	88.99	−4.66
7+300.00	93.68	89.55	−4.13
7+400.00	93.26	93.57	0.31
7+450.00	96.12	95.58	−0.54
7+500.00	101.34	97.58	−3.76
7+600.00	103.25	101.60	−1.65

直线及平曲线：α=15°15′ JD10 R=300 L_S=50；α=19°42′ JD11 R=500

图8.3 路线纵断面图

2)路线纵断面图的识别

公路路线纵断面图的图样部分阅读

(1)图样部分的识别

●比例　路线纵断面图水平向表示路线的长度,铅垂向表示地面及设计路基边缘的标高。由于地面线和设计线的高差比起路线的长度要小得多,如果铅垂向与水平向用同一种比例则很难把高差明显地表达出来,所以规定铅垂向的比例按水平向的比例放大10倍。这种画法虽使图上路线坡度与实际不符,但能清楚地显示铅垂向坡度的变化。一般在山岭区水平向采用1∶2 000,铅垂向采用1∶200;在丘陵区和平原区因地形起伏变化较小,所以水平向采用1∶5 000,铅垂向采用1∶500。一条公路的纵断面图有若干张,应在每一张图的适当位置(在图纸右下角图标内或左侧竖向标尺处)注明铅垂、水平向所用比例。图8.3中的铅垂向比例采用1∶200,水平向比例采用1∶2 000。为了便于画图和读图,一般还应在纵断面图的左侧按竖向比例画出高程标尺。另外,在图纸的右上角应注出第几页、共几页,由图8.3可知,纵断面图纸共有25张,本张图纸序号为6。

●地面线　在纵断面图上有两条主要的连续线形,其中不规则的折线就是地面线。它是设计的路中心线处原地面上一系列中心桩的地面高程连接线。具体画法是将水准测量所得各中桩的高程按铅垂向1∶200的比例点绘在相应的里程桩上,然后顺次把各点连接起来,即为地面线,它反映了沿着公路中线的地面起伏变化情况。地面线用细实线画出,表示地面线上各点的标高称为地面标高。

●设计坡度线　图上比较规则的直线与曲线相间的粗实线称为设计坡度,简称设计线,它是道路设计中线的纵向设计线形,表示路基边缘的设计高程。它是根据地形、技术标准等设计出来,同一中桩设计线与地面线的相对差值为道路的填挖高度。

●竖曲线　设计线纵坡变更处,为便于汽车行驶,根据技术标准在变坡处需设置圆形竖曲线。竖曲线分凸形曲线(┌┴┐)与凹形曲线(└┬┘)。如图8.3中K6+600桩号处表示凸形竖曲线,半径R为2 000 m,切线长T为40 m,外距E为0.40 m。曲线符号水平直线的起讫点,表示曲线始点和终点,直线段的中点为两纵坡线的交点,称为变坡点(此点位置应在相应的里程桩处)。过变坡点画一铅垂线,直线旁的数字80.50为变坡点的高程(可从图中左端竖向标尺上查出),K6+600数字为变坡点的道路桩号。

●桥涵构造物　当路线上有桥涵时,在设计线上方桥涵的中心位置标出桥涵的名称、种类、大小及中心里程桩号,并采用桥涵构造物相应的符号在设计线和地面线位置画出。图8.3中注有$\frac{\text{1-100 圆管涵}}{\text{K6+080}}$,表示在里程桩K6+080处设有一道圆管涵,圆管孔径ϕ为1.0 m,设计线与地面线之间采用圆管涵的常用符号"O"来表示。在新建的大、中桥梁处还应标出河流的常水位及最大洪水位标高。

●水准点　沿线设置的水准点都应按所在里程的位置标出,并标出水准点编号、高程和路线的相对位置,铅垂线左侧注写水准点对应里程桩号,右侧标明水准点位置,水平线上方注出编号及水准点高程。如图8.3所示,在里程桩K6+220右侧6 m的岩石上设置有一个水准点,其编号为BM15,高程为63.14 m。

(2)资料表部分的识别

路线纵断面图的测设资料表与图样上下对齐布置,以便阅读。资料表包括地质概况,坡度、坡长,填挖高度,设计高程,地面高程,里程桩号和平曲线等。

- 地质概况　应根据实测资料标出沿路线的地质情况,为设计、施工提供资料。图 8.3 路段中有普通黏土和坚石两种土质类别。

- 坡度、坡长　坡度、坡长是指设计线的纵向坡度和长度,第二栏中每一分格表示一坡度。对角线表示坡度方向,先低后高表示上坡,先高后低表示下坡。对角线上方数字表示坡度,下方数字表示坡长,坡长以 m 为单位。如第一分格内注有 3.0/600,表示顺路线前进方向是上坡,坡度为 3.0%,坡长 600 m。如在不设坡度的平路范围内,则在格中画一水平线,上方注数字“0”,下方注坡长。各分格线为变坡点的位置,应与竖曲线中心线对齐。

- 填挖高度　设计线在地面线下方时需要挖土,设计线在地面线上方时需要填土,挖或填的高度值应是各桩号对应的设计标高与地面标高之差的绝对值。

- 标高　标高分设计高程和地面高程,它们和图样相对应,分别表示设计线和地面线上各桩号的高程。

- 里程桩号　按测量的里程数值以千米、百米、十米桩号填入表内,桩号从左向右递增排列。圆曲线的始点(ZY)、中点(QZ)和终点(YZ)及水准点、桥涵中心点和地形突变点等还需设置加桩。

- 平曲线　平曲线一栏是路线平面图的示意图。直线段用水平线表示,曲线(弯道)用下凹或上凸图线表示。如图 8.3 所示,JD10 $\alpha=40°15'$　$R=300$ $Ls=50$ 表示 10 号交角点沿路线前进方向右转弯,转折角 $\alpha=40°15'$,平曲线半径 $R=300$ m,缓和曲线 $Ls=50$ m,两斜线起终点之间的距离为曲线长度。又如 JD11 $\alpha=19°42'$　$R=500$ 表示 11 号交角点沿路线前进方向左转弯,转折角 $\alpha=19°42'$,平曲线半径 $R=500$ m。两铅垂线间的距离为曲线长度。

(3)画路线纵断面图应注意的问题及辅助绘图软件

①路线纵断面图用透明方格纸画,方格纸上的格子一般纵横方向均以 1 mm 为单位分格,每 5 cm 处印成粗线,使之醒目、便于使用。用方格纸画路线纵断面图,既可省用比例尺、加快绘图速度,又便于进行检查。

②图宜画在方格纸的反面,擦线时不致将方格线擦掉。

③画路线纵断面图与画路线平面图一样,从左至右按里程顺序画出。

④纵断面图每一张应有图标,注明路线名称,纵、横比例等。每张图纸右上角应有角标注明图纸序号及总张数。

⑤现在,路线纵断面图通常采用专业的计算机辅助绘图软件设计,图纸整洁、美观,同时便于修改,极大地减少了工作量,工作效率明显提高。

· 8.1.3 路线横断面图 ·

1)基本概念

在路线每一中桩处假设用一垂直于设计中心线的平面进行剖切,画出剖切面与地面的交线,再根据填挖高度和规定的路基宽度和边坡,画出路基横断面设计线,即成为路线横断面。根据《公路工程基本建设项目设计文件编制办法》的规定及《公路工程基本建设项目设计文件图表示例》,横断面有路基标准横断面图、路基一般横断面图和特殊路基设计图三种。

2)路线横断面图的识别

路基横断面图的作用是表达各里程桩处道路标准横断面与地形的关系,路基的形式、边坡坡度、路基顶面标高、排水设施的布置情况和防护加固工程的设计。其绘制方法是:在对应桩号的地面线上,按标准横断面所确定的路基形式和尺寸,以及纵断面图上所确定的设计高程,将路基底面线和边坡线绘制出来,俗称"戴帽"。路基本体的结构一般不在路基横断面上表达,而在标准横断面或路基结构图上表达,或用文字说明。

公路路基标准横断面图识读　公路路基横断面图识读

(1)路线标准横断面图

即是路线标准横断面图在路线设计时,抽取具有代表性的断面绘成图。其作用是表达道路与地形、道路各组成部分间以及与构造物的横向布置关系。在标准横断面图上,表达了行车道、路缘带、硬路肩、路面厚度、土路肩和中央分隔带等道路各组成部分的横向布置,如图 8.4 所示。

(2)路基一般图

路基一般设计图要绘出一般路堤、路堑、半填半挖路基、陡坡路基等不同形式的代表性路基设计图,并应分别表示出路基边沟、碎落台、截水沟、护坡道、排水沟、边坡率、护脚墙、护肩、护坡、挡土墙等防护加固结构形式和标注主要尺寸,如图 8.5 所示。为设计计算简便,通常用左右两侧路肩边缘点的连线来代替路面、路肩横坡坡线。这样,在一般情况下,路基顶面为一水平线;有超高时,顶面则为超高横坡的坡线;加宽时则应按规定予以加宽。

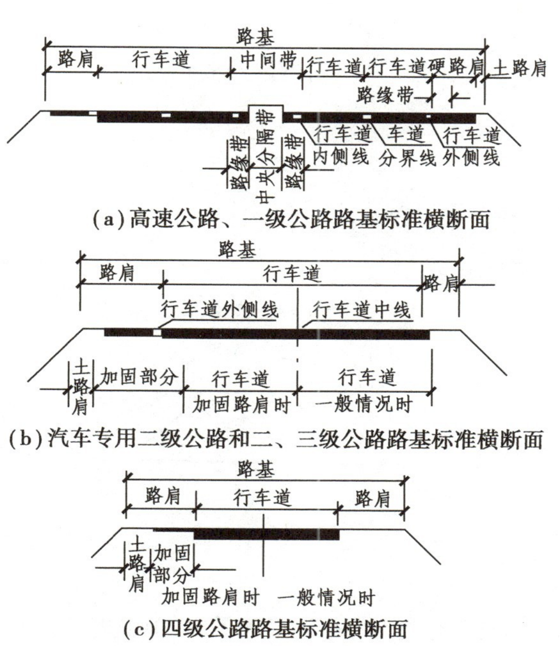

(a)高速公路、一级公路路基标准横断面

(b)汽车专用二级公路和二、三级公路路基标准横断面

(c)四级公路路基标准横断面

图 8.4　各级公路标准横断面图

● 一般路堤　图 8.5(a)为路基填土高度小于 20 m 的路堤常用形式。路堤小于 0.5 m 的矮(低)路堤,为满足最小填土高度和排除路基及公路附近地面水的需要,应在边坡坡脚处设置边沟。边沟常用梯形断面,底宽和深度一般不小于 0.4 m,内侧(靠路基一侧)的边坡坡度常用 1∶1.0~1∶1.5,外侧视土质而定。当路堤高度大于 2 m 时,可将边沟断面

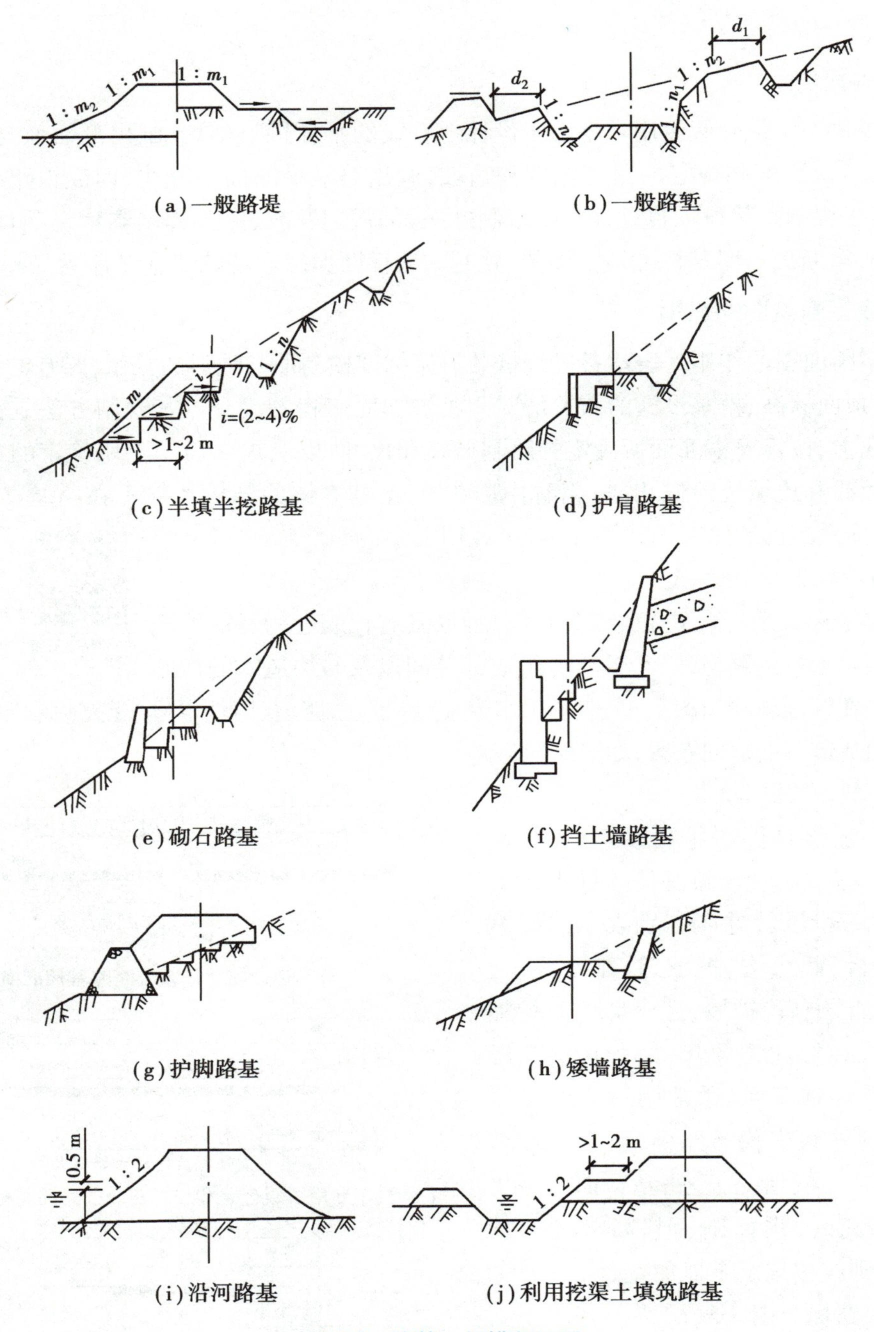

图 8.5　路基一般横断面图

扩大成取土坑，以满足填土需要，但此时为保证路基边坡的稳定，应在坡脚与取土坑间设不小于 1 m 宽的护坡道。

● 一般路堑　图 8.5(b)为路基挖方深度小于 20 m、一般地质条件下的路堑常用形式。路堑路段均应设置边沟。边沟断面可根据土质情况采用梯形、矩形或三角形，内侧边坡可采用

1∶0(矩形)、1∶0~1∶1.5(梯形)、1∶2~1∶3(三角形),外侧边坡与路堑边坡相同。为拦截上侧地面径流以保证边坡的稳定,应在坡顶外至少 5 m 处设置截水沟,截水沟的底宽一般应不小于 0.5 m,深度视需拦截排除的水量而定,边坡与边沟的相仿。路堑路段所废弃的土石方,应做成规则形状的弃土堆,一般置于下侧坡顶外至少 3 m 处。当路堑边坡高度大于 6 m 或土质变化处,边坡应随之做成折线形。路堑边坡高度大于 20 m 为深路堑,应另行设计。

• 半填半挖路基　图 8.5(c)为一般山坡路段的路基常用形式,是路堤和路堑的综合型式。当地面横坡大于 1.5 时(包括一般路堤在内),为保证填土的稳定,应将基底(原地面)挖成台阶,台阶的宽度应不小于 1 m,台阶的底面应有 2%~4%的向内斜坡。台阶的高度,填土时视分层填筑的高度而定,一般每层不大于 0.5 m,填石时视石料的大小而定。其余可按路堤或路堑而采用与之相应的型式。

• 陡坡路基　图 8.5(d)—图 8.5(h)为山区陡坡路段的路基常用形式。当地面横坡较陡,填土高度不大但坡脚太远不易填筑时,可采用护肩路基,如图 8.5(d)所示。护肩的高度一般不超过 2 m,内、外坡面可直立,基底为 1.5 的向内斜面,顶宽一般随护肩高度而定,高度不大于 1 m 时,顶宽 0.8 m;高度不大于 2 m 时,顶宽 1 m。当填土高度较大坡脚难以填筑,或地面横坡太陡坡脚落空不能填筑时,可采用砌石路基或挡土墙路基,如图 8.5(e)或(f)所示。砌石路基是用干砌片石的支挡构造物,能支挡填方,稳定路基,它与挡土墙不同的是,砌体与路基几乎成为一个整体,而挡土墙不依靠路基也能独立稳定。当陡坡路堤的填方坡脚伸出较远且不稳定,或坡脚占用耕地时,可采用护脚路基,如图 8.5(g)所示。当挖方边坡土质松散易产生碎落时,可采用矮墙路基,如图 8.5(h)所示。矮墙与护肩相似,但外墙的墙面坡度可为1∶0.3~1∶0.5。当挖方边坡地质不良可能发生滑坍时,可采用挡土墙支挡,如图 8.5(f)所示。

• 沿河路堤　图 8.5(i)为桥头引道、河滩路堤的常用形式。路堤浸水部分的边坡坡度,可采用± 1∶2,并视水流情况采用相应的加固防护措施,如植草、铺草皮、干砌或浆砌片石等。

• 利用挖渠土填筑的路堤　图 8.5(j)为与当地农田水利建设相结合的常用形式。此时,需综合考虑、慎重对待,尤其是渠道的设计流量、流速、水位、纵坡等是否危及公路的正常使用,路堤的高度和加固防护措施是否满足路基强度和稳定性的要求等。

(3)特殊路基设计图

设计道路在通过不利水文地质区域时,为了保证道路坚固稳定,往往要针对具体情况对路基进行超出常规的处理和验算,设计结果用特殊路基设计图来表达。

图 8.6 为特殊路基设计图。图中用横断面图和局部大样图表达了高填量路基段道路路基的结构形式和采用的处理方案,图中用实线表示施工时的路基形状和尺寸。如果在软土地基路段,还用虚线表示沉降稳定后的路基形状和尺寸,技术要求等在附注中给出。

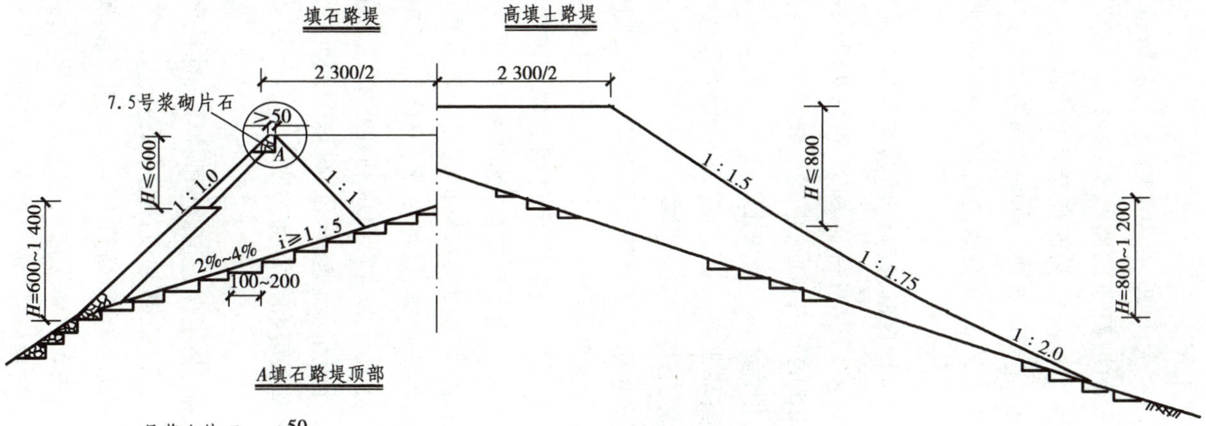

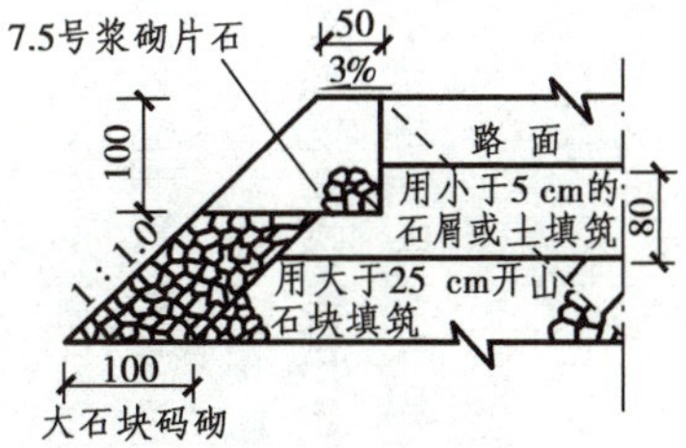

注：1. 图中尺寸均以cm计。
2. 填石路堤顶部浆砌片石砌筑时应预留标志柱，护栏柱孔详见交通部公路科研所交通工程有关图纸。
3. 路槽底面80 cm范围内，石块粒径不得大于5 cm，并应分层填筑，嵌缝压实。
4. 在石料欠缺的填石路段，路堤内部可以用土或石屑填筑，但必须保证填石顶宽不小于50 cm，内坡不陡于1 : 1.0。
5. 位于梯田的填石或填土路堤，应清除表土，开挖台阶后方可填筑。
6. 填石路堤外侧为手摆干砌片石。路堤高度在6 cm以外时，其砌筑宽度为1.0 m；高度大于6 m时，大于6 m的部分砌筑宽度为2.0 m。

图 8.6　特殊路基设计图

3)画路基横断面图应注意的事项

①路基横断面还用于计算土石方工程量(V)。方法是用相邻截面填挖面积的平均值 $\overline{A}$ 乘以其间的里程(L),即 $V=\overline{A}\times L(\text{m}^3)$。为了便于进行土石方量的计算,路基横断面图采用较大的比例(一般1∶200)绘制;每个断面均标出桩号,并在桩号下方标注填高、挖深(T,W)、面积(A_T,A_W),如图8.7所示。

②路基横断面图应按桩号从下到上,从左到右排列,如图 8.7 所示。

③横断面图的地面线一律画细实线,设计线一律画粗实线。

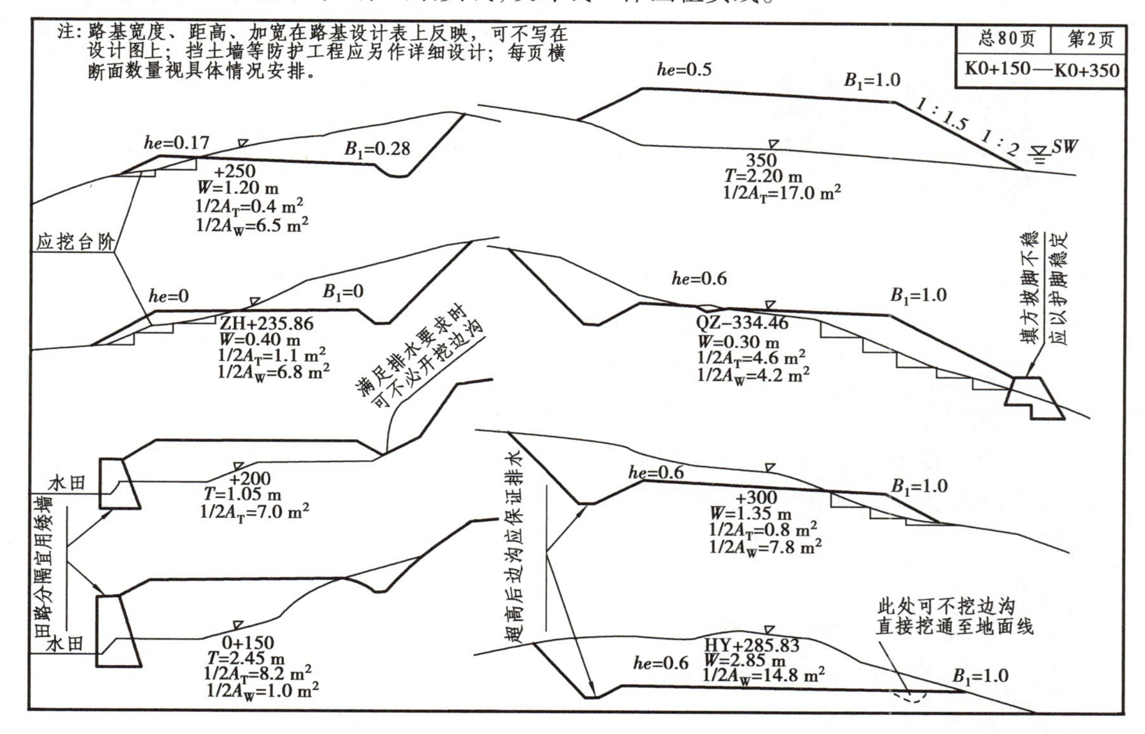

图 8.7 横断面设计示意图

8.2 道路路面结构图

路面是用各种材料铺筑成的结构物,通常由一层或几层组成。路基是路面的基础,是作为路面基础的带状构造物。由于行车荷载和大气因素等对路面的作用是随着深度的加深而逐渐减弱的,因此,一般根据使用要求、受力情况和自然因素等作用程度的不同,把整个路面结构分成若干层次来铺筑。

· 8.2.1 道路路面结构图的图示方法 ·

1)路面结构图

典型的路面结构形式为:磨耗层、上面层、下面层、联结层、上基层、下基层和垫层,按由上向下的顺序排列,如图8.8(a)所示。路面结构图的任务就是表达各结构层的材料和设计厚度。当路面结构类型单一时,可在标准横断面上,用竖直引出标注,如图8.8(b)所示,当路面结构类型较多时,可按各路段不同的结构分别绘制路面结构图,并标注材料符号(或名称)即厚度,如图8.8(c)所示。

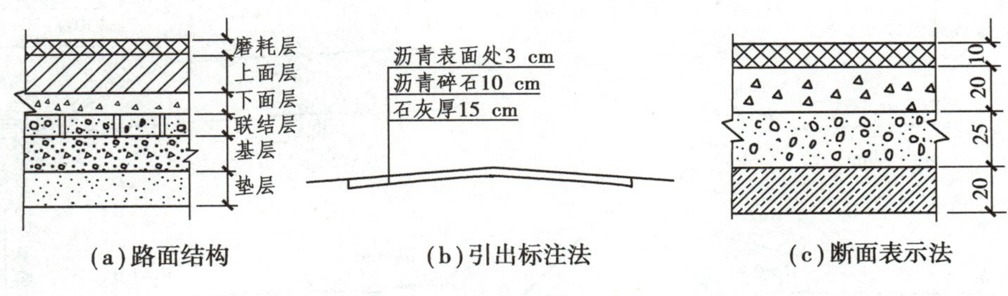

图8.8 路面结构示意图

(1)面层

面层是路面结构层最上面的一个层次,它直接同车轮和大气接触,受行车荷载等各种力的作用以及自然因素变化的影响最大,因此面层材料应具备较高的力学强度和稳定性,且应当耐磨、不透水,表层还应有良好的抗滑性、防渗性。当面层为双层时,上面一层称为面层上层,下面一层称为面层下层,中、低级路面面层上所设的磨耗层和保护层亦包括在面层之内。

(2)基层

基层是路面结构层中的承重部分,主要承受车轮荷载的竖向力,并把由面层传下来的应力扩散到垫层或土基,因此它应具有足够的强度和稳定性,同时应具有良好的扩散应力性能。由于基层不直接与车轮接触,故一般对基层材料的耐磨性可不予严格要求。但因基层本身不能阻止地下水和地表水的侵入,故基层结构应具有足够的水稳性,以防基层湿软后变形过大,从而导致面层损坏。基层有时分2层铺筑,当基层为双层时,上面一层仍称基层,下面一层称为底基层,对底基层所用材料的质量要求可较基层差些。

(3)垫层

垫层是介于基层和土基之间的层次,起排水、隔水、防冻或防污等多方面作用,但其主要作用为调节和改善土基的水温状况,以保证面层和基层具有必要的强度、稳定性和抗冻胀能力,扩散由基层传来的荷载应力,以减小土层所产生的变形。因此,通常在路基水温状况不良或有冻胀的土基上,都应在基层之下加设垫层。修筑垫层所用的材料,强度不一定要高,但水稳性、隔热性和吸水性一定要好。常用的垫层材料有2种:一种是由松散的颗粒材料,如砂、砾石、炉渣、片石、锥形块石、圆石等材料修成的透水性垫层;另一种是由整体性材料,如用水泥稳定土、石灰煤渣稳定土等修成的稳定性垫层。

(4)联结层

联结层是在面层和基层之间设置的一个层次。它的主要作用是加强面层与基层的共同作用或减少基层的反射裂缝。

2)路拱大样图

路拱是为了满足道路的横向排水要求而设计的,其形式有抛物线、双曲线和双曲线中插入圆曲线等。路拱大样图的任务是表达清楚路面横向的形状。为了清晰地表达路拱的形状,应按垂直向比例大于水平向比例的方法绘制路拱大样图,如图 8.9 所示。

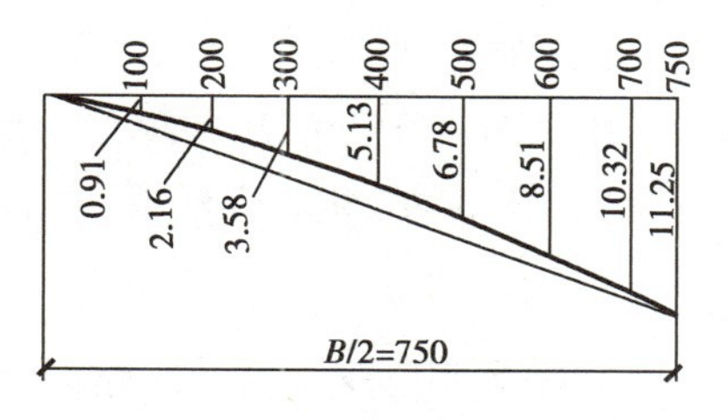

图 8.9　路拱大样图

· 8.2.2　道路路面结构图的读图方法 ·

路面根据其使用的材料和性能不同,可划分为柔性路面和刚性路面两类。柔性路面,如沥青混凝土路面、沥青碎石路面、沥青表面处治路面等;刚性路面,如水泥混凝土路面。

1)沥青混凝土路面结构图

(1)路面横断面图

路面横断面图表示行车道、路肩、中央分隔带的尺寸,以及路拱的坡度等。

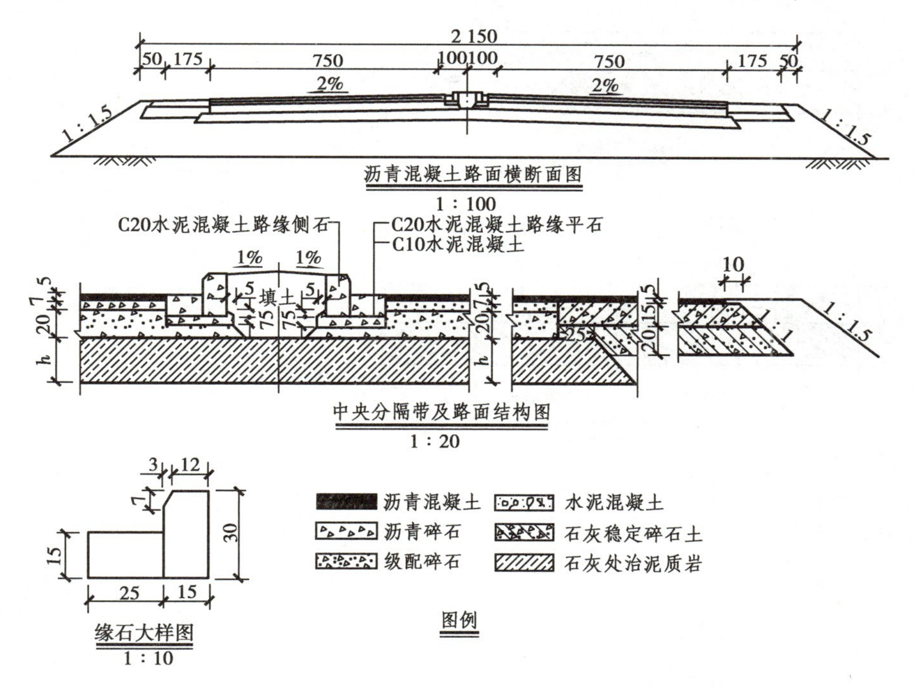

图 8.10　沥青混凝土路面结构图

(2)路面结构图

用示意图的方式画出并附图例表示路面结构中的各种材料,各层厚度用尺寸数字表示,如图 8.10 中沥青混凝土的厚度为 5 cm,沥青碎石的厚度为 7 cm,石灰稳定碎石土的厚度为

20 cm。行车道路面底基层与路肩的分界处,其宽度超出基层 25 cm 之后以 1∶1的坡度向下延伸。硬路肩的面层、基层和底基层的厚度分别为 5 cm、15 cm 和 20 cm。硬路肩与土路肩的分界处,基层的宽度超出面层 10 cm 之后以 1∶1的坡度延伸至底基层的底部。

(3) 中央分隔带和缘石大样图

中央分隔带处的尺寸标注及图示,说明两缘石中间需要填土,填土顶部从路基中线向两缘石倾斜,坡度为 1%。应标出路缘石和底座的混凝土标号、缘石的各部尺寸,以便按图施工。

2) 水泥混凝土路面结构图

如图 8.11 所示,当采用路面结构图 A 时,图中标注尺寸为 30 cm,则表示路面基层的顶面靠近硬路肩处比路面宽 30 cm,并以 1∶1的坡度向下分布。标注尺寸为 10 cm,则表示硬路肩面层下的基层比顶面面层宽 10 cm。中央分隔带和路缘石的尺寸、构件位置、材料等用图示表示出来,以便按图施工。

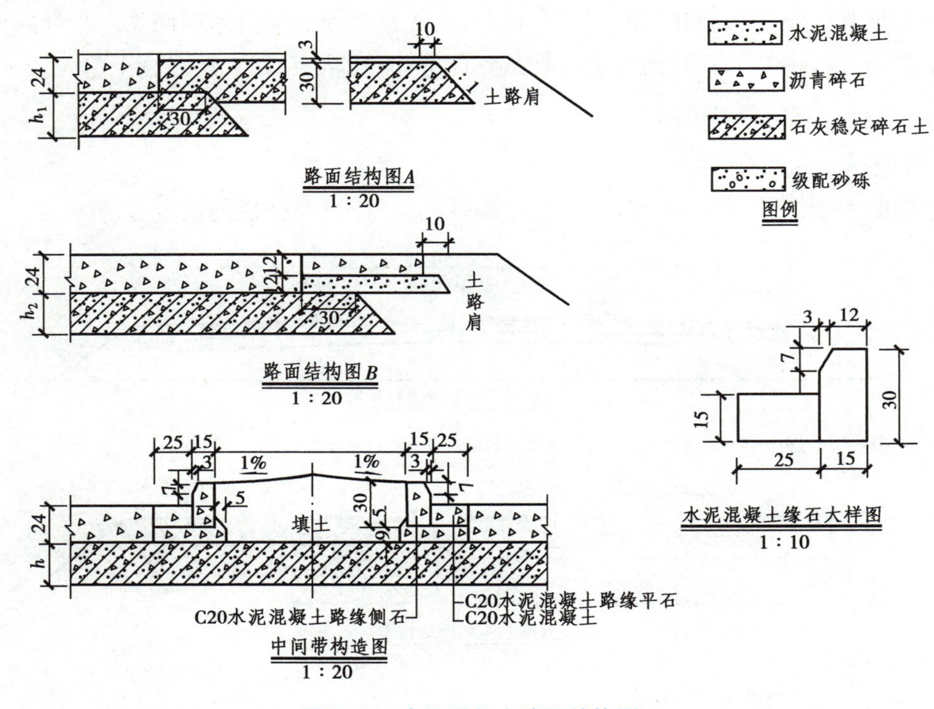

图 8.11　水泥混凝土路面结构图

8.3　道路排水系统及防护工程图

· 8.3.1　道路排水系统图示方法 ·

道路排水系统相当复杂,而且是保障道路发挥其功能的必要设施。道路排水系统包括:地面排水系统和地下排水系统,前者由边沟、截水沟、跌水及急流槽等组成;后者由明沟、暗沟及渗沟等组成。其图示主要有两大目标:一是表达排水系统在全线的布设情况,这一目标主要是通过平、纵、横 3 个图样来实现;二是表达某排水设施具体构造和技术要求,主要是通过路基排水防护设计图实现。

1)地面排水系统

(1)边沟

边沟设计在挖方路段及低路堤坡脚外侧,其作用是汇集和排除路面、路肩及边坡的流水,在路基两侧设置的纵向排水沟,横断面形式有梯形、流线形、三角形、矩形。一般情况下,土质边沟宜采用梯形;边沟断面尺寸:底宽≥0.4 m,深度≥0.4 m,流量大时可采用 0.6 m;沟底设大于 0.5%的纵坡以防淤积。图 8.12 是某道路边沟设计图,图中给出 A,B,C 3 种排水沟和 I 型边沟的截面形式、尺寸和衬砌要求。

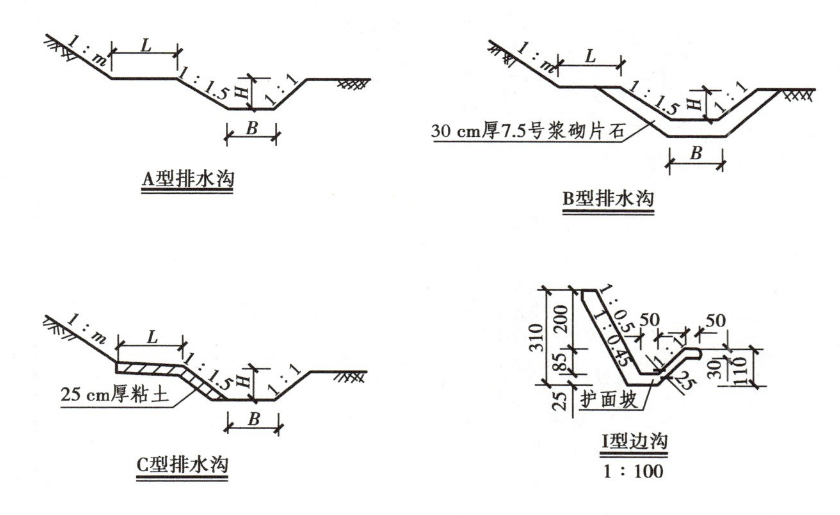

图 8.12 某道路边沟设计图

(2)截水沟(又称天沟)

截水沟设计在挖方路基边坡坡顶和山坡路堤上方适当处,其作用是拦截山坡上流向路基的水,保护挖方边坡和填方坡脚不受流水冲刷。横断面形式多为梯形,底宽不小于 0.5 m,纵坡不小于 0.5%,截水沟离路堑坡顶距离,一般土质 d≥5 m,黄土 d≥10 m。

(3)跌水和急流槽设计图

跌水设置在涵洞进出水口处、急流槽之间的连接处和截水沟与边沟连接处,跌水由进水口、消力池和出水口 3 个部分组成,跌水有单级和多级之分。

急流槽设置在高差较大或坡度较陡需设置排水的地段和高路堤路段设有拦水缘石的出水口处。急流槽分为进口、槽身和出水口 3 部分。急流槽的纵坡,比跌水的平均纵坡更陡,图 8.13是某道路急流槽设计图,其图样部分由急流槽纵剖面图、平面图、侧面图 3 个图样构成,表达了急流槽的结构、尺寸和组成部分所使用的材料等。

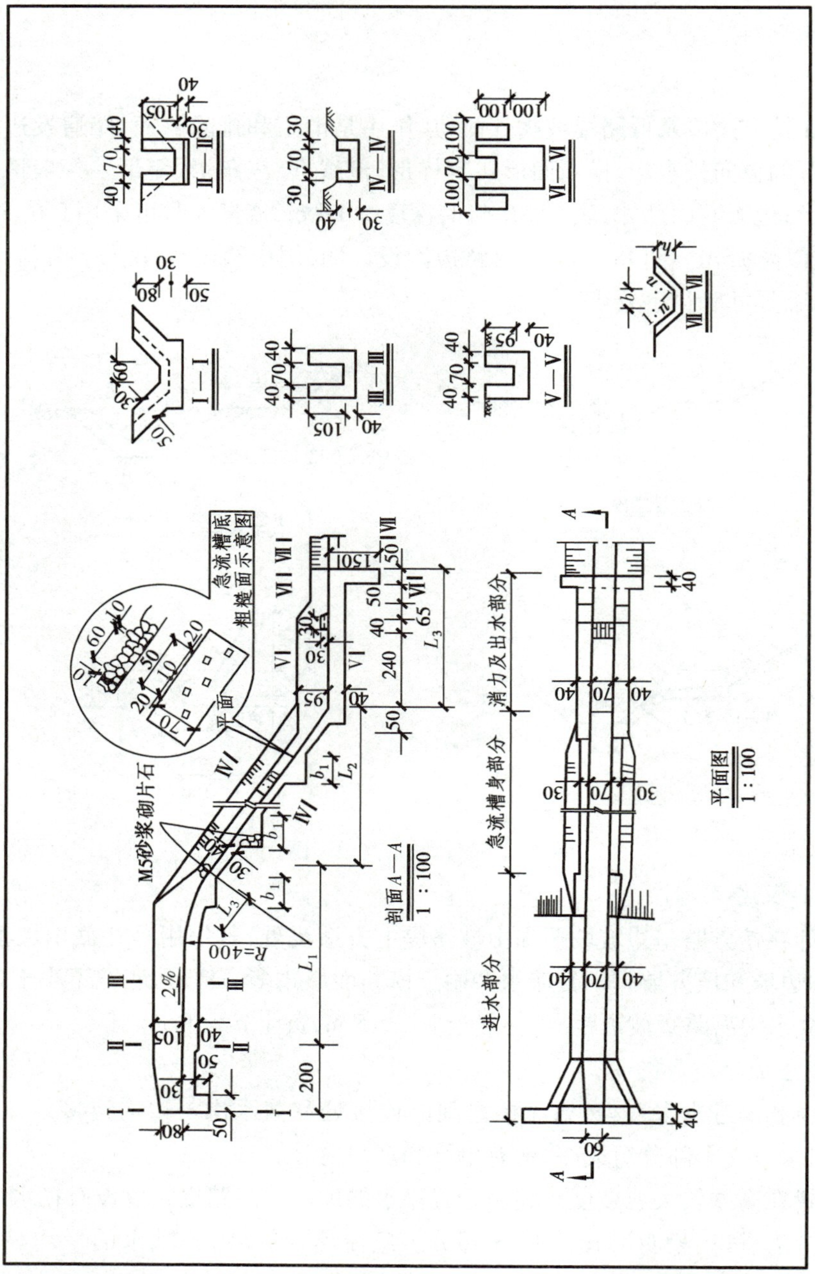

剖面A—A
1 : 100

平面图
1 : 100

图 8.13　某道路急流槽设计图

2)地下排水系统

(1)明沟

明沟设置在路基旁侧、山坡上的低洼地带和天然沟谷处,其作用是降低埋藏不深的浅层地下水,兼起截排地表水的作用。明沟断面通常采用梯形(如图 8.14 所示),其尺寸视沟中设计流量大小而定。断面铺砌采用 7.5 号浆砌片石,沿沟的纵向,每隔 10~15 m 设置 1 道伸缩缝,缝宽一般为 2 cm。

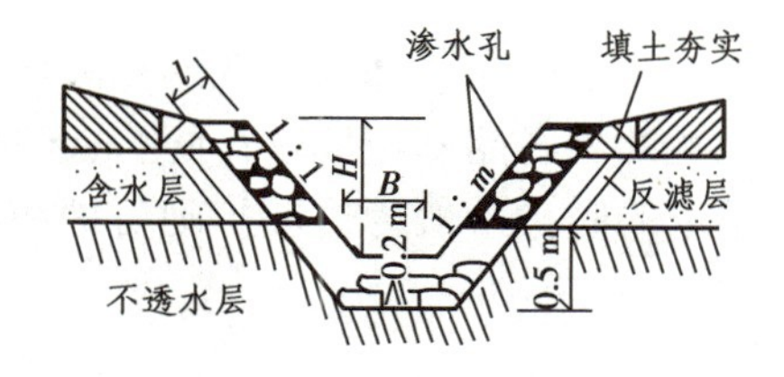

图 8.14　明沟断面示意图

(2)暗沟

暗沟是设在地面以下引导水流的沟渠,其本身不起渗水、汇水作用。暗沟可分洞式和管式 2 大类,沟宽或管径 b 一般为 20~30 cm,净高 A 约为 20 cm,如图 8.15 所示。

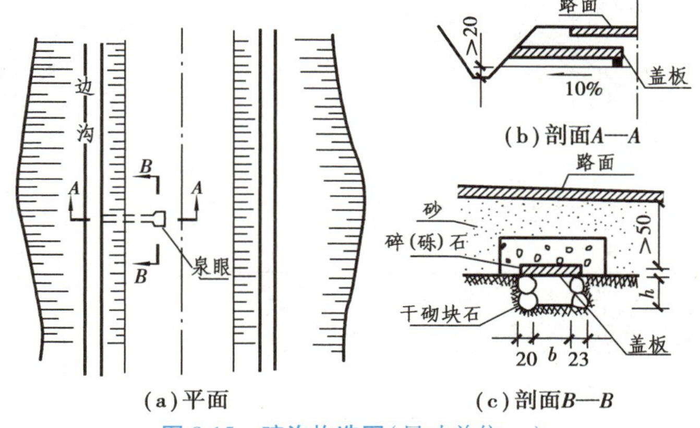

图 8.15　暗沟构造图(尺寸单位:m)

(3)渗沟

根据地下水位分布情况,渗沟可设置在边沟、路肩、路基中线以下或路基上侧山坡适当位置,其作用是在地面以下汇集流向路基的地下水,排至路基范围之外,使路基土保持干燥。按构造的不同,渗沟大致有 3 种形式:填石渗沟,也称盲沟,如图 8.16(a)所示;管式渗沟,如图 8.16(b)所示;洞式渗沟,如图 8.16(c)所示。3 种形式均由排水层(或管,洞)、反滤层和封闭层所组成。

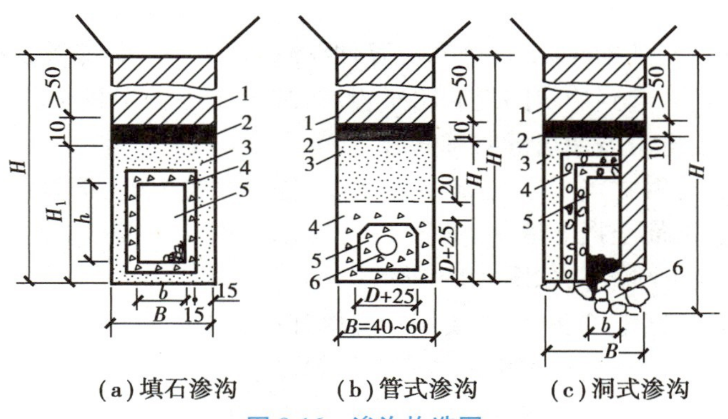

图 8.16　渗沟构造图

1—夯实黏土;2—双层反铺草皮;3—粗砂;4—石屑;5—碎石;6—浆砌片石沟洞

· 8.3.2 防护工程图的图示方法 ·

为了防止路基发生变形和破坏，保证路基的强度和稳定性，对黏性土、粉性土、细砂土及易风化的岩石路基边坡进行防护，起到稳定路基，美化路容，提高公路使用品质的效果。公路上常用的防护一般为边坡护砌防护和路基挡土墙防护。

1)边坡护砌防护

图 8.17 为某道路边坡护砌设计图，图中包括图样、工程数量表和附注 3 部分内容。图样部分表达了浆砌片石护坡和衬砌拱护坡结构形式、尺寸和材料；工程数量表表达了每延米护砌所用各种材料的数量；附注部分说明了图中尺寸标注的单位、使用范围和技术要求。

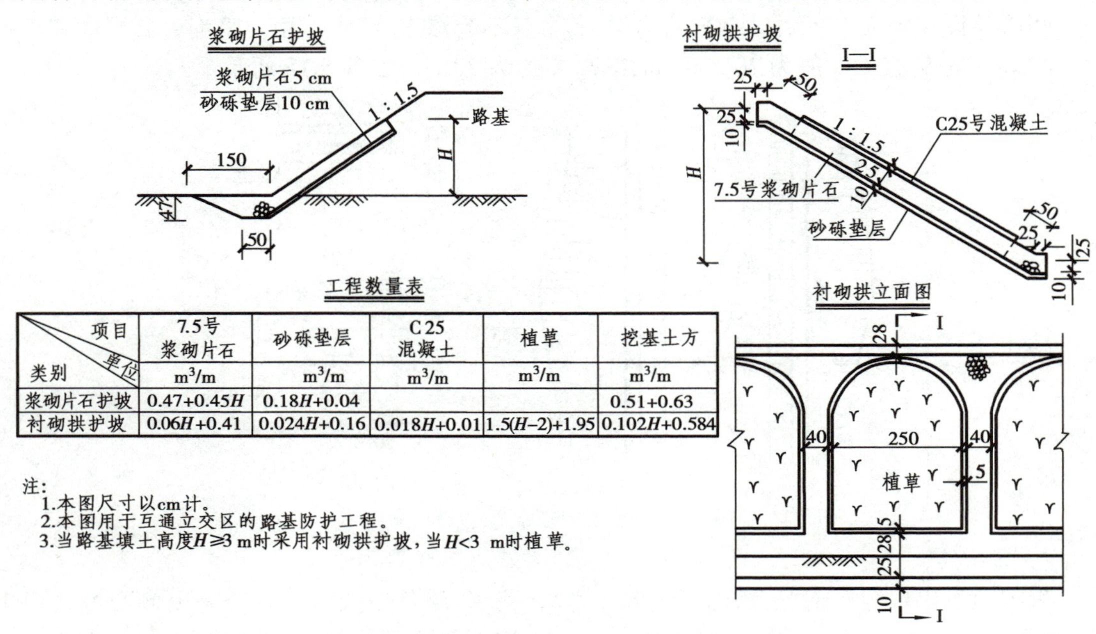

工程数量表

类别 \ 项目	7.5号浆砌片石	砂砾垫层	C25混凝土	植草	挖基土方
单位	m^3/m	m^3/m	m^3/m	m^3/m	m^3/m
浆砌片石护坡	$0.47+0.45H$	$0.18H+0.04$			$0.51+0.63$
衬砌拱护坡	$0.06H+0.41$	$0.024H+0.16$	$0.018H+0.01$	$1.5(H-2)+1.95$	$0.102H+0.584$

注：
1.本图尺寸以cm计。
2.本图用于互通立交区的路基防护工程。
3.当路基填土高度$H \geqslant 3$ m时采用衬砌拱护坡，当$H<3$ m时植草。

图 8.17 某道路边坡护砌设计图

2)路基挡土墙防护

挡土墙一般由墙身、基础、排水设施和沉降伸缩缝组成，是一种能够抵抗侧向土压力，防止墙后土体坍塌的建筑物，起到稳定路堤和路堑边坡，减少土石方工程量，防止水流冲刷路基等作用，同时也常用于治理滑坡崩坍等路基病害。

挡土墙的类型有悬臂式挡土墙、扶壁式挡土墙、锚杆式挡土墙、重力式挡土墙、锚定板式挡土墙、薄壁式挡土墙、加筋土挡土墙等，如图 8.18 所示。挡土墙按设置位置分为路肩墙、路堤墙、路堑挡土墙、山坡挡土墙等，如图 8.19 所示。

- 路堑墙　设置在路堑坡底部，主要用于支撑开挖后不能自行稳定的边坡，同时可降低挖方边坡的高度，减少挖方的数量，避免山体失稳坍塌。
- 路堤墙　设置在高填土路堤或陡坡路堤的下方，可以防止路堤边坡或基底滑动，同时可以收缩路堤坡脚，减少填方数量，减少拆迁和占地面积。

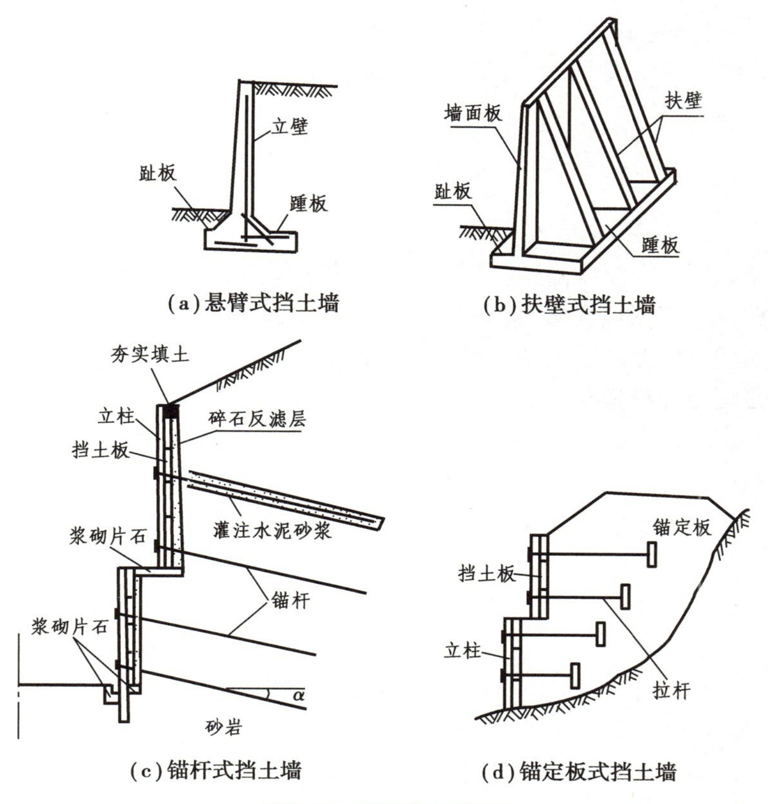

(a)悬臂式挡土墙　(b)扶壁式挡土墙

(c)锚杆式挡土墙　(d)锚定板式挡土墙

图 8.18　挡土墙的类型

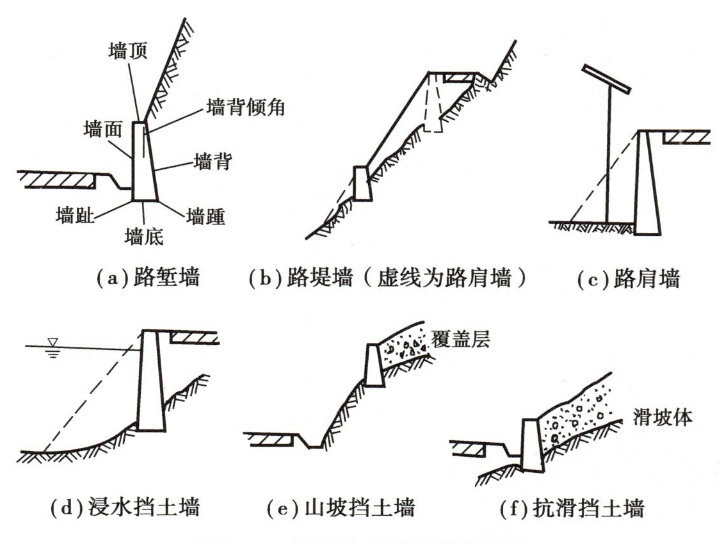

(a)路堑墙　(b)路堤墙（虚线为路肩墙）　(c)路肩墙

(d)浸水挡土墙　(e)山坡挡土墙　(f)抗滑挡土墙

图 8.19　挡土墙按设置位置分类

• 路肩墙　设置在路肩部位，墙顶是路肩的组成部分，其用途与路堤墙相同。它还可以保护邻近路线既有的重要建筑物。沿河路堤，在傍水的一侧设置挡土墙，可以防止水流对路基的冲刷和侵蚀，减少拆迁和占地面积，是保证路堤稳定的有效措施。

复习思考题

8.1　道路工程图包含哪些内容？其图示方法有何特点？

8.2　道路路线工程图包含哪些图样？其作用是什么？

8.3　试述路线平面图的图示特点及图示内容。

8.4　什么是道路标准横断面图？

8.5　什么是道路路基横断面图？有何作用？

8.6　道路路线纵断面图是如何形成的？

9　道路交叉工程图的识别

道路与道路(或铁路)相交时所形成的共同空间称为道路交叉口。道路交叉口可以分为平面交叉口和立体交叉口两大类型。

道路交叉口交通状况、构造和排水设计均比较复杂,所以道路交叉口工程图除了平、纵、横3个图样以外,一般还包括竖向设计图、交通组织图和鸟瞰图等。

9.1　平面交叉口

· 9.1.1　概述 ·

平面交叉口就是将相交各道路的交通流组织在同一平面内的道路交叉形式。

1)平面交叉口的形式

平面交叉口按相交道路的联结性质可分为:十字交叉口、T形交叉口、斜交叉口、Y形交叉口、交错T形交叉口、折角交叉口、漏斗(加宽路口)形交叉口、环形交叉口、斜交Y形交叉口、多路交叉口等,如图9.1所示。

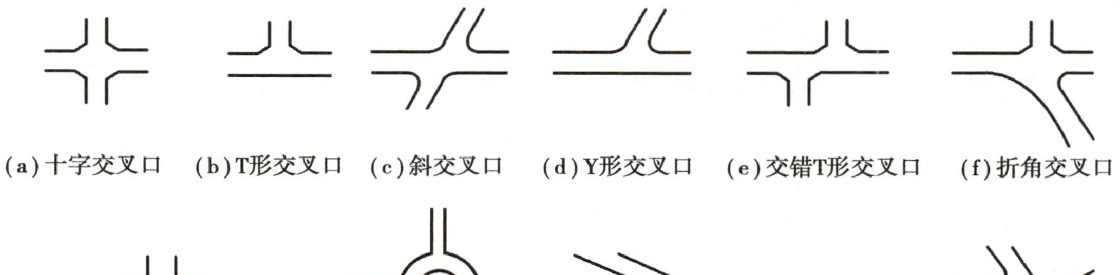

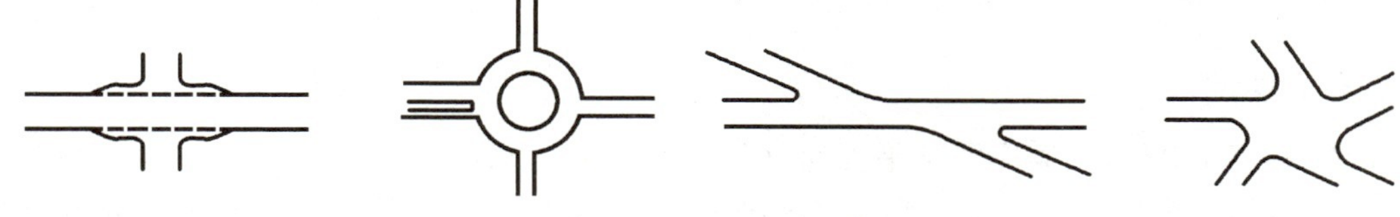

图9.1　平面交叉口形式

2)冲突点

在平面交叉口处不同方向的行车往往相互干扰,行车路线往往在某些点处相交、分叉或汇集,这些点分别称为冲突点、分流点和交织点。如图9.2所示,为五路交叉口各向车流的冲突情况,图中箭线表示车流。

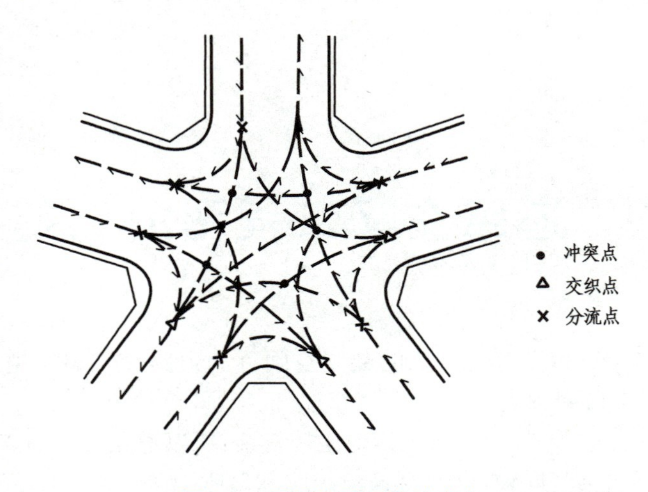

图 9.2　平面交叉口的冲突点

3) 交通组织

交通组织就是把各向各类行车和行人在时间和空间上进行合理安排，从而尽可能地消除“冲突点”，使得道路的通行能力和安全运行达到最佳状态。平面交叉口的组织形式有渠化、环形和自动化交通组织等。图 9.3 是交通组织的两个例子。

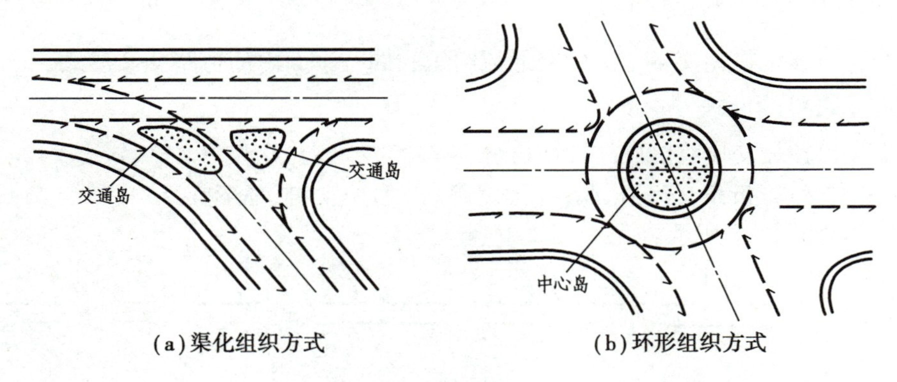

图 9.3　交通组织图

· 9.1.2　平面交叉口的图示方法 ·

1) 平面图

图 9.4 为广州市东莞庄路某平面交叉口的平面图。从图中可知，此交叉口的形式为斜交叉口，交通组织为环形。与道路路线平面图相似，交叉口平面图的内容也包括道路与地形、地物各部分。

(1) 道路情况

①道路中心线用点画线表示。各段道路里程分别标注在其各自的中心线上。由于北段道路是待建道路，其里程起点是道路中心线的交点。

②本图道路的地理位置和走向是用坐标网法表示的，X 轴向表示南北（左指北），Y 轴向表示东西（上指东）。

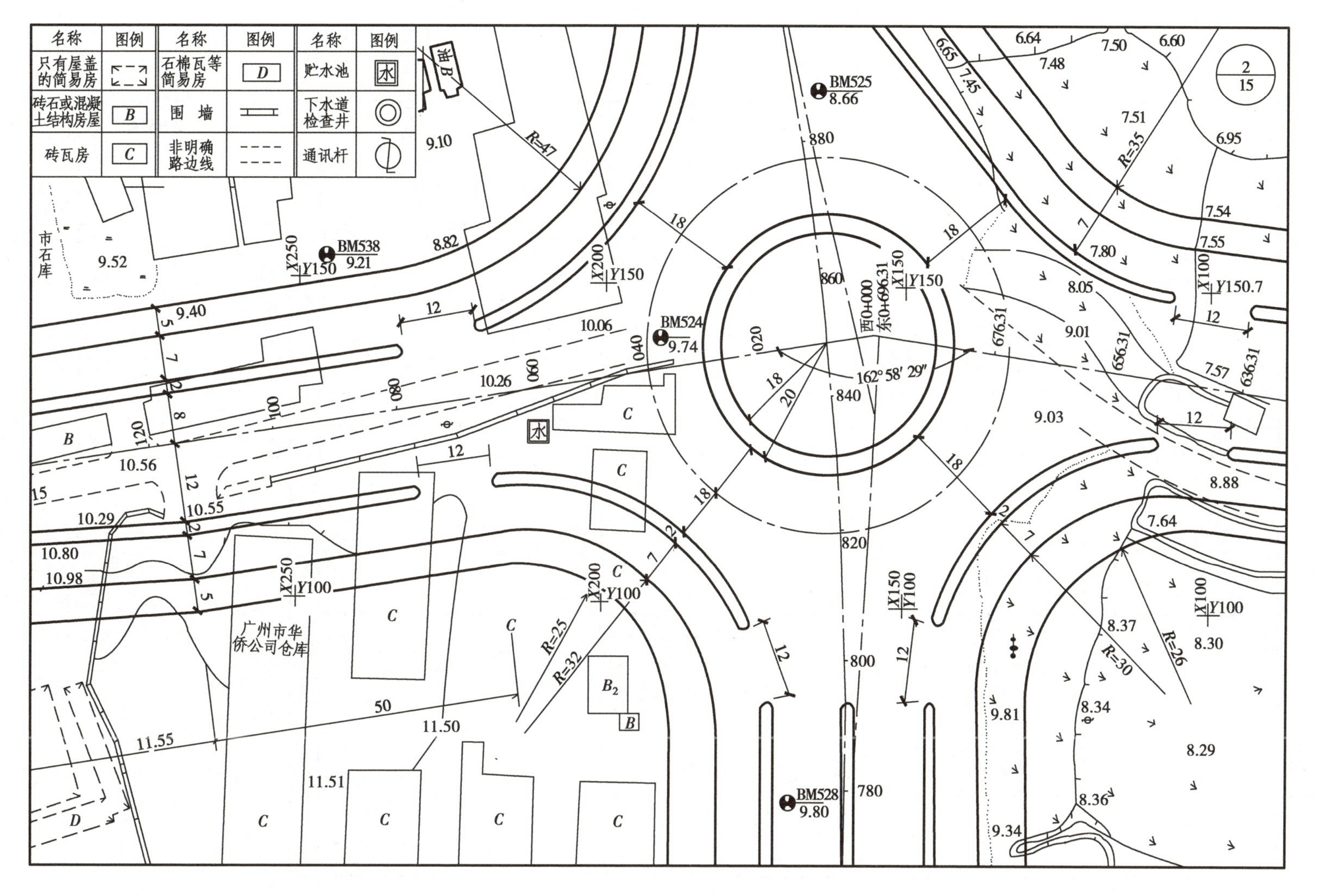

图9.4 广州市东莞庄路某交叉口平面图

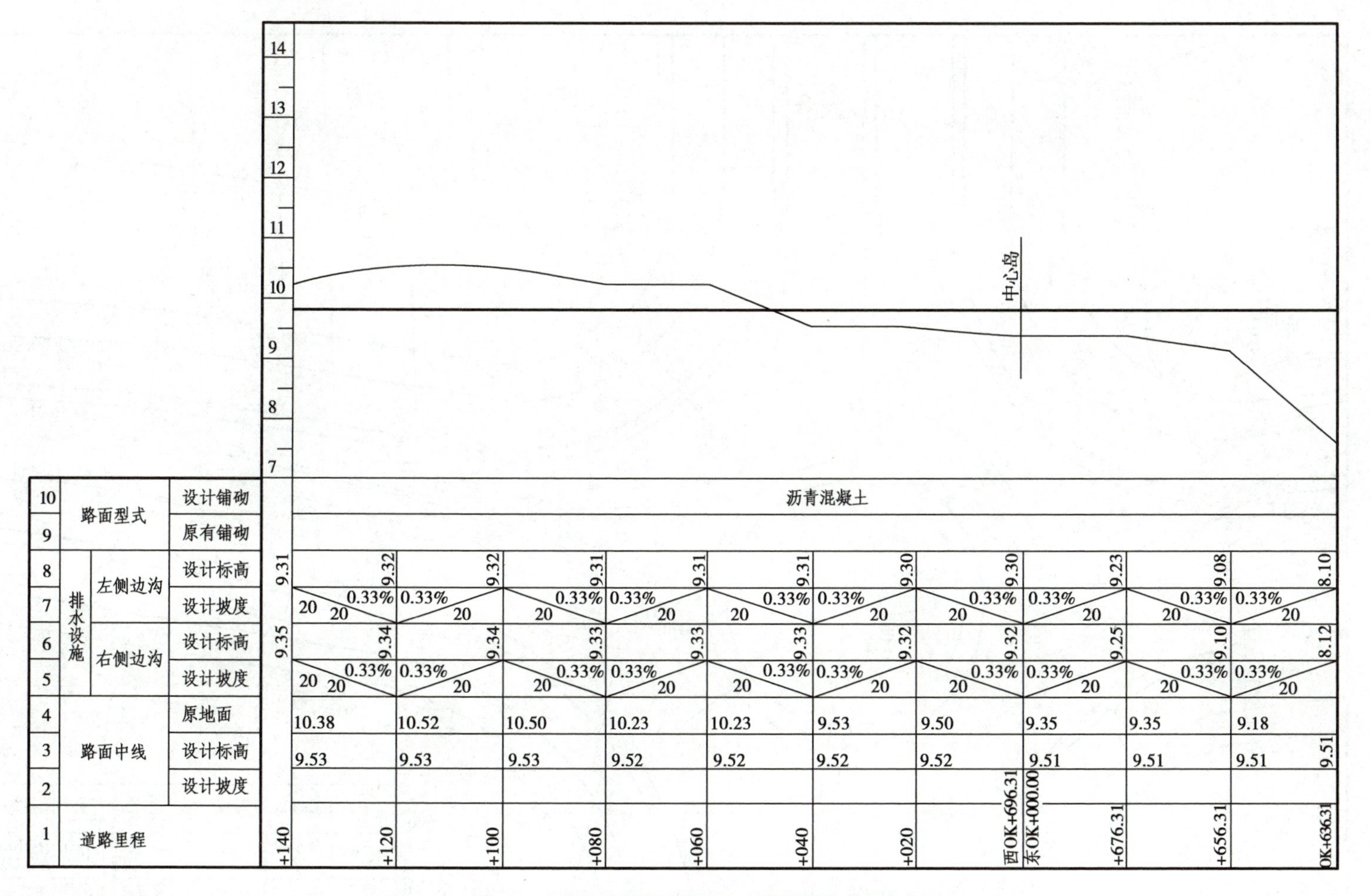

图9.5　广州市东莞庄路某交叉口纵断面图（南北向）

③由于道路在交叉口处联结关系比较复杂，为了清晰表达相交道路的平面位置关系和交通组织设施等，道路交叉口平面图的绘图比例较路线平面图大得多（如本图比例1∶500），以便车、人行道的分布和宽度等可按比例画出。由图可知：待建北段道路为“三块板”断面形式，机动车道的标准宽度为16 m、非机动车道为7 m、人行道为5 m、中间2条分隔带宽度均为2 m。

④图中两同心标准实线圆表示交通岛，同心点画线圆表示环岛车道中心线。

（2）地形和地物

①该交叉口所处地段地势平坦，等高线稀疏，用大量的地形测点表示高程。

②北段道路需占用沿路两侧的一些土地。

2）纵断面图

交叉口纵断面图是沿相交2条道路的中线分别作出，其作用与内容均与道路路线纵断面图基本相同。图9.5是广州市东莞庄路某交叉口的纵断面（南北向），读图方法与路线纵断面图基本相同。东西向道路由于是现存道路，故没给出其纵断面图。

3）交通组织图

在道路交叉口平面图上，用不同线形的箭线，标出机动车、非机动车和行人等在交叉口处必须遵守的行进路线，这种图样称为交通组织图。如图9.6所示为广州市东莞庄路某路口的交通组织方式。

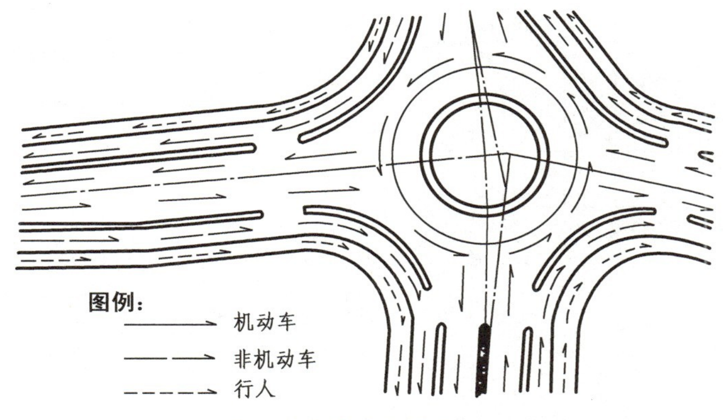

图9.6　广州市东莞庄路某路口交通组织图

4）竖向设计图

交叉口竖向设计图的任务是表达交叉口处路面在竖向的高程变化，以保证行车平顺和排水通畅。在竖向设计图上设计高程的表示方法有以下几种：

①较简单的交叉口可仅标注控制点的高程、排水方向及其坡度。排水方向可采用单边箭头表示，如图9.7（a）所示。

②用等高线表示的平交路口，等高线宜用细实线表示，并每隔4条用中粗实线绘制1条计曲线，如图9.7（b）所示。

③用网格法表示的平交路口，其高程数值宜标注在网格交点的右上方，并加括号。若各测点高程的整数部分相同时可省略整数位，小数点前可不加“0”定位，整数部分在图中注明，如图9.7（c）所示。

④水泥混凝土路面的设计高程数值应注在板角处,并加注括号。在同一张图纸中,当设计高程的整数部分相同时可省略相同部分,但应在图中说明,如图 9.7(d)所示。

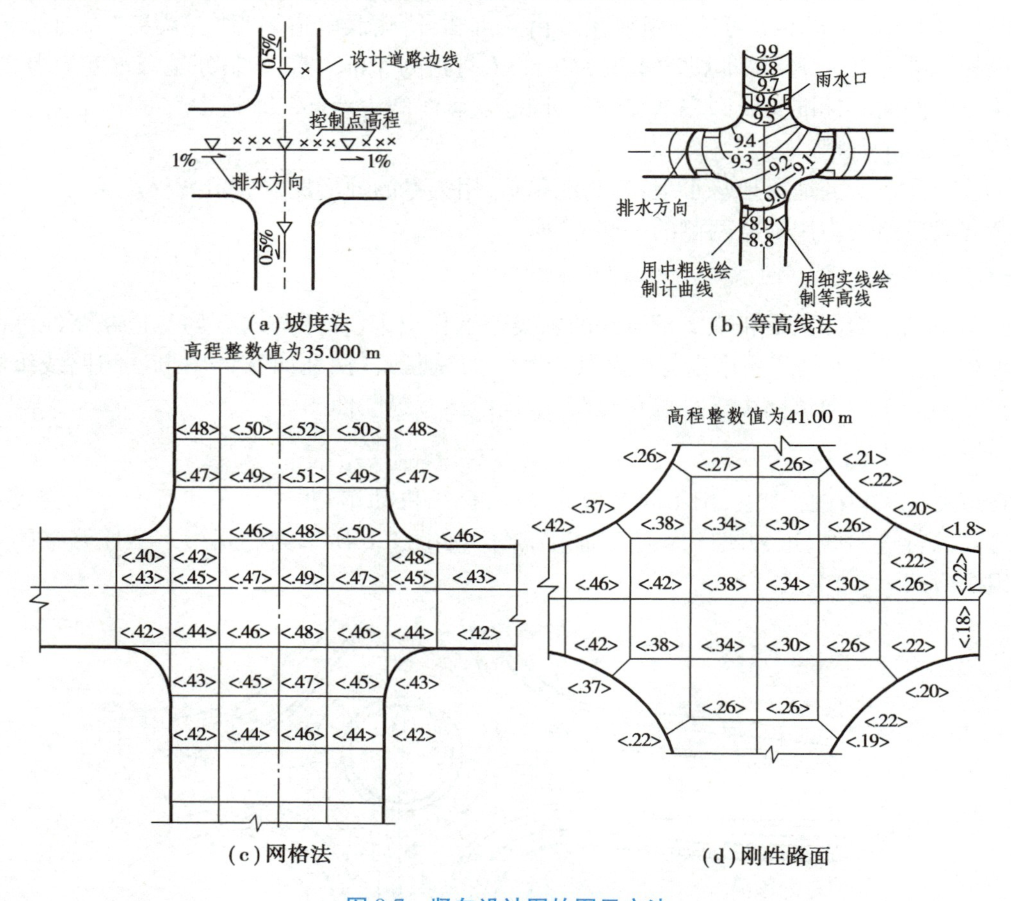

图 9.7　竖向设计图的图示方法

9.2　立体交叉工程图

立体交叉是指交叉道路在不同标高相交时的道口,在交叉处设置跨越道路的桥梁,一条路在桥上通过,一条路在桥下通过,各相交道路上的车流互不干扰,保证车辆快速安全地通过交叉口,这样不仅提高了通行能力和安全舒适性,而且节约能源,提高了交叉口现代化管理水平。

近年来,我国交通事业发展迅猛,高速公路的通车里程与日俱增,交通量日益加大,平面交叉口已不能适应现代化交通的需求。《公路工程技术标准》(JTJ B01—2003)规定:高速公路与其他各级公路交叉,应采用立体交叉;一级公路与交通量大的其他公路交叉,宜采用立体交叉。立体交叉从根本上解决了各向车流在交叉口处的冲突。现在,立体交叉工程已成为道路工程中的重要组成部分。修建一座立体交叉口不仅带来巨大的经济效益,而且为城市增加了一道亮丽的风景。

· 9.2.1 概述 ·

1) 立体交叉的形式

立体交叉的分类方法大致有以下几种：

①根据行车、行人交通在空间的组织关系，可以将立体交叉分为 2 层次、3 层次和 4 层次，如图 9.8(d)、(e)和(f)所示。

②根据相交道路上是否可以互通交通，可将立体交叉分为分离式和互通式(如图 9.8(a)所示)。

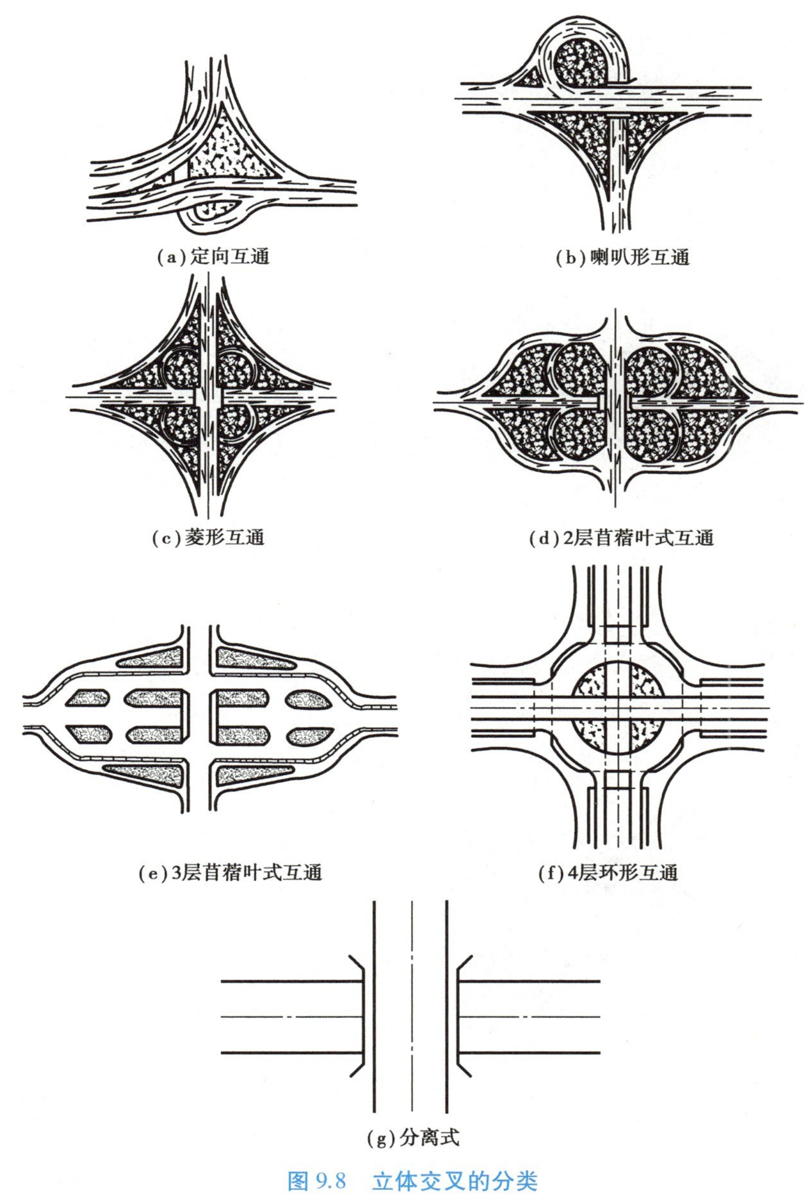

图 9.8 立体交叉的分类

③如果根据立体交叉在水平面上的几何形状来分,可分为菱形、苜蓿叶形、喇叭形等,而且各种形式又可以有多种变形,如图 9.8(b)、(c)、(d)、(e)所示。

④如果根据主线与被交道路的上下关系分,又可分为主线上跨式和主线下穿式 2 种,如图 9.8(b)、(d)所示。

2)立体交叉的作用

无论立体交叉形式如何,所要解决的问题只有一个,就是消除或部分消除各向车流的冲突点,也就是将冲突点处的各向车流组织在空间的不同高度上,使各向车流分道行驶,提高交叉口处的通行能力和安全舒适性。

3)立体交叉口的组成

立体交叉口由相交道路、跨线桥、匝道、通道和其他附属设施组成。

- 跨线桥　是跨越相交道路间的构造物,有主线跨线桥和匝道跨线桥之分。
- 匝道　是用以连接上下相交道路左、右转弯车辆行驶的构造物,使相交道路上的车流可以相互通行。
- 引道　是干道与跨线桥相接的桥头路,其范围是干道的加宽或变速路段的起点与桥头相连接的路段。
- 通道　是行人或农机具等横穿封闭式道路时的下穿式结构物。

· 9.2.2　平面设计图 ·

图 9.9 为某立体交叉口的平面设计图,其内容包括立体交叉口的平面设计形式、各组成部分的相互位置关系、地形地物以及建设区域内的附属构造物。从图中可以看出,该立体交叉的交叉方式为主线下穿式,平面几何图样为双喇叭形,交通组织类型为双向互通。

1)图示方法

与道路平面图不同,立体交叉平面图既表示出道路的设计中线,又表示出道路的宽度、边坡和各路线的交接关系。道路立体交叉平面设计图的图示方法和各种线条的意义,如图 9.10 所示。

2)图示内容

(1)比例

与路线平面图不同,立体交叉工程建设规模宏大,但为了读图方便,工程上一般将立体交叉主体尽可能布置在一张图幅内,故绘图比例较小。

(2)地形地物

图中用指北针与大地坐标网表示方位,用等高线和地形测点表示地形,城镇、低压电线和临时便道等地物用相应图例表示得极为详尽。

(3)结构物

在平面设计图上,沿线桥梁、涵洞、通道等结构物均按类编号,以引出线标注。

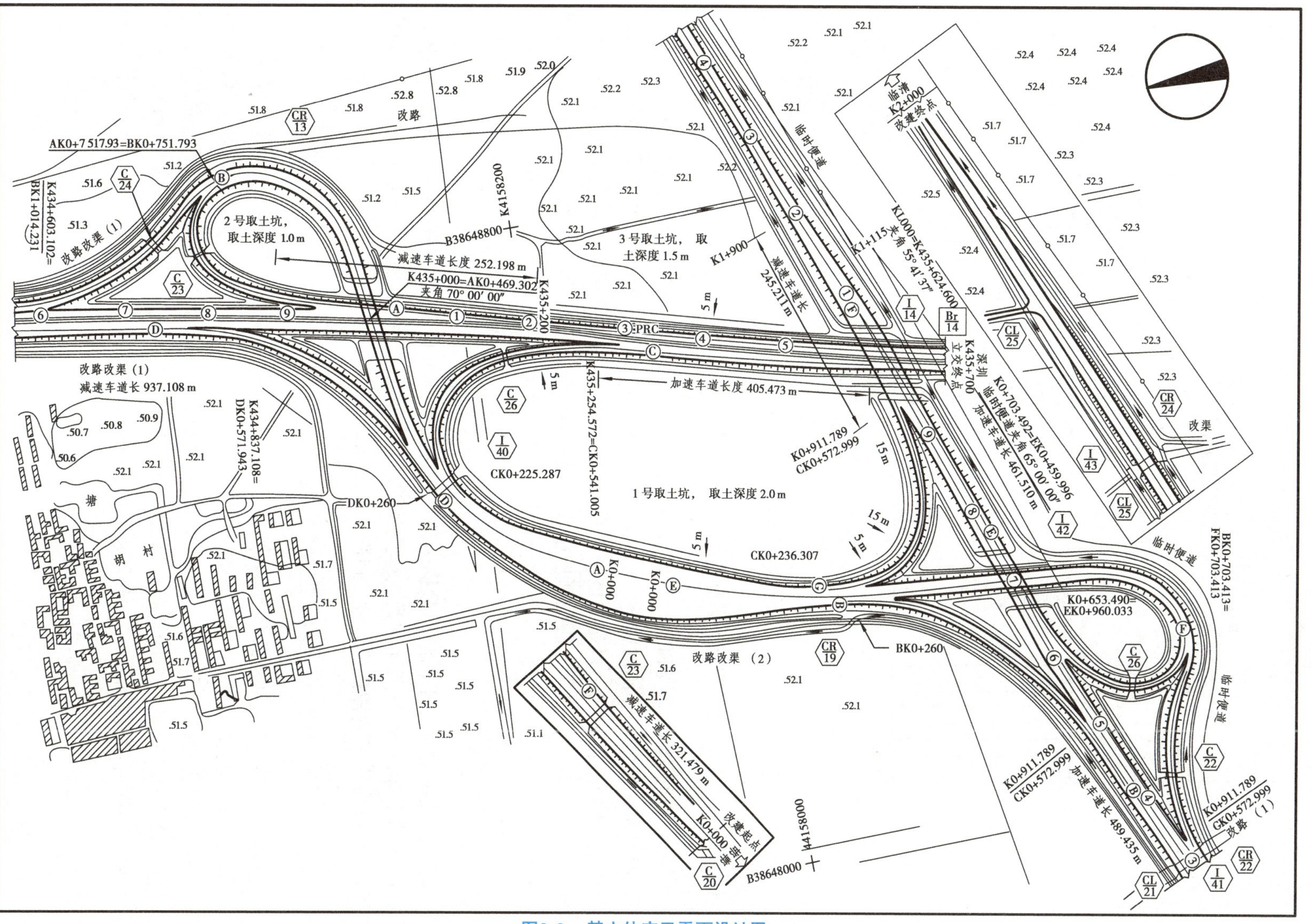

图9.9 某立体交叉平面设计图

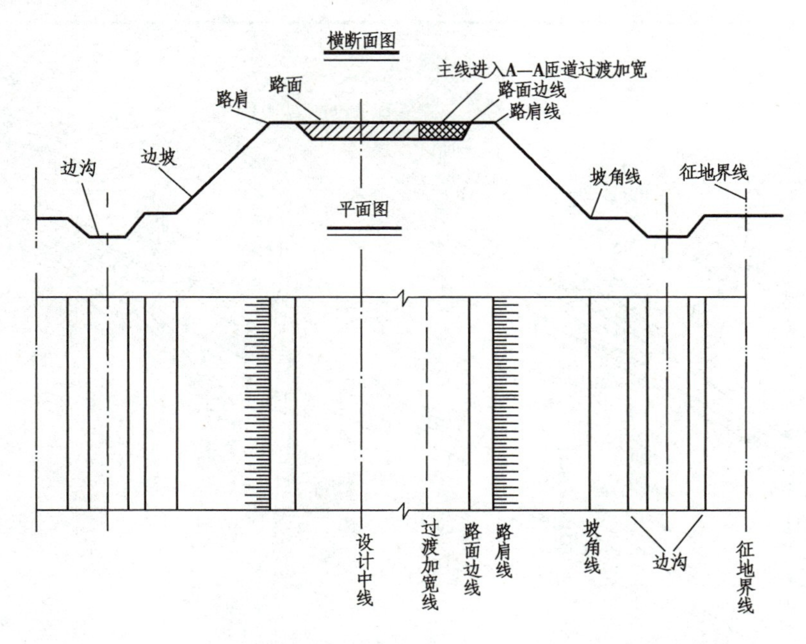

图 9.10　图线的对应关系

· 9.2.3　立体交叉纵断面设计图 ·

组成互通的主线、支线和匝道等各线均应进行纵向设计,用纵断面图表示。它们各自独立分开,但又是一个统一协调的整体,立体交叉纵断面图的图示方法与路线纵断面图的图示方法基本相同,此处不再举例。只是立体交叉纵断面图在图样部分和测设数据表中都增加了横断面形式这一内容,这种图示方法更适应于立体交叉横断面表达复杂的需要,也使道路横向与纵向的对应关系表达得更清晰。

· 9.2.4　线位数据图 ·

将立体交叉的全部平面测设数据标注在简化的平面示意图上,并在坐标表中给出主要线形控制点的坐标值,这种图样称为立体交叉的线位平面图,其作用是为控制道路的位置和高程提供依据,也为施工放样提供方便,如图 9.11 所示。

· 9.2.5　连接部位设计图和路面高程数据图 ·

连接部位设计图包括连接位置图、连接部位大样图和分隔带横断面图。连接位置图是在立体交叉平面示意图上,标示出 2 条道路的连接位置;连接部位大样图是用局部放大的图示方法,把立体交叉平面图上无法表达清楚的道路连接部位单独绘制成图;分隔带横断面图是将连接部位大样图尚未表达清楚的道路分隔带的构造用更大的比例尺绘出,如图 9.12 所示。

连接部位标高数据图是在立体交叉平面图上标示出主要控制点的设计标高,如图 9.13 所示。

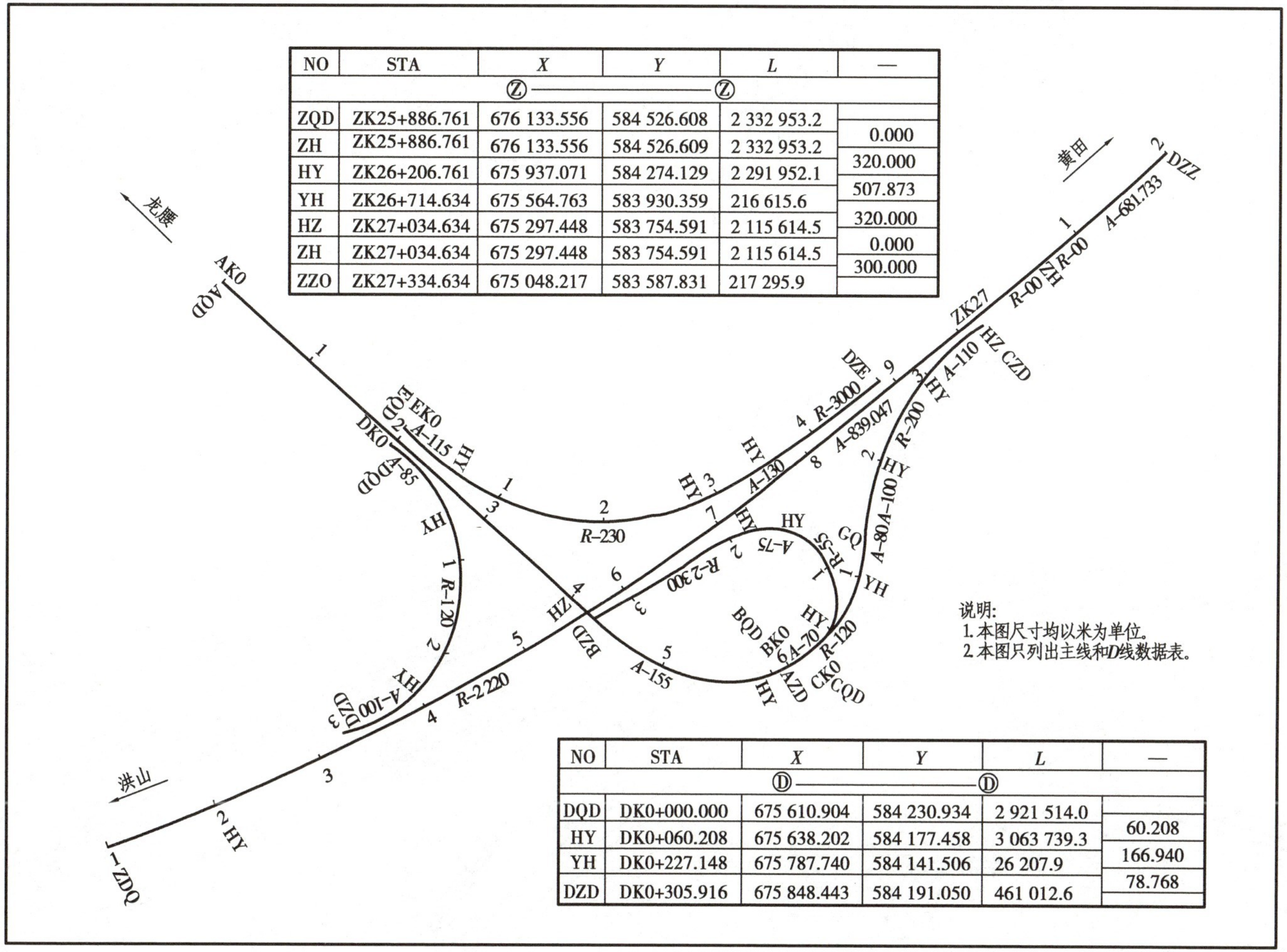

NO	STA	X	Y	L	—
Ⓩ——Ⓩ					
ZQD	ZK25+886.761	676 133.556	584 526.608	2 332 953.2	
ZH	ZK25+886.761	676 133.556	584 526.609	2 332 953.2	0.000
HY	ZK26+206.761	675 937.071	584 274.129	2 291 952.1	320.000
YH	ZK26+714.634	675 564.763	583 930.359	216 615.6	507.873
HZ	ZK27+034.634	675 297.448	583 754.591	2 115 614.5	320.000
ZH	ZK27+034.634	675 297.448	583 754.591	2 115 614.5	0.000
ZZO	ZK27+334.634	675 048.217	583 587.831	217 295.9	300.000

说明：
1. 本图尺寸均以米为单位。
2. 本图只列出主线和D线数据表。

NO	STA	X	Y	L	—
Ⓓ——Ⓓ					
DQD	DK0+000.000	675 610.904	584 230.934	2 921 514.0	
HY	DK0+060.208	675 638.202	584 177.458	3 063 739.3	60.208
YH	DK0+227.148	675 787.740	584 141.506	26 207.9	166.940
DZD	DK0+305.916	675 848.443	584 191.050	461 012.6	78.768

图9.11 某立体交叉线位数据图

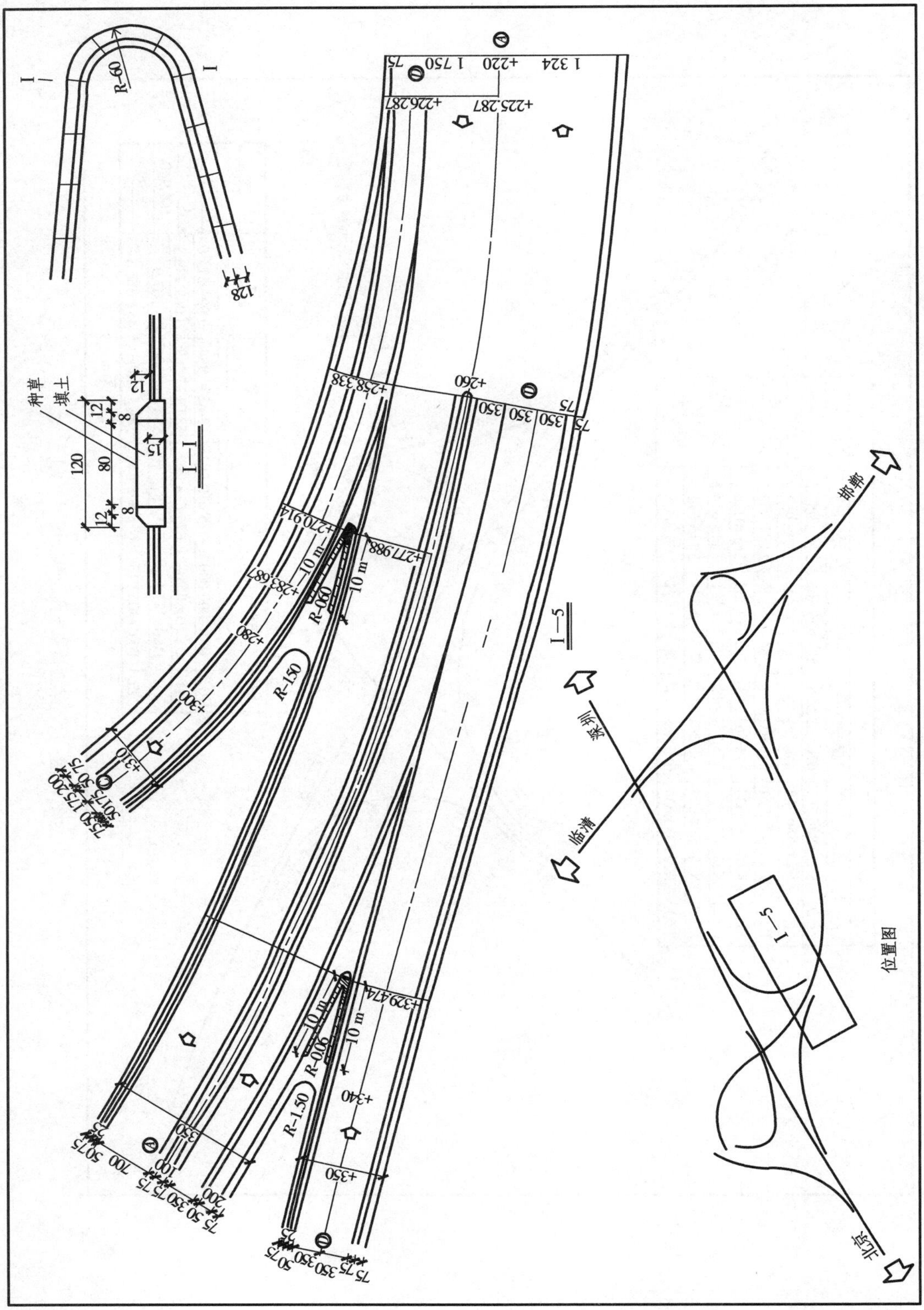

图9.12　立体交叉连接部位设计图

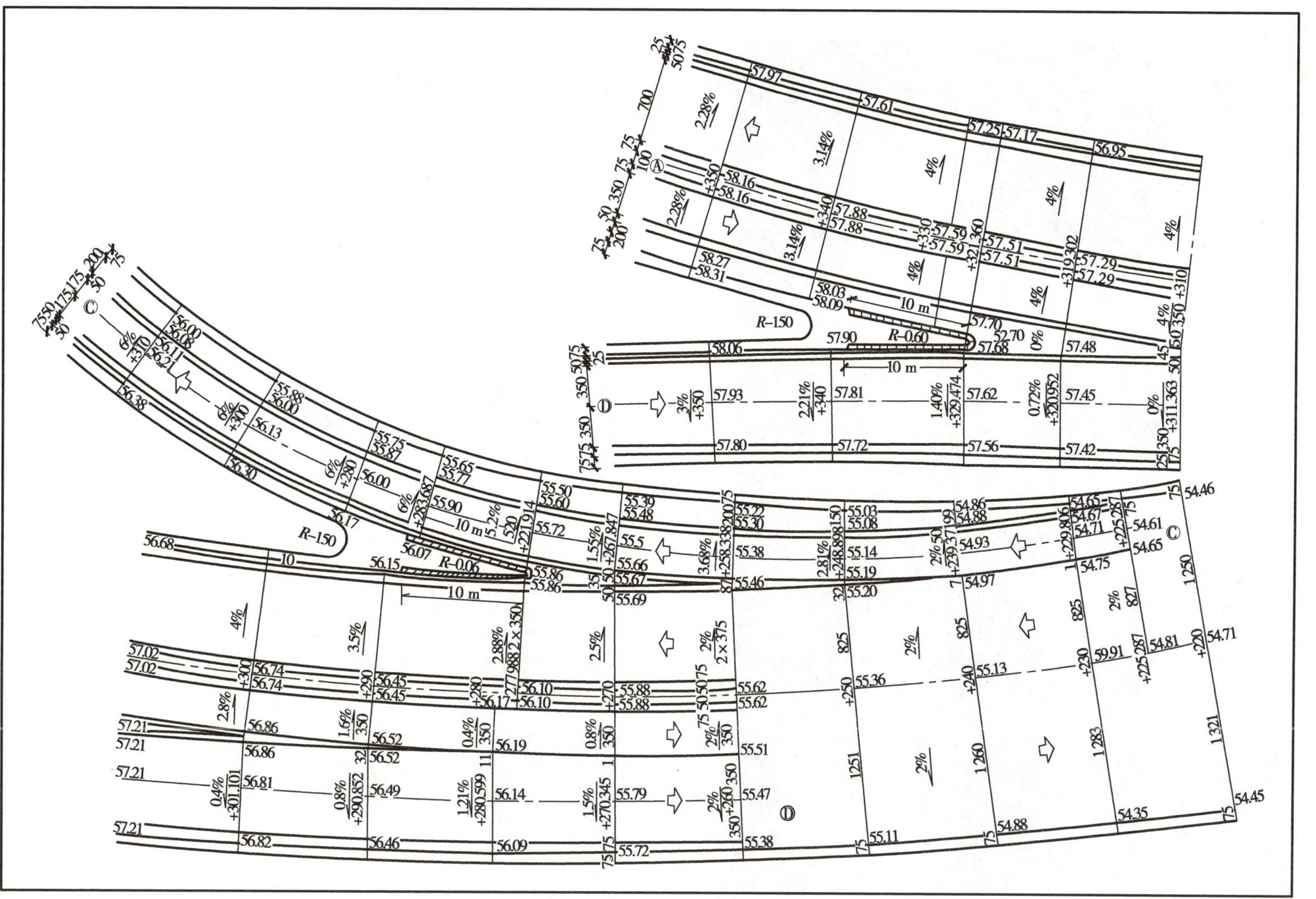

图9.13 立体交叉连接部位标高数据图

· 9.2.6 鸟瞰图 ·

图 9.14 为青海省境内某立体交叉鸟瞰图,它以较高的视点展示出立体交叉的全貌以供审查设计方案比选之用。

图 9.14 青海省境内某立体交叉鸟瞰图

复习思考题

9.1 道路交叉口工程包含哪些内容？图样的作用分别是什么？

9.2 道路交叉与路线工程图在平面和纵断面图的图示方法有何差异？

10　涵洞与通道工程图

小桥涵是道路常见的小型排水构造物，也是道路排水的主要构造物。现在道路设计中的在一般情况下，山区道路的每条自然沟渠或者平原区道路的每条灌溉渠均应设置桥涵；对有全封闭、全立交、固定进出口和分道分向行驶特点的高速公路，所增加的通道和桥涵则更多。因此，小桥涵和通道的数量在整个路线工程中占有很大比例，如何科学合理地设计小桥涵，对能否降低工程造价、满足排水需要、保证道路运输畅通起着很大作用。

涵洞是宣泄少量流水的工程构筑物，它与桥梁的区别在于跨径的大小和填土的高度。根据《公路工程技术标准》（JTG B01—2014）的规定，凡单孔跨径 $L_K<5$ m，多孔跨径总长小于 8 m，以及圆管涵和箱涵，不论管径或跨径大小、孔数多少，均称为涵洞；通道是指专供行人车辆通行、跨径不大的结构物，其图样表达和图示特点与涵洞有许多类似或相同之处。本章主要介绍涵洞与通道工程图。

10.1　涵洞的分类与组成

1）涵洞的分类

• 按构造形式分类　有管涵（通常为圆管涵）、拱涵、箱涵、盖板涵等。工程上常用此类分法。

• 按建筑材料分类　有钢筋混凝土涵、混凝土涵、砖涵、石涵、木涵、金属涵等。

• 按洞身断面形状分类　有圆形、卵形、拱形、梯形、矩形等。

• 按孔数分类　分有单孔、双孔、多孔等。

• 按洞口形式分类　有一字式（端墙式）、八字式（翼墙式）、领圈式、走廊式等。

• 按洞顶有无覆盖土分类　有明涵、暗涵（洞顶填土大于 50 cm）等。一级公路及高速公路为保持路面的连续性，减少汽车荷载对涵洞的冲击力，防止涵洞台背沉降，通常采用暗涵。

2）涵洞的组成

涵洞是路基下的一个过水孔道，由洞口、洞身和基础组成，如图 10.1 所示是圆管涵洞立体分解图。

• 洞口　包括端墙、翼墙或护坡、截水墙和缘石等部分，是洞身、路基、河道三者的连接，起保证涵洞基础和两侧路基免受冲刷，使水流顺畅的作用。一般进出水口均采用同一形式，位于涵洞上游的洞口称进水口，位于涵洞下游的洞口称出水口。常用的洞口形式有 4 种：端墙式，

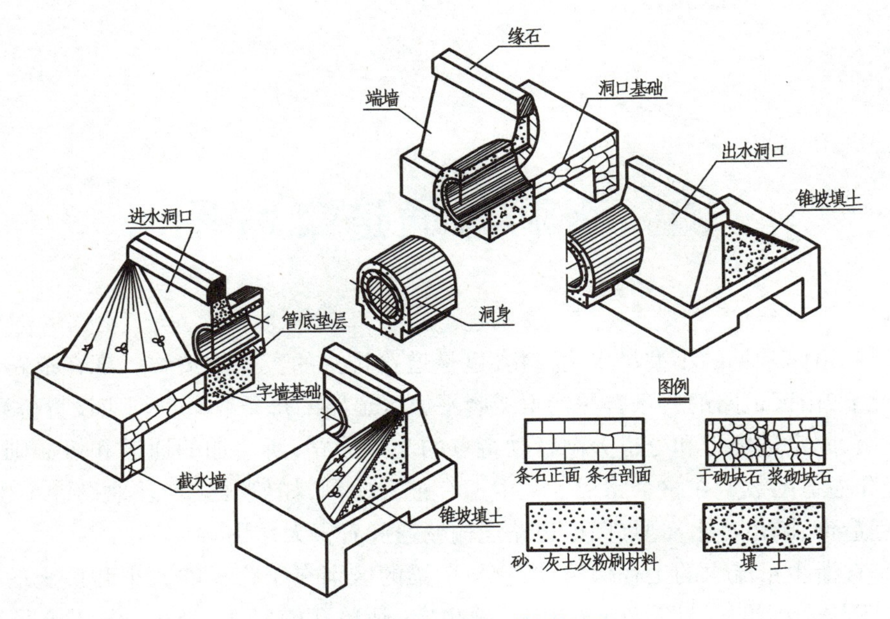

图 10.1 圆管涵洞立体分解图

又名一字墙式,如图 10.2(a)所示;翼墙式,又名八字墙式,如图 10.2(b)所示;走廊式,如图 10.2(c)所示;平头式,如图 10.2(d)所示。设计时应根据实地情况选择上下游洞口的形式与洞身组合使用。图 10.3 为正交涵洞的洞口;图 10.4 为斜交涵洞的洞口。

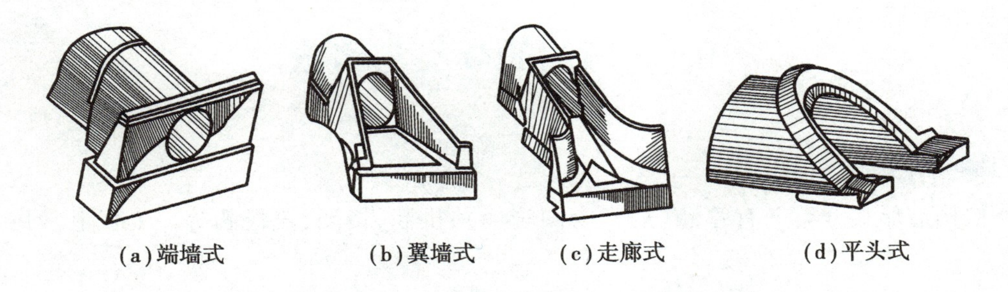

图 10.2 涵洞洞口形式立体图

- 洞身　是涵洞的主要部分,是形成过水孔道的主要实体。洞身一方面保证水流通过,另一方面直接承受活载压力和填土压力等,并将其传递给地基。洞底应有适当的纵坡,其最小值为 0.4%,一般不宜大于 5.0%,特别是圆管涵的纵坡不宜过大,以免管壁受急流冲刷,在有泥石流汇入的沟渠,一般采用大跨径涵洞通过,并为保证泥石流快速通过涵洞,减小对路基的破坏,涵底纵坡可适当加大,最大不宜超过 8%。洞身截面形式主要有圆形(一般为圆管涵)、拱形(一般为拱涵)、矩形(一般为箱涵、盖板涵)3 大类。
- 基础　是修筑在地面以下,承受整个涵洞的质量,防止水流冲刷而造成的沉陷和坍塌,起保证涵洞稳定和牢固的作用。

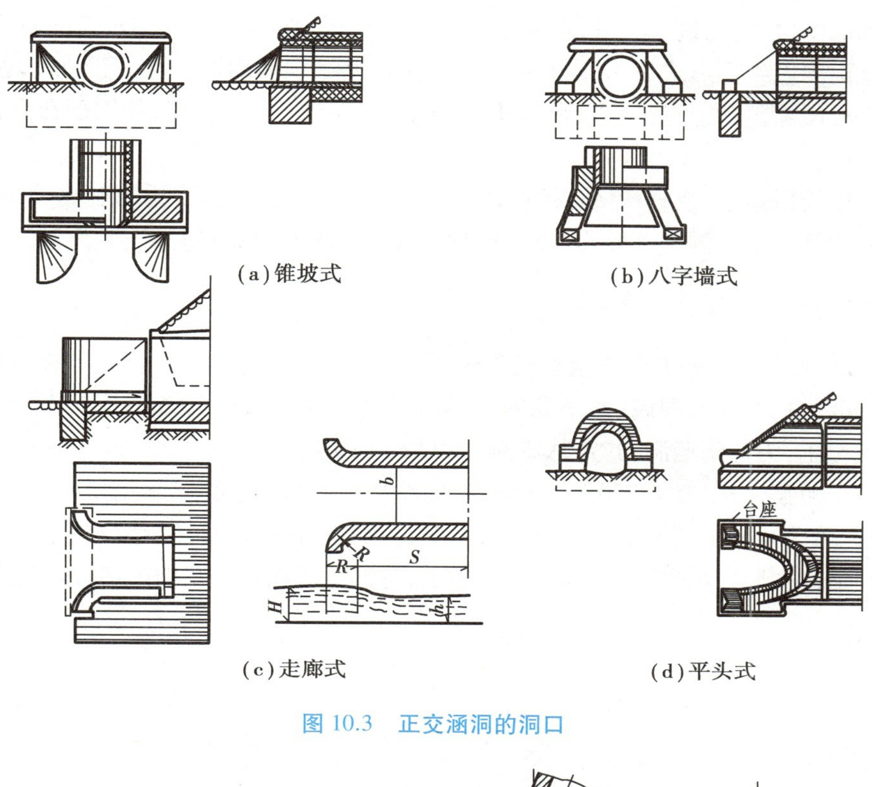

图 10.3　正交涵洞的洞口

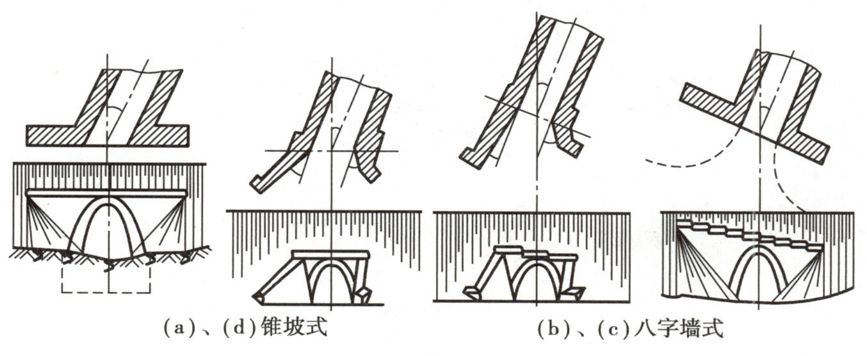

图 10.4　斜交涵洞的洞口

10.2　涵洞工程图

· 10.2.1　涵洞的图示方法 ·

由于涵洞是狭而长的工程构筑物，它从路面下方横穿过道路，埋置于路基土层中，故以水流方向为纵向，即与路线前进方向垂直或斜交（一般最大斜交角度不宜超过 60°）布置，并以纵剖面图代替立面图。涵洞的平面图与立面图对应布置，为了使平面图表达清楚，画图时不考虑洞顶的覆土（或假想土层是透明的），但应画出路基边缘线位置及相应的示坡线。一般洞口正面布置在侧面图位置，当进、出水口形状不一样时，则需分别画出其进、出水口的布置图。有时平面图和立面图以半剖形式表达，水平剖面图一般沿基础顶面剖切，横剖面图则垂直于纵向剖切。涵洞工程图除包括上述三种投影图外，还需画出必要的构造详图，如钢筋布置图、翼墙断面图等。

涵洞实体较桥梁小，故画图所选用的比例较桥梁图稍大。现以常用的盖板涵、圆管涵和箱涵三种涵洞为例介绍涵洞的一般构造图，说明涵洞工程图的表示方法。

· 10.2.2　钢筋混凝土盖板涵 ·

如图 10.5 所示为钢筋混凝土盖板涵立体图，它主要由 25 号钢筋混凝土盖板、15 号混凝土缘石、盖板涵洞身、盖板涵洞底、八字翼墙及洞口铺砌组成。如图 10.6 所示为盖板涵布置图，该涵洞顶无覆土，为一明涵洞，其路基宽为 1 200 cm(即涵身长为 1 200 cm)，加上每端洞口铺砌长 260 cm，涵洞总长为 1 720 cm。洞口两侧为八字墙，进水口洞高 210 cm，出水洞高 216 cm，跨径为 300 cm。在视图表达时，采用纵剖面图、平面图及涵洞洞口正立面作为侧面图，再配以必要的涵身及洞口翼墙断面图来表示，各部分所用材料在图中均可表达出来。

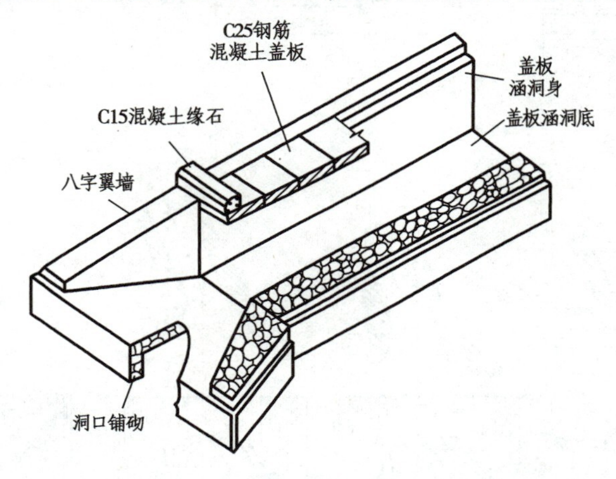

图 10.5　钢筋混凝土盖板涵立体图

1)纵剖面图

由于是明涵，涵顶无覆土，路基宽就是盖板的长度。图 10.6 中表示了涵洞纵面的整体情况，有涵洞铺装顶面的横坡，涵洞行车道板的搁置情况，涵顶铺装采用 30 号防水混凝土，行车道板采用 25 号混凝土，以及有 1∶1.5 坡度的八字翼墙和洞身的连接关系，进水口涵底标高为 685.19 cm，出水口涵底标高为 685.13cm，洞底铺砌厚为 30 cm，采用 7.5 号砂浆砌片石或 15 号混凝土，截水墙深 90 cm。涵台基础另有 60 cm 厚石灰土(或砂砾)地基处理层。图中对各细部长度方向的尺寸也做了明确表示，还画出了原地面线。为表达更清楚，在 I—I 位置剖切，画出了断面图。

2)平面图

平面图中采用断裂线截掉涵身两侧以外部分，画出路肩边缘及示坡线，路线中心线与涵洞轴线的交点，即为涵洞中心桩号，中心桩号为 K81+302.4。涵台台身宽为 50 cm，其水平投影被路堤遮挡应画虚线，台身基础宽为 90 cm，同样为虚线。同样，图中能够反映出涵洞的跨径为 298 cm，加之两侧行车道板与涵台台身有 1.0 cm 安装预留缝，所以涵洞的标准跨径为300 cm。从平面图中得以清晰看出进出水口的八字翼墙及其基础投影后的尺寸。为方便施工，对八字墙的 I—I 位置进行剖切，以便放样或制作模板。

3）侧面图

侧面图即洞口正面图，反映了洞高和净跨径为 236 cm，同时反映出缘石、盖板、八字墙、基础等的相对位置和它们的侧面形状，地面线以下不可见线条以虚线画出。

图 10.6 为盖板涵布置图和行车道板钢筋布置图，未表示出行车道板一般构造图，也未列出全涵工程数量表。

· 10.2.3 圆管涵 ·

如图 10.1 所示为圆管涵洞立体分解图。如图 10.7 所示为端墙式圆管涵洞构造图，洞口为端墙式洞口，端墙的洞口两侧有 30 cm 厚 5 号砂浆片石铺面的锥体护坡，涵管内径 $\phi=100$ cm，涵管长为 1 060 cm，加两侧洞口铺砌长则涵洞的总长为 1 500 cm，涵管管节可用 100 cm 或 50 cm两种规格。由于其构造对称，故采用 1/2 纵剖面图、1/4 平面图、1/2 侧面图和 1/2 横剖面图来表示。

1）1/2 纵剖面图

由于涵洞进出水口一样，构造对称，以对称中心线为分界线，故布置图中只画半纵剖面图。图中表示出涵洞各部分的相对位置、形状和尺寸，如管壁厚度、管节长度、覆土厚度、路基横坡及进出水口涵底的标高等。圆管涵洞设计流水坡度为 1%，洞底铺砌厚为 15 cm，路基覆土厚为 110 cm，路基宽度为 800 cm，锥体护坡顺水方向的坡度与路基边坡一致，为 1∶1.5，顺路线方向为 1∶1。

2）1/4 平面图

1/4 平面图与纵剖面图对应，画出路基边缘线及示坡线，图中虚线为涵管内壁及涵管基础的投影线，进水口表示端墙的水平投影及沿路线纵向与锥形护坡的连接关系，并对洞口基础、端墙和锥坡的平面形状、尺寸详细标注。

3）1/2 侧面图和 1/2 横剖面图

图中表示了管径、壁厚、洞口型式及尺寸。I—I 断面表示出了端墙的构造与详细尺寸，Ⅱ—Ⅱ断面和Ⅲ—Ⅲ断面表示出了锥形护坡的横向坡度和边坡的铺砌宽度。视图处理上，把土壤作为透明体，使埋土体的洞口部分墙身及基础表达更为清晰。

4）混凝土圆管管节及混凝土圆管钢筋布置图

图 10.7 为圆管涵管节钢筋布置图。管节纵剖面画出涵管内径 $\phi=100$ cm、管节长 100 cm 或 50 cm 的钢筋布置。管节横剖面画出螺旋钢筋圈及纵向布置钢筋。各管节不同填土厚度的钢筋尺寸及材料数量以表格形式列出，由于图面有限，本图未表示出预制管节的接头方式及要求、圆管涵基础、洞口等工程数量。

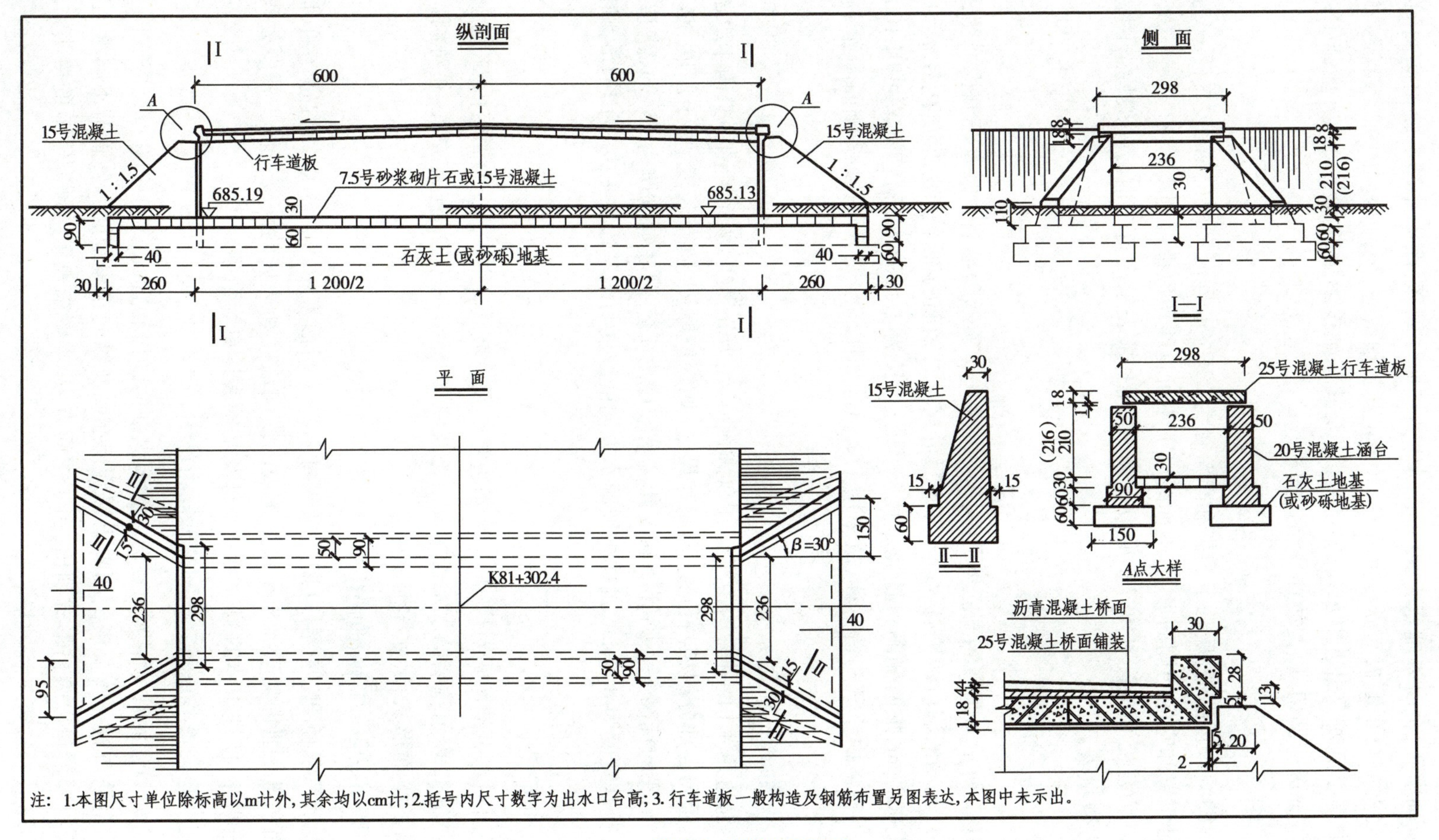

注：1.本图尺寸单位除标高以m计外，其余均以cm计；2.括号内尺寸数字为出水口台高；3. 行车道板一般构造及钢筋布置另图表达，本图中未示出。

图10.6　盖板涵布置图

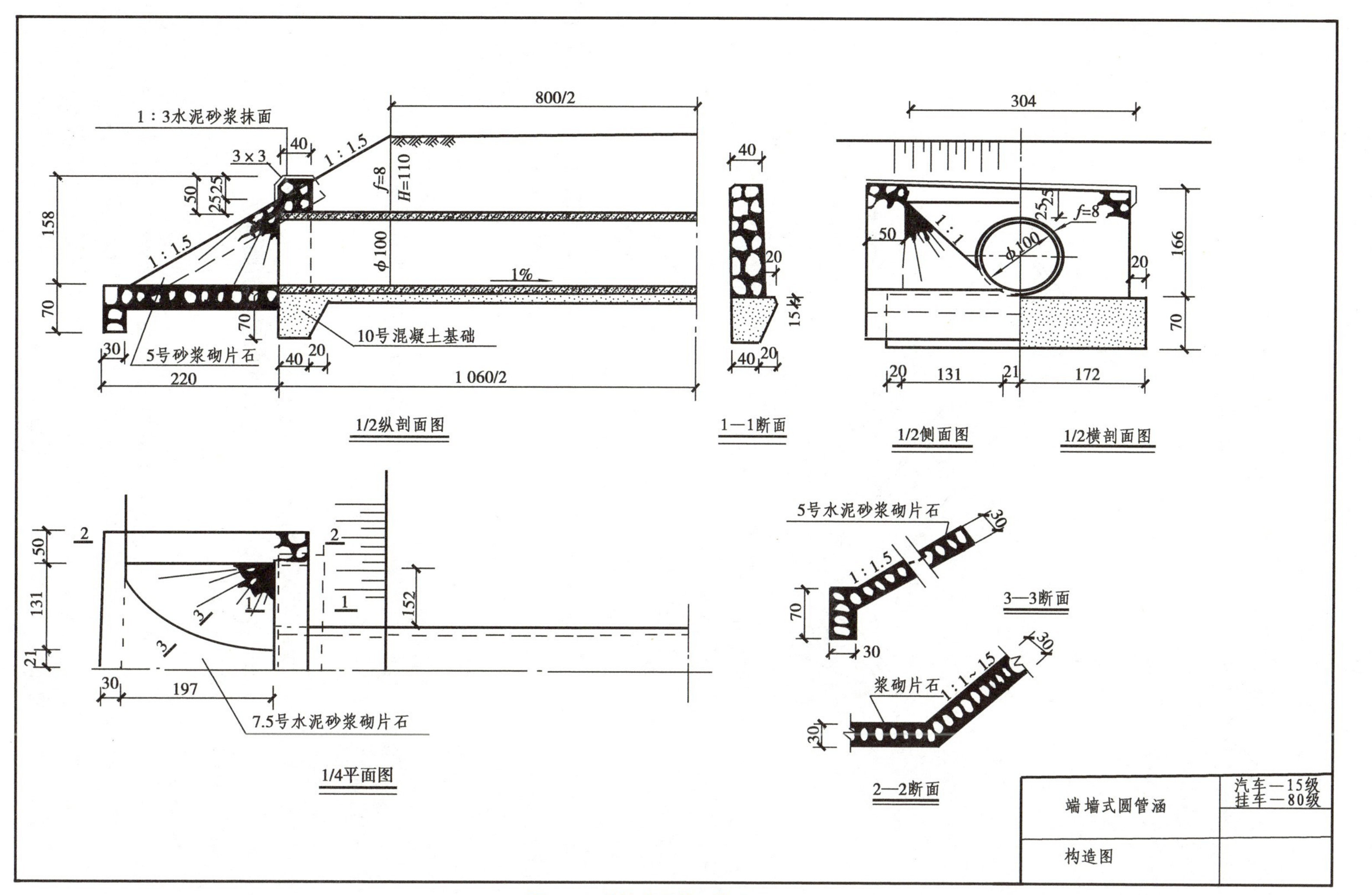

图10.7　端墙式圆管涵构造图

· 10.2.4 钢筋混凝土箱涵 ·

如图 10.8 所示为单孔钢筋混凝土箱涵立体图。箱涵为整体闭合式钢筋混凝土框架结构，主要由钢筋混凝土涵身、锥形翼墙、基础、变形缝等部分组成，具有良好的整体性和抗震性能，常用于当建筑高度受限时的铁路与铁路和公路与公路的交叉口处，由于箱涵施工较困难，造价高，故常常在软土基上采用。

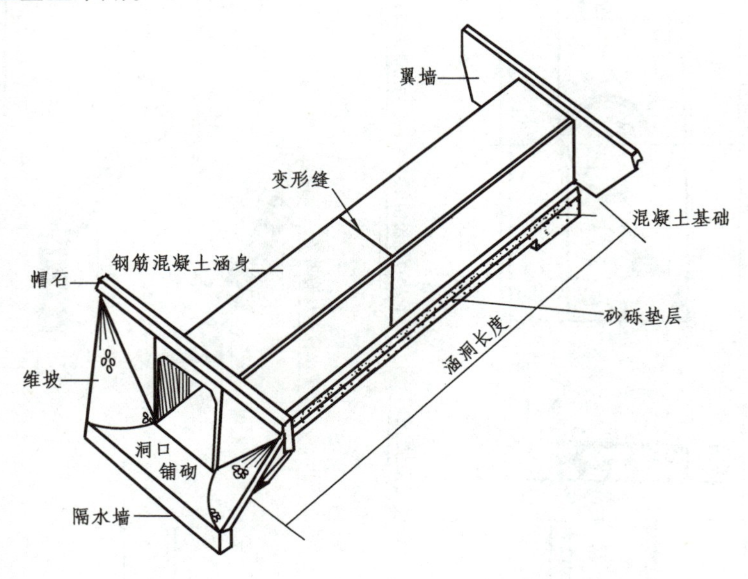

图 10.8 钢筋混凝土箱涵各部分组成

图 10.9 为单孔斜交钢筋混凝土箱涵布置图，八字翼墙式洞口，箱式洞身。该图为标准图，可适用于汽-20，挂-100 荷载，涵顶填土高 0.5~8.0 m，其涵高及净跨分别为 1.5~4 m 的各等级公路正交、斜交（Φ=0°，15°，30°，45°）布置。左侧进水口采用了抬高式洞门，右侧采用不抬高式洞门，洞口均采用斜八字式翼墙，以提高通用性。

(1) 立面图

立面采用沿箱涵轴线剖切向立面投影的方法，即Ⅰ—Ⅰ剖面作为立面视图。但剖切平面与正立投影面倾斜，立面图上反映不出截断面的实形。

(2) 平面图

平面图左半部分揭掉覆土，表示了箱涵身及抬高式洞口部分的水平投影，右半部分则以路中心线为界画出水平投影图，路基边缘以示坡线表示，同时采用截断画法，截去涵身两侧路段。因图比例较小，图中洞身基础未画出。

(3) 侧面图

侧面采用Ⅱ—Ⅱ剖面图取代侧投影表示了洞口的立面投影。为表达清楚箱涵涵身的断面，另外画出涵身横断面图，并采用抬高段与不抬高段合成画法使图样简洁。各部详细尺寸在图中标注时均以字母代替尺寸数字，而具体数值则以主要指标表的形式给出，使本标准图一图多用，增加了灵活性和通用性，设计或施工中直接套用即可。

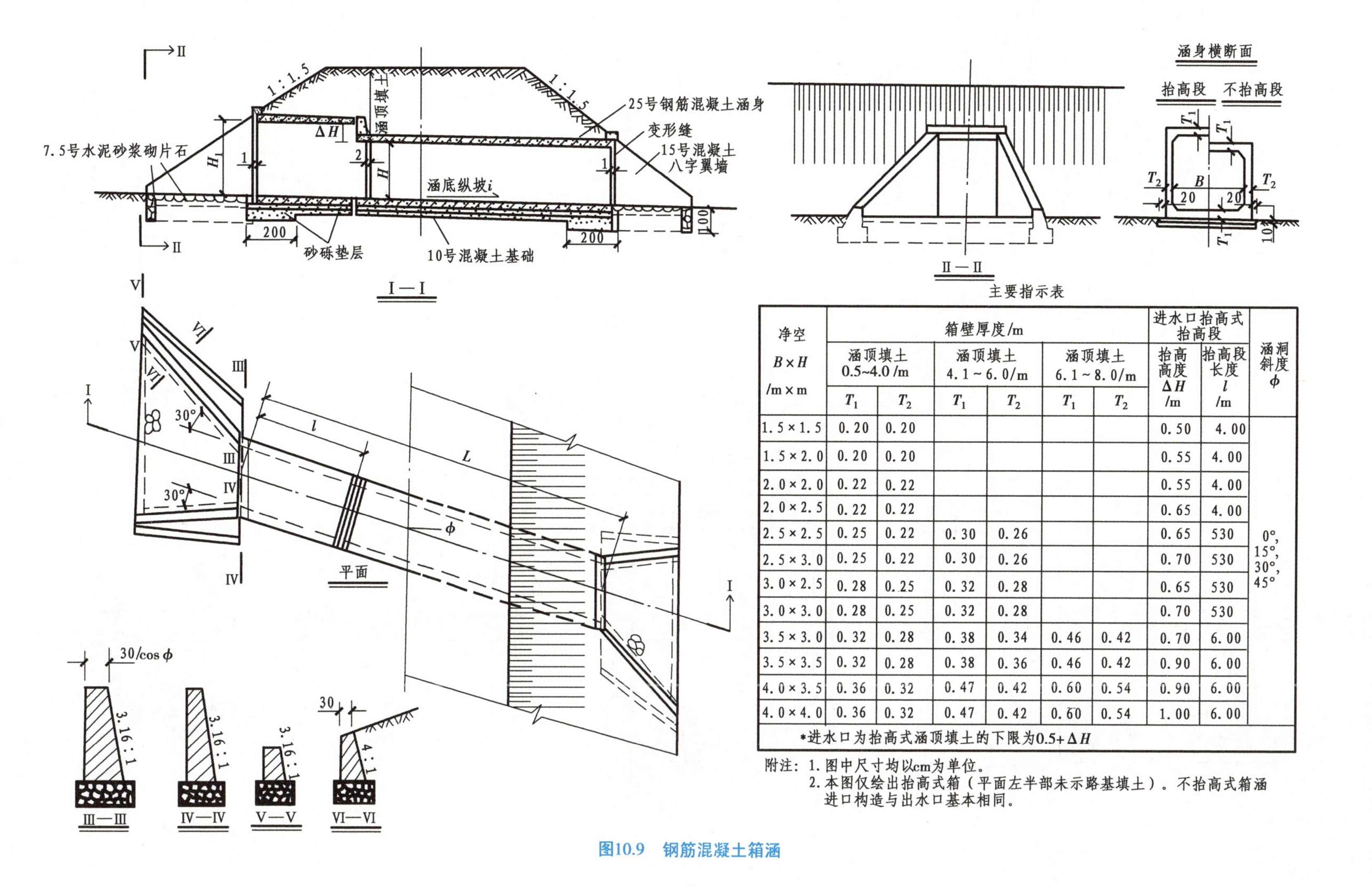

主要指示表

净空 $B\times H$ /m×m	箱壁厚度/m						进水口抬高式抬高段		涵洞斜度 ϕ
	涵顶填土 0.5~4.0 /m		涵顶填土 4.1~6.0/m		涵顶填土 6.1~8.0/m		抬高高度 ΔH /m	抬高段长度 l /m	
	T_1	T_2	T_1	T_2	T_1	T_2			
1.5×1.5	0.20	0.20					0.50	4.00	0°, 15°, 30°, 45°
1.5×2.0	0.20	0.20					0.55	4.00	
2.0×2.0	0.22	0.22					0.55	4.00	
2.0×2.5	0.22	0.22					0.65	4.00	
2.5×2.5	0.25	0.22	0.30	0.26			0.65	530	
2.5×3.0	0.25	0.22	0.30	0.26			0.70	530	
3.0×2.5	0.28	0.25	0.32	0.28			0.65	530	
3.0×3.0	0.28	0.25	0.32	0.28			0.70	530	
3.5×3.0	0.32	0.28	0.38	0.34	0.46	0.42	0.70	6.00	
3.5×3.5	0.32	0.28	0.38	0.36	0.46	0.42	0.90	6.00	
4.0×3.5	0.36	0.32	0.47	0.42	0.60	0.54	0.90	6.00	
4.0×4.0	0.36	0.32	0.47	0.42	0.60	0.54	1.00	6.00	

*进水口为抬高式涵顶填土的下限为0.5+ΔH

附注：1. 图中尺寸均以cm为单位。
2. 本图仅绘出抬高式箱（平面左半部未示路基填土）。不抬高式箱涵进口构造与出水口基本相同。

图10.9　钢筋混凝土箱涵

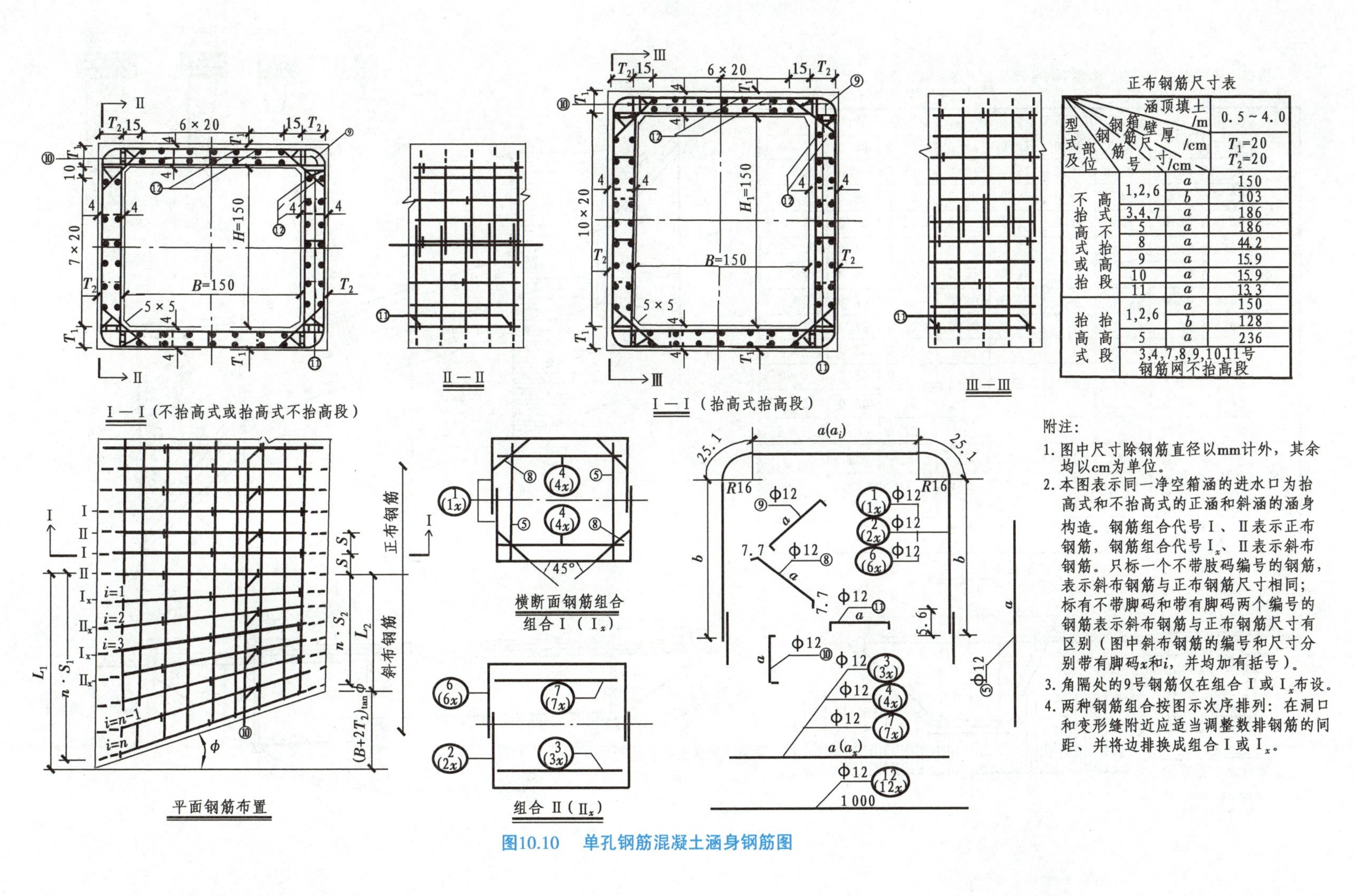

正布钢筋尺寸表

型式及部位	钢筋编号	钢筋尺寸/cm	涵顶填土/m：0.5～4.0；箱壁厚/cm：T_1=20，T_2=20
不抬高式或抬高式不抬高段	1,2,6	a	150
		b	103
	3,4,7	a	186
	5	a	186
	8	a	44.2
	9	a	15.9
	10	a	15.9
	11	a	13.3
抬高式抬高段	1,2,6	a	150
		b	128
	5	a	236
	3,4,7,8,9,10,11号钢筋网不抬高段		

附注：

1. 图中尺寸除钢筋直径以mm计外，其余均以cm为单位。
2. 本图表示同一净空箱涵的进水口为抬高式和不抬高式的正涵和斜涵的涵身构造。钢筋组合代号Ⅰ、Ⅱ表示正布钢筋，钢筋组合代号$Ⅰ_x$、Ⅱ表示斜布钢筋。只标一个不带肢码编号的钢筋，表示斜布钢筋与正布钢筋尺寸相同；标有不带脚码和带有脚码两个编号的钢筋表示斜布钢筋与正布钢筋尺寸有区别（图中斜布钢筋的编号和尺寸分别带有脚码x和i，并均加有括号）。
3. 角隅处的9号钢筋仅在组合Ⅰ或$Ⅰ_x$布设。
4. 两种钢筋组合按图示次序排列：在洞口和变形缝附近应适当调整数排钢筋的间距、并将边排换成组合Ⅰ或$Ⅰ_x$。

图10.10　单孔钢筋混凝土涵身钢筋图

斜涵一端斜布钢筋表

涵顶填土/m			0.5~2.5								
涵洞斜度 φ			15°			30°			45°		
钢筋号	直径/mm	每根长/m	平均长/m	根数	共长/m	平均长/m	根数	共长/m	平均长/m	根数	共长/m
1x	Φ12	—	4.09	4	16.36	4.20	10	42.00	4.44	16	71.40
2x	Φ12	—	4.09	2	8.18	4.20	4	16.80	4.44	8	35.52
3x	Φ12	—	1.89	2	3.78	1.99	4	7.96	2.24	16	19.92
4x	Φ12	—	1.89	4	7.56	1.99	10	19.90	2.24	16	35.84
5x	Φ12	1.86	—	4	7.44	—	10	18.60	—	16	29.76
6x	Φ12	—	4.09	2	8.18	4.20	4	16.80	4.44	8	35.52
7x	Φ12	—	1.89	2	3.78	1.99	4	7.96	2.24	5	17.92
8	Φ12	0.60	—	8	4.80	—	20	12.00	—	32	19.20
9	Φ12	0.26	—	16	4.16	—	40	10.40	—	64	16.64
10	Φ12	0.26	—	16	4.16	—	40	10.40	—	64	16.64
11	Φ12	0.24	—	8	1.92	—	20	4.80	—	32	7.68
12x	Φ12	—	0.73	72	52.56	1.58	72	113.76	2.73	72	196.56

正涵身钢筋及混凝土数量表(每10 m)

涵顶墙土/m			0.5~2.5	
钢筋号	直径/mm	每根长/m	根数	共长/m
1	Φ12	4.60	60	243.60
2	Φ12	4.60	30	121.80
3	Φ12	1.86	30	55.80
4	Φ12	1.86	60	111.60
5	Φ12	1.86	60	111.60
6	Φ12	4.06	30	121.80
7	Φ12	1.86	30	55.80
8	Φ12	0.60	120	72.00
9	Φ12	0.26	240	62.40
10	Φ12	0.26	300	78.00
11	Φ12	0.24	150	36.00
12	Φ12	10.00	72	720.00
组合片间距 S/cm			16.7	
钢筋合计/kg	Φ12	1 589.9	1 589.9	
	—	—		
混凝土/m^3			13.6	

斜涵一端斜布钢筋重量汇总表 单位:kg

涵顶填土/m 涵洞斜度 φ 直径/mm	0.5~2.5		
	15°	30°	45°
Φ12	109.1	249.9	444.2
—	—	—	—
合　计	109.1	249.9	444.2

斜布钢筋范围一端斜布钢筋组合片数及间距

涵顶填土/m 涵洞斜度 φ 项目		0.5~2.5		
		15°	30°	45°
斜布钢筋范围	L_1/cm	99	212	368
	L_2/cm	48	103	178
组合片数 n		4	9	16
组合片间距	S_1/cm	22.3		
	S_2/cm	11.1		

斜布钢筋尺寸计算式

涵顶填土/m 钢筋尺寸/cm 钢筋号	0.5~2.5	
	a_i	l_i
$1x_i(i=1,3,5,\dots,n)$	B_i-32	a_i+256
$1x_i(i=1,3,5,\dots,n)$	B_i-32	a_i+256
$2x_i(i=2,4,6,\dots,n)$	B_i-32	a_i+256
$3x_i(i=2,4,6,\dots,n)$	—	B_i+4
$4x_i(i=1,3,5,\dots,n)$	—	B_i+4
$6x_i(i=2,4,6,\dots,n)$	B_i-32	a_i+256
$7x_i(i=2,4,6,\dots,n)$	—	B_i+4
式中:B_i	$\sqrt{33/24+(S_1-S_2)^2 i^2}$	
钢筋号为 1x、2x、6x 的尺寸 b 与正布的相应钢筋的 b 值相同,详见正布钢筋尺寸表。		

附注:

1.斜涵身混凝土数量计算与正涵涵身相同,即以涵身长度按正涵身钢筋混凝土数量表(每10 m)计算。

2.斜涵正布钢筋数量从正布钢筋部分的涵身长度(设为 L_x)亦按上表计算,进水口不抬高式涵洞 $L_x=L-L_1-L_2$;进水口抬高式涵洞 $L_x=L-l-\frac{L_1-L_2}{2}$。

3.斜涵一端斜布钢筋表中,钢筋编号不带脚码 x 者,按表中"每根长"下料,钢筋编号带脚码 x 者,按斜布钢筋尺寸计算式计算的结果下料,表中平均长度仅作统计数量之用。

图 10.11 单孔钢筋混凝土箱涵身尺寸表

(4)涵身钢筋结构图

由于箱涵的配筋结构与盖板涵或预制板不同,故图样表达也不同。如图 10.10 所示为 $BH=1.5\ m\times1.5\ m$ 的涵身钢筋构造图。该箱涵钢筋结构的图示特点是:左半幅给出不抬高式或抬高式不抬高段的三面视图,即平面钢筋布置图和Ⅰ—Ⅰ剖面及相应的侧面投影图Ⅱ—Ⅱ剖面局部;右半幅给出抬高式抬高段的立面(Ⅰ—Ⅰ剖面)和侧面(Ⅲ—Ⅲ剖面)。为表示钢筋安装组合情况,对 2 种不同组合排列方式,组合Ⅰ($Ⅰ_x$)和组合Ⅱ($Ⅱ_x$)以横断面钢筋组合图的形式给出,并结合平面图中的代号做了表达。各钢筋的具体尺寸应从图 10.11 中查得。

10.3 通道工程图

由于通道工程的跨径一般比较小,故视图处理及投影特点与涵洞工程图一样,也是以通道洞身轴线作为纵轴,立面图以纵断面表示;水平投影则以平面图的形式表达,投影过程中同时连同通道支线道路一起投影,从而比较完整的描述了通道的结构布置情况。如图 10.12 所示,是某通道一般布置图。

· 10.3.1 立面图 ·

从图 10.12 中可以看出,立面图用纵断面取而代之,高速公路路面宽 26 m,边坡采用1∶2,通道净高 3 m,长 26 m,与高速路同宽,属明涵形式。洞口为八字墙,为顺接支线原路及外形线条流畅,采用倒八字翼墙,既起到挡土防护作用,又保证了美观。洞口两侧各 20 m 支线路面为混凝土路面,厚 20 cm,以外为 15 cm 厚砂石路面,支线纵向用 2.5%的单坡,汇集路面水于主线边沟处集中排走。由于通道较长,在通道中部,即高速路中央分隔带设有采光井,以利通道内采光透亮之需。

· 10.3.2 平面图及断面图 ·

平面图与立面对应,反映了通道宽度与支线路面宽度的变化情况,还反映了高速路的路面宽度及与支线道路和通道的位置关系。

从平面图可以看出,通道宽 4 m,即与高速路正交的两虚线同宽,依投影原理画出通道内壁轮廓线。通道帽石宽 50 cm,长度依倒八字翼墙长确定。通道与高速路夹角 α,支线两洞口设渐变段与原路顺接,沿高速公路边坡角两边各留出 2 m 宽的护坡道,其外侧设有底宽100 cm 的梯形断面排水边沟,边沟内坡面投影宽各 100 cm,最外侧设 100 cm 宽的挡堤,支线路面排水也流向主线纵向排水边沟。

在图纸最下面还给出了半Ⅰ—Ⅰ、半Ⅱ—Ⅱ的合成剖面图,显示了右侧洞口附近剖切支线路面及附属构造物断面的情况。其混凝土路面厚 20 cm、砂垫层 3 cm、石灰土厚 15 cm、砂砾垫层 10 cm。为读图方便,还给出半洞身断面与半洞口断面的合成图,可以知道该通道为钢筋混凝土箱涵洞身,倒八字翼墙。

通道洞身及各构件的一般构造图及钢筋结构图与前面介绍的桥涵图类似,在此不再赘述。该通道的洞身构造表示方法可参见图 10.13 和图 10.14。

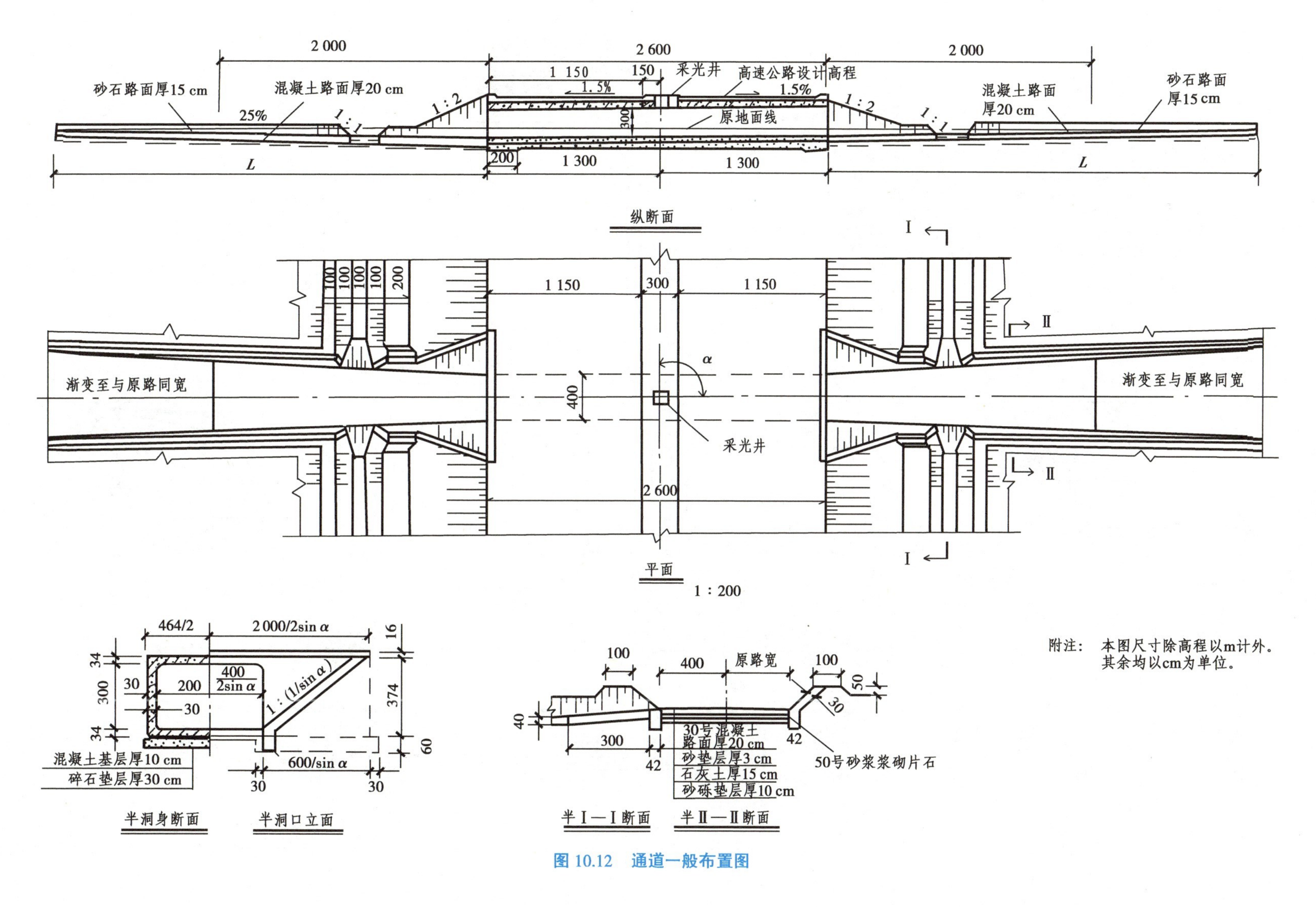

附注：本图尺寸除高程以m计外。其余均以cm为单位。

图 10.12 通道一般布置图

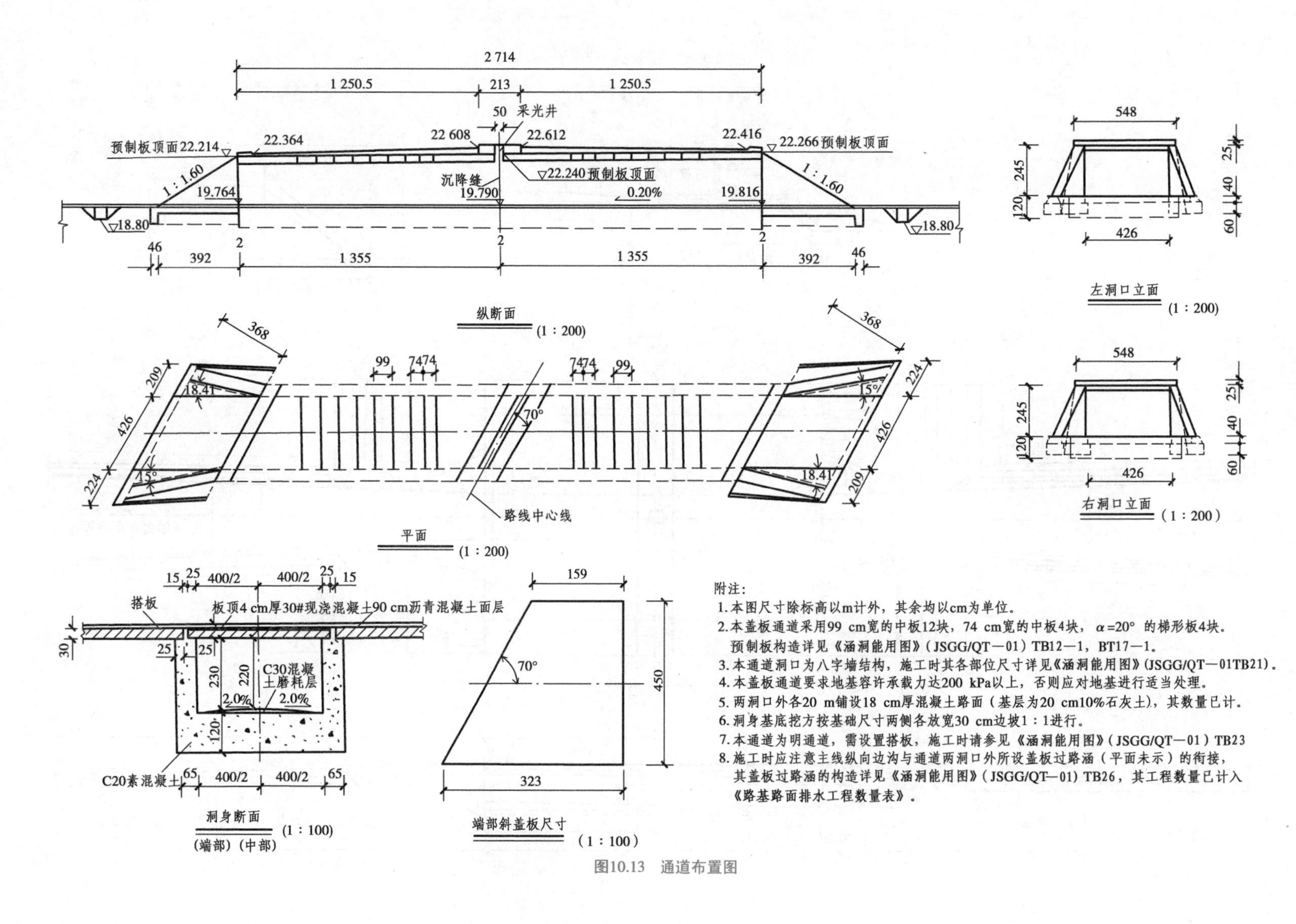

2 714
1 250.5
213
1 250.5
50 采光井
22 608
22.612
预制板顶面22.214
22.364
22.416
22.266预制板顶面
1 : 1.60
1 : 1.60
沉降缝
▽22.240预制板顶面
19.764
19.790
0.20%
19.816
▽18.80
▽18.80
46
392
1 355
1 355
392
46
2
2
2
纵断面
(1 : 200)
368
368
209
18.41
426
224
15°
99
7474
7474
99
70°
224
15°
426
18.41
209
路线中心线
平面
(1 : 200)
548
245
120
25
40
60
426
左洞口立面
(1 : 200)
548
245
120
25
40
60
426
右洞口立面
(1 : 200)
15
25
400/2
400/2
25
15
搭板
板顶4 cm厚30#现浇混凝土90 cm沥青混凝土面层
30
25
25
230
220
C30混凝土磨耗层
2.0%
2.0%
120
C20素混凝土
65
400/2
400/2
65
洞身断面
(端部)(中部)
(1 : 100)
159
70°
450
323
端部斜盖板尺寸
(1 : 100)
附注:
1. 本图尺寸除标高以m计外，其余均以cm为单位。
2. 本盖板通道采用99 cm宽的中板12块，74 cm宽的中板4块，α=20° 的梯形板4块。预制板构造详见《涵洞能用图》(JSGG/QT—01) TB12—1，BT17—1。
3. 本通道洞口为八字墙结构，施工时其各部位尺寸详见《涵洞能用图》(JSGG/QT—01TB21)。
4. 本盖板通道要求地基容许承载力达200 kPa以上，否则应对地基进行适当处理。
5. 两洞口外各20 m铺设18 cm厚混凝土路面（基层为20 cm10%石灰土），其数量已计。
6. 洞身基底挖方按基础尺寸两侧各放宽30 cm边坡1 : 1进行。
7. 本通道为明通道，需设置搭板，施工时请参见《涵洞能用图》(JSGG/QT—01) TB23
8. 施工时应注意主线纵向边沟与通道两洞口外所设盖板过路涵（平面未示）的衔接，其盖板过路涵的构造详见《涵洞能用图》(JSGG/QT—01) TB26，其工程数量已计入《路基路面排水工程数量表》。

图10.13　通道布置图

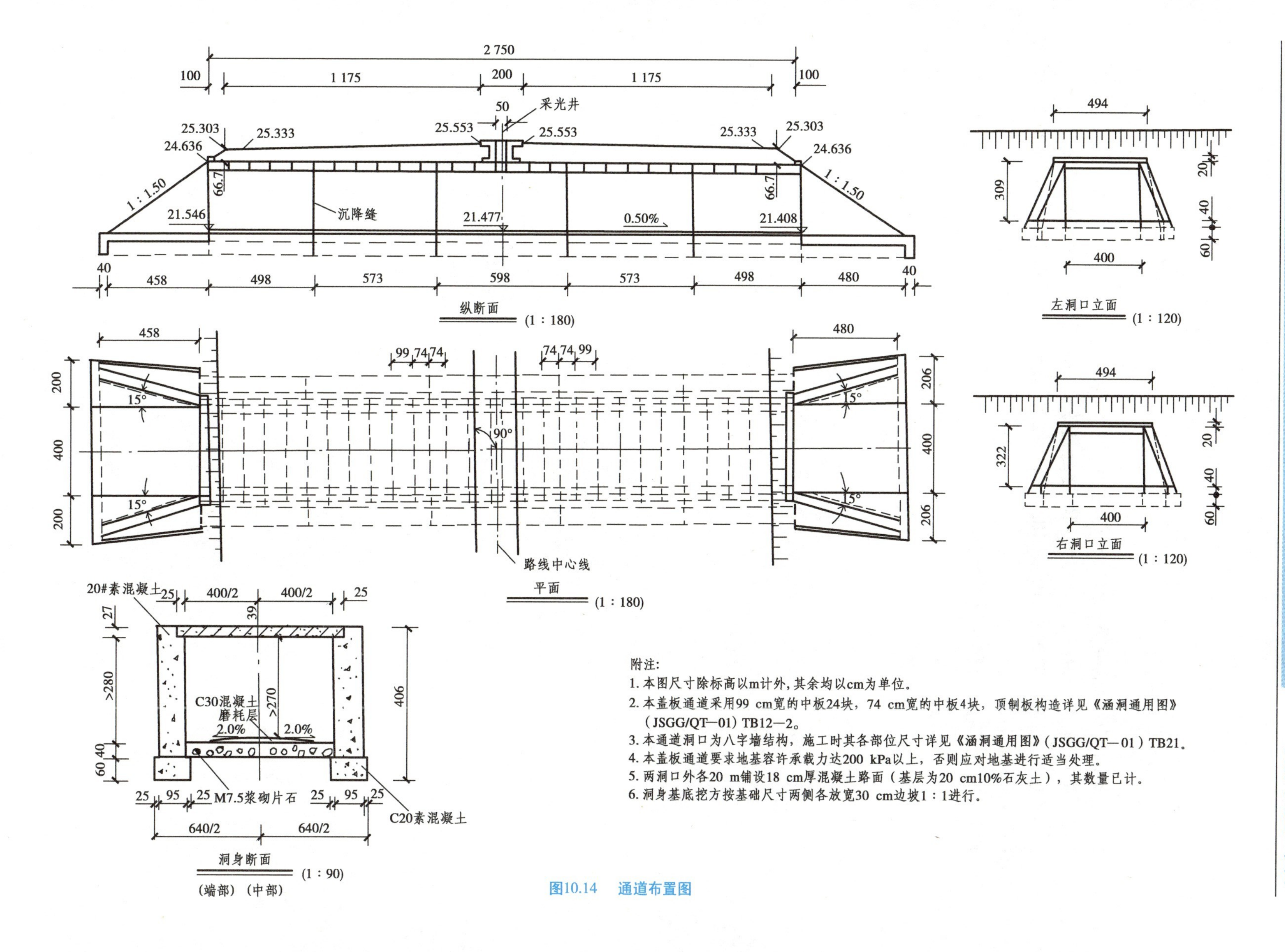

附注:

1. 本图尺寸除标高以m计外，其余均以cm为单位。
2. 本盖板通道采用99 cm宽的中板24块，74 cm宽的中板4块，顶制板构造详见《涵洞通用图》（JSGG/QT—01）TB12—2。
3. 本通道洞口为八字墙结构，施工时其各部位尺寸详见《涵洞通用图》（JSGG/QT—01）TB21。
4. 本盖板通道要求地基容许承载力达200 kPa以上，否则应对地基进行适当处理。
5. 两洞口外各20 m铺设18 cm厚混凝土路面（基层为20 cm10%石灰土），其数量已计。
6. 洞身基底挖方按基础尺寸两侧各放宽30 cm边坡1：1进行。

图10.14 通道布置图

复习思考题

10.1　涵洞工程图的分类和组成有哪些?

10.2　常用涵洞工程图图示特点的相似之处是什么?试与桥梁工程图做比较。

10.3　试根据图 10.9、图 10.10、图 10.11 所给图表,设计一涵顶填土 2.0 m、斜度 $\phi=15$ 的箱涵,并画出其工程图。

10.4　通道工程图有哪些图示特点?

11　桥隧工程图的识别

当修筑的道路通过江河、山谷和低洼地带时，需要修筑桥梁以保证车辆的正常行驶和宣泄水流，并要考虑船只通行；在山岭地区修筑道路时，为了减少土石方数量，保证车辆平稳行驶和缩短里程要求，可考虑修筑公路隧道。本章介绍桥梁工程图和隧道工程图。

目前，桥隧工程中广泛应用钢筋混凝土作为建筑材料，故先介绍有关钢筋混凝土的基本知识及它的图示特点，为学习桥隧工程图打好基础。

11.1　钢筋混凝土结构图

混凝土是用水泥、砂、石子和水按一定比例拌和硬化而成的一种人造石料。把它灌入定形模板中，经振捣密实和养护凝固后就形成坚硬如石的混凝土构件。混凝土的抗压强度较高，抗拉强度较低，容易因受拉而断裂，为了提高混凝土构件的抗拉能力，常在混凝土构件的受拉区内加入一定数量的钢筋，使两种材料黏结成一个整体，共同承受外力，这种配有钢筋的混凝土称为钢筋混凝土，如图 11.1 所示。

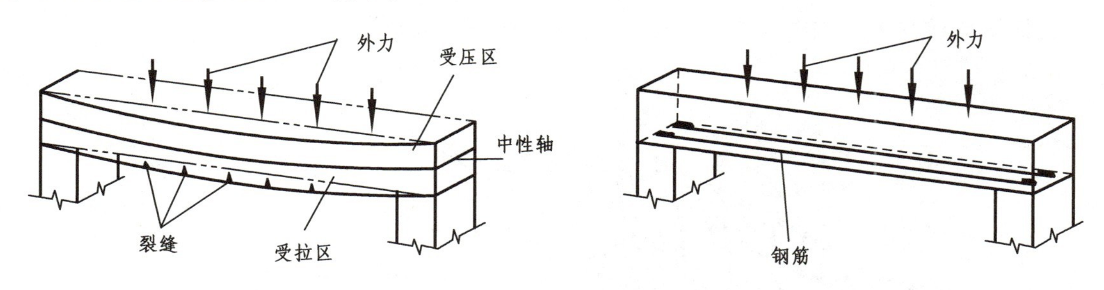

图 11.1　钢筋混凝土简支梁受力示意图

钢筋混凝土是最常用的建筑材料，桥梁工程中的许多构件都是用它来制作的，如梁、板、柱、桩、桥墩等。用钢筋混凝土制成的板、梁、桥墩和桩等构件组成的结构物，称为钢筋混凝土结构。

为了把钢筋混凝土结构表达清楚，需要画出钢筋结构图（又称钢筋布置图，简称结构图或钢筋图）。钢筋结构图主要是表达构件内部钢筋的布置情况，是钢筋断料、加工、绑扎、焊接和检验的重要依据，它应包括钢筋布置图、钢筋编号、尺寸、规格、根数、钢筋成型图和钢筋数量表及技术说明等。

· 11.1.1 钢筋的基本知识 ·

1)钢筋的级别与符号

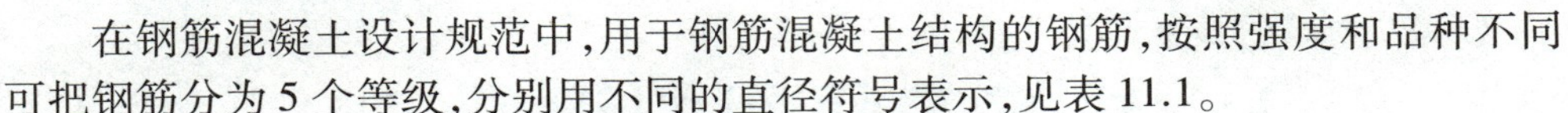

在钢筋混凝土设计规范中，用于钢筋混凝土结构的钢筋，按照强度和品种不同可把钢筋分为5个等级，分别用不同的直径符号表示，见表11.1。

表11.1 钢筋统一符号

级 别	牌 号	旧符号	新符号	钢筋形状
Ⅰ	3号钢	Φ	Φ	光 圆
Ⅱ	16锰、16硅钛、15硅钒	Ⓐ,$\underline{\Phi}$	$\underline{\Phi}$	人字纹
Ⅲ	25锰硅、25硅钛、20硅钒	Ⓥ	$\underline{\Phi}$	人字纹
Ⅳ	44锰2硅、45硅2钛、40硅2钒、45锰硅钒	$\overline{\Phi}$,$\overline{\Phi}$	$\overline{\underline{\Phi}}$	光圆或螺纹
Ⅴ	44锰2硅、45锰硅钒	$\overline{\underline{\Phi}}$,$\overline{\underline{\Phi}}$	$\overline{\underline{\Phi}}^{t}$	
	5号钢	Φ	Φ	螺 纹
Ⅰ	冷拉3号钢筋	Φ^{l}	Φ^{l}	光 圆
Ⅱ	冷拉Ⅱ级钢筋	Φ^{l},$\underline{\Phi}^{l}$	$\underline{\Phi}^{l}$	人字纹
Ⅲ	冷拉Ⅲ级钢筋	Ⓥ^{l}	$\underline{\Phi}^{l}$	人字纹
Ⅳ	冷拉Ⅳ级钢筋	Φ^{l},$\underline{\Phi}^{l}$	$\overline{\underline{\Phi}}^{l}$	光圆或螺纹
	冷拉5号钢筋	Φ^{l}	Φ^{l}	螺 纹

2)钢筋种类及作用

根据钢筋在整个结构中的作用不同，如图11.2所示，可分为：

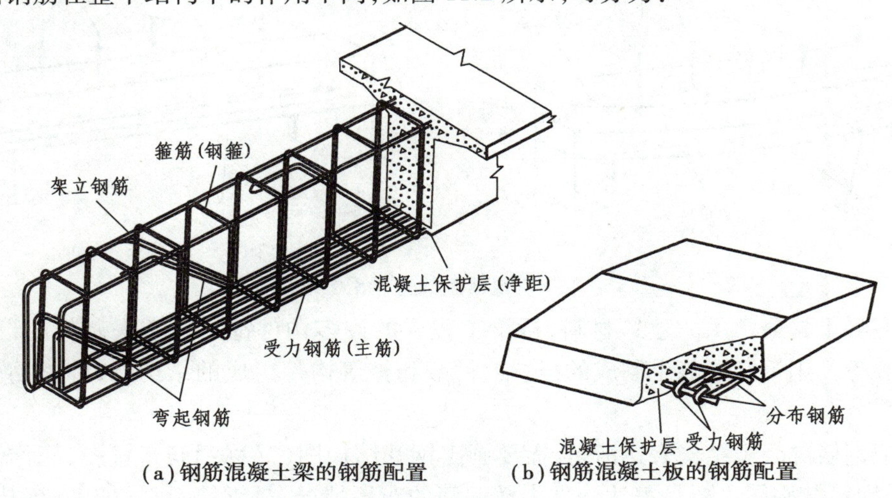

(a)钢筋混凝土梁的钢筋配置 (b)钢筋混凝土板的钢筋配置

图11.2 钢筋在构件中的种类示意图

- 受力钢筋(主筋) 用来承受主要拉力。
- 钢箍(箍筋) 固定受力钢筋位置，并承受一部分斜拉力。

● 架立钢筋　一般用来固定钢筋的位置,用于钢筋混凝土梁中。

● 分布钢筋　一般用于钢筋混凝土板或高梁结构中,用以固定受力钢筋位置,使荷载分布给受力钢筋,并防止混凝土收缩和温度变化出现的裂缝。

● 其他钢筋　为了起吊安装或构造要求而设置的预埋或锚固钢筋等。

3)钢筋的弯钩和弯起

(1)钢筋的弯钩

对于光圆外形的受力钢筋,为了增加它与混凝土的黏结力,在钢筋的端部做成弯钩。弯钩的标准形式有半圆弯钩(180°)、直弯钩(90°)和斜弯钩(135°)3 种。根据需要,钢筋实际长度要比端点长出 $6.25d$、$4.9d$、$3.5d$,这时钢筋的长度要计算其弯钩的增长数值。

带弯钩钢筋的断料长度应为设计长度加上其相应弯钩的增长数值。在图 11.3 中用双点画线表示出了弯钩弯曲前的下料长度,它是计算钢材用量的依据。

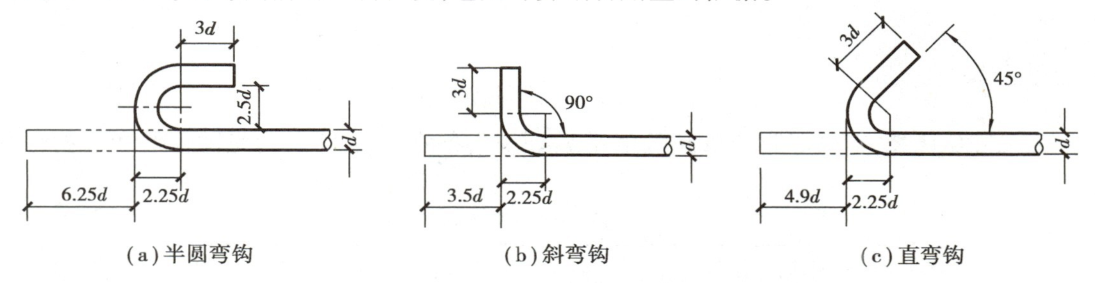

图 11.3　钢筋的弯钩

当弯钩为标准形式时,图中不必标注其详细尺寸;若弯钩或钢筋的弯曲是特殊设计的,则在图中必须另画详图表明其形式和详细尺寸。

为了避免计算,钢筋弯钩的增长数值编有表格备查。表 11.2 为光圆钢筋弯钩增长数值表。

表 11.2　光圆钢筋弯钩增长数值表　　单位:mm

钢筋直径	180°弯钩	135°弯钩	90°弯钩
6	38	29	21
8	50	39	28
10	63	49	35
12	75	59	42
14	88	68	49
16	100	78	56
18	113	88	63
19	119	93	67
20	125	98	70
22	138	107	77
24	150	117	84

(2)钢筋的弯起

根据结构受力要求,有时需要在梁内将部分受力钢筋向上弯起,这时弧长比两切线之和短些,如图 11.4 所示,其计算长度应减去折减数值(钢筋直径小于 10 mm 时可忽略不计)。45°和 90°弯起为标准弯起。

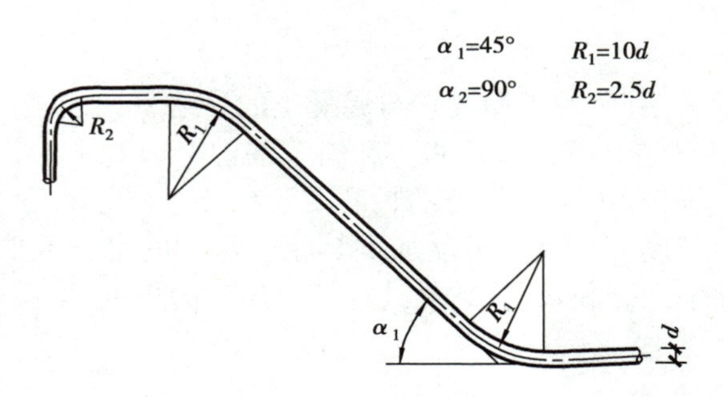

图 11.4 钢筋的弯起

为了避免计算,钢筋弯起的折减数值也编有表格备查。表 11.3 为光圆钢筋弯起折减数值表。

表 11.3 光圆钢筋弯转长度折减表 单位:mm

钢筋直径	45°弯起	90°弯转
6	3	6
8	3	9
10	4	11
12	5	13
14	6	15
16	7	17
18	8	19
19	8	20
20	9	21
22	9	24
24	10	26

如图 11.7 所示,1 号Φ 10 钢筋两端半圆钩端点的长度为 126,查表 11.2 得弯钩长度为 63 mm,即 126+2(6.3)= 126+12.6=138.6≈139。

如图 11.8 所示,4 号Φ 22 钢筋长度为 728+2×65,查表 11.2、表 11.3 得弯钩长度为138 mm、90°弯转长度为 24 mm,即 728+2×65+2×(13.8−2.4)= 880.8≈881。

4)混凝土的等级和钢筋的保护层

混凝土按其抗压强度分为不同的等级,普通混凝土分 C7.5,C10,C15,C20,C25,C30,C35,C40,C45,C50,C55,C60 12 个等级。数字越大,混凝土的抗压强度越高。

为了保护钢筋,防止钢筋锈蚀及加强钢筋与混凝土的黏结力,钢筋必须全部包在混凝土中,因此钢筋边缘至混凝土表面应保持一定的厚度,称为保护层,此厚度距离称为净距(如图 11.2 所示的立面图中)。保护层的最小厚度可查阅钢筋混凝土结构设计规范。

5)钢筋骨架

为制造钢筋混凝土构件,先将不同直径的钢筋,按照需要的长度截断,根据设计要求进行弯曲(称为钢筋成型或钢筋大样),再将弯曲后的成型钢筋组装。

钢筋组装成型,一般有 2 种方式:一种是用细铁丝绑扎钢筋骨架;另一种是焊接钢筋骨架,先将钢筋焊成平面骨架,然后用箍筋联结(绑或焊)成立体骨架形式。对于焊接骨架,结点处固定主钢筋的焊缝在图中应予以表达,如图 11.5 所示。图 11.6 是焊接钢筋骨架的标注图式。

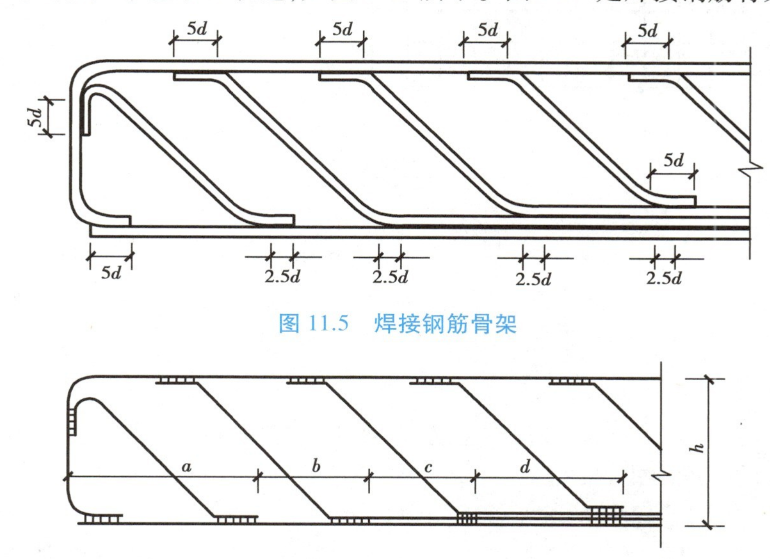

图 11.5　焊接钢筋骨架

图 11.6　焊接钢筋骨架的标注

11.1.2　钢筋混凝土结构图的内容

钢筋混凝土结构图包括 2 类图样:一类是一般构造图(又称模板图),即表示构件的形状和大小,但不涉及内部钢筋的布置情况;另一类是钢筋结构图,主要表示构件内部钢筋的配置情况。图 11.7、图 11.8 分别为图 11.2 所示的钢筋混凝土梁和板的钢筋结构图。

钢筋结构图的图示特点

1)钢筋结构图的图示特点

①为突出构件中钢筋的配置情况,把混凝土假设为透明体,结构外形轮廓画成细实线。

②钢筋纵向画成粗实线,其中箍筋较细,可画为中实线;钢筋断面用黑圆点表示,钢筋重叠时可以用小圆圈来表示。

③钢筋的标注。在钢筋结构图中为了区分各种类型和不同直径的钢筋,要求对不同类型的钢筋加以编号并在引出线上注明其规格和间距,编号用阿拉伯数字表示。

④钢筋的弯钩和净距的尺寸都比较小,画图时不能严格按照比例画,以免线条重叠,要考虑适当放宽尺寸,以清楚为度,此称为夸张画法。同理,在立面图中遇到钢筋重叠时,亦要放宽尺寸,中间应留有空隙,使图面清晰。

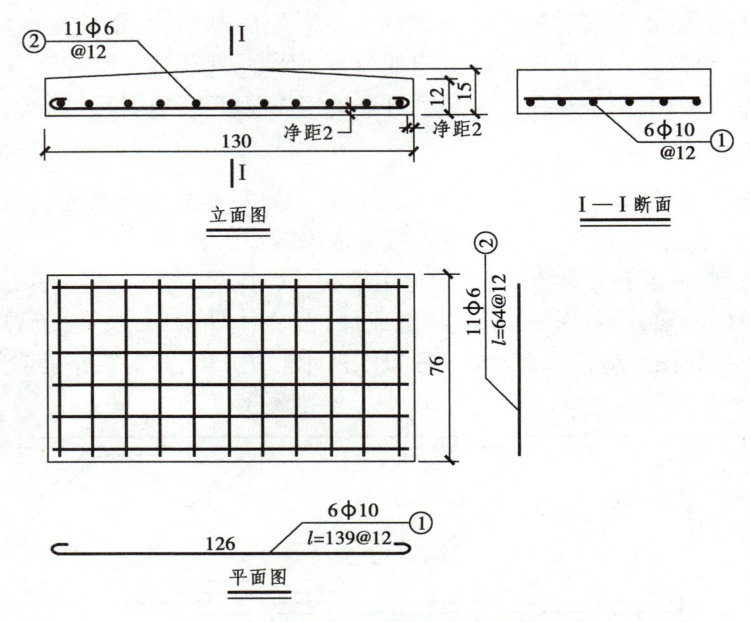

图 11.7　钢筋混凝土板的钢筋结构图

⑤画钢筋结构图时，三面投影图不一定都画出来，而是根据需要来决定，例如画钢筋混凝土梁的钢筋结构图，一般不画平面图，只用立面图和断面图表示。

2）钢筋的编号和尺寸标注方式

对钢筋编号时，宜先编主、次部位的主筋，后编主、次部位的构造筋。在桥梁构件中，钢筋编号及尺寸标注的一般形式如下：

①编号标注在引出线右侧的细实线圆圈内。

②钢筋的编号和根数也可采用简略形式标注，根数注在 *N* 字之前，编号注在 *N* 字之后，如 2*N*2；在钢筋断面图中，编号可标注在对应的细实线方格内，如图 11.8 所示。

③尺寸单位：在路桥工程图中，钢筋直径的尺寸单位采用 mm，其余尺寸单位均采用 cm，图中无须注出单位。

钢筋编号和尺寸标注方式如下：

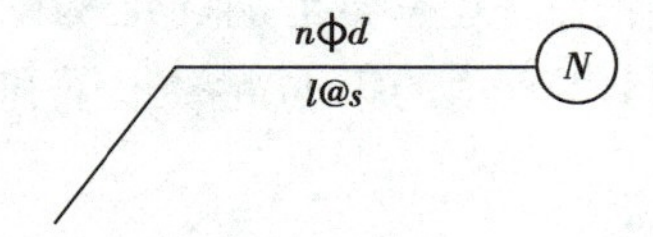

其中　*N*——代表钢筋编号，圆圈直径为 4~8 mm；

n——代表钢筋根数；

ϕ——钢筋直径符号，也表示钢筋的等级；

d——代表钢筋直径的数值，mm；

l——代表每根钢筋的断料长度，cm；

@——钢筋中心间距符号；

s——代表钢筋间距的数值，cm。

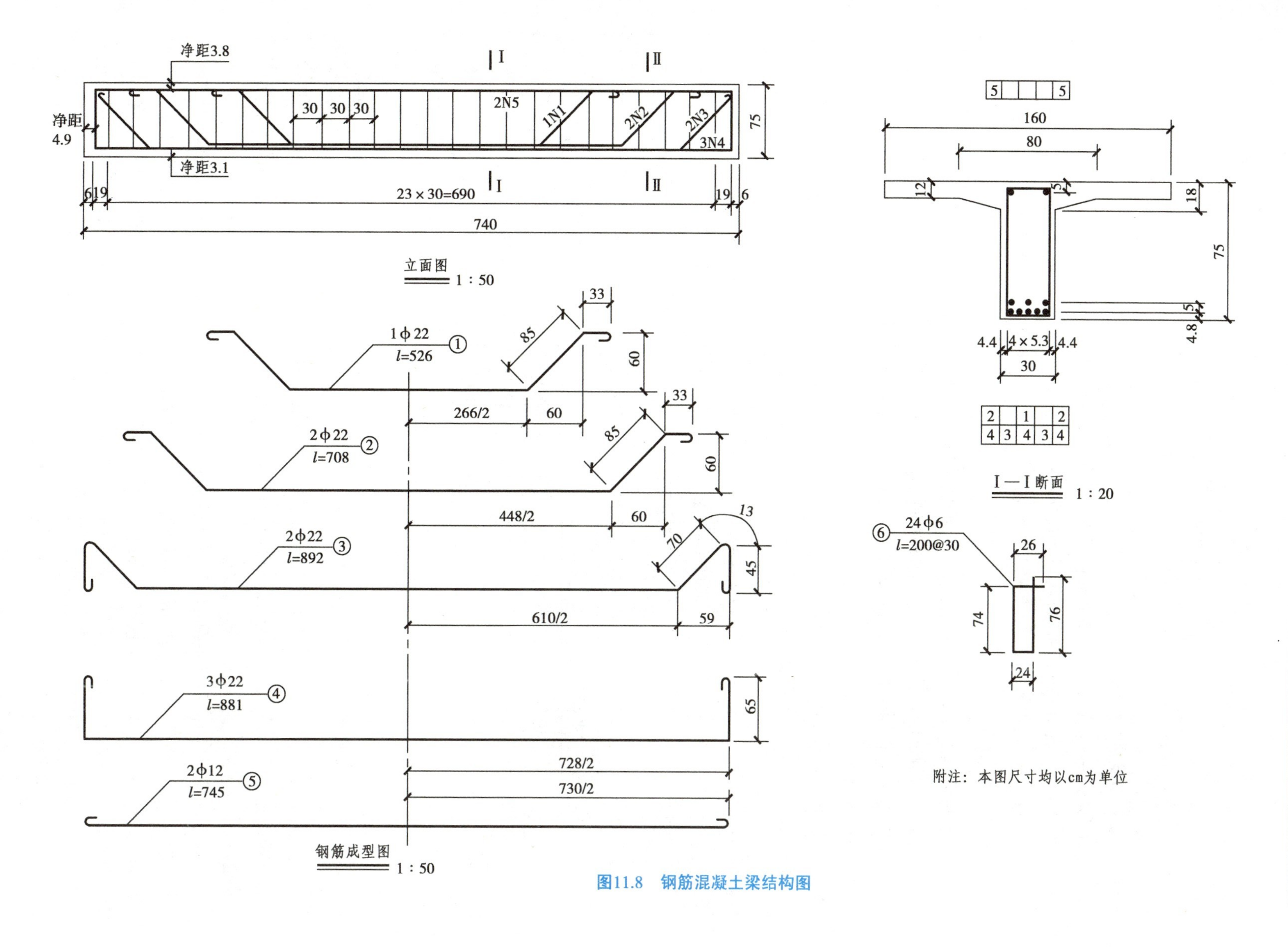

图11.8 钢筋混凝土梁结构图

如：

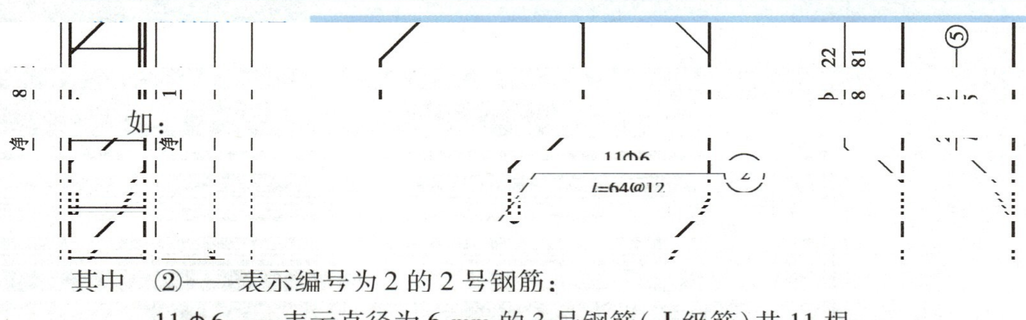

其中 ②——表示编号为 2 的 2 号钢筋；

11 Φ6——表示直径为 6 mm 的 3 号钢筋（Ⅰ级筋）共 11 根；

l=64——表示每根钢筋的断料长度为 64 cm；

@12 ——表示钢筋轴线之间的距离为 12 cm。

3）钢筋成型图

在钢筋结构图中，为了能充分表明钢筋的形状以便于配料和施工，还必须画出每种钢筋的加工成型图，如图 11.8 所示。图上应注明钢筋的符号、直径、编号、根数、弯曲尺寸和断料长度等。有时为了节省图幅，可把钢筋成型图画成示意略图放在钢筋数量表内。

4）钢筋数量表

在钢筋结构图中，一般还附有钢筋数量表，内容包括钢筋的编号、直径、根数、每根长度、总长及质量等，必要时可加画略图，如图 11.8 及表 11.4 所示。

表 11.4 钢筋混凝土梁钢筋数量表

编 号	钢筋符号和直径/mm	长度/cm	根 数	共长/m	每米质量/(kg · m^{-1})	共重/kg
1	Φ22	526	1	5.26	2.984	15.70
2	Φ22	708	2	14.16	2.984	42.25
3	Φ22	892	2	17.84	2.984	53.23
4	Φ22	881	3	26.43	2.984	78.87
5	Φ12	745	2	14.90	0.888	13.23
6	Φ6	200	24	48.00	0.222	10.66
共 计						213.94

钢筋结构图的阅读

· 11.1.3 钢筋结构图识读举例 ·

如图 11.8 所示，为一根钢筋混凝土梁的钢筋结构图，从Ⅰ—Ⅰ断面图可以看出梁的断面为“T”形，称为 T 形梁，梁内有 6 种钢筋，它的形状和尺寸在钢筋成型图上均已表达清楚。

从立面图及Ⅰ—Ⅰ断面图中可以看出钢筋排列的位置及数量。Ⅰ—Ⅰ断面图的上方和下方画有小方格，格内注有数字，用以表明钢筋在梁内的位置及其编号。如立面图中的 2N5 是表示有 2 根编号为 5 的 5 号钢筋，安置在梁内的上部，对应在Ⅰ—Ⅰ断面图中则可以看出 2 根 5 号钢筋在梁内的上部对称排列。立面图中还设有Ⅱ—Ⅱ断面剖切线，Ⅱ—Ⅱ断面图的钢筋排列位置和Ⅰ—Ⅰ断面不同，请读者自行思考。

表 11.4 是钢筋表，表中所列“每米质量（kg/m）”一栏数字，可以从有关工程手册中查得。

如用铅丝绑扎钢筋,铅丝数量按规定为钢筋总质量的0.5%,0.5%×213.94 kg=1.07 kg;如不用铅丝绑扎而采用电焊时,则应注出电焊长度和厚度。

11.2 桥梁工程图

· 11.2.1 桥梁概述 ·

1)桥梁的基本组成

桥梁由上部桥跨结构(主梁或主拱圈和桥面系)、下部结构(桥台、桥墩和基础)及附属结构(栏杆、灯柱、护岸、导流结构物等)3部分组成,如图11.9所示。

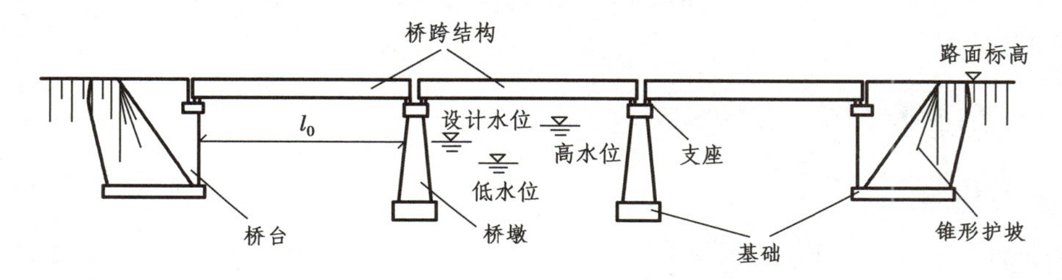

图11.9 桥梁的基本组成

- 桥跨结构　是在路线中断时,跨越障碍的主要承载结构,人们还习惯称之为上部结构。
- 桥墩和桥台　是支承桥跨结构并将恒载和车辆等活载传至地基的建筑物,又称之为下部结构。
- 支座　是桥跨结构与桥墩和桥台的支承处所设置的传力装置。
- 锥形护坡　在路堤与桥台衔接处,一般还在桥台两侧设置石砌的锥形护坡,以保证迎水部分路堤边坡的稳定。
- 低水位、高水位和设计洪水位　河流中的水位是变动的,在枯水季节的最低水位称为低水位,洪峰季节河流中的最高水位称为高水位,桥梁设计中按规定的设计洪水频率计算所得的高水位称为设计洪水位。
- 净跨径(l_0)　是设计洪水位上相邻两个桥墩(台)之间的净距。
- 总跨径(l)　是多孔桥梁中各孔净跨径的总和,它反映了桥下宣泄洪水的能力。
- 桥梁全长(桥长L)　是桥梁两端两个桥台的侧墙或八字墙后端点的距离。对于无桥台的桥梁为桥面行车道的全长。

2)桥梁的分类

桥梁的形式有很多,常见的分类形式有:

①按结构形式分为梁桥、拱桥、刚架桥、桁架桥、悬索桥、斜拉桥等。

②按建筑材料分为钢桥、钢筋混凝土桥、石桥、木桥等。其中以钢筋混凝土梁桥应用最为广泛。

③按桥梁全长和跨径的不同分为:特殊大桥、大桥、中桥和小桥,见表11.5。

表 11.5　桥梁分类

桥梁分类	多孔桥全长 L/m	单孔跨径/m	桥梁分类	多孔桥全长 L/m	单孔跨径/m
特大桥	$L \geqslant 500$	$L \geqslant 100$	中桥	$30 < L < 100$	$20 \leqslant L \leqslant 40$
大　桥	$L \geqslant 100$	$L \geqslant 40$	小桥	$8 < L < 30$	$5 \leqslant L \leqslant 20$

④按上部结构的行车位置分:上承式桥、下承式桥和中承式桥。

3)桥梁工程图的类别

桥梁设计一般分两个阶段设计:第一阶段(初步设计)着重解决桥梁总体规划问题;第二阶段是编制施工图。虽然各种桥梁的结构形式和建筑材料不同,但图示方法基本上是相同的。

表示桥梁工程的图样一般可分为桥位平面图、桥位地质断面图、桥梁总体布置图、构件图、详图等。这一节我们运用前面所学理论和方法结合桥梁专业图的图示特点来阅读和绘制桥梁工程图。

· 11.2.2　钢筋混凝土 T 形梁桥 ·

1)桥位平面图

桥位平面图主要表明桥梁和路线连接的平面位置,通过地形测量绘出桥位处的道路、河流、水准点、钻孔及附近的地形和地物(如房屋、旧桥等),以便作为设计桥梁、施工定位的依据。这种图一般采用较小的比例,如 1∶500,1∶1 000,1∶2 000 等。

如图 11.10 所示为一桥的桥位平面图。除了表示路线平面形状、地形和地物外,还表明了钻孔、里程、水准点的位置和数据。

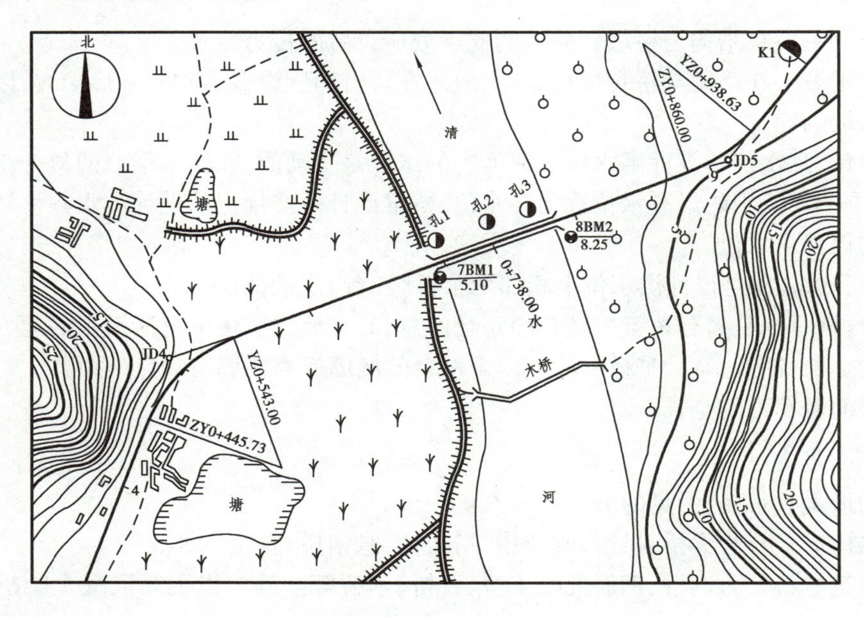

图 11.10　某桥桥位平面图

桥位平面图中的植被、水准符号等均应以正北方向为准，而图中文字方向则可按路线要求及总图标方向来决定。

2）桥位地质断面图

根据水文调查和地质钻探所得的地质水文资料，绘制桥位所在河床位置的地质断面图，包括河床断面线、最高水位线、常水位线和最低水位线，以便作为设计桥梁和计算工程数量的依据。地质断面图为了显示地质和河床深度变化情况，特意把地形高度（标高）的比例较水平方向比例放大数倍画出。如图 11.11 所示，地形高度的比例采用 1∶200，水平方向比例采用 1∶500。

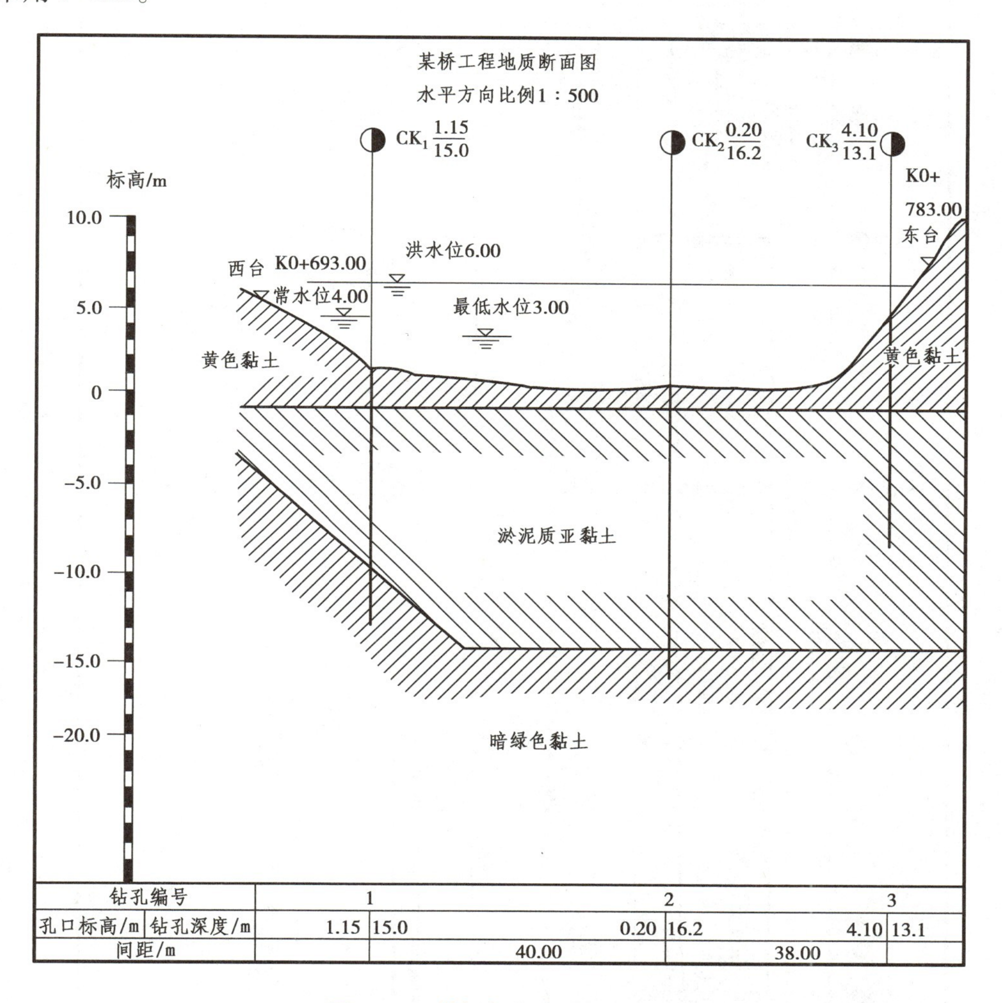

钻孔编号		1		2		3	
孔口标高/m	钻孔深度/m	1.15	15.0	0.20	16.2	4.10	13.1
间距/m			40.00		38.00		

图 11.11　某桥桥位地质断面图

3）桥梁总体布置图

总体布置图主要表明桥梁的型式、跨径、孔数、总体尺寸、各主要构件的相互位置关系，桥梁各部分的标高、材料数量以及总的技术说明等，作为施工时确定墩台位置、安装构件和控制标高的依据。

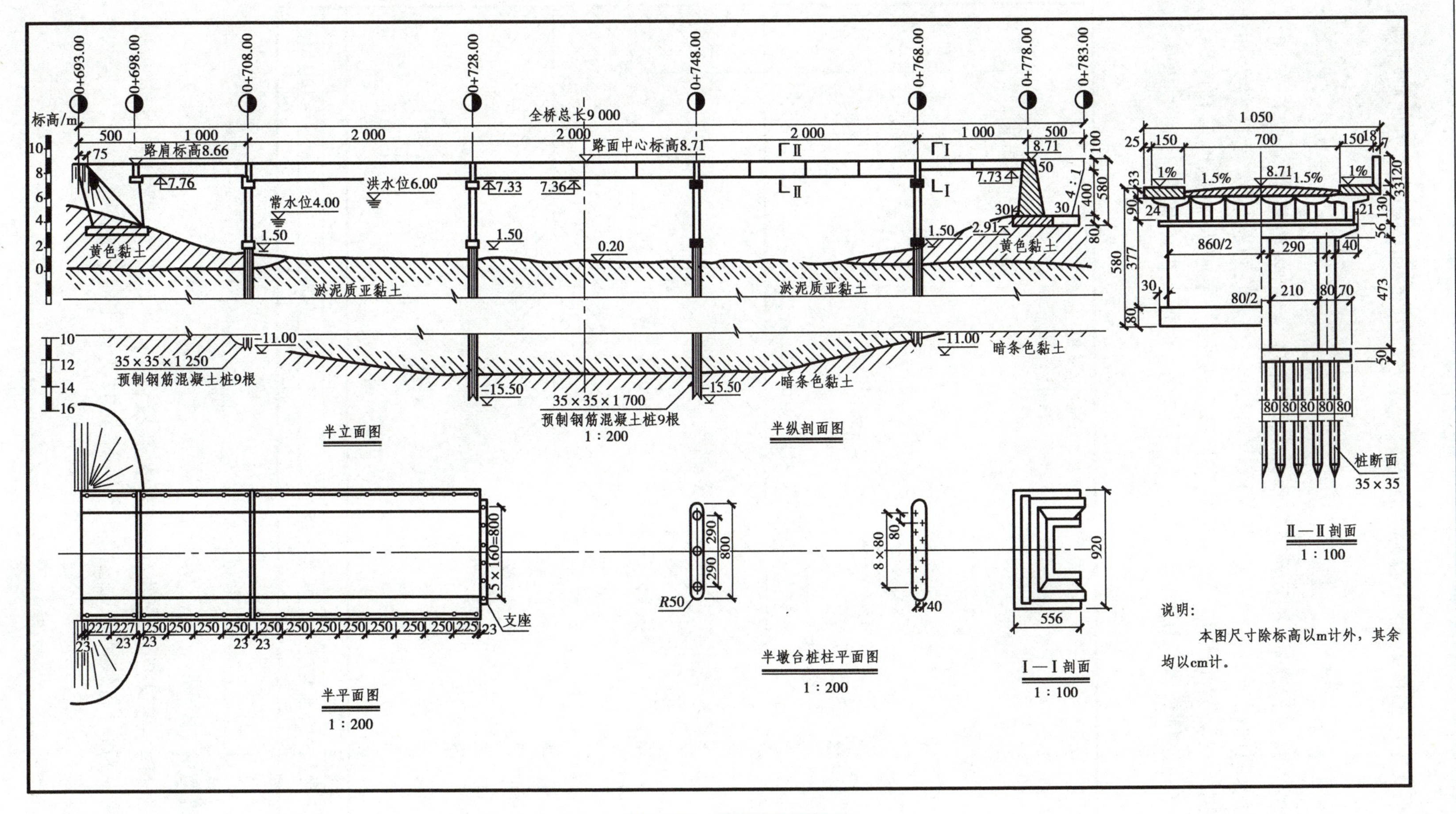

图11.12　某桥总体布置图

如图 11.12 所示为一总长度为 90 m、中心里程桩为 0+738.00 的 5 孔 T 形桥梁总体布置图。立面图和平面图的比例均采用 1∶200,横剖面图则采用 1∶100。

(1)立面图

采用半立面图和半纵剖面图合成,可以反映出桥梁的特征和桥型,共有 5 孔,两边孔跨径各为 10 m,中间 3 孔跨径各为 20 m,桥梁总长为 90 m。在比例较小时,立面图的人行道和栏杆可不画出。

- 下部结构　两端为重力式桥台,河床中间有 4 个柱式桥墩,它是由承台、立柱和基桩共同组成。左边 2 个桥墩画外形,右边 2 个桥墩画剖面,桥墩承台的上、下盖梁系钢筋混凝土,在 1∶200 以下的比例时,可涂黑处理,立柱和桩按规定画法,即剖切平面通过轴的对称中心线时,如不画材料断面符号则仅画外形,不画剖面线。
- 上部结构　为简支梁桥,2 个边孔的跨径均为 10 m,中间 3 孔的跨径均为 20 m。

立面图的左侧设有标尺(以 m 为单位),以便于绘图时进行参照,也便于对照各部分标高尺寸来进行读图和校核。

立面图左半部分梁底至桥面之间,画了 3 条线,表示梁高和桥中心处的桥面厚度;右半部分画剖面,把 T 形梁及横隔板均涂黑处理,并用剖面线把桥面厚度画出,剖面线方向与横剖面图的一致。

总体布置图还反映了河床地质断面及水文情况,根据标高尺寸可以知道,桩和桥台基础的埋置深度、梁底、桥台和桥中心的标高尺寸。由于混凝土桩埋置深度较大,为了节省图幅,连同地质资料一起,采用折断画法。图的上方还把桥梁两端和桥墩的里程桩号标注出来,以便读图和施工放样之用。

(2)平面图

对照横剖面图可以看出桥面净宽为 7 m,人行道宽两边各为 1.5 m,还有栏杆、立柱的布置尺寸。并从左往右,采用分段揭层画法来表达。

对照立面图 0K+728.00 桩号的右面部分,是把上部结构揭去之后,显示半个桥墩的上盖梁及支座的布置,可算出共有 12 块支座,布置尺寸纵向为 50 cm,横向为 160 cm。对照 0K+748.00 的桩号上,桥墩经过剖切(立面图上没有画出剖切线),显示出桥墩中部是由 3 根空心圆柱所组成。对照 0K+768.00 的桩号上,显示出桩位平面布置图,它是由 9 根方桩所组成,图中还注出了桩柱的定位尺寸。右端是桥台的平面图,可以看出是 U 形桥台,画图时,通常把桥台背后的回填土揭去,两边的锥形护坡也省略不画,目的是使桥台平面图更为清晰。这里为了施工时挖基坑的需要,只注出桥台基础的平面尺寸。

(3)横剖面图

由Ⅰ—Ⅰ和Ⅱ—Ⅱ剖面图合并而成,从图中可以看出桥梁的上部结构是由 6 片 T 形梁组成,左半部分的 T 形梁尺寸较小,支承在桥台与桥墩上面,对照立面图可以看出这是跨径为 10 m的 T 形梁。右半部分的 T 形梁尺寸较大,支承在桥墩上,对照立面图可以看出这是跨径为20 m的 T 形梁,还可以看到桥面宽、人行道和栏杆的尺寸。为了更清楚地表示横剖面图,允许采用比立面图和平面图放大的比例画出。

为了使剖面图清楚起见,每次剖切仅画所需要的内容,如Ⅱ—Ⅱ剖面图中,按投影理论,后面的桥台部分亦属可见,但由于不属于本剖面范围的内容,故习惯不予画出。

4)构件结构图

在总体布置图中,桥梁的构件都没有详细完整地表达出来,因此单凭总体布置图是不能进行制作和施工的，为此还必须根据总体布置图采用较大的比例把构件的形状、大小完整地表达出来，才能作为施工的依据，这种图称为构件结构图，简称构件图，由于采用较大的比例故也称为详图。如桥台图、桥墩图、主梁图和栏杆图等。构件图的常用比例为1∶10~1∶50。

当构件的某一局部在构件中不能清晰完整地表达时，则应采用更大的比例如1∶3~1∶10等来画局部放大图。

(1)桥台图

桥台是桥梁的下部结构，一方面支承梁，另一方面承受桥头路堤填土水平推力。如图11.13所示为常见的U形桥台，它是由台帽、台身、侧墙(翼墙)和基础组成，这种桥台是由前墙和2道侧墙垂直相连成"U"字形，再加上台帽和基础2部分组成。

- 纵剖面图　采用纵剖面图代替立面图，显示了桥台内部构造和材料。
- 平面图　设想主梁尚未安装，后台也未填土，这样就能清楚地表示出桥台的水平投影。

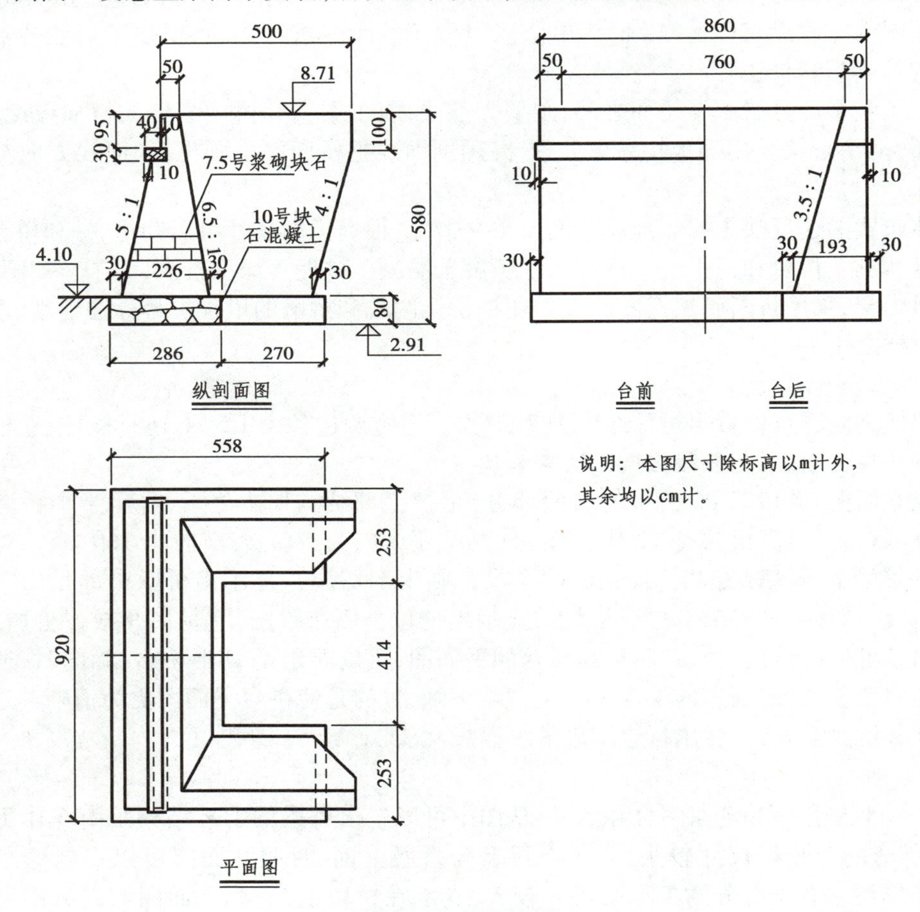

图11.13　U形桥台

侧面图是由1/2台前和1/2台后2个图合成。所谓台前，是指人站在河流的一边顺着路线观看桥台前面所得的投影图；所谓台后，是站在堤岸一边观看桥台背后所得的投影图。

(2)桥墩图

桥墩和桥台一样同属桥梁的下部结构，如图11.14所示，为某桥立柱式轻型桥墩结构图，采用了立面、平面和侧面的3个投影图，并且都采用半剖面形式。

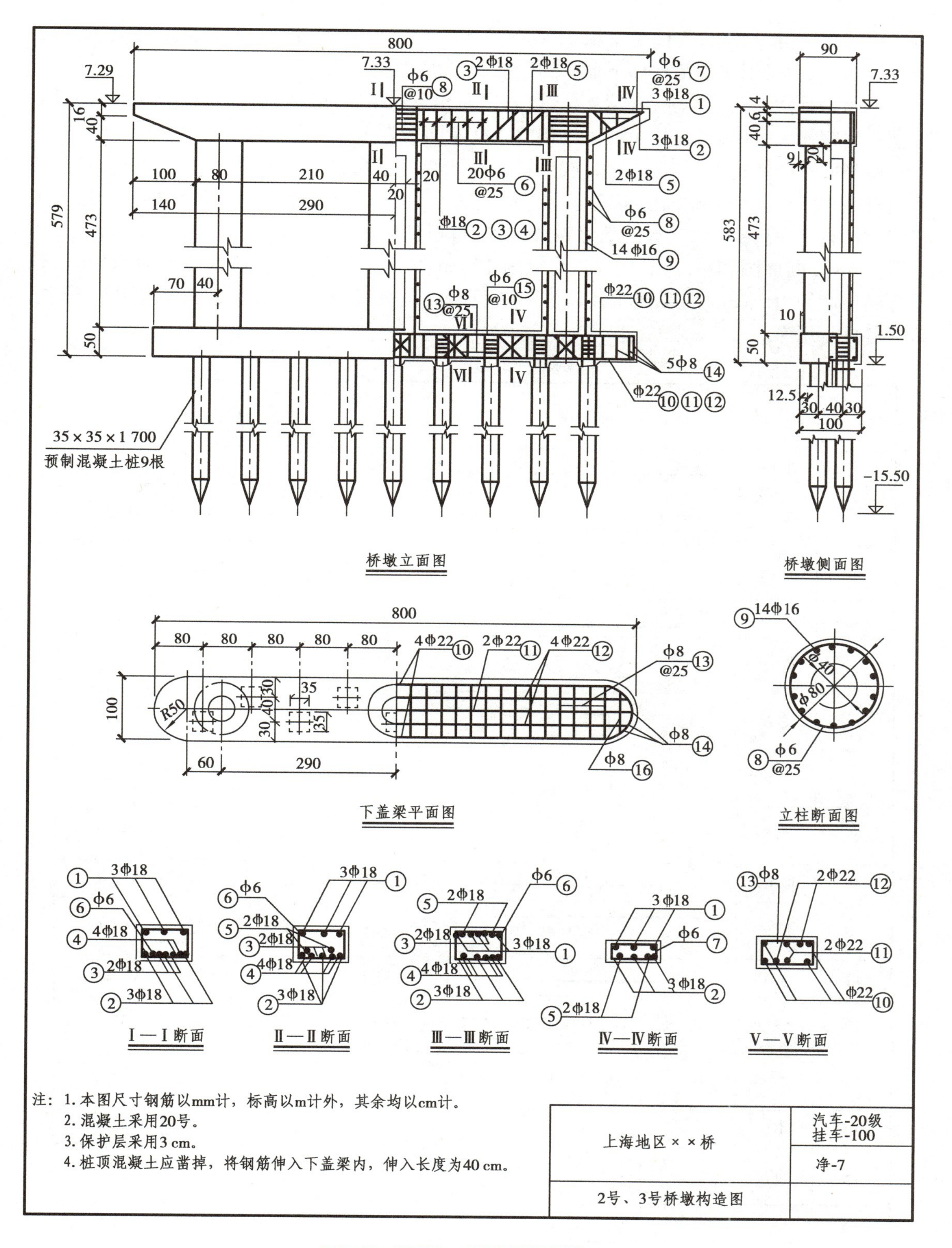

图11.14　某桥3、4号桥墩构造图

从结构图可以看出，下面是 9 根 35 cm×35 cm×1 700 cm 的预制钢筋混凝土桩，桩的钢筋没有详细表示，仅用文字把柱和下盖梁的钢筋连接情况标注在说明栏内。

平面图是把上盖梁移去，表示立柱、桩的排列和下盖梁钢筋网布置的情况，平面图中没有把立柱的钢筋表示出来，而另用放大比例的立柱断面图表示。

钢筋成型图在这里没有列出来，我们读图时可根据投影图、断面图和表 11.6 工程数量表略图对照来分析。例如立面图中编号为①的钢筋，可对照上盖梁断面图、侧面图和表 11.6 的略图，看出每根直径为 18 mm 的 5 号螺纹钢筋，每根长度为 854 cm；又如编号为②的钢筋，可对照立面图、断面图和略图，看出 3 根直径为 18 mm 的 5 号螺纹钢筋，每根长度为 868 cm，两端弯起长度为 104 cm。立面图中还设置Ⅵ—Ⅵ断面位置线，Ⅵ—Ⅵ断面图的钢筋排列位置，请读者自行思考。

表 11.6　工程数量表

编　号	直　径	略　图	每根长/cm	根　数	总长/m	钢筋质量/kg
1	Φ18	854	854	3	25.62	51.3
2	Φ18	104　660　104	868	3	26.04	52.0
3	Φ18	51　60　324　60　51	546	2	10.92	21.8
4	Φ18	660	660	4	26.40	52.8
5	Φ18	20　60　80　55　20	235	2	4.70	9.4
6	ϕ6	85　55　93　63	296	20	59.20	15.4
7	ϕ6	85　11–43　93　19–51	208～272	8	19.20	4.3
8	ϕ6	252	252	75	189.00	31.8
9	Φ16	575	575	42	261.00	412.4
10	Φ22	700　20　148	868	4	34.72	104.1
11	Φ22	794	794	2	15.88	47.6
12	Φ22	90　53 53　50　50　53 53　50　50　53 53　50　50　53 53　50　91	956	2	19.12	57.5
13	ϕ8	95　45　105　55	300	29	87.00	34.3
14	ϕ8	48	48	10	4.80	1.9
15	ϕ6	30　25　38　33	126	36	45.36	10.4
16	ϕ8	80	80	4	3.20	12.6

注：每墩钢筋总重 903.6 kg，每墩混凝土总计 13.57 m^3。

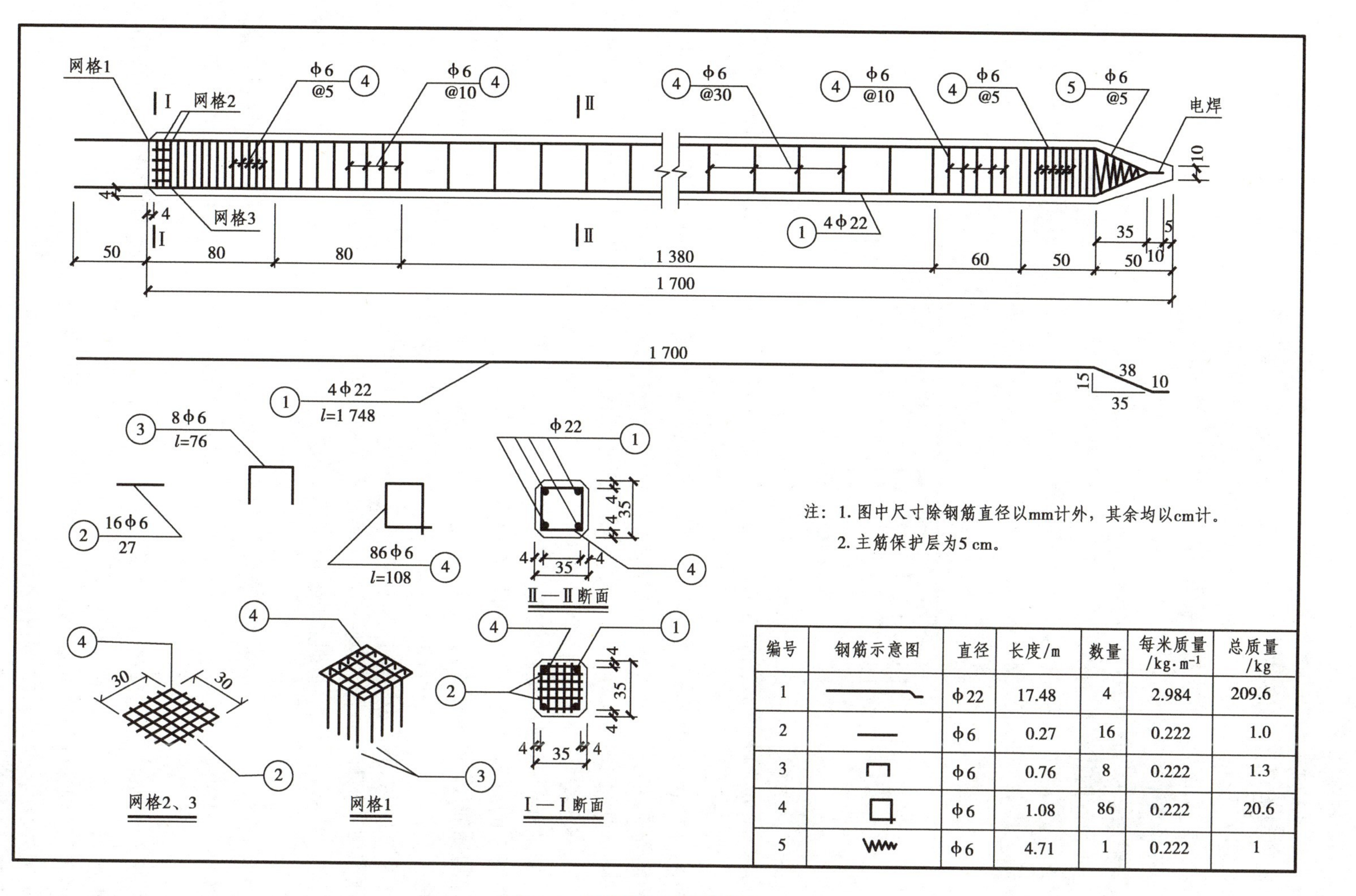

编号	钢筋示意图	直径	长度/m	数量	每米质量/kg·m^{-1}	总质量/kg
1		ф22	17.48	4	2.984	209.6
2		ф6	0.27	16	0.222	1.0
3		ф6	0.76	8	0.222	1.3
4		ф6	1.08	86	0.222	20.6
5		ф6	4.71	1	0.222	1

图11.15　钢筋混凝土桩结构图

(3)钢筋混凝土桩

如图 11.15 所示为一方形断面,长度为 17 m、横截面为 35 cm×35 cm 的钢筋混凝土桩的结构图。桩顶具有 3 层网格,桩尖则为螺旋形钢箍,其他部分为方形钢箍,分 3 种间距:中间为 30 cm,两端为 5 cm,其余为 10 cm。主钢筋①为 4 根长度为 1 748 cm 的Φ22 钢筋,除了钢筋成型图之外,还列出了钢筋数量一览表,以便对照和备料之用。

(4)主梁图(T 形梁)

T 形梁是由梁肋、横隔板(或称横隔梁)和翼缘板组成,在桥面宽度范围内往往有几根梁并在一起,在两侧的主梁称为边主梁,中间的主梁称为中主梁。主梁之间用横隔板联系,沿着主梁长度方向,每隔一定距离设有若干个横隔板,在两端的横隔板称为端隔板,中间的横隔板称为中隔板。其中边主梁一侧有横隔板,中主梁两侧有横隔板,如图 11.16 所示。

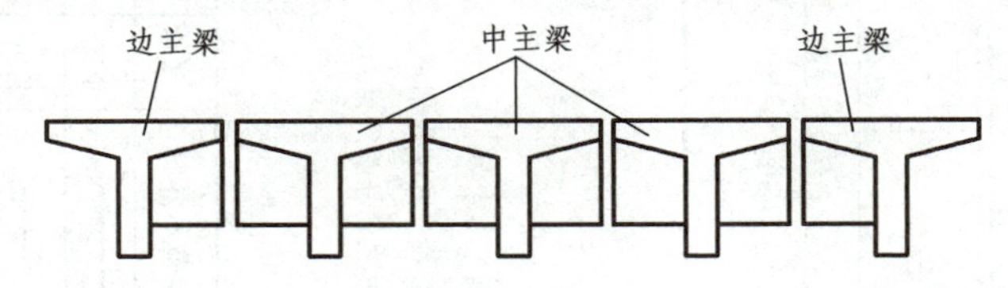

图 11.16　主梁与横隔板示意图

• 主梁骨架结构图　主梁是桥梁的上部结构,图 11.12 的钢筋混凝土梁桥分别采用跨径为 10 m 和 20 m 的装配式钢筋混凝土 T 形梁。如图 11.17 所示,即是跨径为 10 m 的 1 片主梁骨架结构图。

图 11.17(a)为主梁骨架图,其中③2 Φ 22 和①2 Φ 32 共 4 根组成架立钢筋,⑧8 Φ 8 为纵向钢筋和箍筋⑦组成一起,以增加梁的刚度及防止梁发生裂缝。钢箍距离除跨端和跨中外,均等于 26 cm。②,④,⑤,⑥均为受力钢筋。图中并注出各构件的焊缝尺寸,如 8,16 及装配尺寸,如 60,78,79.7 等。

图 11.17(b)是钢筋成型图,把每根钢筋单独画出来,并详细注明加工尺寸。

在画图的时候,在跨中断面可以看出钢筋②和①重叠在一起,为了表示清楚也可以把重叠在一起的钢筋用小圆圈表示。图 11.17(a)主梁骨架图上钢筋③,①和②,④,⑤,⑥等钢筋端部重叠并焊接在一起,但画图的时候,故意分开来画使线条分清以便于读图。

• 主梁隔板(横隔梁)结构图　有横隔板的 T 形梁能保证主梁的整体稳定性,横隔板在接缝处都预埋了钢板,在架好梁后通过预埋钢板焊接成整体,使各梁能共同受力。

如图 11.18 所示,为主梁隔板结构图,为了便于读图,还列出了骨架 1,2,3,4 四种钢筋成型图。

如图 11.19 所示,为隔板接头的构造,上缘接头钢板设在桥面上,下缘接头钢板设在侧面。在近墩台一面端隔板的外侧,因为不好焊接故没有做钢板接头,在中隔板内、外两侧均可布置接头。

投影图的处理,是先根据平面图做出Ⅰ—Ⅰ剖面图,然后再根据Ⅰ—Ⅰ剖面图做出Ⅱ—Ⅱ剖面和Ⅲ—Ⅲ剖面图,为了节省图幅,这里又分为端隔板和中隔板 2 种。

当 T 形梁架好后,如图 11.19 所示,另用钢板将横隔板接缝处的预埋钢板焊牢连成整体,上面接头用 2 块▱60×12×160 钢板,下面接头两侧各用 2 块▱60×12×160 钢板,端横隔板外侧近墩台处,不好焊接,故只焊内侧 1 块,如图 11.19 的Ⅱ—Ⅱ剖面图。

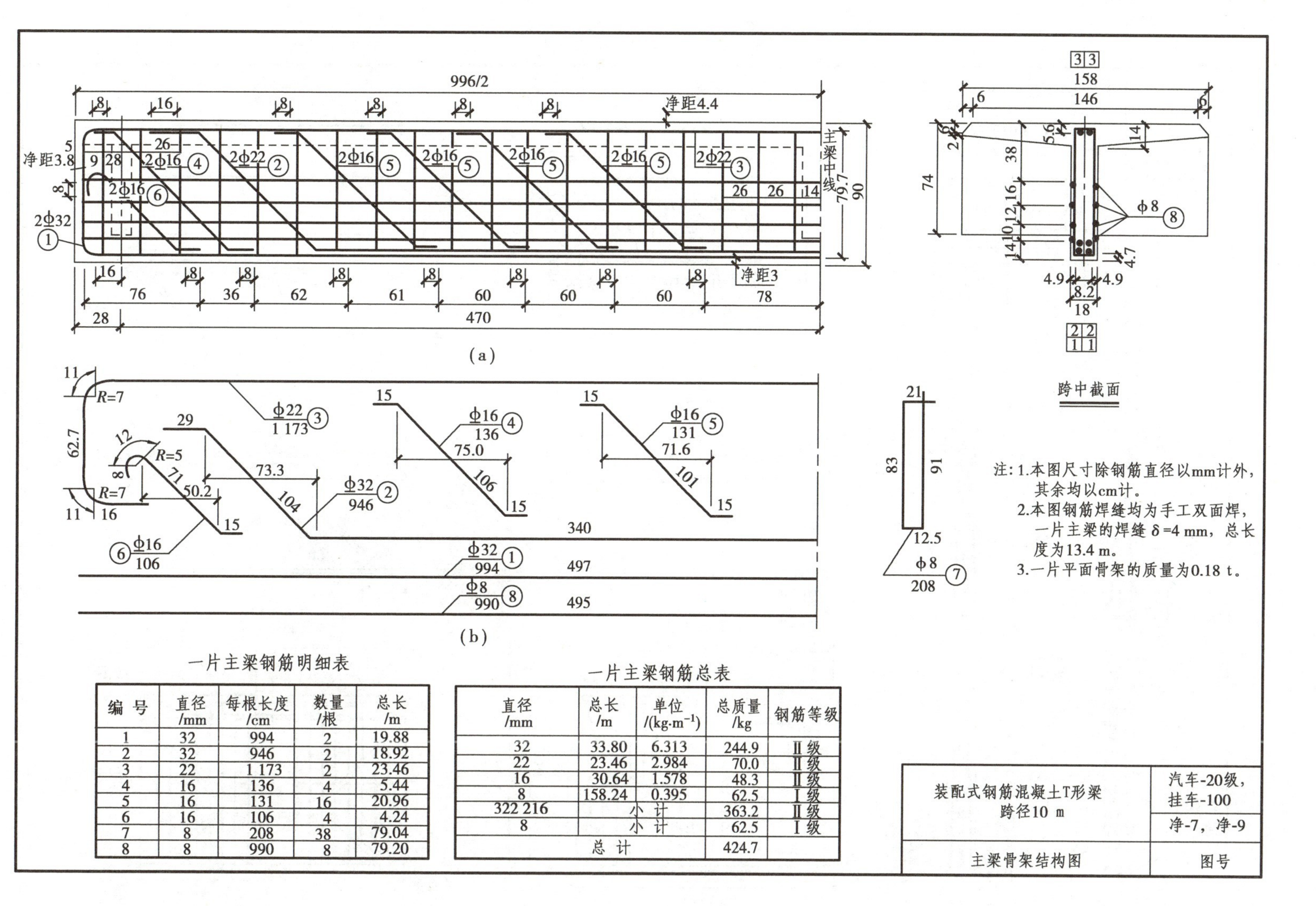

一片主梁钢筋明细表

编号	直径/mm	每根长度/cm	数量/根	总长/m
1	32	994	2	19.88
2	32	946	2	18.92
3	22	1 173	2	23.46
4	16	136	4	5.44
5	16	131	16	20.96
6	16	106	4	4.24
7	8	208	38	79.04
8	8	990	8	79.20

一片主梁钢筋总表

直径/mm	总长/m	单位/(kg·m^{-1})	总质量/kg	钢筋等级
32	33.80	6.313	244.9	Ⅱ级
22	23.46	2.984	70.0	Ⅱ级
16	30.64	1.578	48.3	Ⅱ级
8	158.24	0.395	62.5	Ⅰ级
322 216	小计		363.2	Ⅱ级
8	小计		62.5	Ⅰ级
总计			424.7	

图11.17　主梁骨架结构图

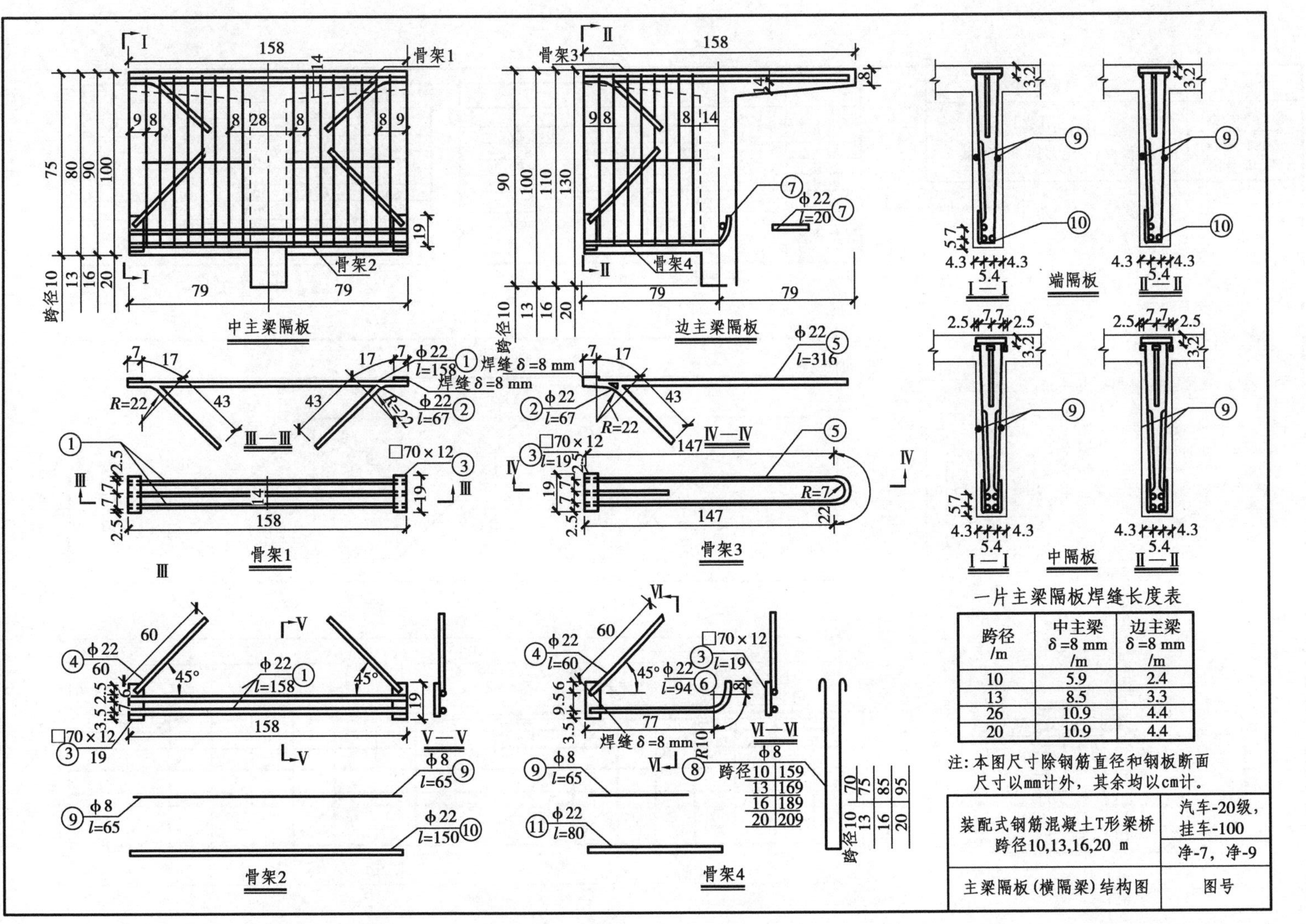

一片主梁隔板焊缝长度表

跨径 /m	中主梁 δ=8 mm /m	边主梁 δ=8 mm /m
10	5.9	2.4
13	8.5	3.3
26	10.9	4.4
20	10.9	4.4

图11.18　主梁隔板(横隔梁)结构图

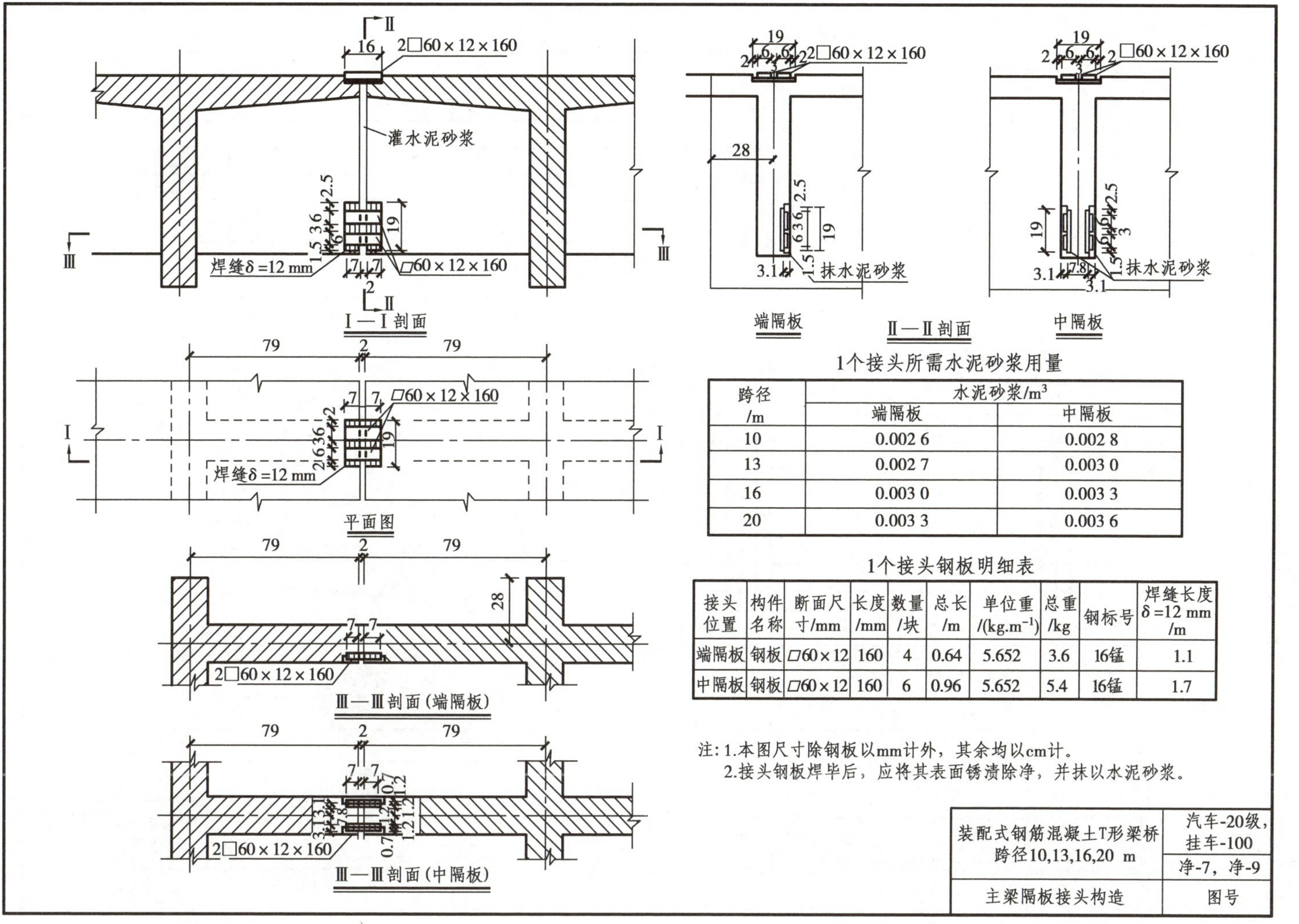

1个接头所需水泥砂浆用量

跨径/m	水泥砂浆/m³	
	端隔板	中隔板
10	0.002 6	0.002 8
13	0.002 7	0.003 0
16	0.003 0	0.003 3
20	0.003 3	0.003 6

1个接头钢板明细表

接头位置	构件名称	断面尺寸/mm	长度/mm	数量/块	总长/m	单位重/(kg.m⁻¹)	总重/kg	钢标号	焊缝长度 δ=12 mm /m
端隔板	钢板	□60×12	160	4	0.64	5.652	3.6	16锰	1.1
中隔板	钢板	□60×12	160	6	0.96	5.652	5.4	16锰	1.7

注：1.本图尺寸除钢板以mm计外，其余均以cm计。
2.接头钢板焊毕后，应将其表面锈渍除净，并抹以水泥砂浆。

图11.19 隔板接头构造图

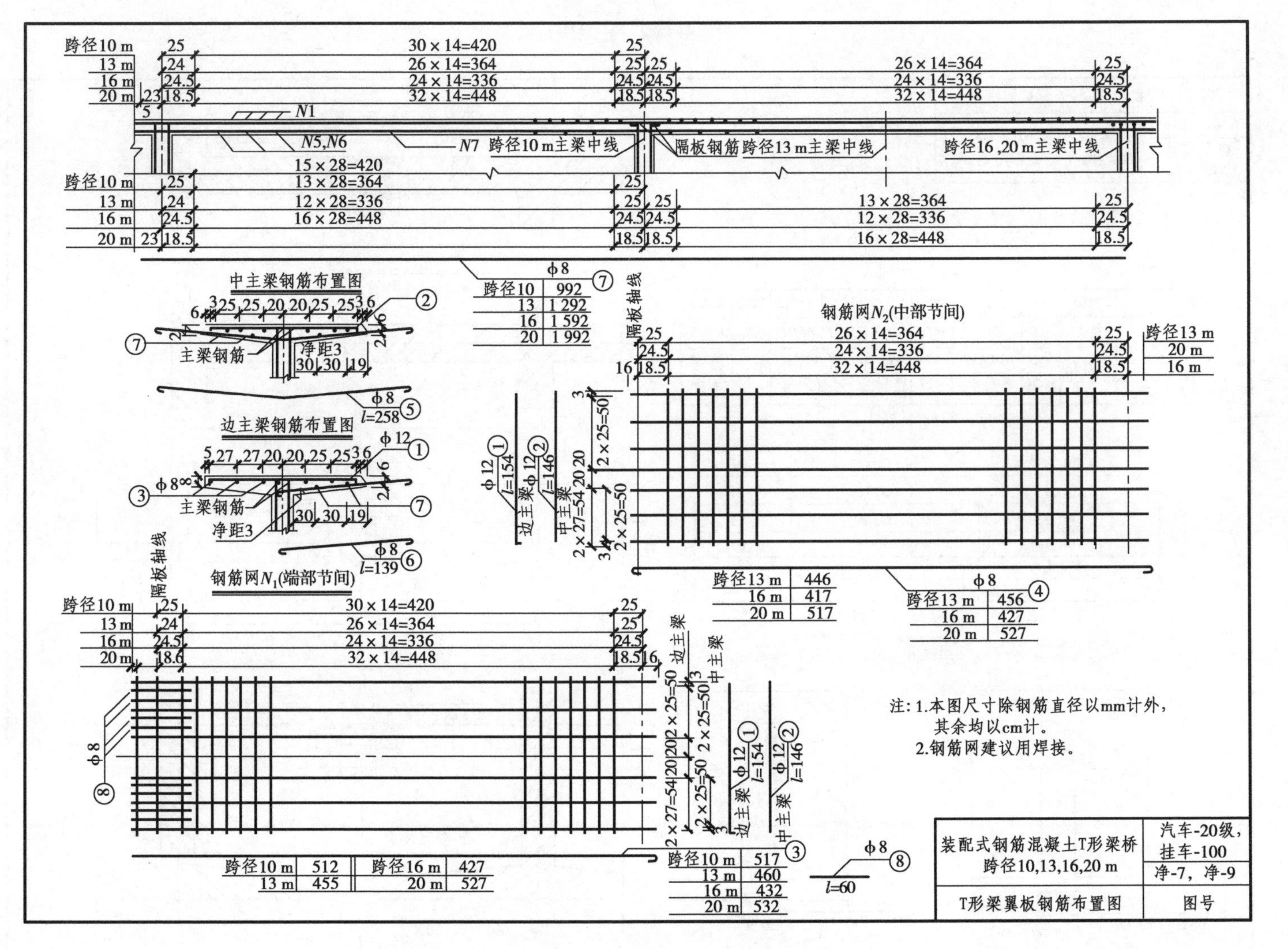

图11.20　T形梁翼板钢筋布置图

• T 形梁翼板结构图　如图 11.20 所示，为 T 形梁翼板钢筋图，纵方向的钢筋如③，④，⑦等为受力钢筋，①，②则为分布钢筋，⑤，⑥为预埋钢筋。当梁架好后，把⑤，⑥钢筋弯起和行车道铺装钢筋网连成整体。①，②和⑤，⑥钢筋系沿 T 形梁全长进行配置，习惯上仅画两端部，当中空掉不画。

钢筋网 *N*1 和钢筋网 *N*2 是相互搭接的，为了便于读图，在平面图中故意把它们分开来画，而通过隔板轴线把两块钢筋网联系起来。

· 11.2.3　斜拉桥 ·

斜拉桥是我国近几年发展最快最多的一种桥梁，它具有外形轻巧、简洁美观、跨越能力大的特点。如图 11.21 所示，斜拉桥由主梁、索塔和形成扇状的拉索组成，三者形成一个统一体。

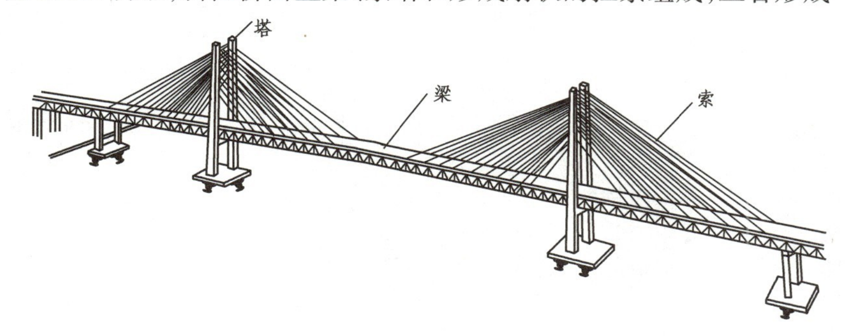

图 11.21　斜拉桥透视图

如图 11.22 所示为一座双塔单索面钢筋混凝土斜拉桥总体布置图，主跨为 165 m，两边跨各为 80 m，两边引桥部分断开不画。

1）立面图

由于采用较小的比例（1∶2 000），故仅画桥梁的外形不画剖面。梁高仍用 2 条粗线表示，最上面加一条细线表示桥面高度，横隔梁、人行道和栏杆均省略不画。

桥墩是由承台和钻孔灌注桩所组成，它和上面的塔柱固结成一整体，使荷载能稳妥地传递到地基上。

立面图还反映了河床起伏（地质资料另有图，此处从略）及水文情况，根据标高尺寸可知桩和桥台基础的埋置深度，梁底、桥面中心和通航水位的标高尺寸。

2）平面图

以中心线为界，左半边画外形，显示了人行道和桥面的宽度，并显示了塔柱断面和拉索；右半边是把桥的上部分揭去后，显示桩位的平面布置图。

3）横剖面图

采用较大的比例（1∶60）画出，从图中可以看出梁的上部结构，桥面总宽为 29 m，两边人行道包括栏杆为 1.75 m，车道为 11.25 m，中央分隔带为 3 m，塔柱高为 58 m。同时还显示了拉索在塔柱上的分布尺寸、基础标高和灌注桩的埋置深度等。

对箱梁剖面，另用更大的比例（1∶20）画出，显示单箱三室钢筋混凝土梁的各主要部分尺寸。

图 11.22 为方案比较图，仅把内容和图示特点做简要的介绍，许多细部尺寸和详图均没有画出。

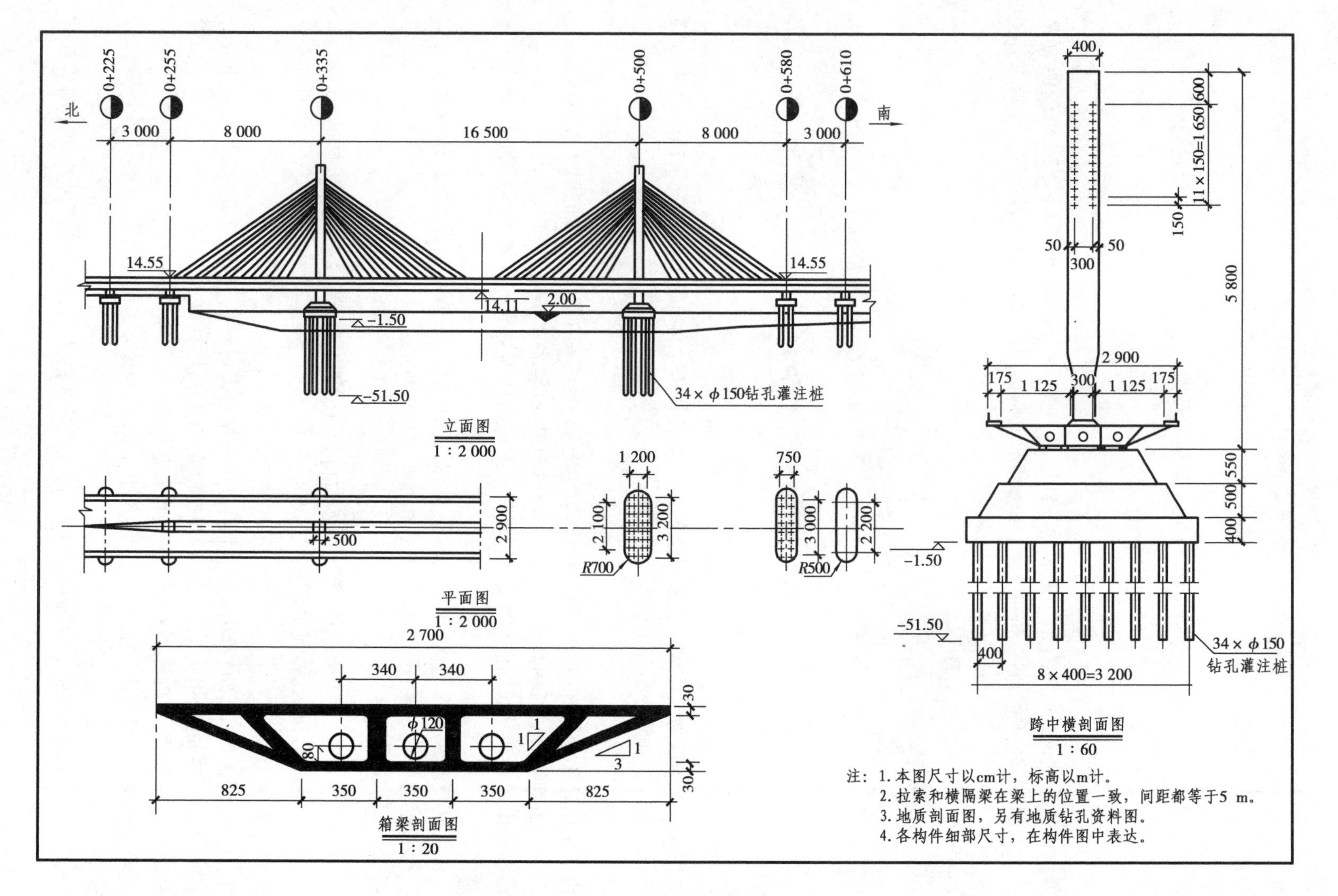

图11.22　斜拉桥总体布置图

11.3　桥梁图读图和画图步骤

· 11.3.1　读图 ·

1)方法

桥梁虽然是比较庞大复杂的建筑物,但它总是由许多构件所组成,因此前面学过的形体分析法仍是识读桥梁工程图的基本方法。识读时先看总体布置图,了解桥梁概况,然后看构件结构图,了解每一个构件的形状和大小,最后再通过总体布置图把它们联系起来,弄清彼此之间的关系,这样对整个桥梁的形状和大小就清楚了。归纳起来,读图的方法是先由整体到局部,再由局部到整体的反复过程。

读图时,决不能单看一个投影图,而是要同其他有关投影图联系起来,包括总图或详图、钢筋明细表、说明等,再运用投影规律,互相对照,弄清整体。

2)步骤

看图步骤可按下列顺序进行:

①先看图纸右下角的标题栏和说明(即附注),了解桥梁名称、种类、主要技术指标、施工措施、比例、尺寸单位等。读桥位平面图、桥位地质断面图,了解桥的位置、水文、地质状况。

②看总体图,弄清各投影图的关系,如有剖、断面图,则要找出剖切线位置和观察方向。看图时,应先看立面图(包括纵剖面图),了解桥型、孔数、跨径大小、墩台数目、总长、总高,了解河床断面及地质情况,再对照看平面图和侧面、横剖面等投影图,了解桥的宽度、人行道的尺寸和主梁的断面形式等。这样,对桥梁的全貌便有了一个初步的了解。

③分别阅读构件图和大样图,搞清构件的全部构造。

④了解桥梁各部分所使用的建筑材料,并阅读工程数量表、钢筋明细表及说明等。

⑤看懂桥梁图后,再看尺寸,进行复核,检查有无错误或遗漏。

⑥各构件图看懂之后,再重新阅读总体图,了解各构件的相互配置及装置尺寸,直到全部看懂为止。

· 11.3.2　画图 ·

绘制桥梁工程图,基本上和其他工程图一样,有着共同的规律,现以图 11.23 为例说明画图的方法和步骤,首先是确定投影图数目(包括剖面、断面)、比例和图纸尺寸。

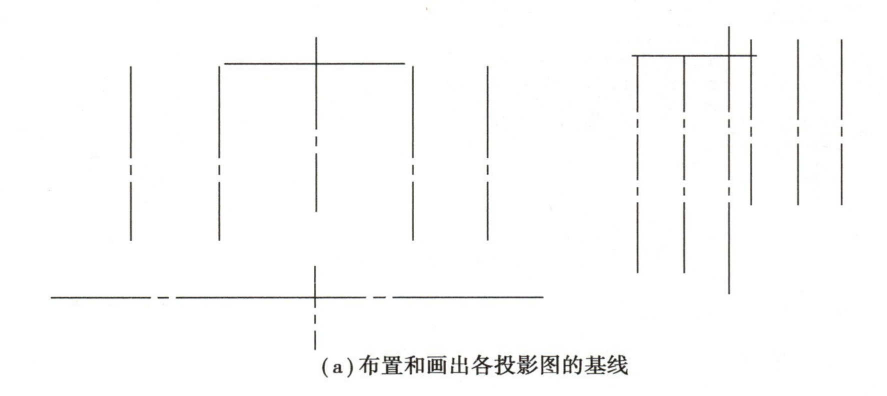

(a)布置和画出各投影图的基线

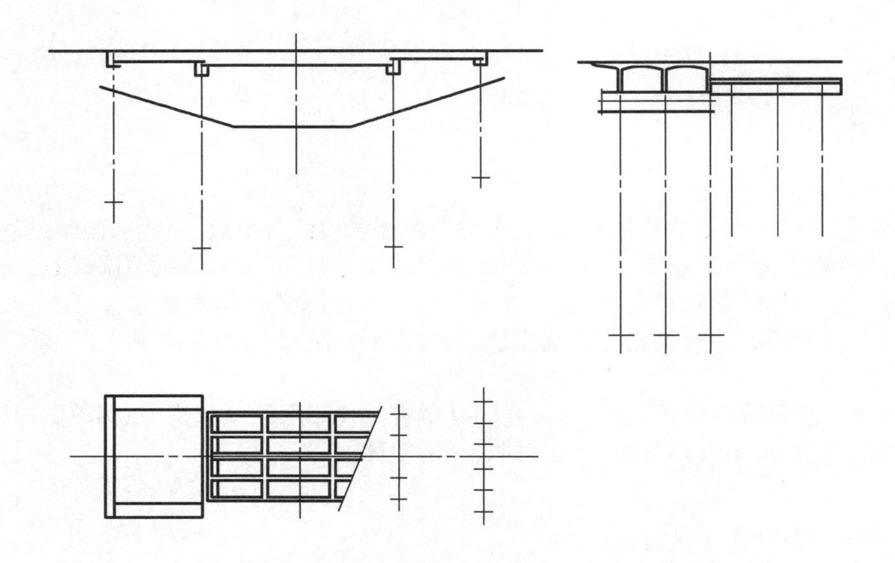

(b)画各构件的主要轮廓线

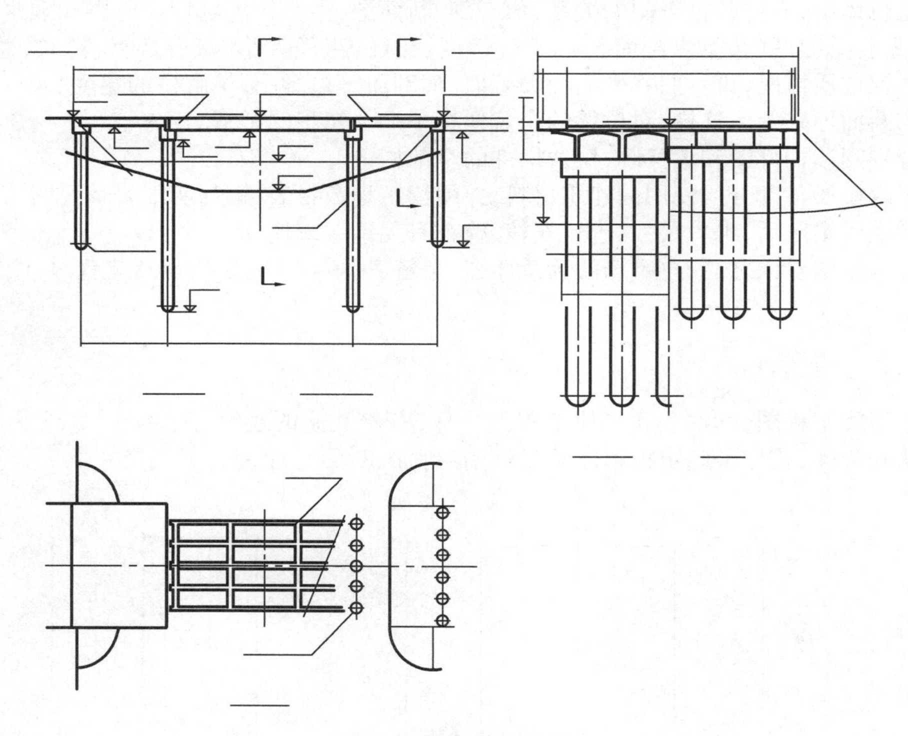

(c)画各构件的细部

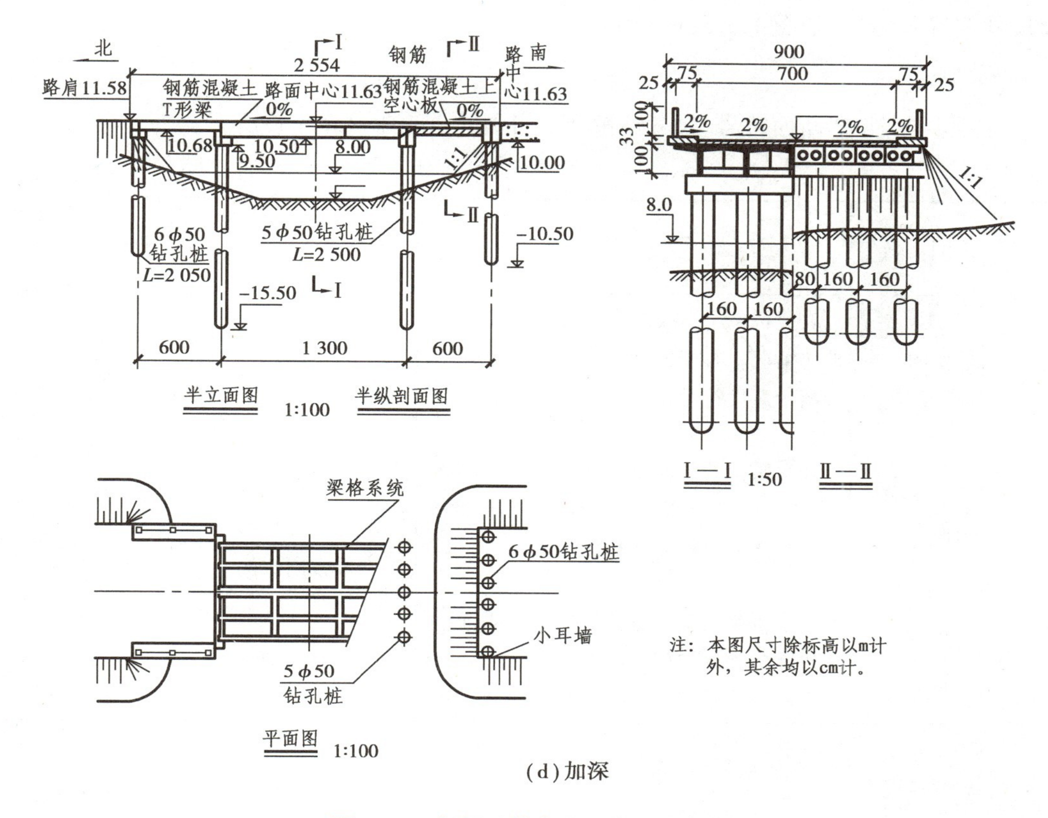

(d)加深

图 11.23　桥梁总体布置图的画图步骤

如图 11.23(d)为一桥梁总体布置图,按规定画立面、平面和横剖面 3 个投影图。立面图和平面图一半画外形,另一半画剖面;横剖面图则由 2 个半剖面图合并而成。

各类图样由于要求不一样,采用的比例也不相同。表 11.7 为桥梁图常用比例参考表。

图 11.23 为桥梁布置图的画图步骤。按表选用 1∶100 比例,横剖面图采用 1∶50 比例。当投影图数目、比例和图纸尺寸确定之后便可以开始画图了。画图的步骤如下:

1)布置和画出各投影图的基线

根据所选定的比例及各投影图的相对位置把它们匀称地分布在图框内,布置时要注意空出图标、说明、投影图名称和标注尺寸的地方。当投影图位置确定之后便可以画出各投影图的基线,一般选取各投影图的中心线作为基线,图 11.23(a)中的立面图是以梁底标高线作为水平基线,其余则以对称轴线作为基线。立面图和平面图对应的铅直中心线要对齐。

2)画各构件的主要轮廓线

如图 11.23(b)所示,以基线作为量度的起点,根据标高及各构件的尺寸画构件的主要轮廓线。

3)画各构件的细部

根据主要轮廓线从大到小画全各构件的投影,画时注意各投影图的对应线条要对齐,并把剖面(Ⅰ—Ⅰ剖面图中按习惯画法,后面的部分没有画出)、栏杆、坡度符号线的位置、标高符号及尺寸线等画出来，如图 11.23(c)所示。

4)加深或上墨

加深或上墨，并把断面符号、尺寸注解等一并画全，如图 11.23(d)所示。

表 11.7　桥梁图常用比例参考表

<table>
<tr><th rowspan="2">项　目</th><th rowspan="2">图　名</th><th rowspan="2">说　明</th><th colspan="2">比　例</th></tr>
<tr><th>常用比例</th><th>分　类</th></tr>
<tr><td>1</td><td>桥位图</td><td>表示桥位及路线的位置及附近的地形、地物情况。对于桥梁、房屋及农作物等只画出示意性符号</td><td>1:500~1:2 000</td><td>小比例</td></tr>
<tr><td>2</td><td>桥位地质断面图</td><td>表示桥位处的河床、地质断面及水文情况，为了突出河床的起伏情况，高度比例较水平方向比例放大数倍画出</td><td>1:100~1:500
高度方向比例
1:500~1:2 000
水平方向比例</td><td rowspan="2">普通比例</td></tr>
<tr><td>3</td><td>桥梁总体布置图</td><td>表示桥梁的全貌、长度、高度尺寸，通航及桥梁各构件的相互位置；
横剖面图可较立面图放大 1~2 倍画出</td><td>1:50~1:500</td></tr>
<tr><td>4</td><td>构件构造图</td><td>表示梁、桥台、人行道和栏杆等杆件的构造</td><td>1:10~1:50</td><td>大比例</td></tr>
<tr><td>5</td><td>大样图(详图)</td><td>钢筋的弯曲和焊接、栏杆的雕刻花纹、细部等</td><td>1:3~1:10</td><td>大比例</td></tr>
</table>

注：上述 1,2,3 项中，大桥选用较小比例，小桥采用较大比例。

11.4　隧道工程图

隧道是道路穿越山岭的建筑物，它虽然形体很长，但中间断面形状很少变化，所以除了用平面图表示隧道工程图的位置外，其构造图主要用隧道洞门图、横断面图(表示洞身形状和衬砌)及避车洞图等来表达。

· 11.4.1　隧道洞门图 ·

隧道洞门大体上可分为端墙式和翼墙式 2 种。图 11.24(a)所示为端墙式洞门立体图，图 11.24(b)为翼墙式洞门立体图。

图 11.25 所示为端墙式隧道洞门三面投影图。

(a)端墙式

(b)翼墙

图 11.24 隧道洞门立体图

1)正立面图

正立面图(即立面图)是洞门的正立面投影,不论洞门是否左右对称均应画全。正立面图反映出洞门墙的式样,洞门墙上面高出的部分为顶帽,同时也表示出洞口衬砌断面类型,它是由 2 个不同半径(R=385 cm 和 R=585 cm)的 3 段圆弧和 2 直边墙所组成,拱圈厚度为45 cm。洞口净空尺寸高为 740 cm,宽为 790 cm;洞门墙的上面有一条从左往右方向倾斜的虚线,并注有 i=0.02 箭头,这表明洞门顶部有坡度为 2%的排水沟,用箭头表示流水方向。其他虚线反映了洞门墙和隧道底面的不可见轮廓线,它们被洞门前面两侧路堑边坡和公路路面遮住,所以用虚线表示。

2)平面图

仅画出洞门外露部分的投影,平面图表示了洞门墙顶帽的宽度,洞顶排水沟的构造及洞门口外两边沟的位置(边沟断面未示出)。

3)剖面图

Ⅰ—Ⅰ 剖面图仅画靠近洞口的一小段,图中可以看到洞门墙倾斜坡度为 10∶1,洞门墙厚度为60 cm,还可以看到排水沟的断面形状、拱圈厚度及材料断面符号等。

为读图方便,图 11.25 还在 3 个投影图上对不同的构件分别用数字注出。如洞门墙①′,①,①″;洞顶排水沟为②′,②,②″;拱圈为③′,③,③″;顶帽为④′,④,④″等。

· 11.4.2 避车洞图 ·

避车洞有大小 2 种,是供行人和隧道维修人员及维修小车避让来往车辆而设置的,它们沿路线方向交错设置在隧道两侧的边墙上。通常小避车洞每隔 30 m 设置 1 个,大避车洞则每隔 150 m 设置 1 个,为了表示大、小避车洞的相互位置,采用位置布置图来表示。

如图 11.26 所示,由于这种布置图图形比较简单,为了节省图幅,纵横方向可采用不同比例,纵方向常采用 1∶2 000,横方向常采用 1∶200 等比例。

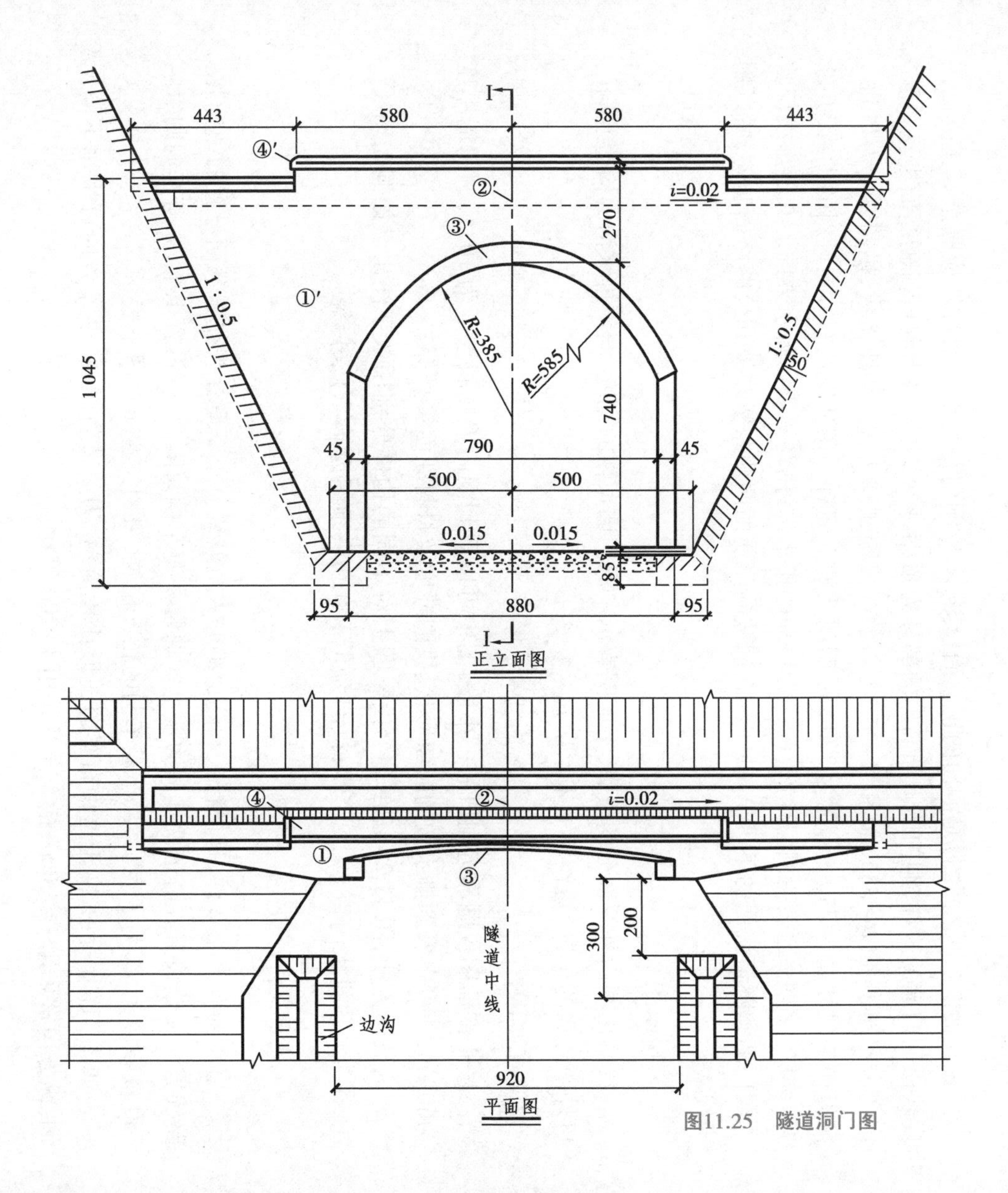
正立面图
443
580
580
443
i=0.02
270
1 045
1 : 0.5
1 : 0.5
R=385
R=585
740
45
790
45
500
500
0.015
0.015
85
95
880
95
平面图
i=0.02
隧道中线
300
200
边沟
920

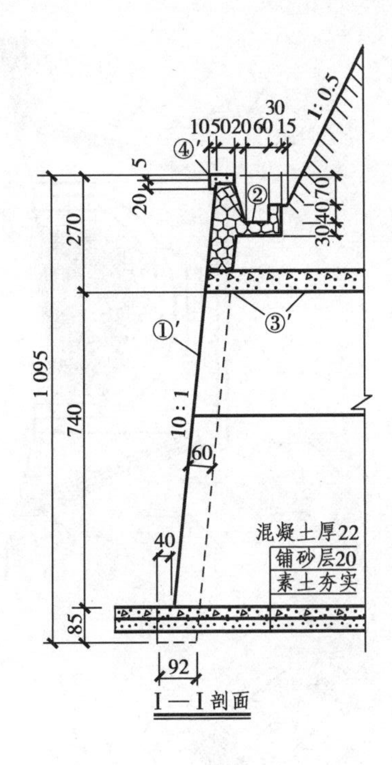
1 : 0.5
30
1050 20 60 15
5
20
70
40
30
270
1 095
740
10 : 1
60
40
混凝土厚22
铺砂层20
素土夯实
85
92
I—I 剖面

图11.25　隧道洞门图

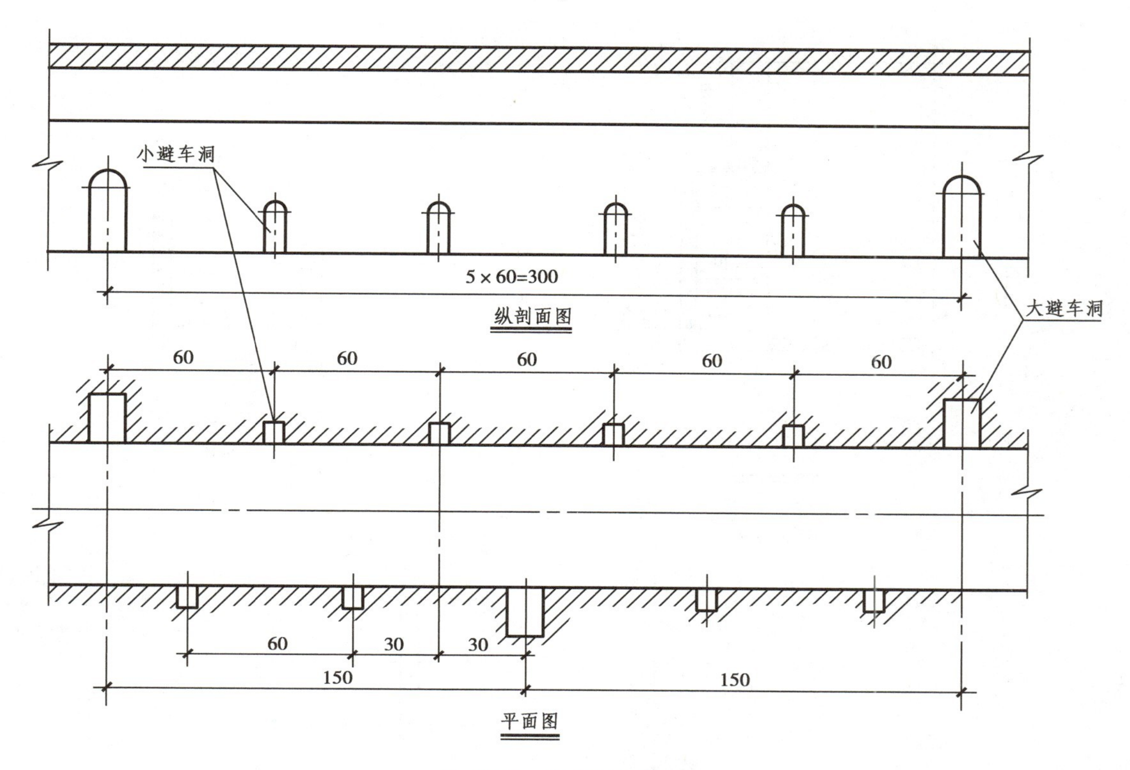

图 11.26　避车洞布置图

如图 11.27 所示为大避车洞示意图，图 11.28 和图 11.29 则为大小避车洞详图，洞内底面两边做成斜坡以供排水之用。

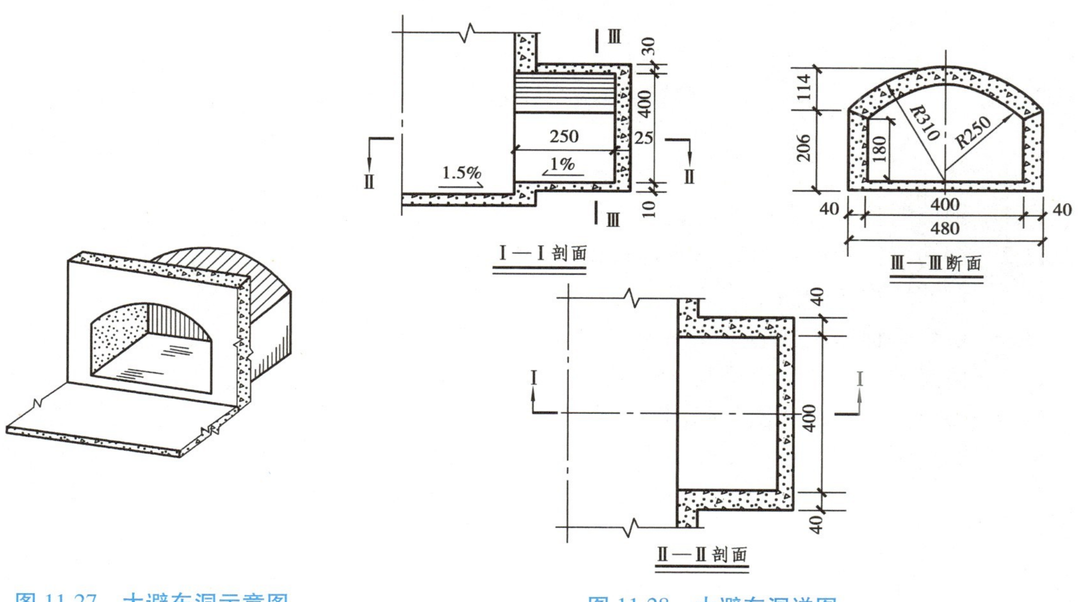

图 11.27　大避车洞示意图

图 11.28　大避车洞详图

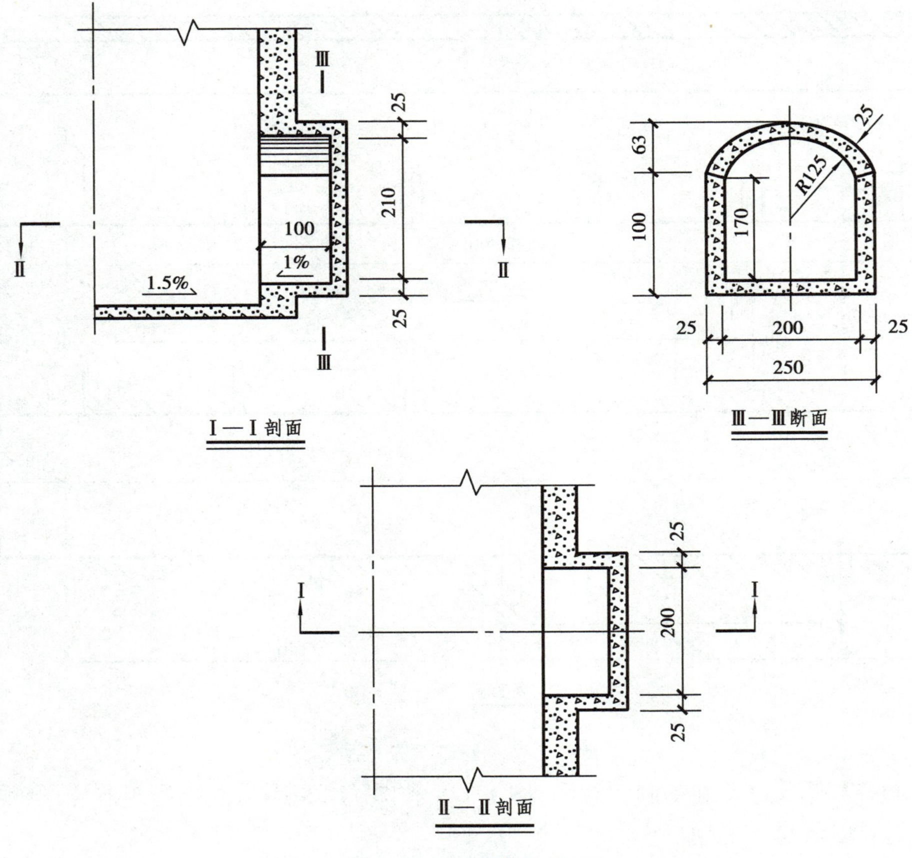

图 11.29　小避车洞详图

复习思考题

11.1　钢筋的种类有哪些？各有什么作用？
11.2　钢筋弯钩的增长值和弯起的折减值如何计算？
11.3　钢筋结构图的图示特点有哪些？
11.4　桥梁工程图包括的主要图样有哪些？图示特点有哪些？
11.5　桥梁的主要结构由哪几部分组成？
11.6　桥梁工程图的读图与画图有哪些步骤？
11.7　隧道工程图由哪些图样组成？各有什么特点？

12 计算机绘图——AutoCAD 基础

12.1 概 述

· 12.1.1 计算机绘图在工程中的应用 ·

AutoCAD 自 1982 年问世以来，已经进行了 10 余次升级，从而使其功能逐渐强大，且日趋完善。如今，AutoCAD 已成为工程设计领域应用最为广泛的计算机辅助绘图与设计软件之一。

AutoCAD 可以绘制任意二维和三维图形，并且同传统的手工绘图相比，用 AutoCAD 绘图速度更快、精度更高，它已经在航空航天、造船、建筑、机械、电子、化工、美工、轻纺等很多领域得到了广泛应用，并取得了丰硕的成果和巨大的经济效益。AutoCAD 具有良好的用户界面，通过交互菜单或命令行方式便可以进行各种操作。它的多文档设计环境，让非计算机专业人员也能很快地学会使用。

· 12.1.2 AutoCAD2013 的启动 ·

通常启动 AutoCAD2013 的方法有如下几种：

①选择开始→程序→Autodesk→AutoCAD2013-简体中文(simplified Chinese)→AutoCAD2013-简体中文(simplified Chinese)命令后就可以启动 AutoCAD2013 了。

②在桌面上建立 AutoCAD2013 快捷方式，然后双击快捷方式图标，启动 AutoCAD2013。

· 12.1.3 AutoCAD2013 的工作界面 ·

启动 AutoCAD2013 程序后，将出现如图 12.1 所示的绘图界面，这就是 AutoCAD2013 为大家所提供的绘图环境。

· 12.1.4 AutoCAD2013 窗口的组成 ·

1)标题栏

在屏幕的顶端是标题栏，其中显示了软件的名称，紧接着是当前打开的文件名。如果是刚启动 AutoCAD2013，也没有打开任何图形文件，此时的文件名为 Drawing1.dwg。标题栏左侧是 Windows 标准程序应用按钮，单击此按钮，将出现一个下拉式菜单；标题栏右侧有 3 个按钮，分别为：窗口最小化按钮，还原或最大化按钮，以及关闭应用程序按钮。

图 12.1　AutoCAD2013 工作界面

2) 菜单栏

标题栏下面的是菜单栏，它提供 AutoCAD 所需的所有菜单文件，用户只要单击任意主菜单，就可以得到它的一系列子菜单，如图 12.2 所示的即绘图文件的子菜单。菜单项后面有"..."符号的，表示选中该菜单项后将会弹出一个对话框。菜单项右边有一个黑色小三角符号的，表示该菜单项有一个级联子菜单，将光标指向该菜单项，就可以引出级联子菜单。

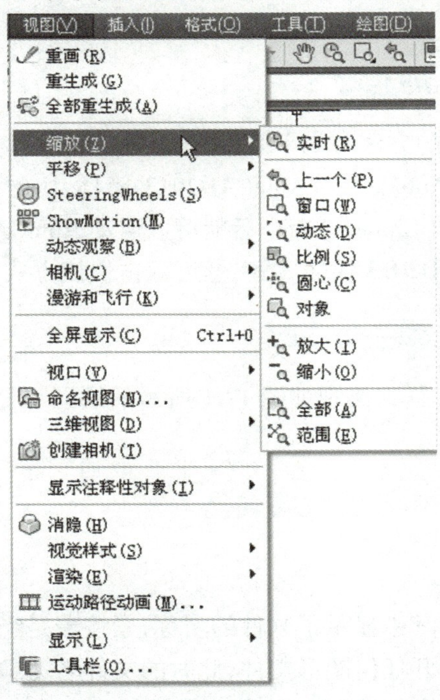

图 12.2　绘图菜单的子菜单

3)工具栏

工具栏是由一系列图标按钮组成的,每一个图标按钮形象化地表示了一条 AutoCAD 命令。单击某一个按钮,就可以调用相应的命令。

对于 AutoCAD2013 所提供的所有工具栏,均可以将其打开或关闭。

方法一:将光标指向任意工具栏,单击鼠标右键,就弹出如图 12.3 所示的右键菜单,该右键菜单中列出了 AutoCAD 提供的所有工具栏名称。工具栏前面有"√"符号的,表示该工具栏为打开状态。单击工具栏名称即可打开或关闭相应的工具栏。

方法二:单击"视图"/工具栏命令,弹出"自定义用户界面"对话框。若要添加命令,可将命令从"命令列表"窗格拖动到快速访问工具栏、工具栏或工具选项板中,如图 12.4 所示。

4)绘图区

绘图区是用户的工作窗口,用户所完成的一切工作,都会反映在该窗口中。

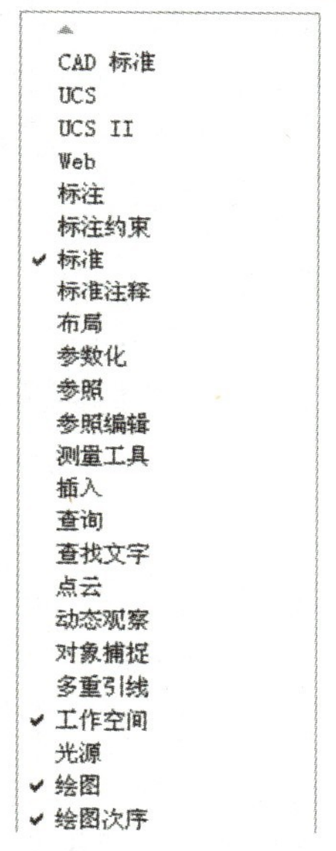

图 12.3　工具栏右键菜单

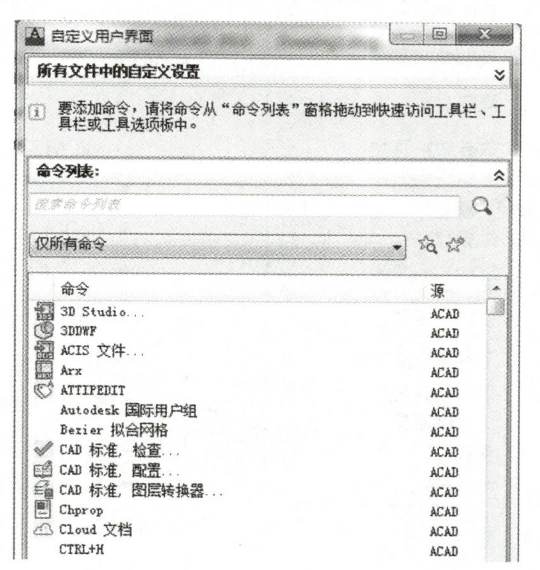

图 12.4　显示"工具栏"标签的"自定义用户界面"对话框

5)命令窗口

命令窗口是供用户通过键盘输入命令的地方,它位于绘图区的下方,用户可以通过鼠标来改变命令行的数目。绘制图形时,用户应随时注意命令行的提示信息,来完成图形的绘制。

6)状态栏

状态栏位于工作界面的底部,它主要显示当前光标和坐标的所在位置,还用于显示和控制捕捉、栅格、正交、极轴追踪、对象捕捉、对象追踪、线宽以及模型(或图纸空间)。当这些按钮被按下去时,表示该操作正在执行。

· 12.1.5　AutoCAD2013 绘图命令的输入及结束 ·

1) AutoCAD2013 绘图命令的输入

AutoCAD2013 各种命令的调用方法如下:

- 图标命令　在工具栏中单击命令图标按钮；
- 菜单命令　从下拉菜单中选择命令；
- 命令行命令　在命令窗口或文本窗口中输入命令；
- 快捷菜单命令　从快捷菜单中选择命令；
- 屏幕菜单命令　从屏幕菜单中选择命令；
- 在数字化菜单样板上选择命令。

以上的每一种方法都各有特色，工作效率各有高低，其中屏幕菜单和数字化仪并不常用。图标命令速度快、直观明了，但占用屏幕空间；菜单命令最为完整和清晰，但输入速度慢；命令行命令较难输入和记忆。因此，最好的输入命令的方法是使用图标命令，辅以其他方法。

2）重复调用命令

图 12.5　使用鼠标右键重复调用命令

按空格键或回车键，或是在快捷菜单的顶部单击右键（图 12.5），可以选择要重复执行的命令，而无须重新选择该命令。

3）结束命令的方式

AutoCAD2013 结束命令的主要方式如下：

- 正常完成一条命令后自动终止；
- 在执行命令的过程中按（Esc）键终止；
- 在执行命令的过程中，从菜单或工具栏中调用另一个命令，绝大部分命令可终止。

4）退出 AutoCAD

如果在 AutoCAD2013 中完成了绘制工作，可以退出该程序。可以使用以下任一种方法退出 AutoCAD2013：

- 在 AutoCAD2013 主界面窗口的标题栏上，单击“关闭”按钮或双击程序按钮；
- 从“文件”下拉菜单中，选择“退出”选项；
- 在命令窗口“命令：”提示下，键入“EXIT”或“QUIT”，然后按回车键即可；
- 按快捷键“ALT+F4”。

如果当前图形没有全部存盘，输入退出命令后，AutoCAD 会自动弹出“退出警告”对话框，操作该对话框后方可安全退出 AutoCAD 2013。

12.2　AutoCAD 2013 的基本绘图方法

12.2.1　绘图工具栏

前面讲过，最好的输入命令的方法是使用图标命令为主，同时辅以其他的方法。现在，我们就使用绘图工具栏，以图标命令法来学习 AutoCAD2013 的基本绘图方法。

1)直线的绘制

(1)功能

绘制直线。

(2)操作方法

以图 12.6 为例,具体操作过程如下:

在“绘图”工具栏中,单击图标

指定第一点:指定点 A

指定下一点或[放弃(U)]:指定点 B

指定下一点或[放弃(U)]:指定点 C

指定下一点或[闭合(C)/放弃(U)]:指定点 D

此时,要放弃绘制的前一个线段,可在 LINE 命令的提示下输入“U”,或按右键;要绘制封闭线段,可在 LINE 命令提示下输入“C”。

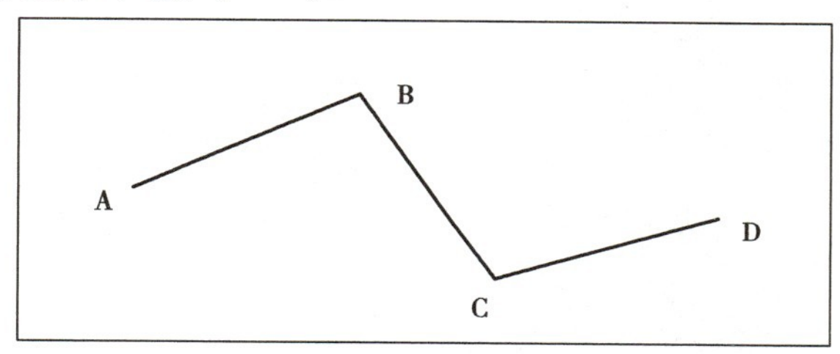

图 12.6　绘制直线示例

2)构造线的绘制

(1)功能

绘制辅助线,可按指定的方式和距离画一条或一组无穷长的直线。

(2)操作方法

- 指定两点画直线

在“绘图”工具栏中,单击图标

指定点或[水平(H)/垂直(V)/角度(A)/二等分(B)/偏移(O)]:指定起点

指定通过点:指定通过点,画出第 1 条直线

指定通过点:指定通过点,画出第 2 条直线或按右键结束操作

- 画水平线

在“绘图”工具栏中,单击图标

指定点或[水平(H)/垂直(V)/角度(A)/二等分(B)/偏移(O)]:H↙

指定通过点:指定通过点,绘制第 1 条水平直线

指定通过点:指定通过点,绘制第 2 条水平直线或按右键结束操作

- 画垂直线

在“绘图”工具栏中,单击图标

指定点或[水平(H)/垂直(V)/角度(A)/二等分(B)/偏移(O)]:V↙

指定通过点:指定通过点,绘制第 1 条铅垂直线

指定通过点:指定通过点,绘制第 2 条铅垂直线或按右键结束操作

• 指定角度画线

在“绘图”工具栏中,单击图标

指定点或[水平(H)/垂直(V)/角度(A)/二等分(B)/偏移(O)]:A↙

选定后,先按提示给角度,再给通过点画线。

• 指定3点画角平分线

在“绘图”工具栏中,单击图标

指定点或[水平(H)/垂直(V)/角度(A)/二等分(B)/偏移(O)]:B↙

选定后,按提示依次指定出3个点,即画出一条角平分线,如图12.7所示。

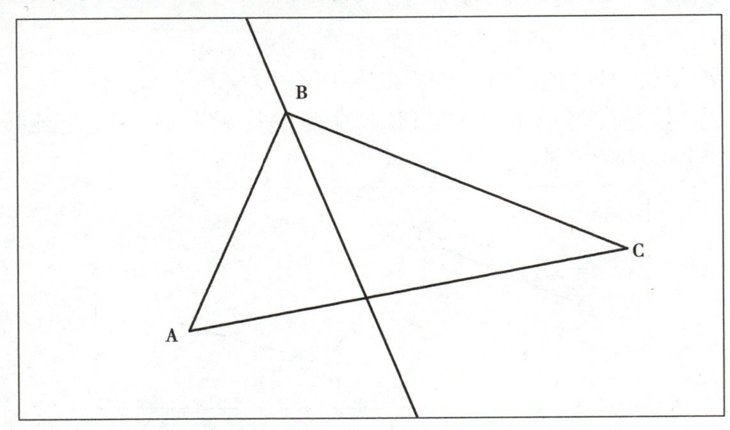

图12.7 指定三点绘制角平分线示例

• 画所选直线的平行线

在“绘图”工具栏中,单击图标

指定点或[水平(H)/垂直(V)/角度(A)/二等分(B)/偏移(O)]:O↙

指定偏移距离或[通过(T)]<通过>:指定出偏移距离

选择直线对象:选择一条无穷长直线或线段

指定要偏移的边:指定要向哪一侧偏移

选择直线对象:用同上操作再绘制一条直线,或按右键结束命令

3)多段线的绘制

(1)功能

多段线也称为复合线,用于绘制等宽或不等宽的有宽度线。

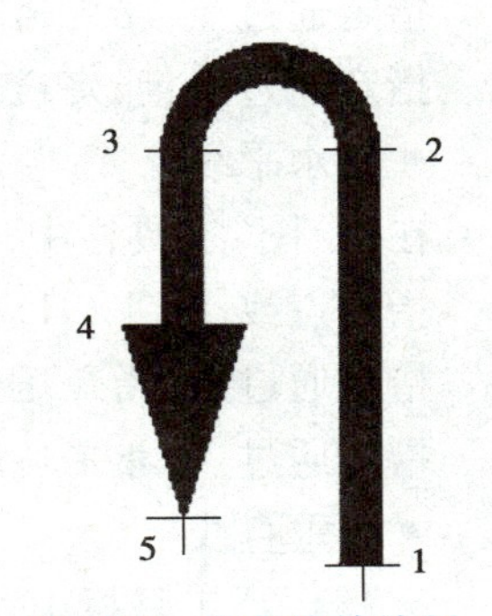

图12.8 多段线的绘制

(2)操作方法

以图12.8为例,其操作过程如下:

在“绘图”工具栏中,单击图标

指定起点:指定第1点

当前线宽为0.000

指定下一个点或[圆弧(A)/半宽(H)/长度(L)/放弃(U)/宽度(W)]:<正交 开>W↙

指定起点宽度<0.000>20↙

指定端点宽度<20.000>↙

指定下一个点或［圆弧(A)/半宽(H)/长度(L)/放弃(U)/宽度(W)］:指定第 2 点

指定下一点或［圆弧(A)/闭合(C)/半宽(H)/长度(L)/放弃(U)/宽度(W)］: A↙

指定圆弧的端点或［角度(A)/圆心(CE)/闭合(CL)/方向(D)/半宽(H)/直线(L)/半径(R)/第二个点(S)/放弃(U)/宽度(W)］:指定第 3 点

指定圆弧的端点或［角度(A)/圆心(CE)/闭合(CL)/方向(D)/半宽(H)/直线(L)/半径(R)/第二个点(S)/放弃(U)/宽度(W)］:L↙

指定下一点或［圆弧(A)/闭合(C)/半宽(H)/长度(L)/放弃(U)/宽度(W)］:指定第 4 点

指定下一点或［圆弧(A)/闭合(C)/半宽(H)/长度(L)/放弃(U)/宽度(W)］:W↙

指定起点宽度 <20.000>:60

指定端点宽度 <60.000>: 0

指定下一点或［圆弧(A)/闭合(C)/半宽(H)/长度(L)/放弃(U)/宽度(W)］:指定第 5 点

指定下一点或［圆弧(A)/闭合(C)/半宽(H)/长度(L)/放弃(U)/宽度(W)］: ↙

4) 正多边形的绘制

(1) 功能

按指定的方式可以绘制 3~1 024 条等边的正多边形。

(2) 操作方法

AutoCAD 提供了 3 种绘制多边形的方法。

• 边长方式　以图 12.9 为例,具体操作过程如下:

在“绘图”工具栏中,单击图标

输入边的数目<4>:6↙

指定多边形的中心点或［边(E)］:E↙

指定边的第一个端点:指定边的第 1 个端点

指定边的第二个端点:指定边的第 2 个端点

• 内接于圆方式　以图 12.10 为例,具体操作过程如下:

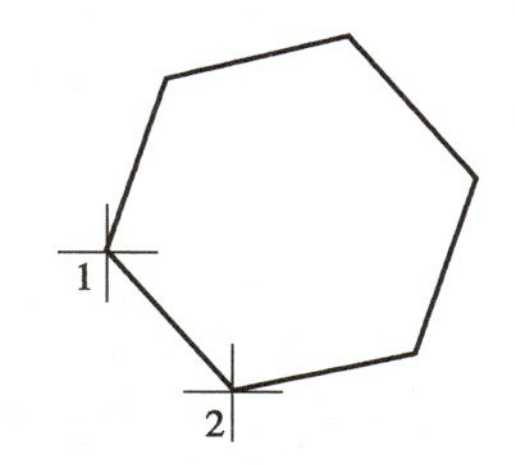

图 12.9　用边长方式绘制正六边形

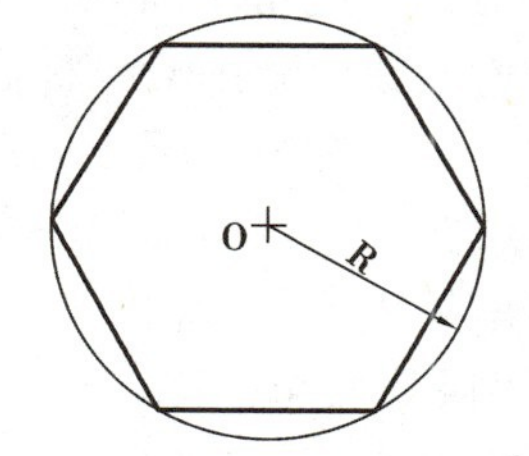

图 12.10　用内接圆方式绘制正六边形

在“绘图”工具栏中,单击图标

输入边的数目<4>:6↙

指定多边形的中心点或［边(E)］:指定多边形的中心点 O

输入选项［内接于圆(I)/外切于圆(C)］<I>:↙

指定圆的半径:给出圆的半径

- 外切于圆方式　以图 12.11 为例,具体操作过程如下:

在“绘图”工具栏中,单击图标

输入边的数目<4>:6↙

指定多边形的中心点或[边(E)]:指定多边形的中心点 O

输入选项[内接于圆(I)/外切于圆(C)]<I>:C↙

指定圆的半径:给出圆的半径

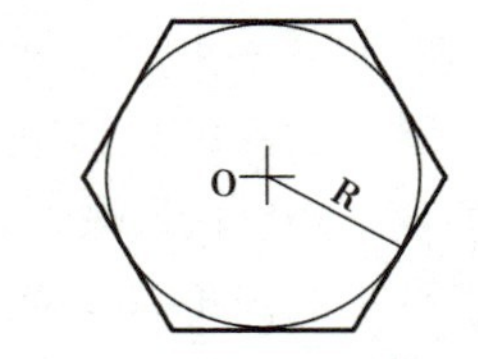

图 12.11　用外切于圆方式绘制正六边形

5)矩形的绘制

(1)功能

可以按指定的宽度绘制矩形,还可以绘制四角为斜角或圆角的四边形。

(2)操作方法

- 绘制矩形　以图 12.12 为例,具体操作过程如下:

在“绘图”工具栏中,单击图标

指定第一个角点或[倒角(C)/标高(E)/圆角(F)/厚度(T)/宽度(W)]:指定第 1 点

指定另一个角点:指定第 2 点

注:该操作按所指定两个对角点及当前线宽绘制一个矩形。

- 绘制有斜角的矩形:以图 12.13 为例,具体操作过程如下:

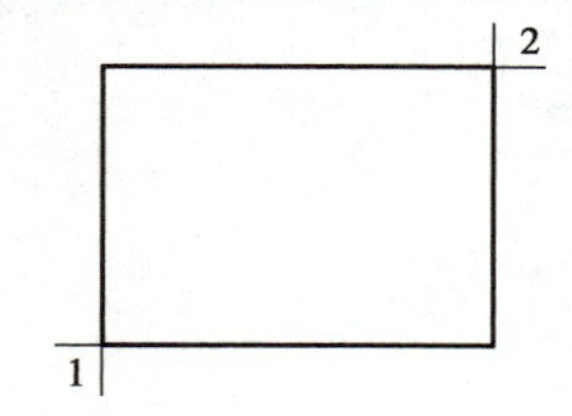

图 12.12　用默认项绘制矩形

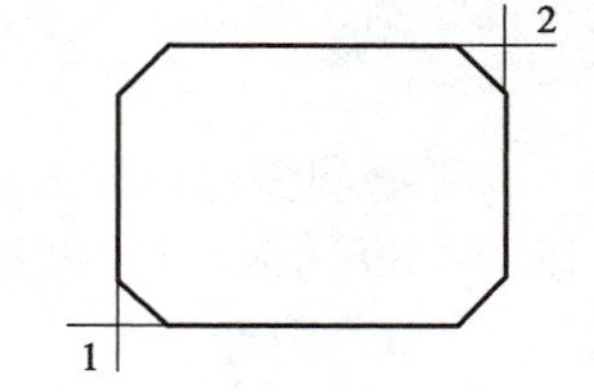

图 12.13　绘制有斜角的矩形

在“绘图”工具栏中,单击图标

指定第一个角点或[倒角(C)/标高(E)/圆角(F)/厚度(T)/宽度(W)]:C↙

指定矩形的第一个倒角距离<0.000>:指定第一倒角距离

指定矩形的第二个倒角距离<0.000>:指定第二倒角距离

指定第一个角点或[倒角(C)/标高(E)/圆角(F)/厚度(T)/宽度(W)]:指定矩形第一对角点

指定另一角点:指定另一个对角点

- 绘制有圆角的矩形　以图 12.14 为例,具体操作过程如下:

在“绘图”工具栏中,单击图标

指定第一个角点或[倒角(C)/标高(E)/圆角(F)/厚度(T)/宽度(W)]:F↙

指定矩形的圆角半径<0.000>:指定圆角半径

指定第一个角点或[倒角(C)/标高(E)/圆角(F)/厚度(T)/宽度(W)]:指定矩形第一对角点

指定另一角点:指定另一个对角点

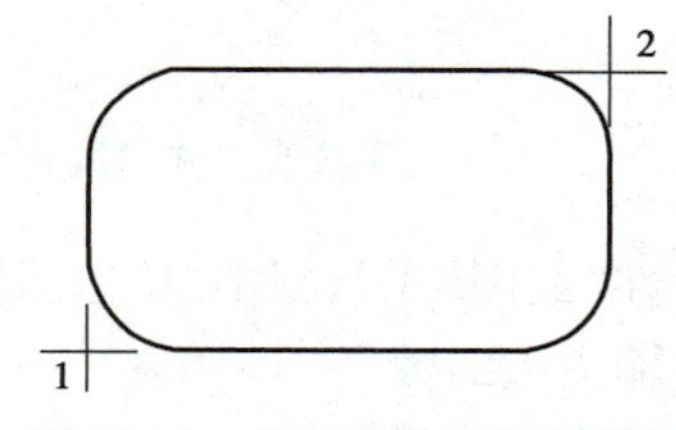

图 12.14　带有圆角矩形的绘制

由图 12.14 可以看出,该命令所绘出的是一个有相同圆角的矩形。

6)圆弧的绘制

(1)功能

该命令按指定的方式绘制圆弧。

(2)操作方法

- 三点方式　以图 12.15(a)为例,具体操作过程如下:

在“绘图”工具栏中,单击图标

指定圆弧的起点或[圆心(C)]:指定第 1 点

指定圆弧的第二点或[圆心(C)/端点(E)]:指定第 2 点

指定圆弧的端点:指定第 3 点

- 圆心、起点、端点方式　以图 12.15(b)为例,具体操作过程如下:

在“绘图”工具栏中,单击图标

指定圆弧的起点或[圆心(C)]:C↙

指定圆弧的圆心:指定圆心 O

指定圆弧的起点:指定起点

指定圆弧的端点或[角度(A)/弦长(L)]:指定端点

- 圆心、起点、角度　以图 12.15(c)为例,具体操作过程如下:

在“绘图”工具栏中,单击图标

指定圆弧的起点或[圆心(C)]:C↙

指定圆弧的圆心:指定圆心 O

指定圆弧的起点:指定起点

指定圆弧的端点或[角度(A)/弦长(L)]:A↙

指定包含角:155

- 圆心、起点、弦长　以图 12.15(d)为例,具体操作过程如下:

在“绘图”工具栏中,单击图标

指定圆弧的起点或[圆心(C)]:C↙

指定圆弧的圆心:指定圆心 O

指定圆弧的起点:指定起点

指定圆弧的端点或[角度(A)/弦长(L)]:L↙

指定弦长:指定弦长

7)圆的绘制

(1)功能

该命令按指定的方式画圆。

(2)操作方法

- 指定圆心、半径画圆

在“绘图”工具栏中,单击图标

-circle 指定圆的圆心或[三点(3P)/两点(2P)/相切、相切、半径(T)]:指定圆心位置

指定圆的半径[直径(D)]<30>:指定半径值或用鼠标拖出半径长度

- 用 3 点方式画圆

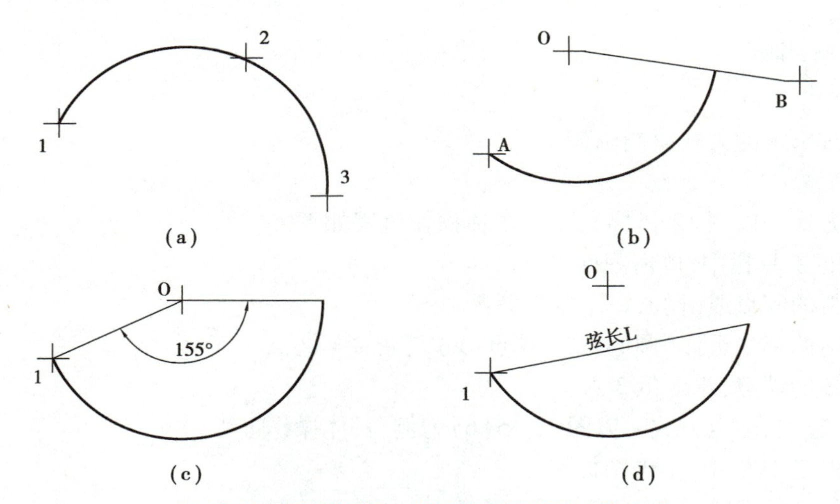

图 12.15　用“绘图”工具栏绘制圆弧的 4 种方式

在“绘图”工具栏中,单击图标

-circle 指定圆的圆心或[三点(3P)/两点(2P)/相切、相切、半径(T)]:3P↙

指定圆的第一点:指定圆的第 1 个通过点

指定圆的第二点:指定圆的第 2 个通过点

指定圆的第三点:指定圆的第 3 个通过点

• 用 2 点方式画圆

在“绘图”工具栏中,单击图标

-circle 指定圆的圆心或[三点(3P)/两点(2P)/相切、相切、半径(T)]:2P↙

指定圆直径的第一端点:指定直径线上第 1 点

指定团直径的第二端点:指定直径线上第 2 点

• 用 2 点方式画圆

在“绘图”工具栏中,单击图标

-circle 指定圆的圆心或[三点(3P)/两点(2P)/相切、相切、半径(T)]:T↙

指定对象与圆的第一条切线:指定第 1 个相切实体

指定对象与圆的第二条切线:指定第 2 个相切实体

指定圆的半径<当前值>:指定公切圆的半径

8)云线的绘制

(1)功能

该命令可绘制如云朵一样的连续曲线,若将弧长设置得很小的话,就可实现徒手画线。

(2)操作方法

• 在“绘图”工具栏中,单击图标

最小弧长:15;最大弧长:15;样式:普通

指定起点或[弧长(A)/对象(O)/样式(s)]<对象>:单击左键指定起点,之后移动鼠标绘制云线,至终点后单击右键

反转方向[是(Y)/否(N)]<否>:选项后按右键结束

9)样条曲线的绘制

(1)功能

该命令用来绘制通过或接近所给一系列点的光滑曲线。

(2)操作方法

以图 12.16 为例,具体操作过程如下:

在“绘图”工具栏中,单击图标

指定第一个点或[对象(O)]:指定第 1 点

指定下一个点:指定第 2 点

指定下一个点或[闭合(C)/拟合公差(F)]〈起点切向〉:指定第 3 点

指定下一个点或[闭合(C)/拟合公差(F)]〈起点切向〉:指定第 4 点

指定下一个点或[闭合(C)/拟合公差(F)]〈起点切向〉:指定第 5 点

指定下一个点或[闭合(C)/拟合公差(F)]〈起点切向〉:指定第 6 点

指定下一个点或[闭合(C)/拟合公差(F)]〈起点切向〉:↙

指定起点切向:指定起点的切线方向

指定终点切向:指定终点的切线方向

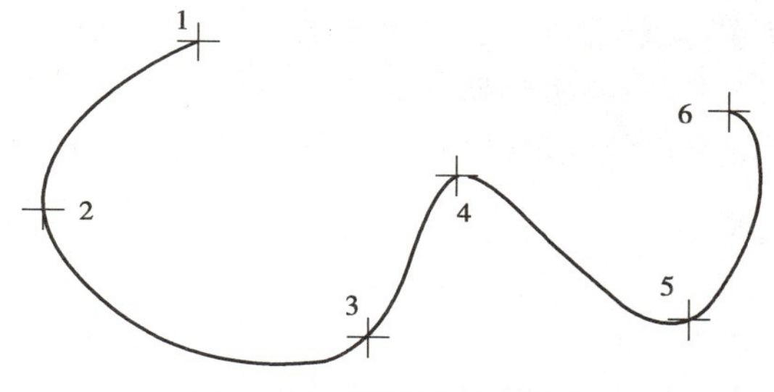

图 12.16　样条曲线的绘制

10)椭圆的绘制

(1)功能

该命令用于按指定方式绘制椭圆和椭圆弧。

(2)操作方法

AutoCAD 提供了 3 种绘制椭圆的方式:轴端点方式、椭圆圆心方式和旋转角方式。

- 轴端点方式(默认方式)

在“绘图”工具栏中,单击图标

指定椭圆的轴端点或[圆弧(A)/中心点(C)]:指定轴的第 1 端点

指定轴的另一个端点:指定该轴上第 2 点

指定另一条半轴长度或[旋转(R)]:指定另一轴的端点,完成椭圆的绘制

- 椭圆圆心方式

在“绘图”工具栏中,单击图标

指定椭圆的轴端点或[圆弧(A)/中心点(C)]:C ↙

指定椭圆的中心点:指定椭圆圆心 O

指定轴的端点:指定第 1 条轴的端点或在命令行输入其半轴长度

指定另一条半轴长度或[旋转(R)]:指定第 2 条的轴端点或在命令行输入其半轴长度

● 旋转角方式

在“绘图”工具栏中,单击图标

指定椭圆的轴端点或[圆弧(A)/中心点(C)]:指定轴的第 1 端点

指定抽的另一个端点:指定该轴上第 2 点

指定另一条半轴长度或[旋转(R)]: R↙

指定绕长轴旋转:指定旋转角度

11)椭圆弧的绘制

(1)功能

该方式绘制出椭圆并取其中一部分。

(2)操作方法

以用默认方式绘制椭圆为例,其操作过程如下:

在“绘图”工具栏中,单击图标

指定椭圆的轴端点或[圆弧(A)/中心点(C)]: a

指定椭圆弧的轴端点或[中心点(C)]:指定轴的第 1 端点

指定抽的另一个端点:指定该轴上的第 2 点

指定另一条半轴长度或[旋转(R)]:指定第 3 点定另一半轴长

指定起始角度或[参数(P)]:指定切断起始点 A 或给出起始角度

指定终止角度或[参数(P)/包含角(I)]:指定切断终点 B 或终止角度

12.2.2 修改工具栏

1)编辑命令中选择实体的方式

实体是指所绘工程图中的图形、文字、尺寸、剖面线等。用一个命令画出的图形或注写的文字,可能是一个实体,也可能是多个实体。

AutoCAD 所有的图形编辑命令都要求选择一个或多个实体进行编辑,此时,AutoCAD 会提示:选择对象:(选择需编辑的实体)。提示会重复出现,直至按“Enter”键或单击鼠标右键才能结束选择。AutoCAD 2013 提供了多种选择实体的方法,下面介绍常用的 3 种方式。

(1)直接点选方式

该方式一次只选一个实体。在出现“选择对象:”提示时,直接操作鼠标,将目标拾取框“□”移到所选取的实体上后单击,该实体变成虚像显示,表示被选中。

(2)窗口方式

该方式选中完全在窗口内的所有实体。在出现“选择对象:”提示时,在默认状态下,可先给出窗口左边(上或下)角点,再给出窗口右边(上或下)角点,完全处于窗口内的实体变成虚像显示,表示被选中。

(3)交叉窗口方式

该方式选中完全和部分在窗口内的所有实体。在出现“选择对象:”提示时,在默认状态下,可直接先给出窗口右边角点,再给出窗口左边角点,完全和部分处于窗口内的所有实体都变成虚像显示,表示被选中。

2)擦除对象

(1)功能

该命令与橡皮的功能一样,可从已有的图形中删除指定的实体,但只能删除完整的实体。

(2)操作方法

在“修改”工具栏中,单击图标

选择对象:选择需擦除的实体

选择对象:继续选择需擦除的实体或按右键结束

3)复制对象

(1)功能

该命令用于将选中的实体复制到指定位置,可进行任意次复制。复制命令中的基点是确定新复制实体位置的参考点,也就是位移的第1点。

(2)操作方法

以图12.17为例,具体操作过程如下:

在“修改”工具栏中,单击图标

选择对象:选择要复制的实体

选择对象:↙或可继续选择

指定基点或位移:定基点A

指定位移的第二点或[用第一点作位移]:指定位移点B

指定位移的第二点或[用第一点作位移]:再指定位移点C

指定位移的第二点或[用第一点作位移]:再指定位移点D

指定位移的第二点或[用第一点作位移]:↙

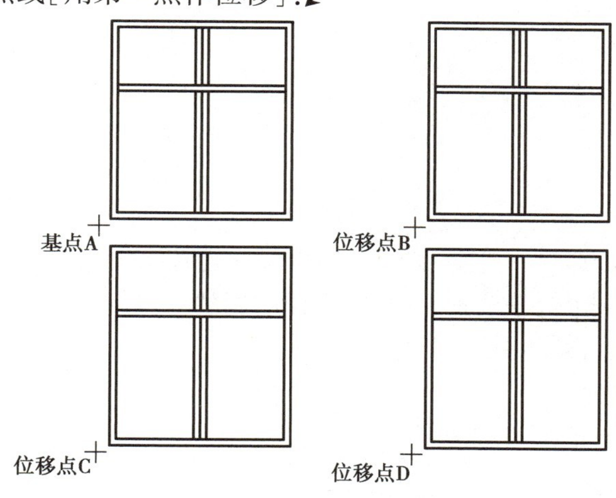

图12.17　复制对象

说明:在应答任意一个“指定位移的第二点或〈用第一点作位移〉:”提示行后单击鼠标右键均可结束命令。

4)镜像对象

(1)功能

该命令用于对选中的实体按指定的镜像线进行镜像。镜像是指以相反的方向生成所选择实体的复制,常用于画对称图形。

(2)操作方法

以图 12.18 为例,具体操作过程如下:

在“修改”工具栏中,单击图标

选择对象:选择要镜像的实体

选择对象:↙

指定镜像线上的第一点:指定镜像线上的第 1 点

指定镜像线上的第二点:再指定镜像线上的第 2 点

是否删除源对象?[是(Y)/否(N)]〈N〉:↙(此时按〈Enter〉键,即选“N”,不删除原实体;若输入“Y”,将删除原实体)

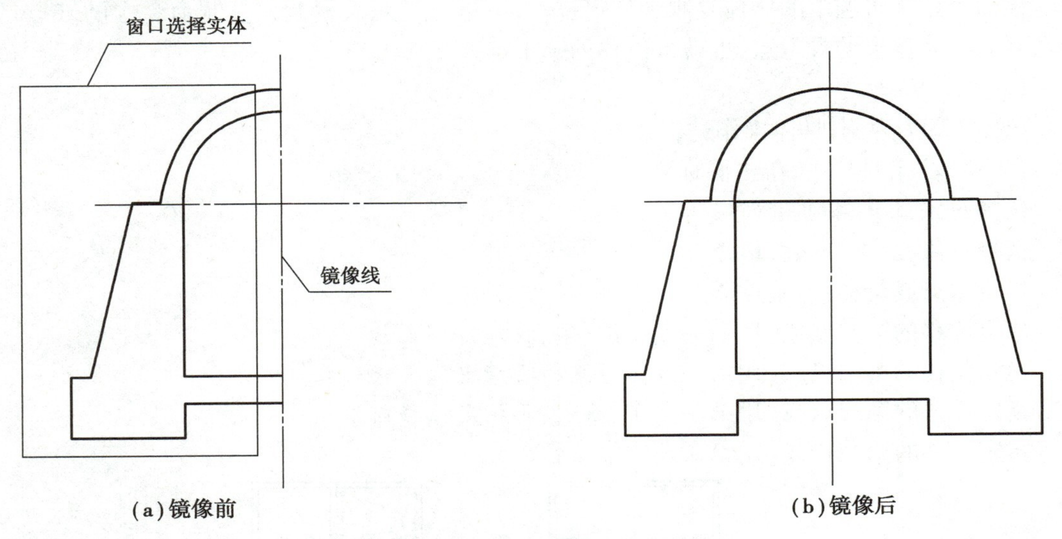

图 12.18 镜像对象

5)偏移对象

(1)功能

该命令用于将选中的直线、圆弧、圆及二维多段线等按指定的偏移量或通过点生成一个与原实体形状类似的新实体(对于单条直线,将生成相同的新实体)。

(2)操作方法

- 指定偏移距离方式

在“修改”工具栏中,单击图标

指定偏移距离或[通过(T)]〈通过〉:输入偏移距离↙

选择要偏移的对象或〈退出〉:选择要偏移的实体

指定点以确定偏移所在的一侧:左键单击偏移方位

选择要偏移的对象或〈退出〉:继续选择要偏移的实体或按右键结束命令

若再选择实体将重复以上操作。

- 指定通过点方式

在“修改”工具栏中,单击图标

指定偏移距离或[通过(T)]〈通过〉:T↙

选择要偏移的对象或<退出>:选择要偏移的实体

指定通过点:指定新实体的通过点

选择要偏移的对象或<退出>:继续选择要偏移的实体或按右键结束命令

若再选择实体将重复以上操作。

说明:该命令操作时,只能用直接点选方式选择实体,并且一次只能选择一个实体。

6)阵列对象

(1)功能

该命令用于将对象副本分布到行、列和标高的任意组合。

(2)操作方法

以图 12.19 为例,建立矩形阵列的操作过程如下:

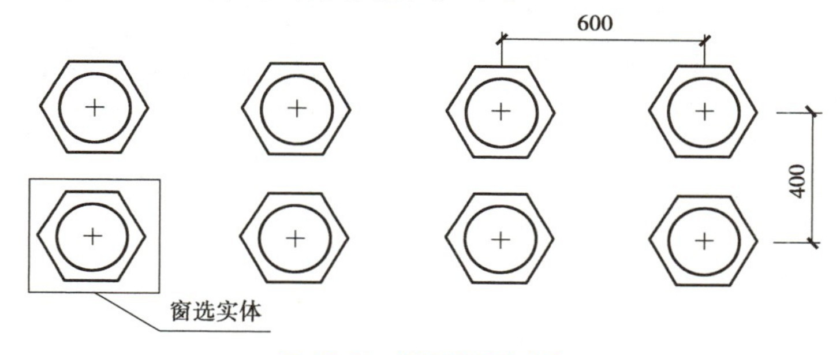

图 12.19 矩形阵列对象

选择对象:类型=矩形关联=是

选择夹点以编辑阵列或[关联(AS)/基点(B)/计数(COU)/间距(S)/列数(COL)/行数(R)/层数(L)/退出(X)]<退出>:B↙

指定基点或[关键点(K)]<质心>:选择基准点(本例选择圆心)

选择夹点以编辑阵列或[关联(AS)/基点(B)/计数(COU)/间距(S)/列数(COL)/行数(R)/层数(L)/退出(X)]<退出>:R↙

输入行数数或[表达式(E)]<3>:2↙

指定行数之间的距离或[总计(T)/表达式(E)]<383.8808>:400

指定行数之间的标高增量或[表达式(E)]<0>:↙

选择夹点以编辑阵列或[关联(AS)/基点(B)/计数(COU)/间距(S)/列数(COL)/行数(R)/层数(L)/退出(X)]<退出>:col↙

输入列数数或[表达式(E)]<4>:4↙

指定列数之间的距离或[总计(T)/表达式(E)]<383.8808>:600↙

选择夹点以编辑阵列或[关联(AS)/基点(B)/计数(COU)/间距(S)/列数(COL)/行数(R)/层数(L)/退出(X)]<退出>:↙

7)移动对象

(1)功能

该命令将选中的实体移动到指定的位置。

(2)操作方法

以图12.20为例,具体操作过程如下:

在"修改"工具栏中,单击图标

选择对象:选择要移动的实体

选择对象:↙

指定基点或位移:指定基点1

指定位移的第二点或<用第一点作位移>:指定位移2

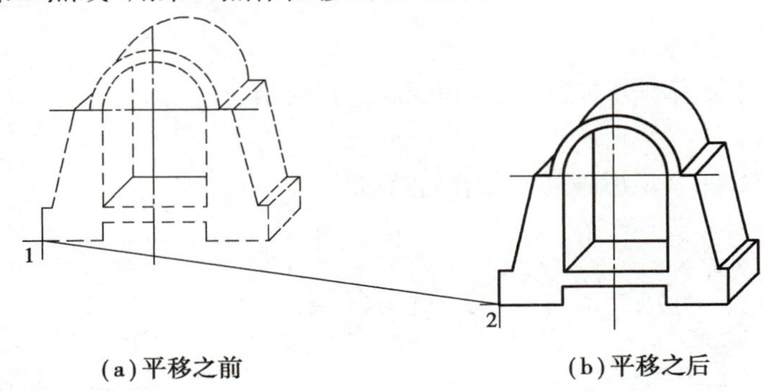

(a)平移之前　　(b)平移之后

图12.20　移动对象

8)旋转对象

(1)功能

该命令用于将选中的实体绕指定的基点进行旋转,可用指定旋转角方式,也可用参考方式。

(2)操作方法

- 指定旋转角方式　以图12.21所示为例,其操作过程如下:

在"修改"工具栏中,单击图标

选择对象:选择实体

选择对象:↙

指定基点:指定基点O

指定旋转角度或[参照(R)]:50↙

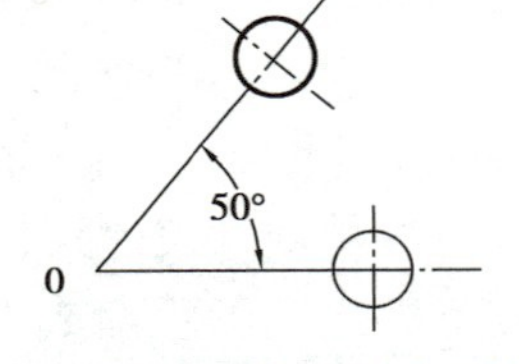

图12.21　指定旋转角方式旋转对象

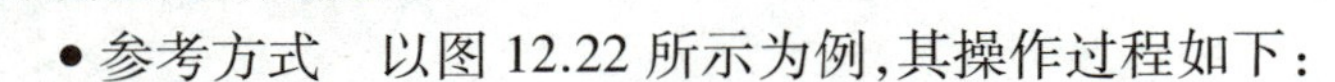

该方式直接指定旋转角度后,选中的实体将绕基点B按指定旋转角旋转。

- 参考方式　以图12.22所示为例,其操作过程如下:

在"修改"工具栏中,单击图标

选择对象:选择实体

选择对象:↙

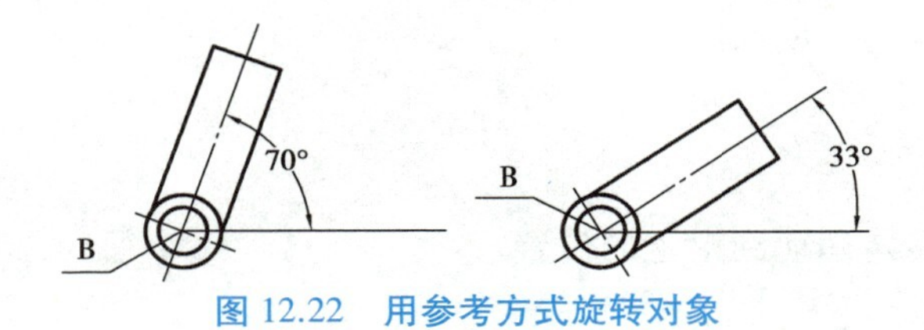

图12.22　用参考方式旋转对象

指定基点：指定基点 B

指定旋转角度或[参照(R)]：R ↙

指定参考角〈0〉：70 ↙

指定新角度：33 ↙

输入参考角度及新角度后，选中的实体即绕基点 B 旋转到新指定的 30°位置。

9）按比例缩放对象

(1)功能

该命令将选中的实体相对于基点按比例进行放大或缩小，可用指定比例值方式，也可用参考方式。

(2)操作方法

● 指定比例值方式　以图 12.23 所示为例，其操作过程如下：

在“修改”工具栏中，单击图标

选择对象：选择要缩放的实体

选择对象：↙

指定基点：指定基点 O

指定比例因子或［复制(C)/参照(R)］：0.5 ↙

说明：若所给比例值大于 1，则放大实体；若所给比例值小于 1，则缩小实体。该方式直接给比例值 0.5，选中的实体将相对于基点 O 按比例缩小为原实体的一半。

● 参照方式　以图 12.24 所示为例，其操作过程如下：

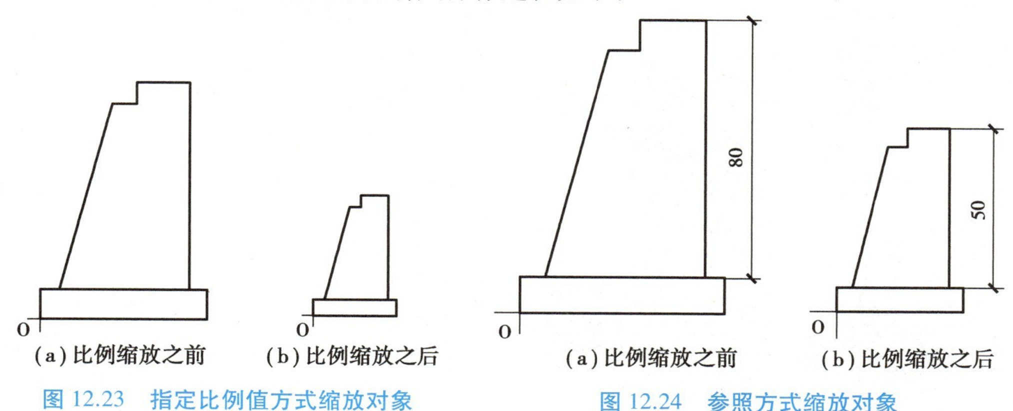

图 12.23　指定比例值方式缩放对象　　图 12.24　参照方式缩放对象

在“修改”工具栏中，单击图标

选择对象：选择实体

选择对象：↙

指定基点：指定基点 O

指定比例因子或［复制(C)/参照(R)］：R ↙

指定参照长度<5>：80 ↙

指定新长度：50 ↙

说明：用参考方式进行比例缩放，所给出的新长度与原长度之比即为缩放的比例值。缩一组实体时，只要知道其中任意一个尺寸的原长和缩放后的长度，就可用参照方式而不必计算缩放比例。该方式在绘图时非常实用。

10)拉伸对象

(1)功能

该命令用于将选中的实体拉长或压缩到指定的位置。在操作该命令时,必须用C交叉窗口方式来选择实体,与选取窗口相交的实体会被拉长或压缩,完全在选取窗口外的实体不会有任何改变,完全在选取窗口内的实体将发生移动,如图12.25所示。

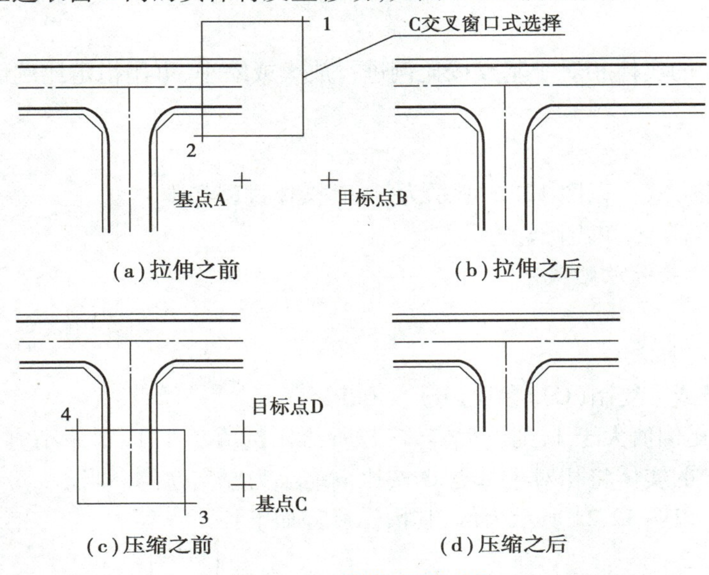

图12.25 拉伸、压缩对象

(2)操作方法

以图12.25为例,其操作方法如下:

在“修改”工具栏中,单击图标

选择对象:以交叉窗口或交叉多边形选择要拉伸的对象

选择对象:↙

指定基点或[位移(D)] <位移>:指定基点,即第1点

指定第二个点或 <使用第一个点作为位移>:指定拉或压距离的第2点,或用鼠标导向直接指定距离

11)修剪对象

(1)功能

该命令用于将指定实体需要修剪(即擦除)的部分修剪到指定的边界。

(2)操作方法

以图12.26所示的图形为例,其操作过程如下:

在“修改”工具栏中,单击图标

当前设置:投影=UCS,边=无

选择边界的边…

选择对象:选择修剪边界1

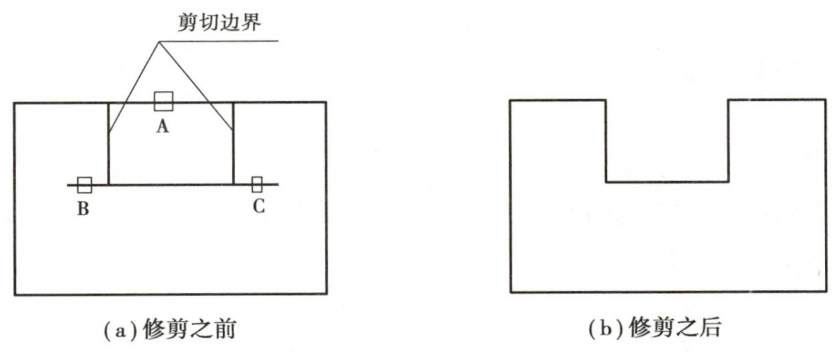

(a)修剪之前　　(b)修剪之后

图 12.26　修剪对象

选择对象:选择修剪边界 2

选择对象:↙

选择要修剪的对象,或按住“Shift”键选择要延伸的对象,或[栏选(F)/窗交(C)/投影(P)/边(E)/删除(R)/放弃(U)]:用点选方式选择要修剪的部分 A

选择要修剪的对象,或按住“Shift”键选择要延伸的对象,或[栏选(F)/窗交(C)/投影(P)/边(E)/删除(R)/放弃(U):用点选方式选择要修剪的部分 B

选择要修剪的对象,或按住“Shift”键选择要延伸的对象,或[栏选(F)/窗交(C)/投影(P)/边(E)/删除(R)/放弃(U):用点选方式选择要修剪的部分 C

选择要修剪的对象,或按住“Shift”键选择要延伸的对象,或[栏选(F)/窗交(C)/投影(P)/边(E)/删除(R)/放弃(U):↙

12)延伸对象

(1)功能

该命令用于将选中的实体延伸到指定的边界。

(2)操作方法

以图 12.27 为例,具体操作过程如下:

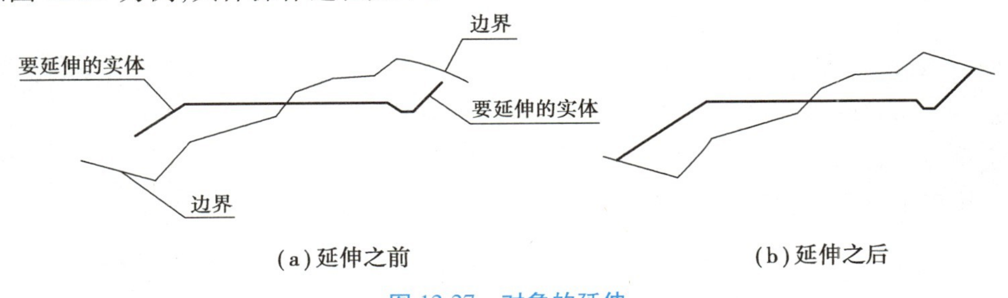

(a)延伸之前　　(b)延伸之后

图 12.27　对象的延伸

在“修改”工具栏中,单击图标

当前设置:投影=UCS ,边=无

选择边界的边…

选择对象或 <全部选择>:选择边界实体

选择对象:↙

选择要延伸的对象,或按住“Shift”键选择要修剪的对象,或[栏选(F)/窗交(C)/投影(P)/边(E)/放弃(U)]:选择要延伸的实体选择要延伸的对象，或按住“Shift”键选择要修剪的对象，或[栏选(F)/窗交(C)/投影(P)/边(E)/放弃(U)]:↙

13) 打断于点

(1) 功能

该命令可在两点之间打断选定对象，有效对象包括直线、开放的多段线和圆弧；但不能在一点打断闭合对象(例如圆)。

(2) 操作方法

在“修改”工具栏中，单击图标

选择对象：选择实体

指定第二个打断点或[第一点(F)]：选择实体

指定第一个打断点：指定实体上的分解点

指定第二个打断点：@

说明：在给实体上的分解点时，必须关闭对象捕捉模式。若打开对象捕捉模式，则在该命令中给实体上的分解点时，光标将先捕捉该实体的一端，然后移动光标至实体上的某点单击鼠标左键，AutoCAD 2013 将把拾取的端点与此点之间的那段实体删除，相当于将实体变短。

14) 打断对象

(1) 功能

该命令用于擦除实体上的某一部分。其可以通过直接给两个打断点来切断实体。

(2) 操作方法

- 直接给两个打断点

在“修改”工具栏中，单击图标(具体操作如图 12.28(a)所示)。

选择对象：指定打断点 1

指定第二个打断点或[第一点(F)]：指定打断点 2

- 先选实体，再给两个打断点　以图 12.28(b)为例，具体操作过程如下：

在“修改”工具栏中，单击图标

选择对象：选择实体

指定第二个打断点或[(第一点(F)]:F↙

指定第一个打断点：指定打断点 1

指定第二个打断点：指定打断点 2

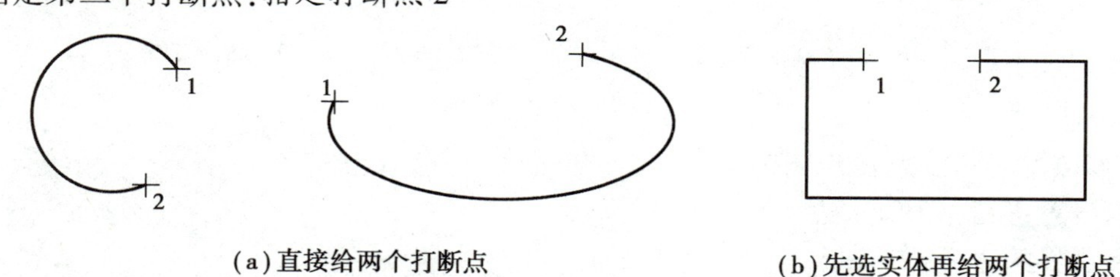

(a) 直接给两个打断点　　(b) 先选实体再给两个打断点

图 12.28　打断对象

说明：在切断圆或圆弧时，擦除的部分是从打断点 1 到打断点 2 之间逆时针旋转的部分。

15)为对象倒斜角

(1)功能

该命令用于按指定的距离或角度在一对相交直线上倒斜角,也可对封闭的多段线(包括多段线、多边形、矩形)的各直线交点处同时进行倒角。

(2)操作方法

- 定倒角大小

①选“D”。该选项通过指定两个倒角距离来确定倒角大小。两个倒角距离可以相等,也可以不相等,还可以为0,如图12.29所示。

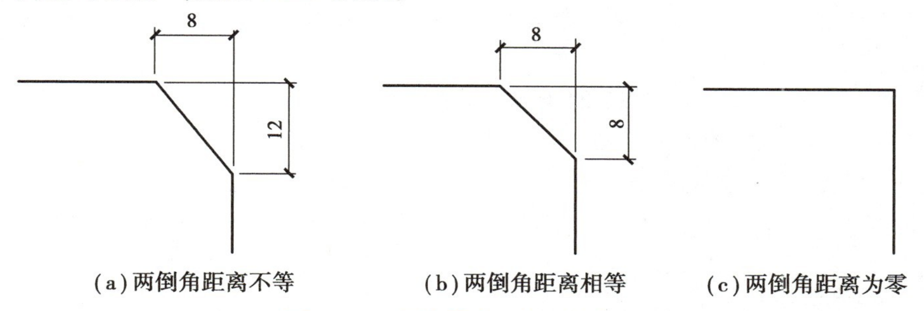

图12.29 用“D”选项定倒角大小

以12.32(a)图为例,其操作过程如下:

在“修改”工具栏中,单击图标

(“修剪”模式)当前倒角距离1=0.000,距离2=0.000

选择第一条直线或[放弃(U)/多段线(P)/距离(D)/角度(A)/修剪(T)/方式(E)/多个(M)]:选择第一条直线

选择第二条直线,或按住Shift键选择直线以应用角点或[距离(D)/角度(A)/方法(M)]:D

指定第一倒角距离<0.000>:8↙

指定第二倒角距离<0.000>:12↙

选择第二条直线,或按住Shift键选择直线以应用角点或[距离(D)/角度(A)/方法(M)]:点选第二条直线

②选“A”。该选项通过指定第一条线上的倒角距离和该线与斜角线间的夹角来确定倒角大小,如图12.30所示,其操作过程如下:

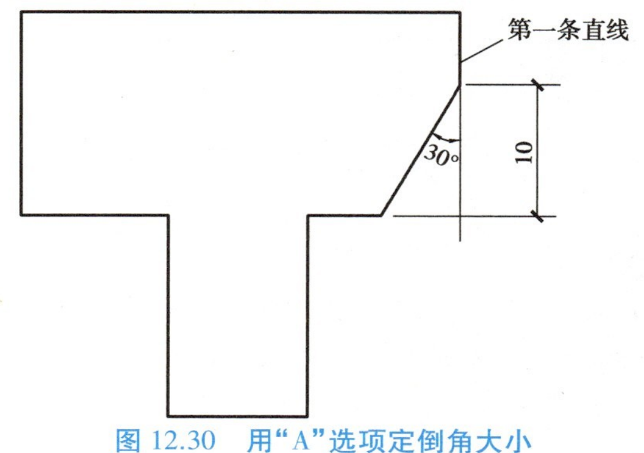

图12.30 用“A”选项定倒角大小

在“修改”工具栏中，单击图标

(“修剪”模式) 当前倒角距离 1 = 0.0000，距离 2 =0.0000〈信息行〉

选择第一条直线或［放弃(U)/多段线(P)/距离(D)/角度(A)/修剪(T)/方式(E)/多个(M)］:A↙

指定第一条直线的倒角长度 <0.0000>: 10

指定第一条直线的倒角角度 <0>: 30

选择第一条直线或［放弃(U)/多段线(P)/距离(D)/角度(A)/修剪(T)/方式(E)/多个(M)］:选择第 1 条直线

选择第二条直线，或按住“Shift”键选择直线以应用角点或［距离(D)/角度(A)/方法(M)］: 选择第 2 条直线

- 多段线倒角的操作　以图 12.31 所示的封闭多段线为例，其倒角操作过程如下：

在“修改”工具栏中，单击图标

(“修剪”模式)当前倒角距离 1=0.000，距离 2=0.000〈信息行〉

选择第一条直线或［放弃(U)/多段线(P)/距离(D)/角度(A)/修剪(T)/方式(E)/多个(M)］:P↙

指定第一倒角距离<0.000>:4↙

指定第二倒角距离<0.000>:4↙

(“修剪”模式) 当前倒角距离 1 = 0.0000，距离 2 = 0.0000

选择第一条直线或［放弃(U)/多段线(P)/距离(D)/角度(A)/修剪(T)/方式(E)/多个(M)］:P↙

选择二维多段线或［距离(D)/角度(A)/方法(M)］: D

指定第一个倒角距离 <0.000>:4↙

指定第二个倒角距离 <0.0000>: 4↙

选择二维多段线或［距离(D)/角度(A)/方法(M)］:选择第 1 条线段

如图 12.31 所示，8 条直线已被倒角。

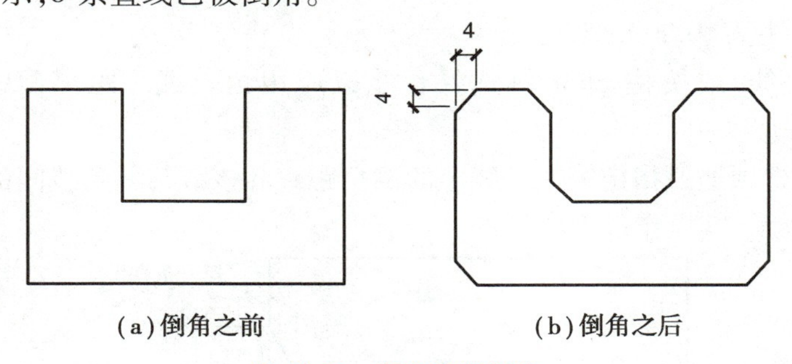

(a)倒角之前　　(b)倒角之后

图 12.31　用多段线倒角

16)为对象倒圆角

(1)功能

该命令用于按指定的半径建立一条圆弧，用该圆弧可光滑连接直线、圆弧或圆等实体。该命令还可用该圆弧对封闭的二维多段线中的各线段交点倒圆角。

(2)操作方法

在“修改”工具栏中,单击图标

当前设置:模式 = 修剪,半径 = 0.000

选择第一个对象或[放弃(U)/多段线(P)/半径(R)/修剪(T)/多个(M)]:R↙

指定圆角半径 <100.0000>:指定圆角半径

选择第一个对象或[放弃(U)/多段线(P)/半径(R)/修剪(T)/多个(M)]:选择第 1 条边

选择第二个对象,或按住 Shift 键选择对象以应用角点或[半径(R)]:选择第 2 条边

12.3 图案填充

1)功能

利用图案填充,可实现给某一封闭区域填充指定图案。

2)操作方法

在“绘图”工具栏中,单击图标后,AutoCAD 弹出如图 12.32 所示的“边界图案填充”对话框。该对话框用以确定图案填充时的填充图案、填充边界以及填充方式等内容。

图案类型区用于选择和定义剖面线,有“图案填充”和“渐变色”两个标签。其中,“图案填充”标签中有“预定义”“自定义”和“用户定义”3 种类型的剖面线图案供用户选择和定义;“渐变色”标签用于填充渐变颜色。

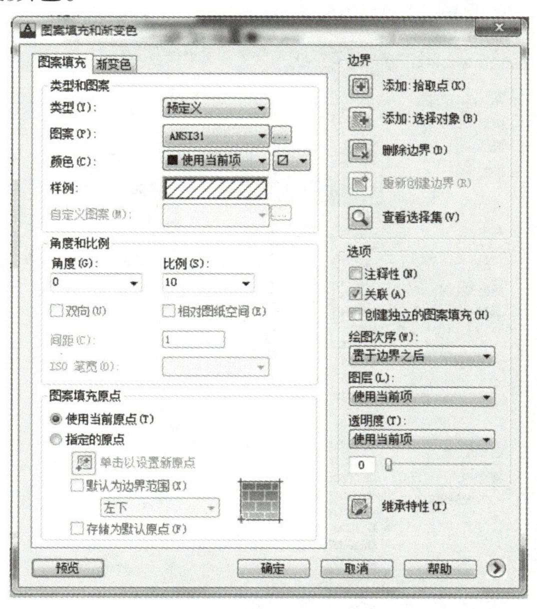

图 12.32 “边界图案填充”对话框

- “预定义”类型剖面线的选择和定义　在“图案填充”标签的“类型”下拉列表框中选择“预定义”项,即可从 ACAD.PAT 文件提供的图案中选择一种剖面线图案。

单击“图案”下拉列表框后面的按钮，弹出“填充图案选项板”对话框，如图 12.33 所示，可从中选择一种所需的图案，也可直接从“图案”下拉列表框中选择预定义的图案，如图 12.34 所示。

选择预定义图案后，可在下边的“角度”和“比例”编辑框中改变图案的角度值和缩放比例。角度默认值为 0（此时，角度是指所选图案中线段的位置），缩放比例默认值为 1，改变这些设置可使剖面线的角度和间距满足用户需求。

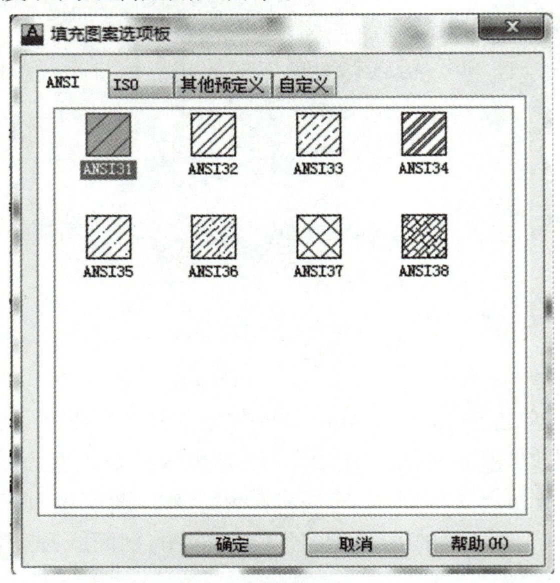

图 12.33 “填充图案选项板”对话框

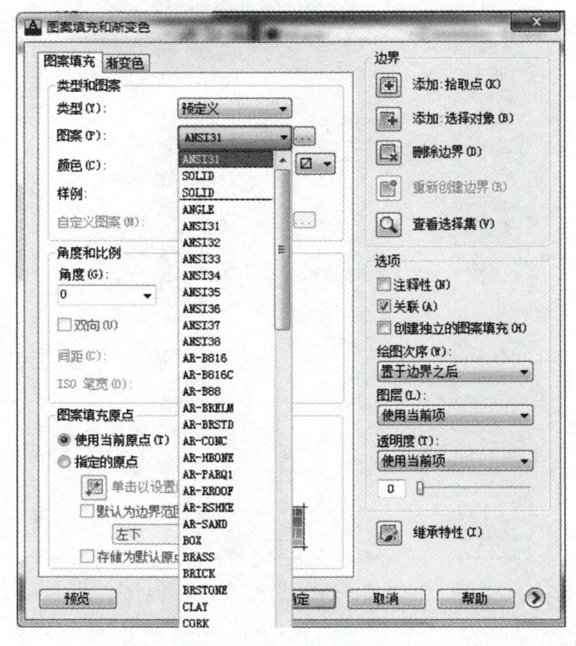

图 12.34 从“图案”下拉列表框中选择图案

●“自定义”类型剖面线的选择和定义　在“类型”下拉列表框中选择“自定义”项，允许从其他的.PAT文件（非ACAD.PAT）中指定一种图案。自定义类型的剖面线，可通过在“自定义图案”编辑框中输入图案的名称来选择。另外，可在“角度”和“比例”编辑框中改变自定义图案的角度值和缩放比例。

●“用户定义”类型剖面线的选择和定义　在“类型”下拉列表框中选择“用户定义”项，允许用户用当前线型定义一个简单的图案，即通过指定角度和间距来定义一组平行线或两组平行线（90°交叉）的图案。

选择了用户定义类型剖面线，下边的“角度”和“间距”编辑框可用，可在其中输入所定义的剖面线中平行线的角度值（0角度对应当前坐标系UCS的X轴）和间距值。

3）边界区

（1）拾取点

单击按钮，将返回绘图状态，此时可在要绘制剖面线的区域内单击来点选边界，之后按“Enter”键返回“边界图案填充”对话框。此时单击“确定”按钮，即可绘制出剖面线。

（2）选择对象

单击按钮，将返回绘图状态，可按“选择对象”的方式指定边界，但该方式要求作为边界的实体必须构成一条封闭的多线段。

（3）删除边界

单击按钮，可清除由“拾取点”方式所定义的边界，但不能清除最外部的边界。

（4）查看选择集

单击按钮，返回绘图区，将醒目显示所定义的边界集。当没有选择或未定义边界时，该按钮不可用。

4）绘图顺序

“绘图顺序”下拉列表框中有“置于边界之后”“置于边界之前”“前置”“后置”和“不指定”5个选项，默认设置为“置于边界之后”，即边界与图案重叠处显示边界，也可从中选择其他选项。

复习思考题

12.1　输入绘图命令有几种方式？

12.2　结束命令的方式有哪些？

12.3　选择对象的方式有多种，常见的有哪3种？

12.4　修改工具栏中，删除与修剪有什么区别？

参考文献

[1] 朱毓丽.公路工程识图[M].北京:人民交通出版社,2002.

[2] 郑国权.道路工程制图[M].北京:人民交通出版社,2002.

[3] 和丕壮,王鲁宁.交通土建工程制图[M].北京:人民交通出版社,2001.

[4] 蒋敦教.道路工程制图[M].北京:人民交通出版社,1979.

[5] 孙建国.路桥施工图识读指南[M].北京:人民交通出版社,1999.

[6] 颜金樵.工程制图[M].北京:高等教育出版社,1991.

[7] 刘松雪,樊琳娟.道路工程制图[M].2 版.北京:人民交通出版社,2002.

[8] 杨翠花.工程识图[M].北京:人民交通出版社,2001.

[9] 刘瑞新,曾令宜.AutoCAD 2005 中文版应用教程[M].北京:电子工业出版社,2005.

[10] 司徒妙年,李怀健.土建工程制图[M].2 版.上海:同济大学出版社,2001.